科技部科技基础性工作专项资助
项目名称：青藏高原低涡、切变线年鉴的研编
项目编号：2006FY220300
中国气象局成都高原气象研究所基本科研业务费专项资助
项目名称：高原涡年鉴研编出版
项目编号：BROP202021

青藏高原低涡 切变线年鉴 2019

中国气象局成都高原气象研究所
中国气象学会高原气象学委员会 编著
主 编：彭 广
副主编：李跃清 郁淑华
编 委：彭 骏 徐会明 肖递祥 向朔育

科学出版社
北京

内 容 简 介

青藏高原低涡、切变线是影响我国灾害性天气的重要天气系统。本书根据对2019年高原低涡、切变线的系统分析，得出该年高原低涡、切变线的编号，名称，日期对照表，概况，影响简表，影响地区分布表，中心位置资料表及活动路径图，高原低涡、切变线移出高原的影响系统；计算得出该年影响降水的各次高原低涡、切变线过程的总降水量图、总降水日数图。

本书可供气象、水文、水利、农业、林业、环保、航空、军事、地质、国土、民政、高原山地等方面的科技人员参考，也可作为相关专业教师、研究生、本科生的基本资料。

审图号：GS（2021）1632号

图书在版编目(CIP)数据

青藏高原低涡切变线年鉴. 2019 / 中国气象局成都高原气象研究所，中国气象学会高原气象学委员会编著；彭广主编. — 北京：科学出版社，2021.4

ISBN 978-7-03-068578-0

I. ①青… Ⅱ. ①中… ②中… ③彭… Ⅲ. ①青藏高原–灾害性天气–天气分析–2019–年鉴 Ⅳ. ①P44-54

中国版本图书馆CIP数据核字(2021)第064703号

责任编辑：罗　吉　沈　旭　洪　弘 / 责任校对：杨聪敏
责任印制：师艳茹 / 封面设计：许　瑞

科学出版社 出版
北京东黄城根北街16号
邮政编码：100717
http://www.sciencep.com
北京盛通印刷股份有限公司 印刷

科学出版社发行　各地新华书店经销
*
2021年4月第　一　版　开本：A4 (880 × 1230)
2021年4月第一次印刷　印张：19 1/2
字数：463 000

定价：598.00元

（如有印装质量问题，我社负责调换）

前 言

高原低涡、切变线是青藏高原上生成的特有的天气系统，其发生、发展和移动的过程中，常常伴随有暴雨、洪涝等气象灾害。我国夏季多发暴雨洪涝、泥石流滑坡灾害，在很大程度上与高原低涡、切变线东移出青藏高原密切相关。高原低涡、切变线的活动不仅影响青藏高原地区，而且还东移影响我国青藏高原以东下游广大地区。高原低涡、切变线是影响我国的主要灾害性天气系统之一。

中华人民共和国成立以来，随着青藏高原观测站网的建立、卫星资料的应用，以及我国第一、第二次青藏高原大气科学试验的开展，关于高原低涡、切变线的科研工作也取得了一定的成绩，使我国高原低涡、切变线的科学研究、业务预报水平不断提高，为防灾减灾、公共安全做出了很大的贡献。

为了进一步适应农业、工业、国防和科学技术现代化的需要，满足广大气象台（站）及科研、教学、国防、经济建设等部门的要求，更好地掌握高原低涡、切变线的活动规律，系统地认识高原低涡、切变线发生、发展的基本特征，提高科学研究水平和预报技术能力，做好主要气象灾害的防御工作，在国家科技部的支持下，由中国气象局成都高原气象研究所负责，四川省气象台参加，组织人员，开展了青藏高原低涡、切变线年鉴的研编工作。

经过项目组的共同努力，以及有关省、市、自治区气象局的大力协助，高原低涡、切变线年鉴顺利完成。并且，它的整编出版，将为我国青藏高原低涡、切变线研究和应用提供基础性保障，推动我国灾害性天气研究与业务的深入发展，发挥对国家经济繁荣、社会进步、公共安全的气象支撑作用。

本年鉴由中国气象局成都高原气象研究所、中国气象学会高原气象学委员会完成。

本册《青藏高原低涡、切变线年鉴（2019）》的内容主要包括高原低涡、切变线概况、路径、东移出青藏高原的影响系统以及高原低涡、切变线引起的降水等资料图表。

Foreword

The Tibetan Plateau Vortex (TPV) and Shear Line (SL) are unique weather systems generated over the Qinghai-Xizang Plateau. The rain storms, floods and other meteorological disasters usually occur during the generation, development and movement of the TPV. In China, the regular happening mud-rock flow and land-slip disaster in summer has close relationship with the TPV which moved out of the Plateau. The movements of the TPV and SL not only influence the Qinghai-Xizang Plateau region, but also influence the east vast region of the Plateau. The TPV and SL are two of the most disastrous weather systems that influence China.

After the foundation of P. R. China, the researches on TPV and SL and the operational prediction works have gotten obvious achievements along with the establishment of the observatory station net, the applying of the satellite data, and the development of the first and the second Tibetan Plateau experiment of atmospheric sciences. All these have great contributions to preventing and reducing the happening of the weather disaster and the public safety.

In order to satisfy the modernization demands of the agriculture, industry, national defence and scientific technology, and to meet the requirements of the vast meteorological stations, colleges, national defence administrations and economic bureaus, the Chengdu Institute of Plateau Meteorology did the researches on the yearbook of vortex and shear over Qinghai-Xizang Plateau under the support from the Ministry of Science and Technology of P. R. China. Also, this task is achieved with the helps from the researchers in Sichuan Provincial Meteorology Station. This task improves the understanding of the characteristics of the moving TPV and SL, get thorough recognition of the generation and development of TPV and SL, and improve abilities of the research works and operational predictions to prevent the meteorological disasters.

With the research group's efforts and the great support from related meteorological bureaus of provinces, autonomous regions and cities, the *TPV and SL yearbook* completed successfully. The yearbook offers a basic summary to TPV and SL research works, improves the catastrophic weather research and operational prediction. Also, it is useful to the economy glory, advance of society and public safety.

The *TPV and SL Yearbook 2019* is accomplished by Institute of Plateau Meteorology, CMA, Chengdu and Plateau Meteorology Committee of Chinese Meteorological Society.

The *TPV and SL Yearbook 2019* is mainly composed of figures and charts of survey, tracks, weather systems that move out of the plateau vortex and influenced rainfall of TPV and SL.

说　明

本年鉴主要整编青藏高原上生成的低涡、切变线的位置、路径及青藏高原低涡、切变线引起的降水量、降水日数等基本资料。分为两大部分，即高原低涡和高原切变线。

高原低涡指500hPa等压面上反映的生成于青藏高原，有闭合等高线的低压或有三个站风向呈气旋式环流的低涡。

高原切变线指500hPa等压面上反映在青藏高原上，温度梯度小、三站风向对吹的辐合线或二站风向对吹的辐合线长度大于5个经（纬）距。

冬半年指1～4月和11～12月，夏半年指5~10月。

本年鉴所用时间一律为北京时间。

高原低涡

● 高原低涡概况

高原低涡移出高原是指低涡中心移出海拔≥3000m的青藏高原区域。

高原低涡编号是以字母“C”开头，按年份的后两位数与当年低涡顺序两位数组成。

高原低涡移出几率指某月移出高原的高原低涡个数与该年高原低涡个数之比。

高原低涡月移出率指某月移出高原的高原低涡个数与该年移出高原的高原低涡个数之比。

高原东（西）部低涡移出几率指某月移出高原的高原东（西）部低涡个数与该年高原东（西）部低涡个数之比。

高原东（西）部低涡月移出率指某月移出高原的高原东（西）部低涡个数与该年移出高原的高原东（西）部低涡个数之比。

高原东、西部低涡指低涡中心位置分别在≥92.5°E、＜92.5°E。

高原低涡中心位势高度最小值频率分布指按各时次低涡500hPa等压面上位势高度（单位为位势什米）最小值统计的频率分布。

● 高原低涡编号、名称、日期对照表

高原低涡出现日期以“月.日”表示。

● 高原低涡路径图

高原低涡出现日期以“月.日”表示。

● 高原低涡中心位置资料表

“中心强度”指在500hPa等压面上低涡中心的位势高度，单位为位势什米。

● 高原低涡纪要表

“生成点”指高原低涡活动路径的起始点，由于资料所限，故此点不一定是真正的源地。

高原低涡活动的生成点、移出高原的地点，一般精确到县、市。

“转向”指路径总的趋向由偏东方向移动转为偏西方向移动。

“内折向”指高原低涡在青藏高原区域内转为相反方向；“外折向”指高原低涡在青藏高原区域以东转为相反方向。

● 高原低涡降水

高原低涡和其他天气系统共同造成的降水，仍列入整编。

“总降水量图”指一次高原低涡活动过程中在我国引起的降水总量分布图。一般按0.1mm、10mm、25mm、50mm、100mm等级，以色标示出，绘出降水区外廓线，一般标注其最大的总降水量数值。

“总降水量图”中高原低涡出现日期以“月.日”表示。

“总降水日数图”指一次高原低涡活动过程中在我国引起的降水总量≥0.1mm的降水日数区域分布图。

高原切变线

●高原切变线概况

高原切变线移出高原是指切变线中点移出海拔≥3000m的青藏高原区域。

高原切变线编号是以字母“S”开头，按年份的后两位数与当年切变线顺序两位数组成。

高原切变线移出几率指某月移出高原的高原切变线个数与该年高原切变线个数之比。

高原切变线月移出率指某月移出高原的高原切变线个数与该年移出高原的高原切变线个数之比。

高原东（西）部切变线移出几率指某月移出高原的高原东（西）部切变线个数与该年高原东（西）部切变线个数之比。

高原东（西）部切变线月移出率指某月移出高原的高原东（西）部切变线个数与该年移出高原的高原东（西）部切变线个数之比。

高原东、西部切变线指切变线中点位置分别在≥92.5°E、＜92.5°E。

高原切变线两侧最大风速频率分布指按各时次分别在切变线附近的南、北侧最大风速统计的频率分布。

●高原切变线编号、名称、日期对照表

高原切变线出现日期以“月.日”表示。

●高原切变线路径图

高原切变线出现日期以“月.日”表示。

●高原切变线位置资料表

高原切变线位置一般以起点、中点、终点的经/纬度位置表示。

“拐点”指高原切变线上东、西或北、南二段的切线的夹角≥30°的切变线上弯曲点。

●高原切变线纪要表

“生成位置”指高原切变线活动路径的起始位置，由于资料所限，此位置不一定是真正的源地。

高原切变线活动的生成位置、移出高原的位置，一般精确到县、市。

“移向”指高原切变线中点连线的趋向。“多次折向”指路径出现两次以上由偏东方向移动转为偏西方向移动。

“内向反”指高原切变线在青藏高原区域内由偏东方向移动转为偏西方向移动。

“外向反”指高原切变线在青藏高原区域以东由偏东方向移动转为偏西方向移动。

●高原切变线降水

高原切变线和其他天气系统共同造成的降水，仍列入整编。

“总降水量图”指一次高原切变线过程中在我国引起的降水总量分布图。一般按0.1mm、10mm、25mm、50mm、100mm等级，以色标示出，绘出降水区外廓线，一般标注其最大的总降水量数值。

“总降水量图”中高原切变线出现日期以“月.日^{时}”表示。

“总降水日数图”指一次高原切变线过程中在我国引起的降水总量≥0.1mm的降水日数区域分布图。

目 录
Contents

目 录
Contents

目 录
Contents

目　录
Contents

第二部分　高原切变线

目 录
Contents

目 录
Contents

第一部分
高原低涡
Tibetan Plateau Vortex

2019年
高原低涡概况

2019年发生在青藏高原上的低涡共有47个，其中在青藏高原东部生成的低涡共有40个，在青藏高原西部生成的低涡共有7个（表1~表3）。

2019年初生成高原低涡出现在1月中旬，最后一个高原低涡生成在9月下旬（表1）。从月际分布看，主要集中在4～7月和9月，约占79%（表1）。移出高原的高原低涡也主要集中在4月、6月和7月，占63%（表4）。本年度高原低涡生成在1～9月，且各月生成高原低涡的个数差异大，具体见表1。

2019年青藏高原低涡源地大多数在青藏高原东部。移出高原的青藏高原低涡共有16个，其中14个高原低涡生成于青藏高原东部（表4～表6）。移出高原的地点主要集中在甘肃、宁夏、四川和内蒙古，其中甘肃11个、宁夏1个、四川3个和内蒙古1个（表7）。

2019年高原低涡中心位势高度最小值以572～587位势什米的频率最多，约占91%（表8）。夏半年，高原低涡中心位势高度最小值以576～587位势什米的频率最多，约占90%（表9）。冬半年，高原低涡中心位势高度最小值在572～579位势什米的频率最多，约占67%（表10）。

全年除影响青藏高原外对我国其余地区有影响的高原低涡共有24个。其中8个高原低涡造成过程降水量在50mm以上，造成过程降水量在100mm以上的高原低涡有4个，它们是C1924、C1938、C1939和C1943，分别在湖北麻城、河南商南、四川中江和贵州织金，造成过程降水量分别为135.4mm、134.0mm、141.5mm和233.4mm，降水日数分别是1天、2天、1天和3天。2019年对我国降水影响较大的高原低涡主要是C1938和C1943低涡，其中C1938高原低涡引起的降水是影响我国范围最广的一次过程。8月1日20时在高原东部玛多生成的C1938高原低涡，中心位势高度为584位势什米，低涡形成后东行，中心强度增强；2日08时，中心位势高度为581位势什米。之后低涡向东北移出高原，2日20时，低涡移至甘肃与宁夏交界位置，中心强度为580位势什米。之后低涡继续向东北移，3日08时，低涡移至宁夏北部，中心位势高度维持在580位势什米；3日20时，低涡移入内蒙古，中心位势高度为581位势什米。4日08时，低涡移至内蒙古中部，中心位势高度增强为578位势什米，之后减弱消失。受其影响，西藏、四川、甘肃、宁夏、内蒙古、陕西、山西、河北、河南和北京等部分地区有大到暴雨，局部地区出现暴雨到大暴雨，降水日数为1～3天；青海部分地区出现中到大雨，降水日数为1～2天；山东部分地区有小雨，降水日数为1天。9月7日08时生成在高原东部达日的C1943高原低涡是2019年对我国西南地区降水影响最大、大暴雨站点最多的高原低涡。低涡形成初期中心位势高度为583位势什米，高原低涡形成后向东南移，8日08时，低涡加强，移到四川东部，中心强度为582位势什米，之后低涡稍向西行，低涡减弱，8日20时中心位势高度为583位势什米。后低涡转向西南移，还在减弱，9日08时，低涡移至四川与贵州交界位置，中心强度为584位势什米；9日20时，低涡移入贵州，中心强度维持在584位势什米。10日08时，低涡移入云南，中心强度维持在584位势什米；10日20时，低涡移至云南边境，中心位势高度依旧为584位势什米，之后减弱消失。受其影响，有16个站点雨量达到大暴雨，四川、重庆、贵州、云南、广西等部分地区均有暴雨到大暴雨，局部地区出现特大暴雨，降水日数为1～4天；青海、甘肃、陕西、湖北和湖南等部分地区出现小到中雨，降水日数为1～2天；西藏部分地区出现小雨，降水日数为1天。

7月10日08时生成在高原中部索县的C1935高原低涡是2019年造成青藏高原降水范围最大的高原低涡。低涡形成初期中心位势高度为579位势什米，高原低涡形成后向东北移；10日20时，低涡移入青海，中心强度维持在579位势什米，之后继续向东北移。11日20时，低涡移入甘肃，低涡减弱，中心强度为580位势什米，后减弱消失。受其影响，青海、川西高原大部和西藏中、东部普降小到中雨，降水日数为1～2天。其中，青海部分地区有大到暴雨，降水日数为1天；四川部分地区出现大到暴雨，甘肃部分地区出现大雨，降水日数为1天。

表1 高原低涡出现次数

月 年	1	2	3	4	5	6	7	8	9	10	11	12	合计
2019	1	1	4	8	9	8	6	4	6	0	0	0	47
几率 / %	2.13	2.13	8.51	17.02	19.14	17.02	12.77	8.51	12.77	0.00	0.00	0.00	100

表2 高原东部低涡出现次数

月 年	1	2	3	4	5	6	7	8	9	10	11	12	合计
2019	0	1	4	7	8	6	6	2	6	0	0	0	40
几率 / %	0.00	2.50	10.00	17.50	20.00	15.00	15.00	5.00	15.00	0.00	0.00	0.00	100

表3 高原西部低涡出现次数

月 年	1	2	3	4	5	6	7	8	9	10	11	12	合计
2019	1	0	0	1	1	2	0	2	0	0	0	0	7
几率 / %	14.28	0.00	0.00	14.29	14.29	28.57	0.00	28.57	0.00	0.00	0.00	0.00	100

表4　高原低涡移出高原次数

月 年	1	2	3	4	5	6	7	8	9	10	11	12	合计
2019	0	0	1	3	2	4	3	2	1	0	0	0	16
移出几率 / %	0.00	0.00	2.13	6.38	4.26	8.51	6.38	4.26	2.13	0.00	0.00	0.00	34.05
月移出率 / %	0.00	0.00	6.25	18.75	12.50	25.00	18.75	12.50	6.25	0.00	0.00	0.00	100

表5　高原东部低涡移出高原次数

月 年	1	2	3	4	5	6	7	8	9	10	11	12	合计
2019	0	0	1	2	2	4	3	1	1	0	0	0	14
移出几率 / %	0.00	0.00	2.50	5.00	5.00	10.00	7.50	2.50	2.50	0.00	0.00	0.00	35.00
月移出率 / %	0.00	0.00	7.14	14.29	14.29	28.57	21.43	7.14	7.14	0.00	0.00	0.00	100

表6　高原西部低涡移出高原次数

月 年	1	2	3	4	5	6	7	8	9	10	11	12	合计
2019	0	0	0	1	0	0	0	1	0	0	0	0	2
移出几率 / %	0.00	0.00	0.00	14.29	0.00	0.00	0.00	14.29	0.00	0.00	0.00	0.00	28.58
月移出率 / %	0.00	0.00	0.00	50.00	0.00	0.00	0.00	50.00	0.00	0.00	0.00	0.00	100

表7　高原低涡移出高原的地区分布

地区 / 年	青海	甘肃	宁夏	四川	陕西	重庆	贵州	内蒙古	合计
2019		11	1	3				1	16
出高原率 / %		68.75	6.25	18.75				6.25	100

表8　高原低涡中心位势高度最小值频率分布

中心位势高度 / 位势什米	587 | 584	583 | 580	579 | 576	575 | 572	571 | 568	567 | 564	563 | 560	559 | 556	555 | 552	551 | 548	合计
2019年 / %	19.44	22.22	27.78	21.30	2.78	0.00	3.70	1.85	0.93	0.00	100

表9　夏半年高原低涡中心位势高度最小值频率分布

中心位势高度 / 位势什米	587 | 584	583 | 580	579 | 576	575 | 572	571 | 568	567 | 564	563 | 560	559 | 556	555 | 552	551 | 548	合计
2019年 / %	26.92	30.77	32.05	10.26	0.00	0.00	0.00	0.00	0.00	0.00	100

表10　冬半年高原低涡中心位势高度最小值频率分布

中心位势高度 / 位势什米	587 | 584	583 | 580	579 | 576	575 | 572	571 | 568	567 | 564	563 | 560	559 | 556	555 | 552	551 | 548	合计
2019年 / %	0.00	0.00	16.67	50.00	10.00	0.00	13.33	6.67	3.33	0.00	100

高原低涡纪要表

序号	编号	名称	起止日期(月.日)	中心最小位势高度/位势什米	发现点经纬度	移出高原的地点	移出高原的时间	移出高原中心位势高度/位势什米	路径趋向	影响低涡移出高原的天气系统
1	C1901	茫崖,Mangya	1.14	556	89.1°E,38.0°N				东行	
2	C1902	乌图美仁,Wutumeiren	2.28	553	93.1°E,36.4°N				原地生消	
3	C1903	曲麻莱,Qumalai	3.4	560	95.1°E,34.4°N				东行	
4	C1904	托勒,Tuole	3.6	560	98.4°E,38.4°N	武威	3.6^{20}	560	东南行移出高原	切变线
5	C1905	嘉黎,Jiali	3.27	572	92.8°E,30.7°N				原地生消	
6	C1906	嘉黎,Jiali	3.31	574	93.5°E,31.2°N				原地生消	
7	C1907	泽库,Zeku	4.1～4.2	570	102.1°E,35.7°N	甘谷	4.2^{08}	570	东南行移出高原	高原槽
8	C1908	玛多,Maduo	4.2	572	97.5°E,35.0°N				原地生消	
9	C1909	五道梁,Wudaoliang	4.3～4.4	572	95.5°E,35.0°N				东南行转东行	
10	C1910	隆子,Longzi	4.8	576	92.5°E,28.6°N				原地生消	
11	C1911	杂多,Zaduo	4.15～4.17	575	93.8°E,32.7°N	资阳	4.17^{08}	577	东行转东南行移出高原	切变线
12	C1912	石渠,Shiqu	4.20	575	99.0°E,33.0°N				原地生消	

高原低涡纪要表（续-1）

序号	编号	名称	起止日期（月.日）	中心最小位势高度/位势什米	发现点经纬度	移出高原的地点	移出高原的时间	移出高原中心位势高度/位势什米	路径趋向	影响低涡移出高原的天气系统
13	C1913	当雄，Dangxiong	4.20～4.23	569	90.8°E,31.3°N	通渭	4.21^{20}	573	东行转东北行移出高原入海后转东南行	高原槽
14	C1914	嘉黎，Jiali	4.23	579	93.0°E,30.2°N				原地生消	
15	C1915	格尔木，Geermu	5.1	574	95.3°E,35.4°N	九寨沟	5.1^{20}	574	东南行移出高原	高原槽
16	C1916	托勒，Tuole	5.4～5.5	574	98.9°E,38.8°N	景泰	5.5^{08}	576	东南行移出高原	切变线
17	C1917	治多，Zhiduo	5.5	575	95.7°E,34.0°N				东北行	
18	C1918	诺木洪，Nuomuhong	5.13	572	96.6°E,35.3°N				原地生消	
19	C1919	五道梁，Wudaoliang	5.21	581	93.3°E,36.0°N				原地生消	
20	C1920	格尔木，Geermu	5.24	578	96.0°E,35.3°N				原地生消	
21	C1921	乌图美仁，Wutumeiren	5.28～5.29	576	93.0°E,36.5°N				东北行	
22	C1922	尼木，Nimu	5.30	579	89.6°E,29.7°N				东北行	
23	C1923	久治，Jiuzhi	5.30～5.31	579	101.5°E,33.9°N				西南行	

高原低涡纪要表（续-2）

序号	编号	名称	起止日期（月.日）	中心最小位势高度/位势什米	发现点经纬度	移出高原的地点	移出高原的时间	移出高原中心位势高度/位势什米	路径趋向	影响低涡移出高原的天气系统
24	C1924	贵南，Guinan	6.4～6.5	575	101.0°E,35.1°N	中宁	6.4[20]	576	东北行移出高原转东南行	西风槽
25	C1925	石渠，Shiqu	6.5	581	98.9°E,32.6°N				原地生消	
26	C1926	乌图美仁，Wutumeiren	6.7	582	92.4°E,36.4°N				原地生消	
27	C1927	泽库，Zeku	6.8	580	101.3°E,35.0°N				原地生消	
28	C1928	安多，Anduo	6.9～6.10	579	91.5°E,32.8°N				东北行	
29	C1929	久治，Jiuzhi	6.16～6.17	580	101.0°E,33.2°N	岷县	6.17[08]	580	东北行移出高原	切变线
30	C1930	乌图美仁，Wutumeiren	6.17～6.19	575	93.2°E,36.8°N	敦煌	6.18[20]	575	西南行转东北行移出高原	西风槽
31	C1931	大柴旦，Dachaidan	6.19～6.22	576	94.0°E,37.6°N	额济纳	6.21[08]	578	东北行移出高原	切变线
32	C1932	五道梁，Wudaoliang	7.1	582	92.9°E,35.6°N				原地生消	
33	C1933	果洛，Guoluo	7.2	584	99.2°E,34.0°N	通渭	7.2[20]	584	东北行移出高原	切变线
34	C1934	治多，Zhiduo	7.2～7.4	581	94.4°E,33.0°N	岷县	7.3[20]	584	东北行移出高原转东南行	切变线
35	C1935	索县，Suoxian	7.10～7.11	579	93.7°E,32.2°N	靖远	7.11[20]	580	东北行移出高原	西风槽

高原低涡纪要表（续-3）

序号	编号	名称	起止日期（月.日）	中心最小位势高度/位势什米	发现点经纬度	移出高原的地点	移出高原的时间	移出高原中心位势高度/位势什米	路径趋向	影响低涡移出高原的天气系统
36	C1936	杂多，Zaduo	7.12	582	94.5°E,32.8°N				原地生消	
37	C1937	嘉黎，Jiali	7.30	587	92.6°E,30.2°N				原地生消	
38	C1938	玛多，Maduo	8.1～8.4	578	97.5°E,35.0°N	靖远	8.2^{20}	580	东行转东北行移出高原	西风槽
39	C1939	那曲，Naqu	8.4～8.5	582	92.4°E,32.3°N	天水	8.5^{20}	584	东行转东南行再转东北行移出高原	西风槽
40	C1940	墨竹工卡，Mozhugongka	8.5	583	92.4°E,30.2°N				原地生消	
41	C1941	马尔康，Maerkang	8.8	584	102.4°E,32.4°N				原地生消	
42	C1942	杂多，Zaduo	9.2～9.4	584	93.8°E,32.8°N				东南行	
43	C1943	达日，Dari	9.7～9.10	582	98.5°E,34.3°N	平昌	9.8^{08}	582	东南行移出高原转西行再转西南行	切变线
44	C1944	色达，Seda	9.10	586	99.6°E,32.8°N				原地生消	
45	C1945	色达，Seda	9.13	584	99.7°E,32.6°N				原地生消	
46	C1946	曲麻莱，Qumalai	9.16	579	95.1°E,34.8°N				原地生消	
47	C1947	杂多，Zaduo	9.22	584	93.8°E,33.4°N				原地生消	

高原低涡对我国影响简表

序号	编号	简述活动的情况	高原低涡对我国的影响			
			项目	时间（月.日）	概况	极值
1	C1901	高原北部东行	降水	1.14	青海北、西北部，甘肃北部和新疆南部个别地区降水量为0.1～2mm，降水日数为1天	青海茶卡 1.5mm（1天）
2	C1902	高原北部原地生消	降水	2.28	青海西部地区降水量为0.1～3mm，降水日数为1天	青海五道梁 2.5mm（1天）
3	C1903	高原东部东行	降水	3.4	青海西、西南、南、中部地区降水量为0.1～3mm，降水日数为1天	青海五道梁 2.2mm（1天）
4	C1904	高原东北部东南行移出高原	降水	3.6	青海东、北部和甘肃南部地区降水量为0.1～2mm，降水日数为1天	青海兴海 1.4mm（1天）
5	C1905	高原南部原地生消	降水	3.27	西藏中、南、东、东南部地区降水量为0.1～9mm，降水日数为1天	西藏南木 8.7mm（1天）
6	C1906	高原南部原地生消	降水	3.31	西藏东、南部地区降水量为0.1～11mm，降水日数为1天	西藏墨竹工卡 10.3mm（1天）
7	C1907	高原东北部东南行移出高原	降水	4.1～4.2	青海东南、南部，甘肃、陕西南部和四川西北、北、东北部地区降水量为0.1～23mm，降水日数为1～2天	四川色达 22.3mm（2天）
8	C1908	高原东部原地生消	降水	4.2	西藏东部，青海西南、南、东、东南部和四川西北部地区降水量为0.1～18mm，降水日数为1天	四川色达 17.4mm（1天）
9	C1909	高原东部东南行转东行	降水	4.3～4.4	西藏中、东、东南部，青海西、西南、南、东、东南、中、北部，甘肃西南部和四川西、西北、北部地区降水量为0.1～19mm，降水日数为1～2天	四川康定 18.3mm（1天）

高原低涡对我国影响简表（续-1）

序号	编号	简述活动的情况	高原低涡对我国的影响			
			项目	时间（月.日）	概况	极值
10	C1910	高原南部原地生消	降水	4.8	西藏中、东、南部地区降水量为0.1～9mm，降水日数为1天	西藏当雄 8.6mm（1天）
11	C1911	高原中部东行转东南行移出高原	降水	4.15～4.17	西藏东部，青海西南、南、东南部和四川西、中、西北部地区降水量为0.1～18mm，降水日数为1～2天	四川色达 17.4mm（2天）
12	C1912	高原东部原地生消	降水	4.20	青海南、东南、东部，甘肃西南部和四川西北部地区降水量为0.1～14mm，降水日数为1天	青海贵南 13.6mm（1天）
13	C1913	高原南部东行转东北行移出高原后入海转东南行	降水	4.20～4.23	西藏中、东、南、东南部，青海东、南、东南部，甘肃西南部，陕西、山西中、南部，河北南部，四川西、北、西北部，河南北、中、东部，山东大部，江苏北部和安徽北部个别地区降水量为0.1～23mm，降水日数为1～3天	山东胶南 22.6mm（1天）
14	C1914	高原南部原地生消	降水	4.23	西藏东、南、东南部地区，降水量为0.1～10mm，降水日数为1天	西藏嘉黎 9.7mm（1天）
15	C1915	高原东部东南行移出高原	降水	5.1	西藏东、东南部，青海南、东南部，甘肃南部和四川西、中、北、西北部地区降水量为0.1～12mm，降水日数为1天	西藏察隅 11.9mm（1天）
16	C1916	高原东北部东南行移出高原	降水	5.4～5.5	西藏东部、内蒙古西部个别地区，青海东、东北、东南、南部，甘肃中、南部，宁夏南半部，陕西西南部和四川北、西北、中、东北部地区降水量为0.1～35mm，降水日数为1～2天	甘肃通渭 34.6mm（1天）
17	C1917	高原东部东北行	降水	5.5	青海南、东北、东南、北、中、东部，甘肃、宁夏南部，陕西西南部和四川北、西北部地区降水量为0.1～35mm，降水日数为1天	甘肃通渭 34.6mm（1天）
18	C1918	高原东北部原地生消	降水	5.13	西藏东部，青海西、南、西南部和四川西北部地区降水量为0.1～16mm，降水日数为1天	西藏类乌齐 15.8mm（1天）

高原低涡对我国影响简表（续-2）

序号	编号	简述活动的情况	高原低涡对我国的影响			
			项目	时间（月.日）	概况	极值
19	C1919	高原北部原地生消	降水	5.21	西藏东、东南部和青海西南部个别地区降水量为0.1～7mm，降水日数为1天	西藏墨竹工卡6.1mm（1天）
20	C1920	高原东北部原地生消	降水	5.24	青海西南、南部和四川西北部个别地区降水量为0.1～4mm，降水日数为1天	青海清水河3.5mm（1天）
21	C1921	高原北部东北行	降水	5.28～5.29	西藏东部，青海西、中、南、东、东北、东南、西南部，甘肃中部和四川西北部个别地区降水量为0.1~22mm，降水日数为1~2天	青海贵南21.9mm（1天）
22	C1922	高原南部东北行	降水	5.30	西藏中、东、南、东南部地区降水量为0.1～14mm，降水日数为1天	西藏拉萨13.1mm（1天）
23	C1923	高原东部西南行	降水	5.30～5.31	西藏东部，青海南、东南、东部，甘肃南部和四川西北、北部地区降水量为0.1～44mm，降水日数为1～2天	四川甘孜43.2mm（2天）
24	C1924	高原东北部东北行移出高原转东南行	降水	6.4～6.5	西藏东部，青海西南、南、东、中、东北、东南部，甘肃、宁夏、山西南部，四川东、东北、西、西北、北部，陕西、河南、湖北、重庆大部，安徽西部和湖南北部地区降水量为0.1～140mm，降水日数为1～2天。其中甘肃、四川、湖北、河南、陕西、山西和重庆有成片降水量大于25mm的降水区，降水日数为1～2天	湖北麻城135.4mm（1天）
25	C1925	高原东部原地生消	降水	6.5	西藏东、东南部，青海南部和四川西北部地区降水量为0.1～6mm，降水日数为1天	西藏芒康5.5mm（1天）
26	C1926	高原北部原地生消	降水	6.7	青海南部和四川西北部个别地区降水量为0.1～11mm，降水日数为1天	四川石渠11.0mm（1天）
27	C1927	高原东部原地生消	降水	6.8	青海东、东南部，甘肃南部，宁夏南部个别地区和四川北部地区降水量为0.1～25mm，降水日数为1天	青海班玛24.3mm（1天）

高原低涡对我国影响简表（续-3）

序号	编号	简述活动的情况	高原低涡对我国的影响			
			项目	时间（月.日）	概况	极值
28	C1928	高原中部东北行	降水	6.9～6.10	西藏南、东、东南部，青海西南、南、东、东北、东南、中部，甘肃西、西南部和四川西北、北部地区降水量为0.1～45mm，降水日数为1～2天	西藏嘉黎 44.6mm（2天）
29	C1929	高原东部东北行 移出高原	降水	6.16～6.17	西藏东部，青海南、东、东北、东南部，甘肃南部，陕西西南部和四川北、西北、西、中部地区降水量为0.1～37mm，降水日数为1～2天	青海河南 36.7mm（2天）
30	C1930	高原北部西南行 转东北行 移出高原	降水	6.17～6.19	西藏东、中部，青海大部，宁夏西半部，甘肃北、南部和四川西北、北、中部地区降水量为0.1～50mm，降水日数为1～3天。其中青海有成片降水量大于25mm的降水区，降水日数为1～3天	青海治多 49.9mm（3天）
31	C1931	高原北部东北行 移出高原	降水	6.19～6.22	青海大部，甘肃、宁夏中、北部和内蒙古西、中部地区降水量为0.1～85mm，降水日数为1～3天	甘肃酒泉 84.4mm（2天）
32	C1932	高原北部 原地生消	降水	7.1	青海南、东部和四川西北部个别地区降水量为0.1～13mm，降水日数为1天	青海杂多 12.6mm（1天）
33	C1933	高原东部东北行 移出高原	降水	7.2	西藏东部，青海东、东南、南部，甘肃南部，陕西西南部和四川西、西北、北部地区降水量为0.1～22mm，降水日数为1天	四川阿坝 21.9mm（1天）
34	C1934	高原中部东北行 移出高原转 东南行	降水	7.2～7.4	西藏中、东、东南部，青海东北、东、东南、中、南、西南部，甘肃、陕西南部，山西南部个别地区，河南西部，湖北西、中部，重庆北半部和四川大部地区降水量为0.1～60mm，降水日数为1～2天	四川峨眉山 57.5mm（2天）
35	C1935	高原南部东北行 移出高原	降水	7.10～7.11	西藏中、东、东南部，青海、四川大部，甘肃西、南部，陕西西南部和宁夏南部个别地区降水量为0.1～75mm，降水日数为1～2天	四川龙泉 73.0mm（1天）

高原低涡对我国影响简表（续-4）

序号	编号	简述活动的情况	高原低涡对我国的影响			
			项目	时间（月.日）	概　况	极值
36	C1936	高原中部原地生消	降水	7.12	西藏南、中、东、东南部和青海南、西南部地区降水量为0.1～35mm，降水日数为1天	西藏昌都34.2mm（1天）
37	C1937	高原南部原地生消	降水	7.30	西藏中、南、东南、东部地区降水量为0.1～39mm，降水日数为1天	西藏江孜39.0mm（1天）
38	C1938	高原东部东行转东北行移出高原	降水	8.1～8.4	西藏中、东、东南部，青海西、南、东、东南、西南部，甘肃中、南部，宁夏，陕西，河北大部，山西，内蒙古中部，北京，山东西北部，河南北、西、中部和四川西、中、北、西北、东北地区降水量为0.1～135mm，降水日数为1～3天。其中甘肃、陕西、宁夏、四川、山西、河南和河北有成片降水量大于25mm的降水区，降水日数为1～3天	河南商南134.0mm（2天）
39	C1939	高原中部东行转东南行再转东北行移出高原	降水	8.4～8.5	西藏南、中、东、东南部，青海南、东北、东、中、东南、西南部，甘肃西、南部，陕西南部，湖北西部，重庆西南、东北部，四川大部，贵州北部个别地区和云南西北、东北部地区降水量为0.1～145mm，降水日数为1～2天。其中西藏、四川有成片降水量大于25mm的降水区，降水日数为1～2天	四川中江141.5mm（1天）
40	C1940	高原南部原地生消	降水	8.5	西藏南、中、东、东南部地区降水量为0.1～31mm，降水日数为1天	西藏泽当30.8mm（1天）
41	C1941	高原东部原地生消	降水	8.8	西藏东、东南部，青海东、东南部，甘肃南部和四川西、中、西北、北、东北部地区降水量为0.1～41mm，降水日数为1天	四川高坪40.7mm（1天）

高原低涡对我国影响简表（续-5）

序号	编号	简述活动的情况	高原低涡对我国的影响			
			项目	时间（月.日）	概况	极值
42	C1942	高原中部东南行	降水	9.2～9.4	西藏南、中、东南、东部，青海西、西南、南、中部，四川西、西北部和云南西北部个别地区降水量为0.1～55mm，降水日数为1～3天	西藏当雄 52.8mm（2天）
43	C1943	高原东部东南行移出高原转西行再转西南行	降水	9.7～9.10	西藏东部，青海东、东南、南部，甘肃、陕西南部，湖北西部，重庆、四川、广西大部，贵州，云南和湖南西、南部地区降水量为0.1～240mm，降水日数为1～4天。其中四川、重庆、贵州、云南和广西有成片降水量大于50mm的降水区，降水日数为1～4天	贵州织金 233.4mm（3天）
44	C1944	高原东部原地生消	降水	9.10	西藏东部，青海东南、南部，甘肃西南部个别地区和四川西北部地区降水量为0.1～8mm，降水日数为1天	四川阿坝 7.1mm（1天）
45	C1945	高原东部原地生消	降水	9.13	西藏东部，青海东南、南部，甘肃西南部个别地区和四川西北部地区降水量为0.1～49mm，降水日数为1天	四川色达 48.6mm（1天）
46	C1946	高原东部原地生消	降水	9.16	西藏东部，青海西南、南、中部和四川西北部个别地区降水量为0.1～12mm，降水日数为1天	青海清水河 11.1mm（1天）
47	C1947	高原中部原地生消	降水	9.22	西藏东部，青海西、西南、南部和四川西北部地区降水量为0.1～5mm，降水日数为1天	西藏安多 4.8mm（1天）

2019年高原低涡编号、名称、日期对照表

未移出高原的高原东部涡	未移出高原的高原西部涡	移出高原的高原低涡
② C1902 乌图美仁，Wutumeiren	① C1901 茫崖，Mangya	④ C1904 托勒，Tuole
2.28	1.14	3.6
③ C1903 曲麻莱，Qumalai	㉒ C1922 尼木，Nimu	⑦ C1907 泽库，Zeku
3.4	5.30	4.1～4.2
⑤ C1905 嘉黎，Jiali	㉖ C1926 乌图美仁，Wutumeiren	⑪ C1911 杂多，Zaduo
3.27	6.7	4.15～4.17
⑥ C1906 嘉黎，Jiali	㉘ C1928 安多，Anduo	⑬ C1913 当雄，Dangxiong
3.31	6.9～6.10	4.20～4.23
⑧ C1908 玛多，Maduo	㊵ C1940 墨竹工卡，Mozhugongka	⑮ C1915 格尔木，Geermu
4.2	8.5	5.1
⑨ C1909 五道梁，Wudaoliang		⑯ C1916 托勒，Tuole
4.3～4.4		5.4～5.5
⑩ C1910 隆子，Longzi		㉔ C1924 贵南，Guinan
4.8		6.4～6.5
⑫ C1912 石渠，Shiqu		㉙ C1929 久治，Jiuzhi
4.20		6.16～6.17
⑭ C1914 嘉黎，Jiali		㉚ C1930 乌图美仁，Wutumeiren
4.23		6.17～6.19

2019年高原低涡编号、名称、日期对照表（续-1）

未移出高原的高原东部涡		移出高原的高原低涡
⑰ C1917 治多，Zhiduo	㊱ C1936 杂多，Zaduo	㉛ C1931大柴旦，Dachaidan
5.5	7.12	6.19～6.22
⑱ C1918 诺木洪，Nuomuhong	㊲ C1937 嘉黎，Jiali	㉝ C1933 果洛，Guoluo
5.13	7.30	7.2
⑲ C1919 五道梁，Wudaoliang	㊶ C1941 马尔康，Maerkang	㉞ C1934 治多，Zhiduo
5.21	8.8	7.2～7.4
⑳ C1920 格尔木，Geermu	㊷ C1942 杂多，Zaduo	㉟ C1935 索县，Suoxian
5.24	9.2～9.4	7.10～7.11
㉑ C1921 乌图美仁，Wutumeiren	㊹ C1944 色达，Seda	㊳ C1938 玛多，Maduo
5.28～5.29	9.10	8.1～8.4
㉓ C1923 久治，Jiuzhi	㊺ C1945 色达，Seda	㊴ C1939 那曲，Naqu
5.30～5.31	9.13	8.4～8.5
㉕ C1925 石渠，Shiqu	㊻ C1946 曲麻莱，Qumalai	㊸ C1943 达日，Dari
6.5	9.16	9.7～9.10
㉗ C1927 泽库，Zeku	㊼ C1947 杂多，Zaduo	
6.8	9.22	
㉜ C1932 五道梁，Wudaoliang		
7.1		

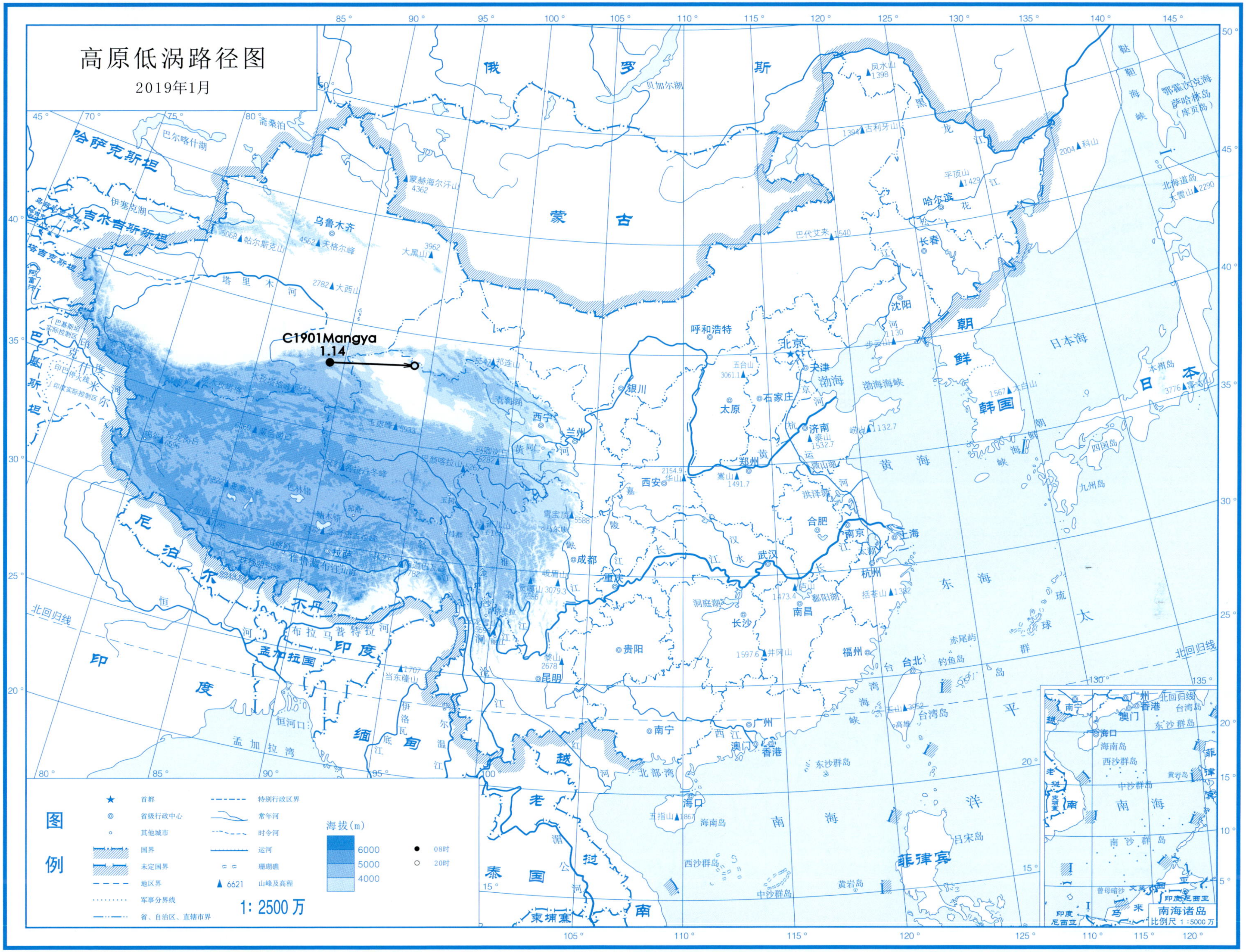

高原低涡路径图

2019年1月

C1901Mangya
1.14

图例

首都
省级行政中心
其他城市
国界
未定国界
地区界
军事分界线
省、自治区、直辖市界
特别行政区界
常年河
时令河
运河
珊瑚礁
6621 山峰及高程

海拔(m)
6000
5000
4000

● 08时
○ 20时

1：2500万

南海诸岛
比例尺 1：5000万

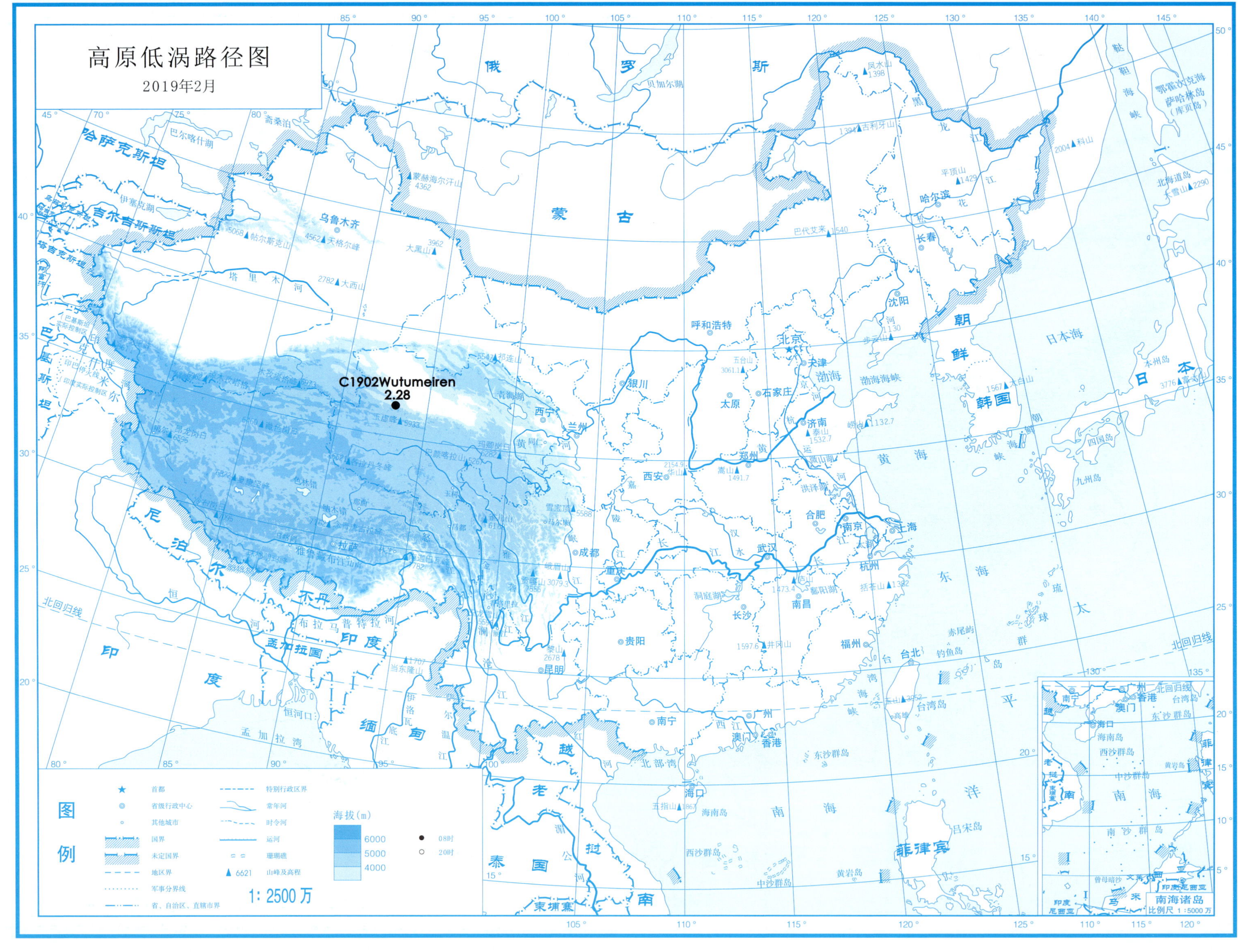
高原低涡路径图
2019年2月
C1902Wutumeiren
2.28
图例
首都
省级行政中心
其他城市
国界
未定国界
地区界
军事分界线
省、自治区、直辖市界
特别行政区界
常年河
时令河
运河
珊瑚礁
6621 山峰及高程
海拔(m)
6000
5000
4000
08时
20时
1:2500万
南海诸岛
比例尺 1:5000万

高原低涡路径图

2019年3月

C1904Tuole
3.6

C1903Qumalai
3.4

C1906Jiali
3.31

C1905Jiali
3.27

图例

符号	说明	符号	说明
★	首都		特别行政区界
◎	省级行政中心		常年河
○	其他城市		时令河
	国界		运河
	未定国界		珊瑚礁
	地区界	▲ 6621	山峰及高程
	军事分界线		
	省、自治区、直辖市界		

海拔(m)

6000

5000

4000

● 08时

○ 20时

1: 2500 万

南海诸岛

比例尺 1:5000 万

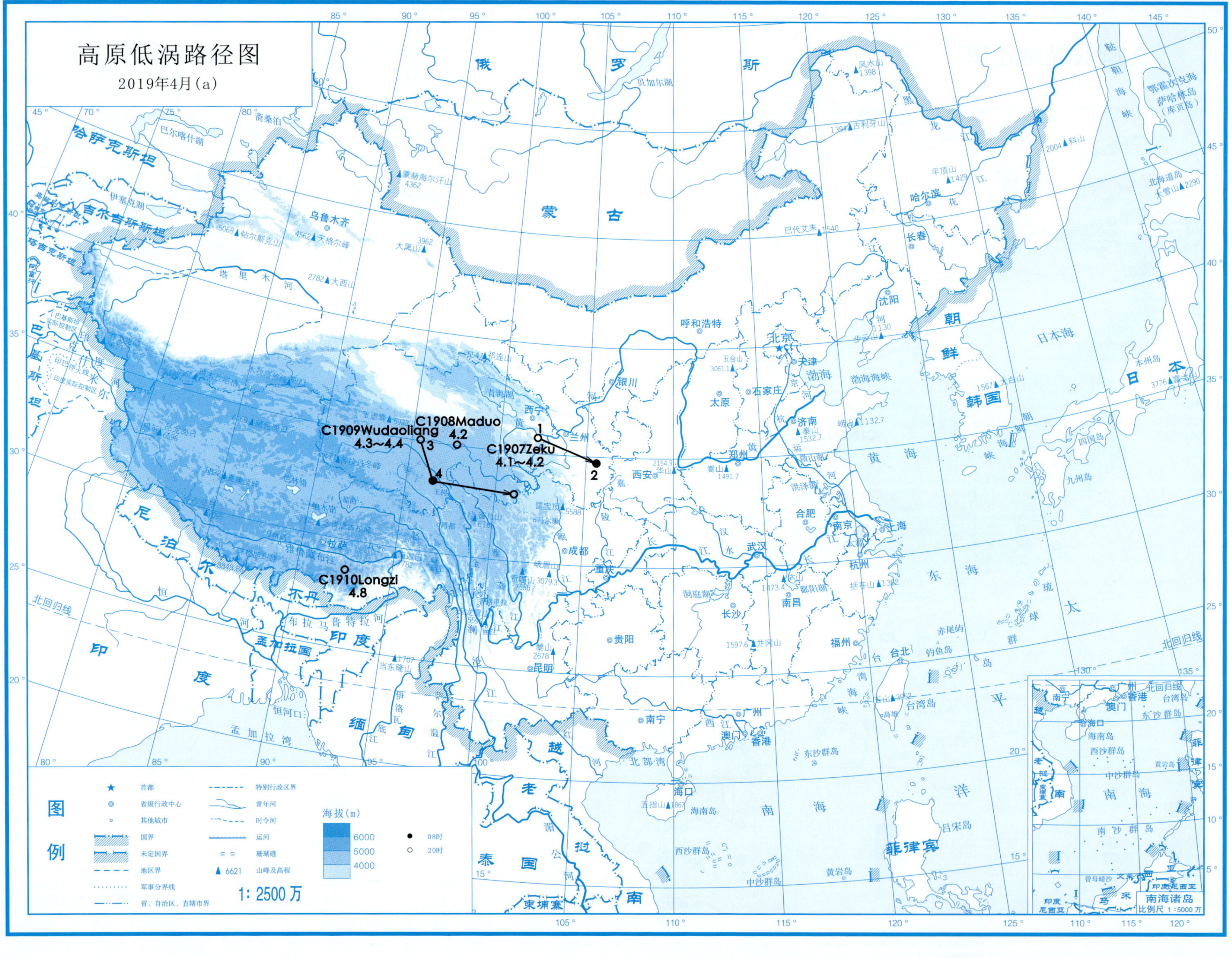
高原低涡路径图
2019年4月(a)
C1907Zeku
4.1~4.2
C1908Maduo
4.2
C1909Wudaoliang
4.3~4.4
C1910Longzi
4.8
1
2
3
4
图例
首都
省级行政中心
其他城市
国界
未定国界
地区界
军事分界线
省、自治区、直辖市界
特别行政区界
常年河
时令河
运河
珊瑚礁
6621 山峰及高程
海拔(m)
6000
5000
4000
08时
20时
1:2500万
南海诸岛
比例尺 1:5000万

高原低涡路径图

2019年4月(b)

C1911Zaduo
4.15~4.17
15 16
17

C1912Shiqu
4.20
21
22
23

C1913Dangxiong
4.20~4.23
20

C1914Jiali
4.23

图例

符号	说明	符号	说明
★	首都		特别行政区界
◎	省级行政中心		常年河
○	其他城市		时令河
	国界		运河
	未定国界		珊瑚礁
	地区界	▲ 6621	山峰及高程
	军事分界线		
	省、自治区、直辖市界		

海拔(m)：6000　5000　4000

● 08时
○ 20时

1：2500 万

南海诸岛　比例尺 1：5000 万

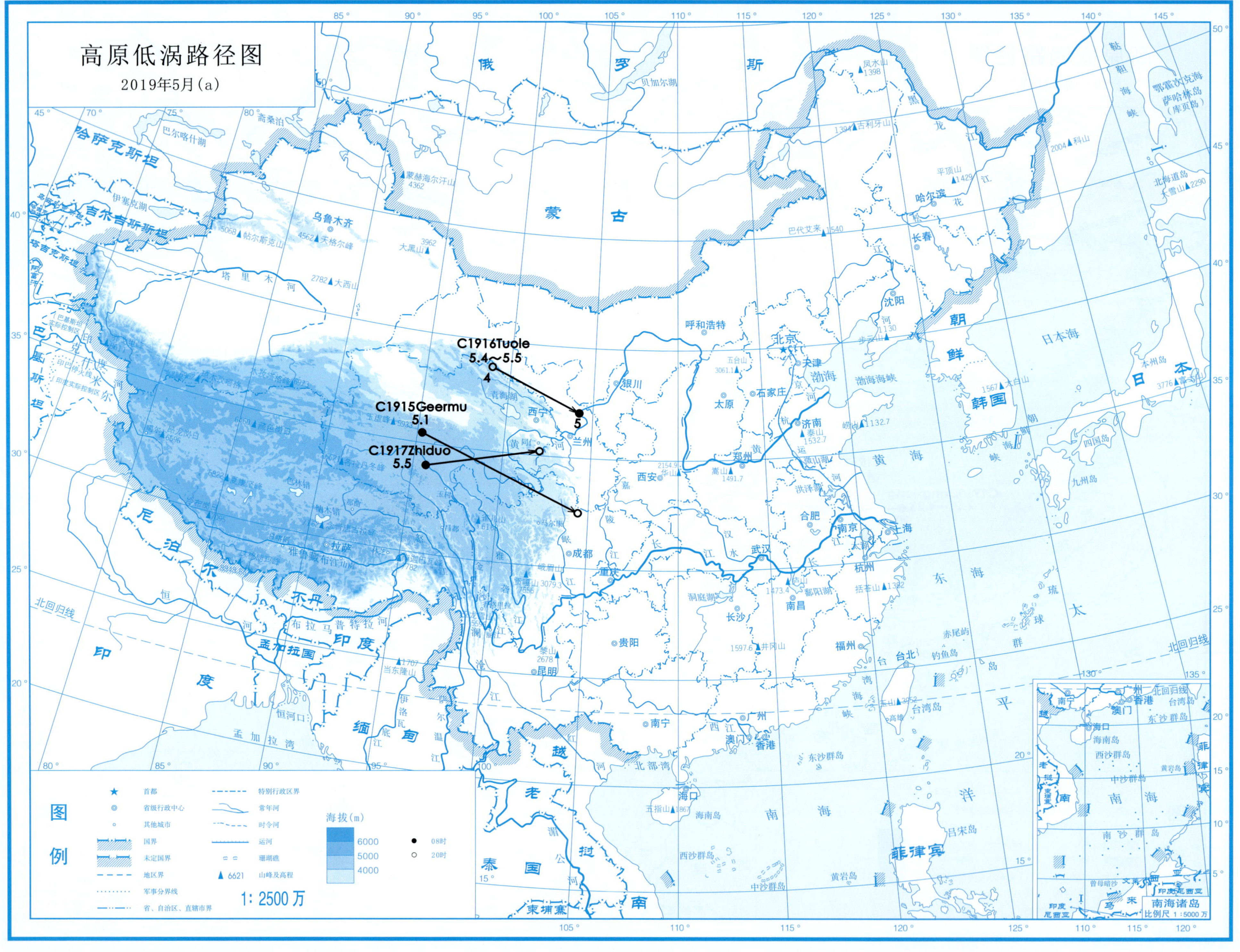
高原低涡路径图
2019年5月(a)
C1916Tuole
5.4～5.5
4
5
C1915Geermu
5.1
C1917Zhiduo
5.5
图例
首都
省级行政中心
其他城市
国界
未定国界
地区界
军事分界线
省、自治区、直辖市界
特别行政区界
常年河
时令河
运河
珊瑚礁
6621 山峰及高程
海拔(m)
6000
5000
4000
08时
20时
1: 2500 万
南海诸岛
比例尺 1:5000 万

高原低涡路径图

2019年5月(b)

C1919Wudaoliang
5.21

C1918Nuomuhong
5.13

图例

符号	说明	符号	说明
★	首都		特别行政区界
◎	省级行政中心		常年河
○	其他城市		时令河
	国界		运河
	未定国界		珊瑚礁
	地区界	▲ 6621	山峰及高程
	军事分界线		
	省、自治区、直辖市界		

海拔(m)
6000
5000
4000

● 08时
○ 20时

1: 2500万

南海诸岛
比例尺 1 : 5000万

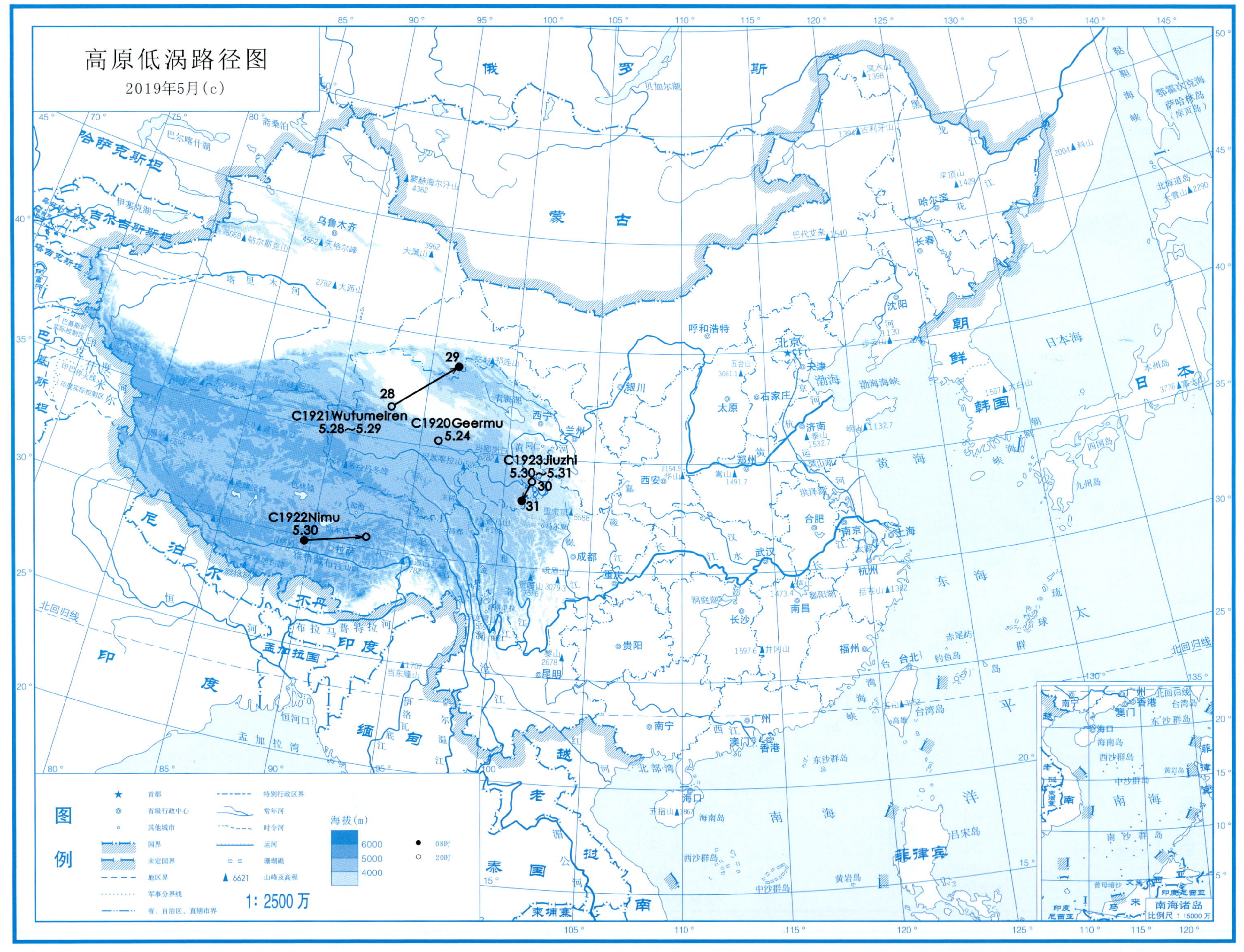
高原低涡路径图
2019年5月(c)
29
28
C1921Wutumeiren
5.28~5.29
C1920Geermu
5.24
C1923Jiuzhi
5.30~5.31
30
31
C1922Nimu
5.30
图例
08时
20时
1: 2500万
南海诸岛
比例尺 1:5000万

高原低涡路径图

2019年6月(a)

C1926Wutumeiren
6.7

C1924Guinan
6.4~6.5
4

C1925Shiqu
6.5

5

图例

★ 首都
◎ 省级行政中心
○ 其他城市
国界
未定国界
地区界
军事分界线
省、自治区、直辖市界
特别行政区界
常年河
时令河
运河
珊瑚礁
▲6621 山峰及高程

海拔(m)
6000
5000
4000

● 08时
○ 20时

1: 2500万

南海诸岛
比例尺 1:5000万

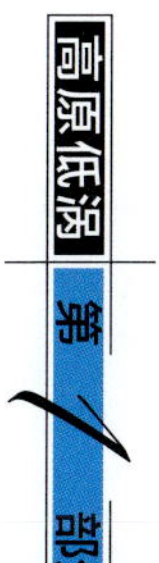

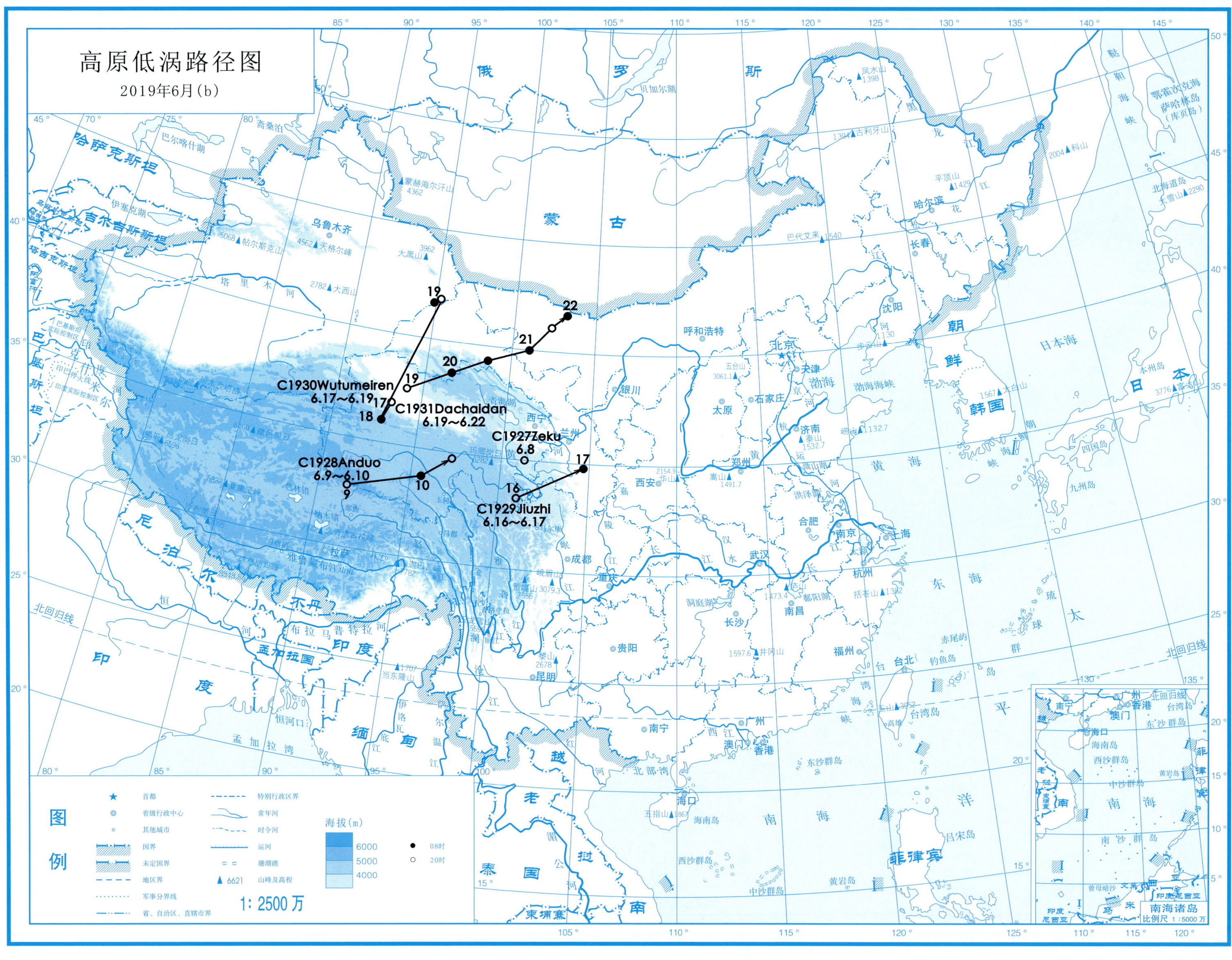
高原低涡路径图
2019年6月(b)
C1927Zeku
6.8
C1928Anduo
6.9~6.10
C1929Jiuzhi
6.16~6.17
C1930Wutumeiren
6.17~6.19
C1931Dachaidan
6.19~6.22
图例
首都
省级行政中心
其他城市
国界
未定国界
地区界
军事分界线
省、自治区、直辖市界
特别行政区界
常年河
时令河
运河
珊瑚礁
山峰及高程
海拔(m)
6000
5000
4000
08时
20时
1: 2500 万
南海诸岛
比例尺 1:5000 万

高原低涡路径图

2019年7月(a)

C1932Wudaoliang 7.1

C1933Guoluo 7.2

C1934Zhiduo 7.2~7.4

2 3 4

图例

★	首都
◎	省级行政中心
○	其他城市
	国界
	未定国界
	地区界
	军事分界线
	省、自治区、直辖市界
	特别行政区界
	常年河
	时令河
	运河
	珊瑚礁
▲ 6621	山峰及高程
●	08时
○	20时

海拔(m): 6000 5000 4000

1: 2500 万

南海诸岛 比例尺 1 :5000 万

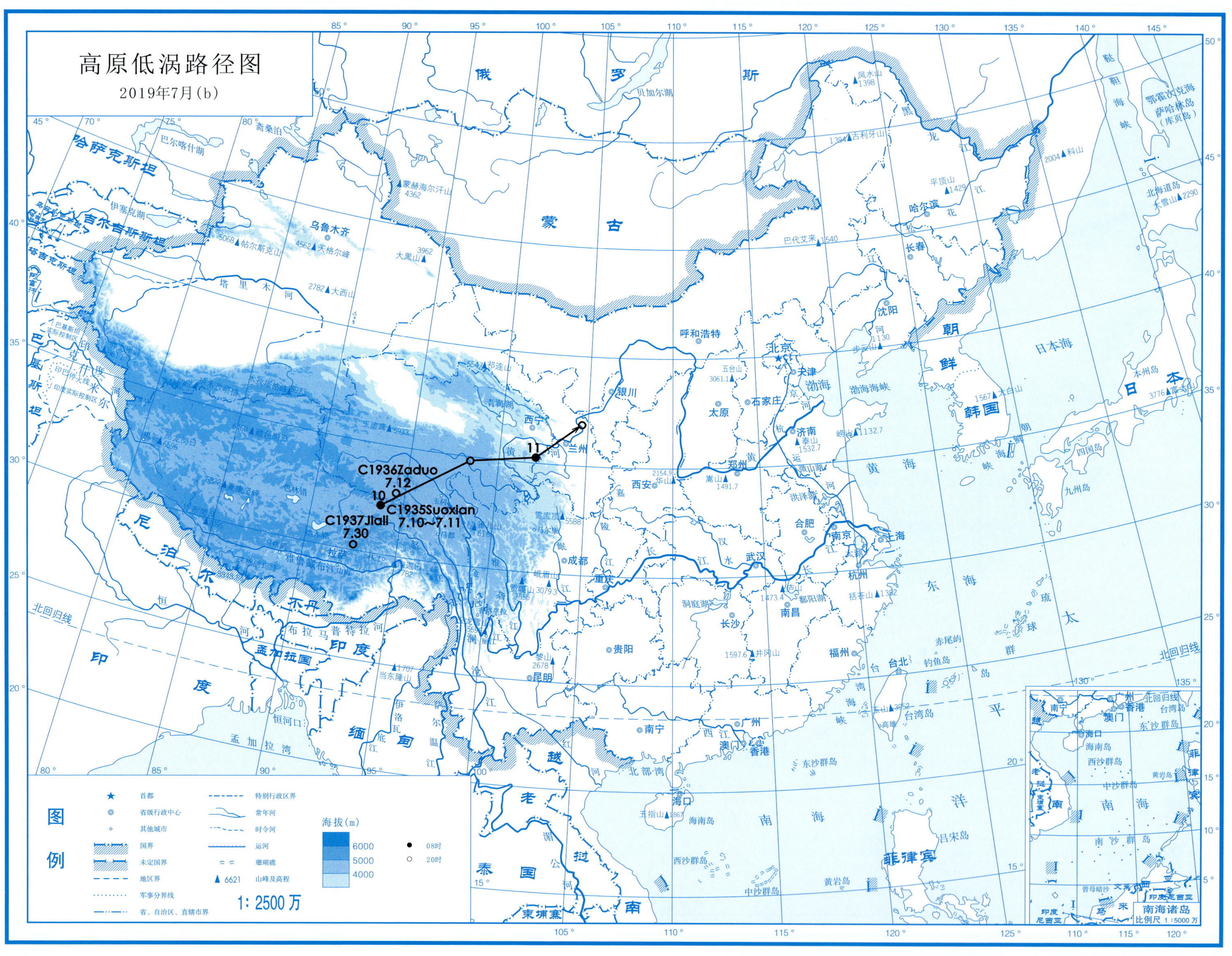

高原低涡路径图
2019年7月(b)
C1936Zaduo
7.12
C1935Suoxian
7.10~7.11
C1937Jiali
7.30
10
11
俄 罗 斯
蒙 古
哈萨克斯坦
吉尔吉斯斯坦
塔吉克斯坦
尼 泊 尔
不丹
孟加拉国
印 度
缅 甸
老 挝
越 南
泰 国
柬埔寨
朝 鲜
韩国
日 本
菲律宾
乌鲁木齐
拉萨
西宁
兰州
银川
呼和浩特
北京
天津
石家庄
太原
济南
郑州
西安
成都
重庆
贵阳
昆明
武汉
长沙
南昌
合肥
南京
上海
杭州
福州
台北
广州
南宁
海口
香港
澳门
沈阳
长春
哈尔滨
渤海
黄 海
东 海
日本海
南 海
太 平 洋
北回归线
南海诸岛
比例尺 1:5000 万
图 例
首都
省级行政中心
其他城市
国界
未定国界
地区界
军事分界线
省、自治区、直辖市界
特别行政区界
常年河
时令河
运河
珊瑚礁
6621 山峰及高程
海拔(m)
6000
5000
4000
08时
20时
1:2500万

高原低涡路径图

2019年8月

C1938Maduo
8.1～8.4

C1939Naqu
8.4～8.5

C1940Mozhugongka
8.5

C1941Maerkang
8.8

图例

符号	说明	符号	说明
★	首都		特别行政区界
◎	省级行政中心		常年河
○	其他城市		时令河
	国界		运河
	未定国界		珊瑚礁
	地区界	▲ 6621	山峰及高程
	军事分界线		
	省、自治区、直辖市界		

海拔(m)

6000

5000

4000

● 08时

○ 20时

1：2500万

南海诸岛

比例尺 1：5000万

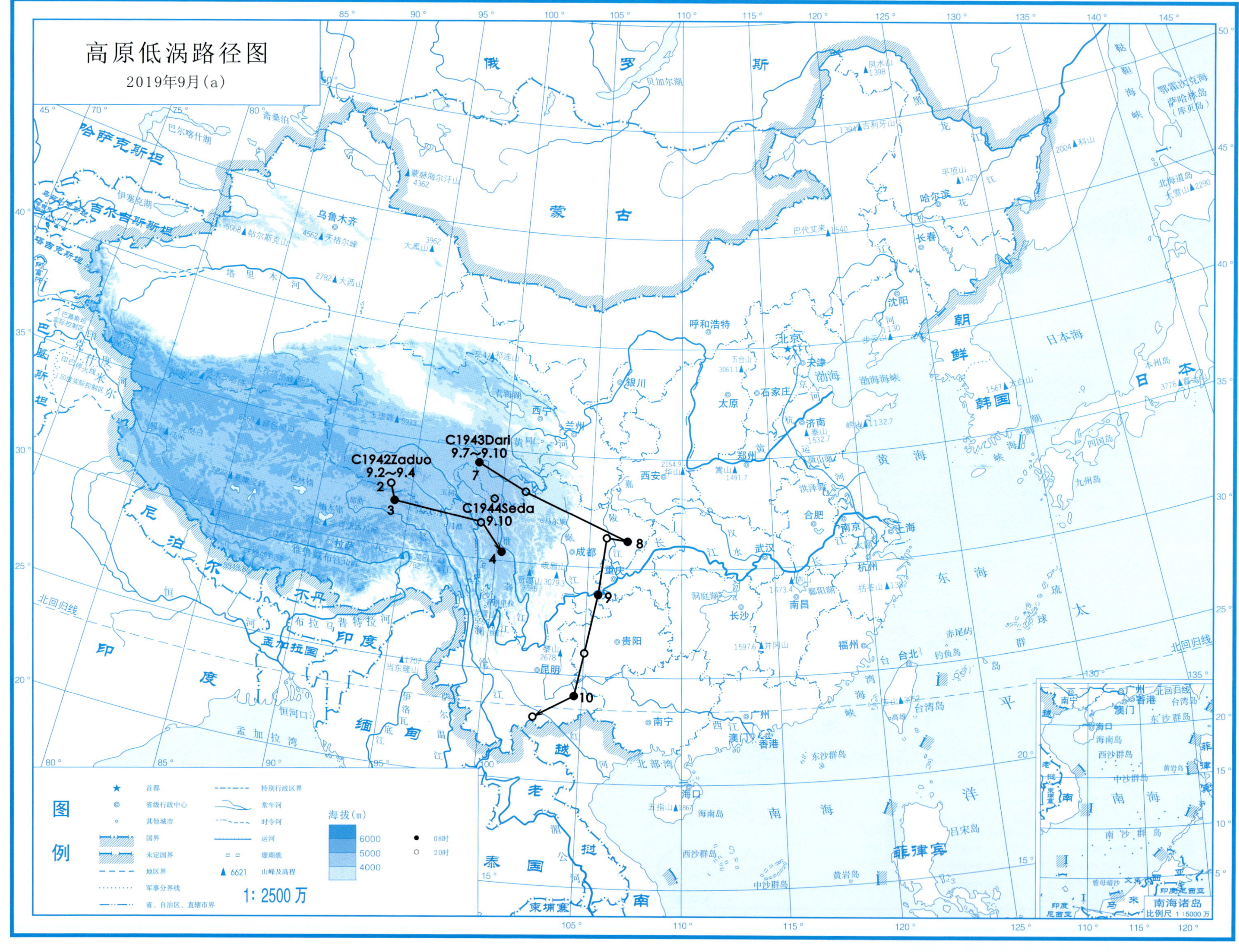
高原低涡路径图
2019年9月(a)
C1942Zaduo
9.2～9.4
C1943Darl
9.7～9.10
C1944Seda
9.10
图例
首都
省级行政中心
其他城市
国界
未定国界
地区界
军事分界线
省、自治区、直辖市界
特别行政区界
常年河
时令河
运河
珊瑚礁
山峰及高程
海拔(m)
6000
5000
4000
08时
20时
1: 2500 万
南海诸岛
比例尺 1:5000 万

高原低涡路径图

2019年9月(b)

C1946Qumalai 9.16

C1947Zaduo 9.22

C1945Seda 9.13

图例

符号	含义	符号	含义
★	首都	- - - -	特别行政区界
◎	省级行政中心		常年河
◦	其他城市		时令河
	国界		运河
	未定国界		珊瑚礁
- - -	地区界	▲ 6621	山峰及高程
······	军事分界线		
-·-·-	省、自治区、直辖市界		

海拔(m)：6000、5000、4000

● 08时
○ 20时

1∶2500万

南海诸岛 比例尺 1∶5000万

青 藏 高 原 低 涡 降 水 资 料

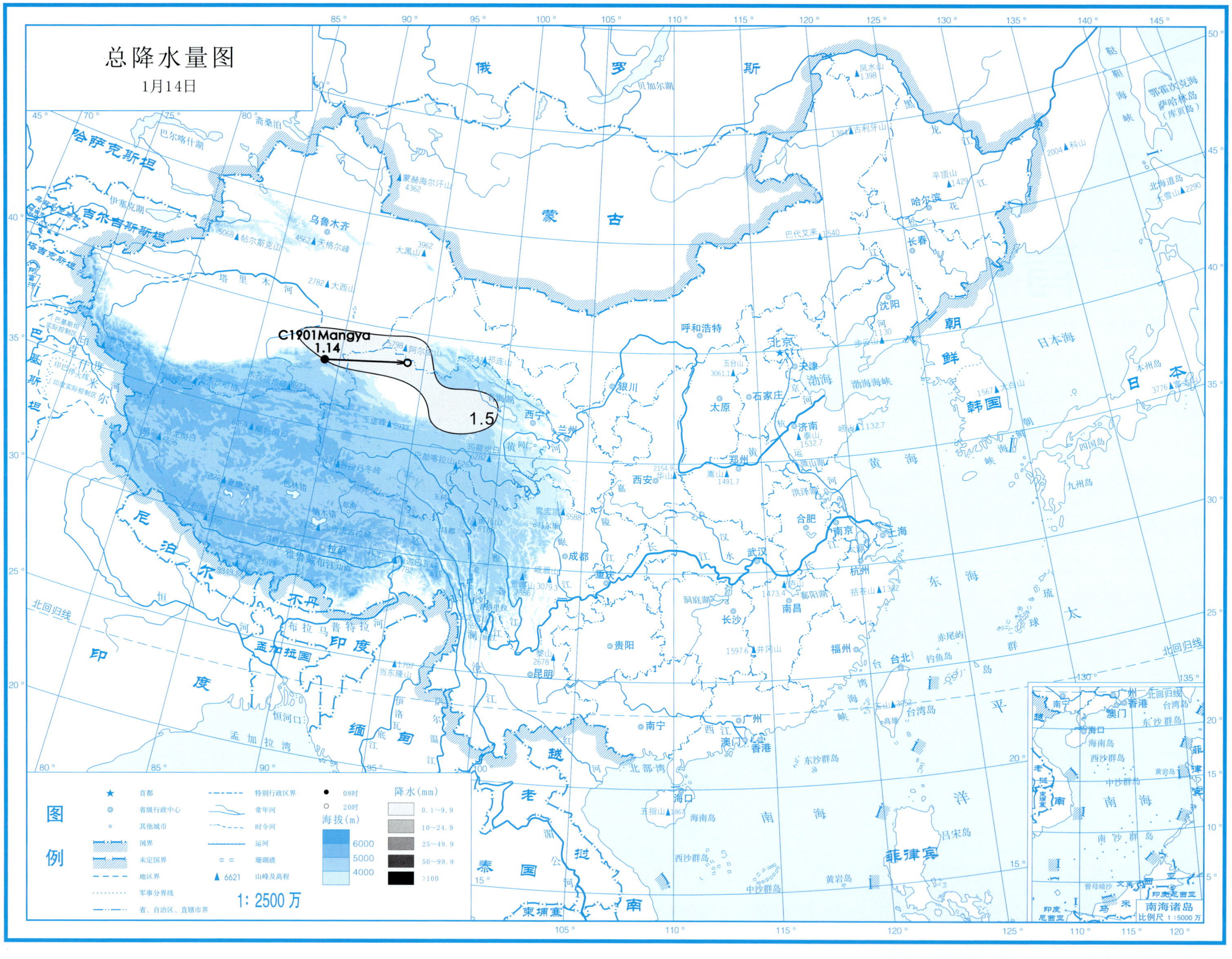
总降水量图
1月14日
C1901Mangya
1.14
1.5
图例
首都
省级行政中心
其他城市
国界
未定国界
地区界
军事分界线
省、自治区、直辖市界
特别行政区界
常年河
时令河
运河
珊瑚礁
6621 山峰及高程
08时
20时
海拔(m)
6000
5000
4000
降水(mm)
0.1~9.9
10~24.9
25~49.9
50~99.9
>100
1:2500万
南海诸岛
比例尺 1:5000万

总降水日数图

1月14日

图例

符号	说明	符号	说明
★	首都		特别行政区界
◎	省级行政中心		常年河
○	其他城市		时令河
	国界		运河
	未定国界		珊瑚礁
	地区界	▲ 6621	山峰及高程
	军事分界线		
	省、自治区、直辖市界		

海拔(m)：6000、5000、4000

降水日数：1天、2～3天、4天以上

1：2500万

南海诸岛 比例尺 1：5000万

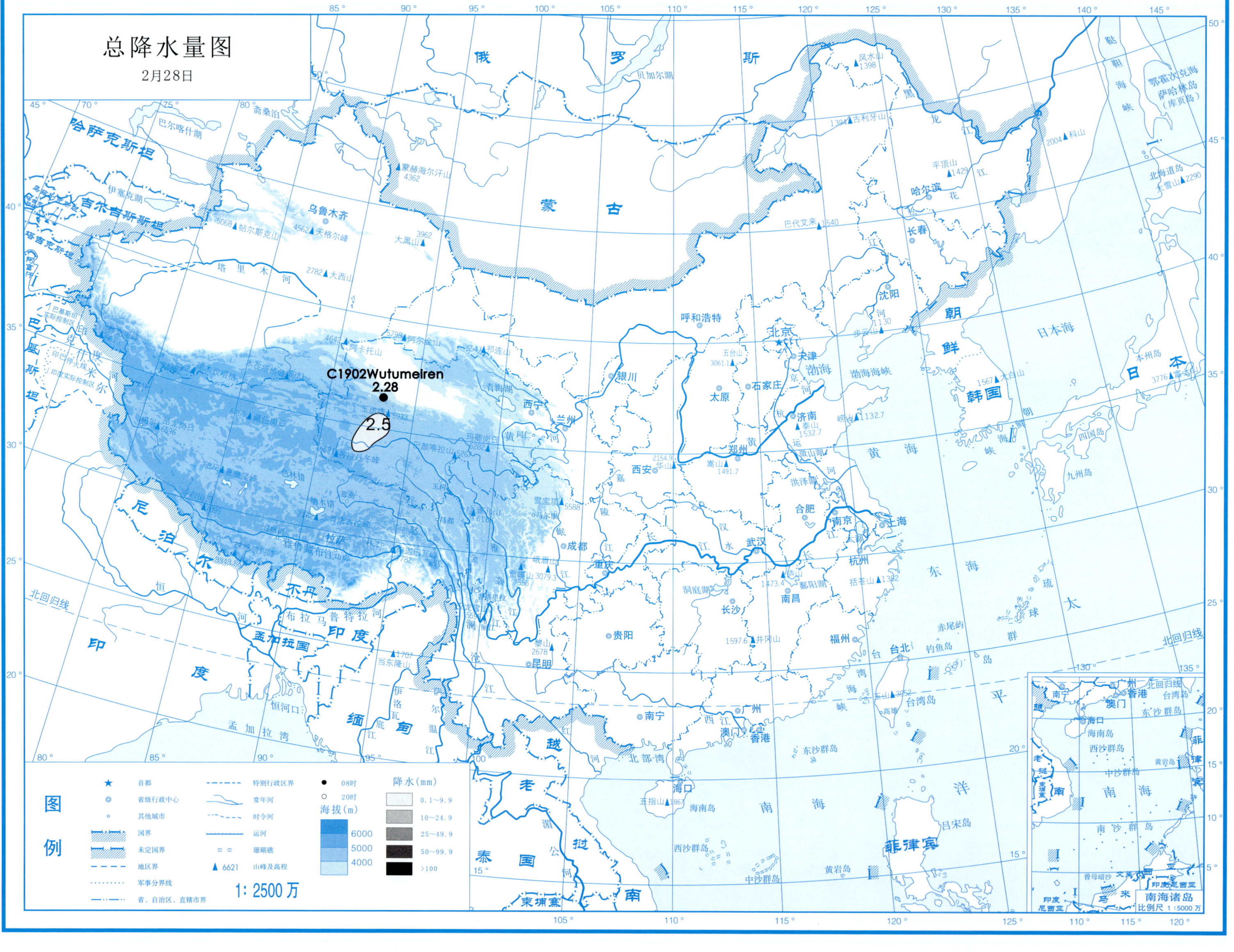
总降水量图
2月28日
C1902Wutumeiren
2.28
2.5
图例
首都
省级行政中心
其他城市
国界
未定国界
地区界
军事分界线
省、自治区、直辖市界
特别行政区界
常年河
时令河
运河
珊瑚礁
6621 山峰及高程
08时
20时
海拔(m)
6000
5000
4000
降水(mm)
0.1~9.9
10~24.9
25~49.9
50~99.9
>100
1: 2500万
南海诸岛
比例尺 1:5000万

总降水日数图

2月28日

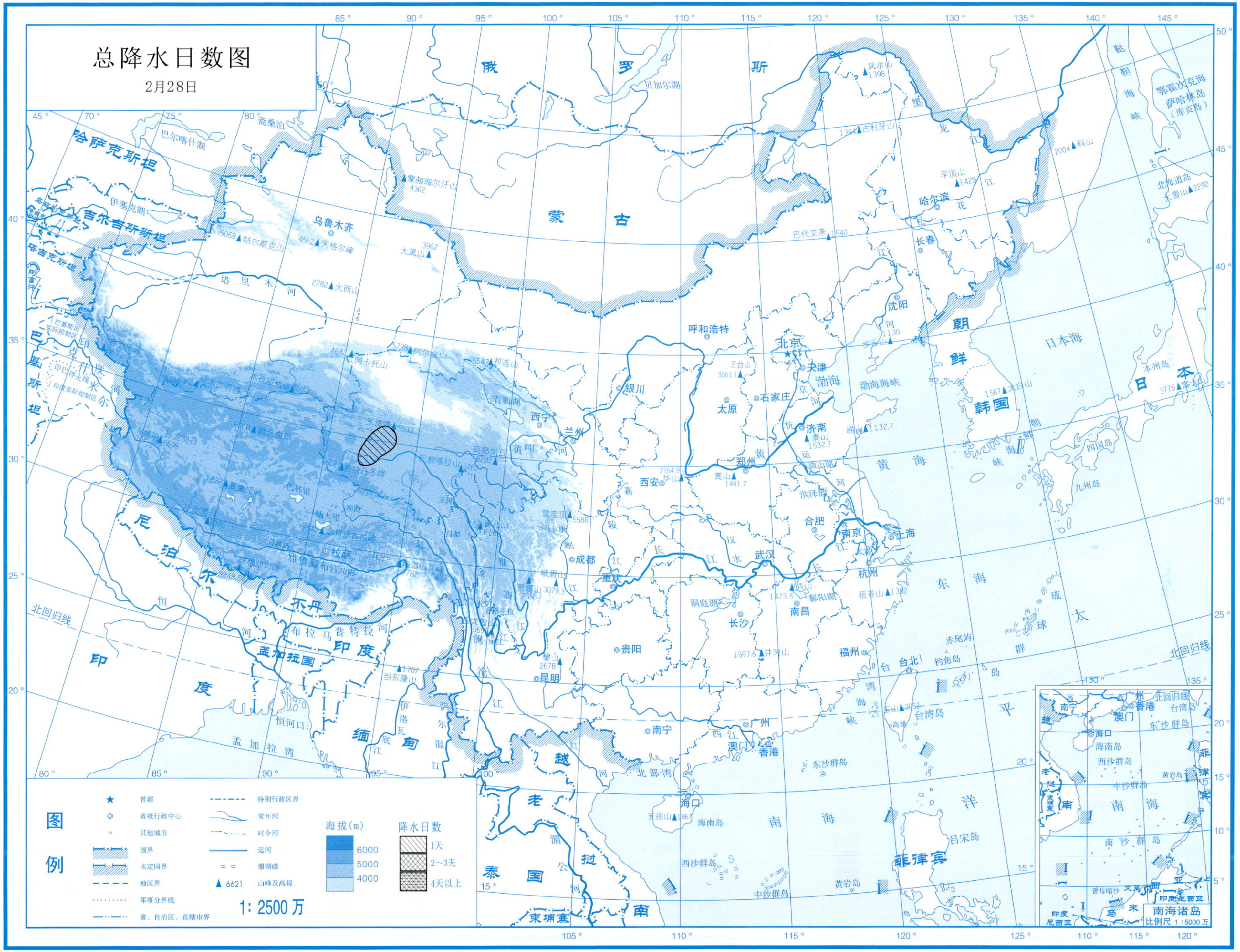

图例

- ★ 首都
- ◎ 省级行政中心
- ○ 其他城市
- 国界
- 未定国界
- 地区界
- 军事分界线
- 省、自治区、直辖市界
- 特别行政区界
- 常年河
- 时令河
- 运河
- 珊瑚礁
- ▲ 6621 山峰及高程

海拔(m)：6000、5000、4000

降水日数：1天、2~3天、4天以上

1∶2500万

南海诸岛 比例尺 1∶5000万

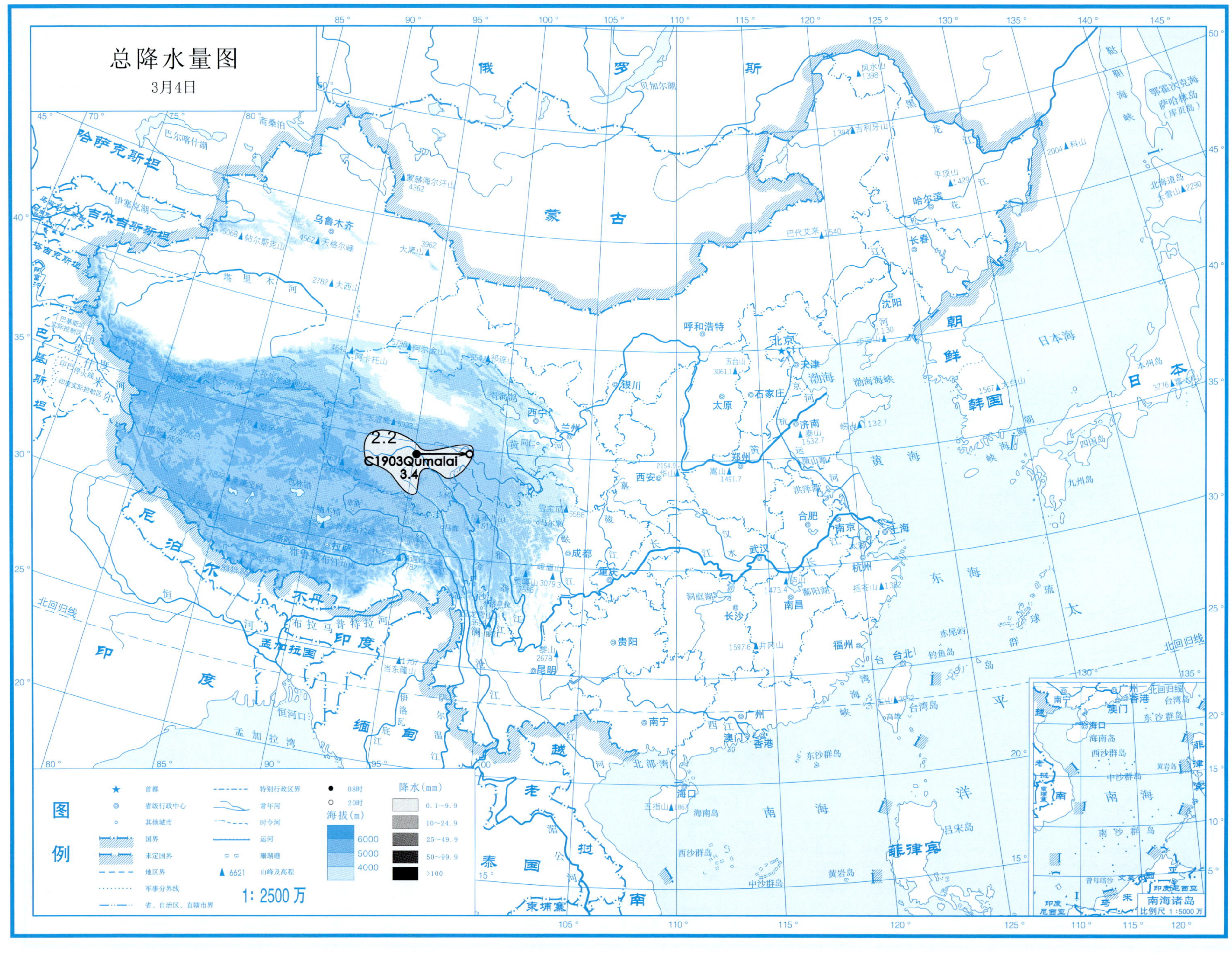

总降水量图
3月4日
2.2
C1903Qumalai
3.4
图例
首都
省级行政中心
其他城市
国界
未定国界
地区界
军事分界线
省、自治区、直辖市界
特别行政区界
常年河
时令河
运河
珊瑚礁
6621 山峰及高程
08时
20时
海拔(m)
6000
5000
4000
降水(mm)
0.1~9.9
10~24.9
25~49.9
50~99.9
>100
1:2500万
南海诸岛
比例尺 1:5000万

总降水日数图

3月4日

图例

- ★ 首都
- ◎ 省级行政中心
- ∘ 其他城市
- 国界
- 未定国界
- 地区界
- 军事分界线
- 省、自治区、直辖市界
- 特别行政区界
- 常年河
- 时令河
- 运河
- 珊瑚礁
- ▲ 6621 山峰及高程

海拔(m)

- 6000
- 5000
- 4000

降水日数

- 1天
- 2~3天
- 4天以上

1: 2500 万

南海诸岛 比例尺 1 : 5000 万

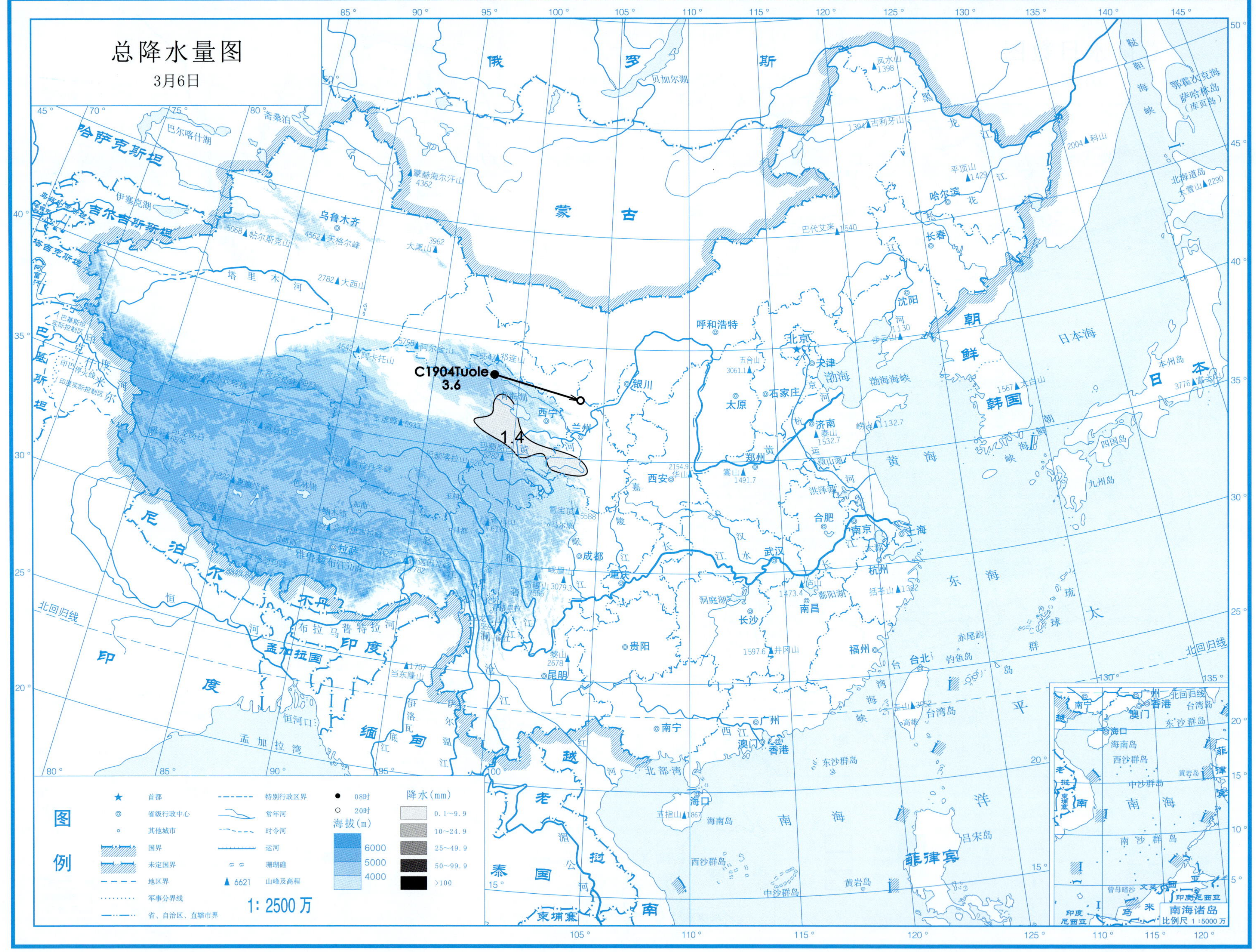
总降水量图
3月6日
C1904Tuole
3.6
1.4
图例
首都
省级行政中心
其他城市
国界
未定国界
地区界
军事分界线
省、自治区、直辖市界
特别行政区界
常年河
时令河
运河
珊瑚礁
6621 山峰及高程
08时
20时
海拔(m)
6000
5000
4000
降水(mm)
0.1~9.9
10~24.9
25~49.9
50~99.9
>100
1: 2500 万
南海诸岛
比例尺 1:5000 万

总降水日数图

3月6日

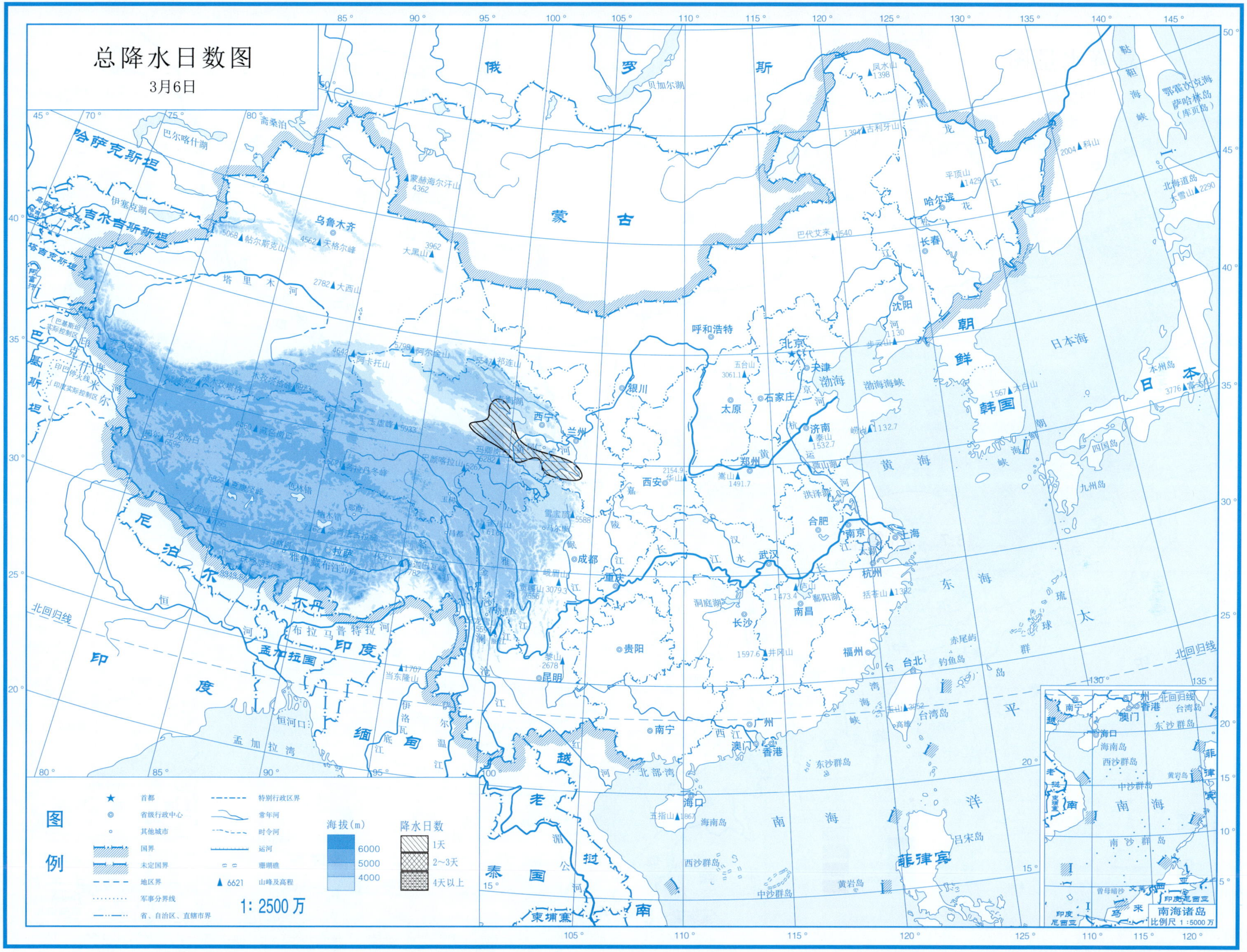

图例

★ 首都
◎ 省级行政中心
○ 其他城市
国界
未定国界
地区界
军事分界线
省、自治区、直辖市界
特别行政区界
常年河
时令河
运河
珊瑚礁
▲6621 山峰及高程

海拔(m)
6000
5000
4000

降水日数
1天
2~3天
4天以上

1: 2500 万

南海诸岛
比例尺 1:5000 万

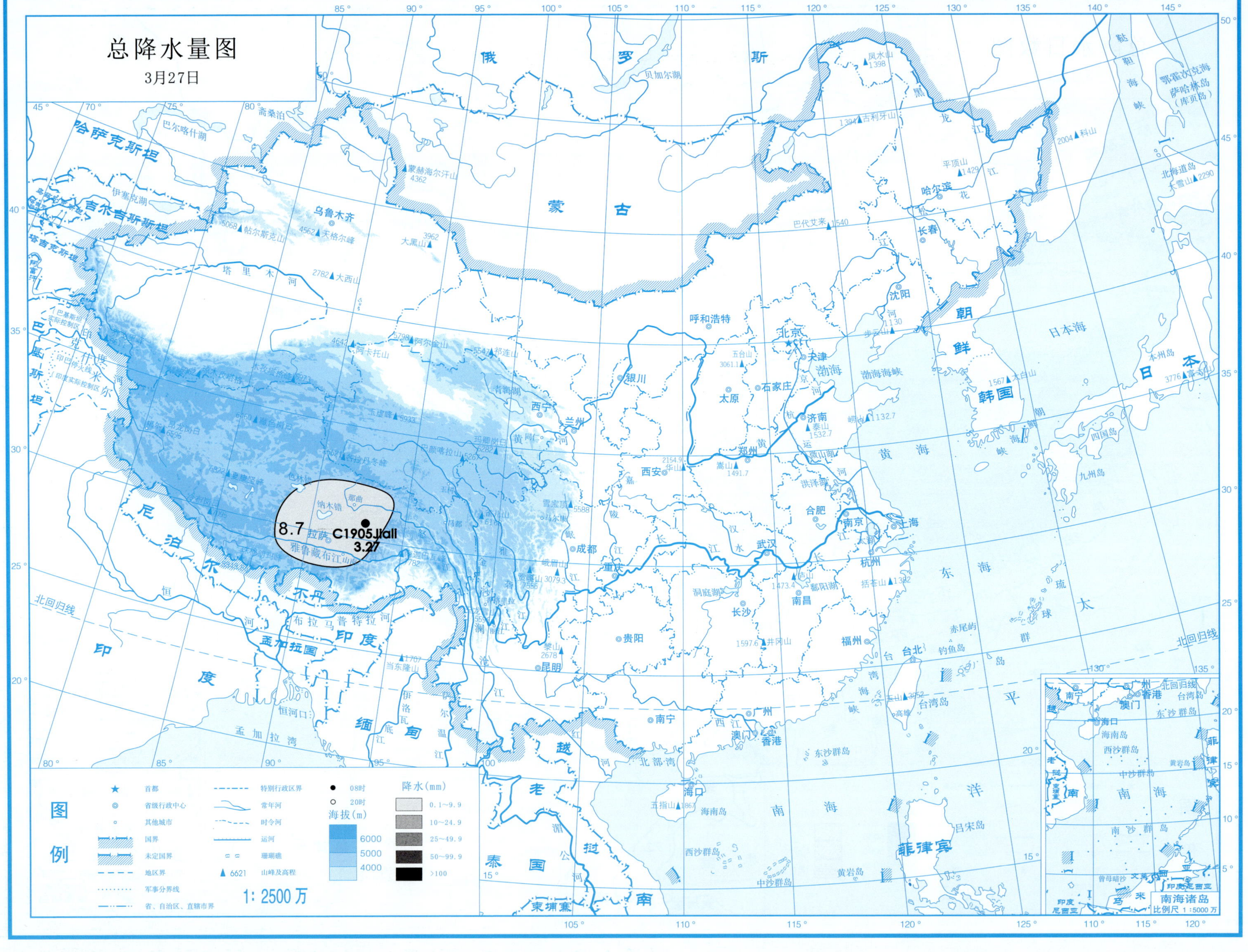
总降水量图
3月27日
8.7
C1905Jiali
3.27
图例
首都
省级行政中心
其他城市
国界
未定国界
地区界
军事分界线
省、自治区、直辖市界
特别行政区界
常年河
时令河
运河
珊瑚礁
6621 山峰及高程
08时
20时
海拔(m)
6000
5000
4000
降水(mm)
0.1~9.9
10~24.9
25~49.9
50~99.9
>100
1: 2500万
南海诸岛
比例尺 1:5000万

总降水日数图

3月27日

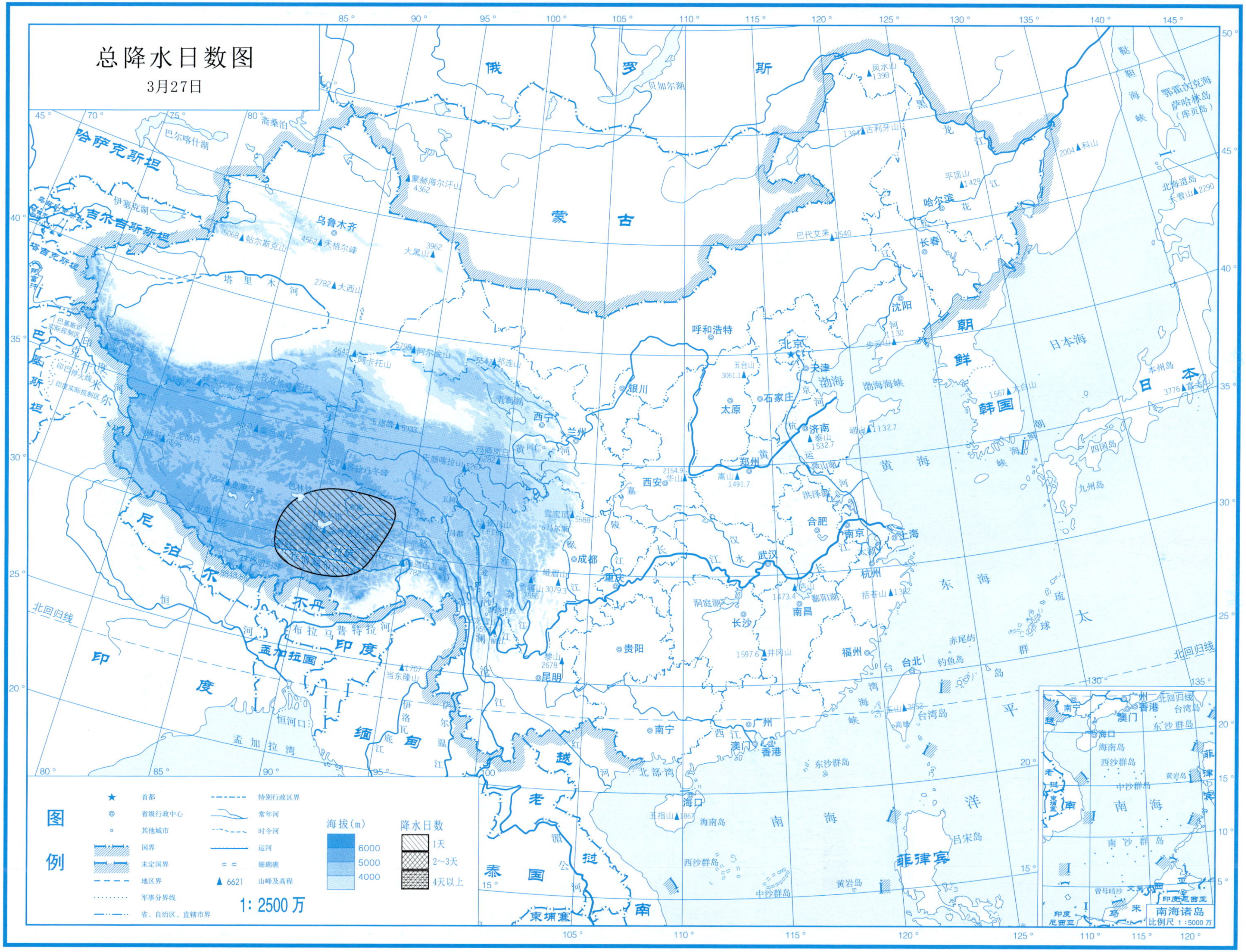

图例

首都

省级行政中心

其他城市

国界

未定国界

地区界

军事分界线

省、自治区、直辖市界

特别行政区界

常年河

时令河

运河

珊瑚礁

▲ 6621 山峰及高程

海拔(m)

6000

5000

4000

降水日数

1天

2~3天

4天以上

1: 2500 万

南海诸岛

比例尺 1:5000 万

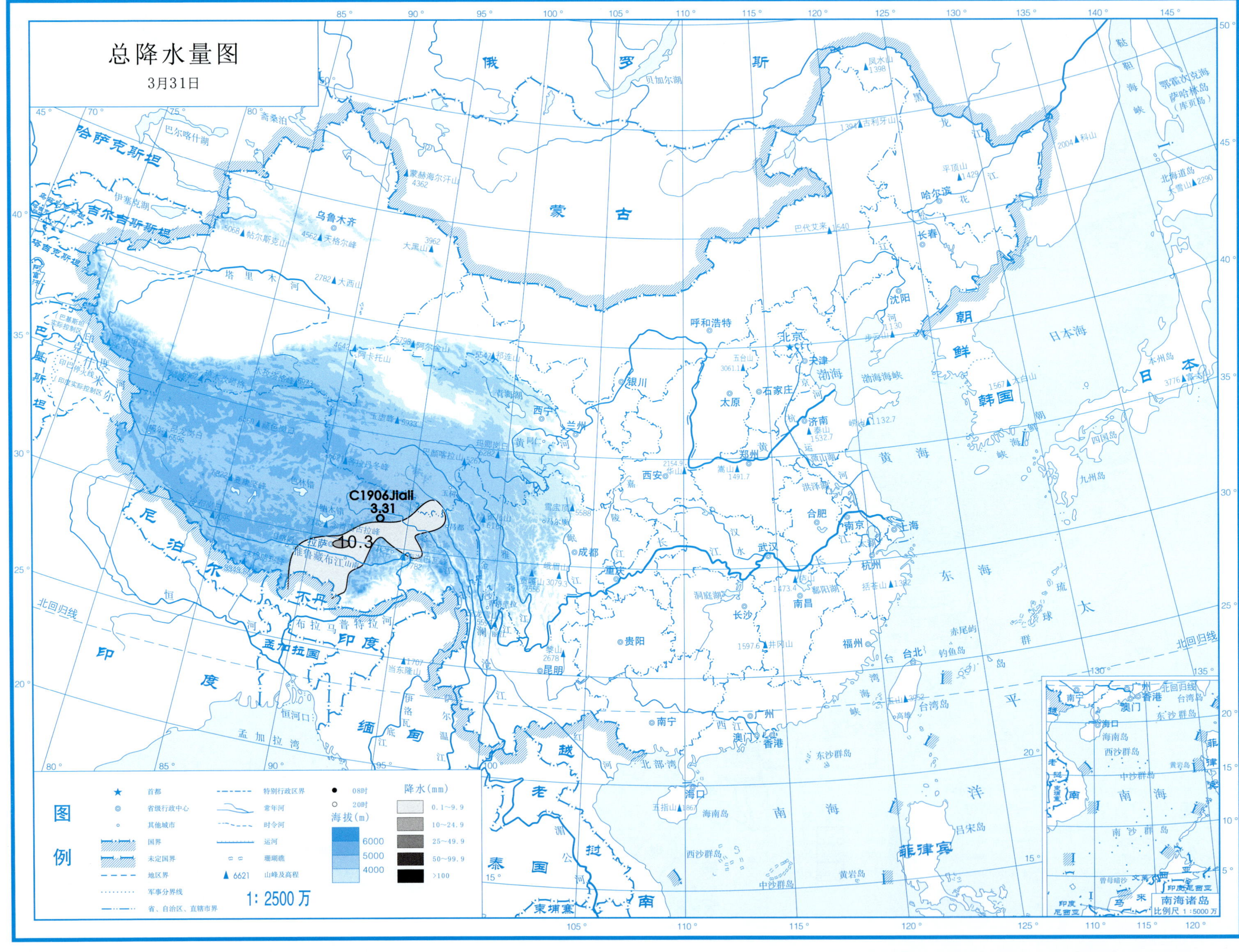
总降水量图
3月31日
C1906Jiali
3.31
10.3
图例
首都
省级行政中心
其他城市
国界
未定国界
地区界
军事分界线
省、自治区、直辖市界
特别行政区界
常年河
时令河
运河
珊瑚礁
6621 山峰及高程
08时
20时
海拔(m)
6000
5000
4000
降水(mm)
0.1~9.9
10~24.9
25~49.9
50~99.9
>100
1: 2500 万
南海诸岛
比例尺 1:5000 万

总降水日数图

3月31日

图例

符号	含义	符号	含义
★	首都		特别行政区界
◎	省级行政中心		常年河
○	其他城市		时令河
	国界		运河
	未定国界		珊瑚礁
	地区界	▲ 6621	山峰及高程
	军事分界线		
	省、自治区、直辖市界		

海拔(m)：6000　5000　4000

降水日数：1天　2~3天　4天以上

1：2500万

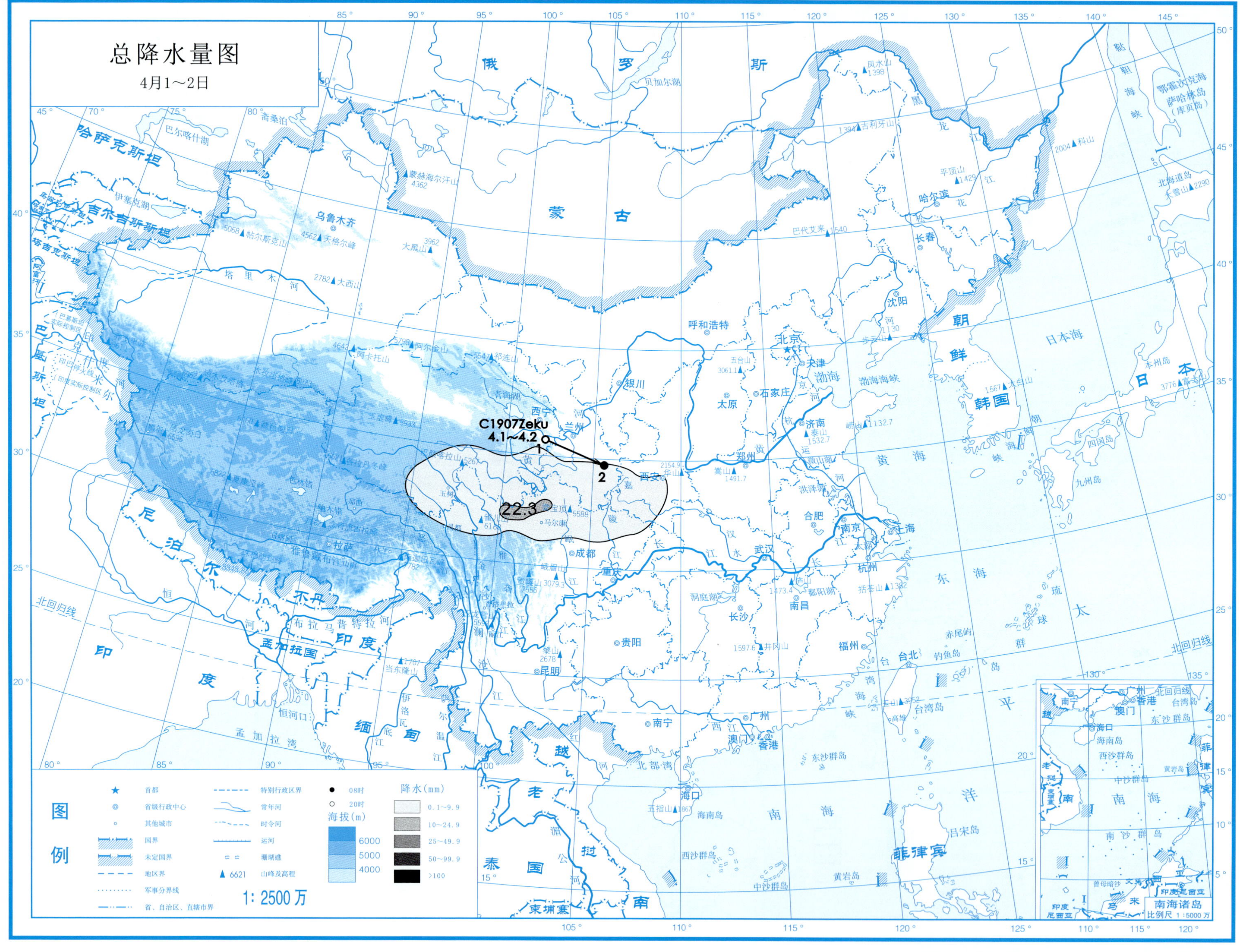
总降水量图
4月1～2日
C1907Zeku
4.1～4.2
1
2
22.3
图例
首都
省级行政中心
其他城市
国界
未定国界
地区界
军事分界线
省、自治区、直辖市界
特别行政区界
常年河
时令河
运河
珊瑚礁
山峰及高程
08时
20时
海拔(m)
6000
5000
4000
降水(mm)
0.1～9.9
10～24.9
25～49.9
50～99.9
>100
1: 2500 万
南海诸岛
比例尺 1:5000 万

总降水日数图

4月1～2日

图例

符号	说明	符号	说明
★	首都		特别行政区界
◎	省级行政中心		常年河
○	其他城市		时令河
	国界		运河
	未定国界		珊瑚礁
	地区界	▲ 6621	山峰及高程
	军事分界线		
	省、自治区、直辖市界		

海拔（m）：6000、5000、4000

降水日数：1天、2～3天、4天以上

1：2500万

南海诸岛 比例尺 1：5000万

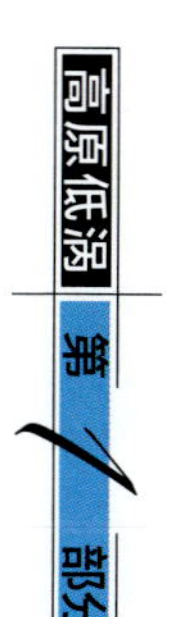

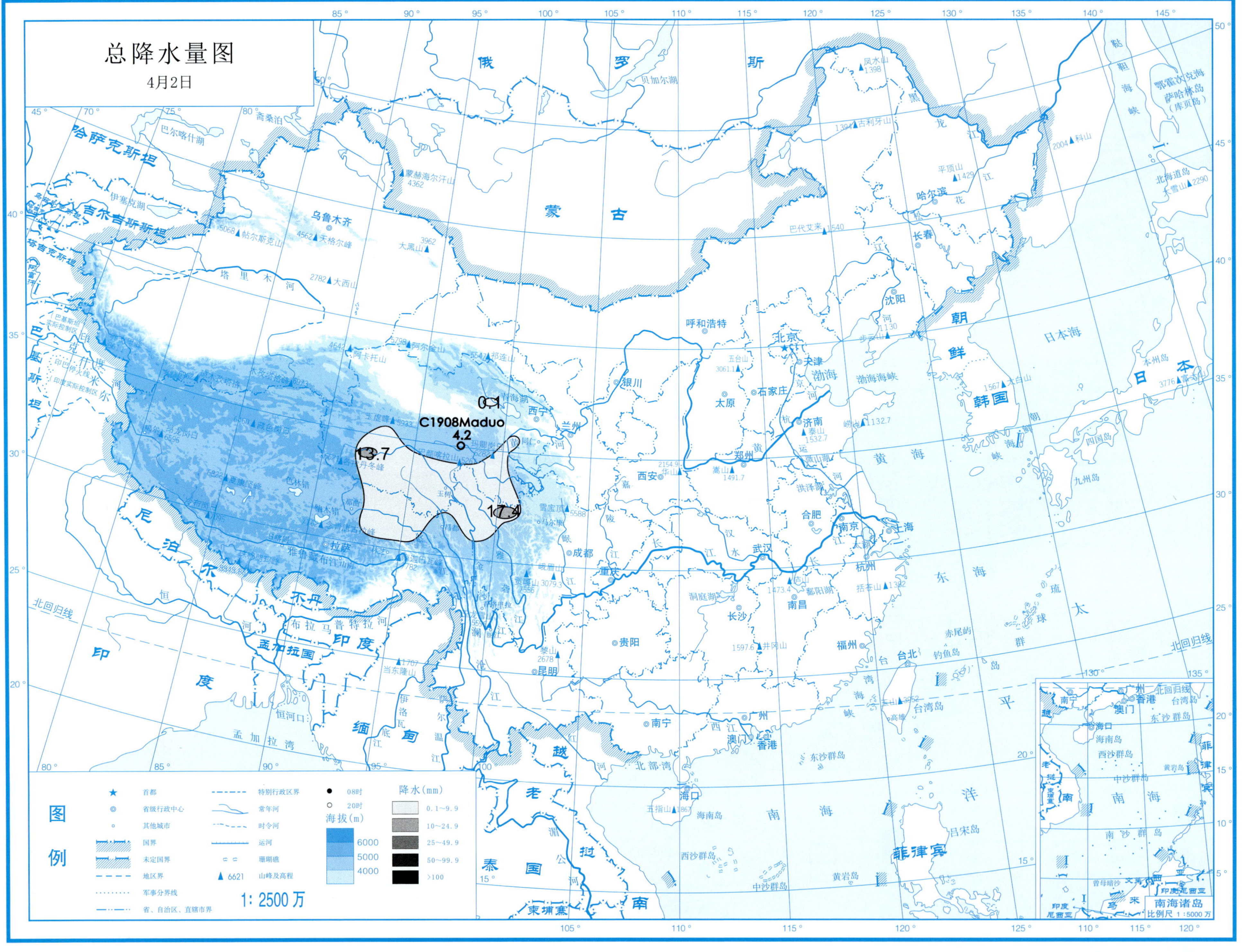
总降水量图
4月2日
C1908Maduo
4.2
13.7
17.4
0.1
图例
首都
省级行政中心
其他城市
国界
未定国界
地区界
军事分界线
省、自治区、直辖市界
特别行政区界
常年河
时令河
运河
珊瑚礁
6621 山峰及高程
08时
20时
降水(mm)
0.1~9.9
10~24.9
25~49.9
50~99.9
>100
海拔(m)
6000
5000
4000
1: 2500万
南海诸岛
比例尺 1:5000万

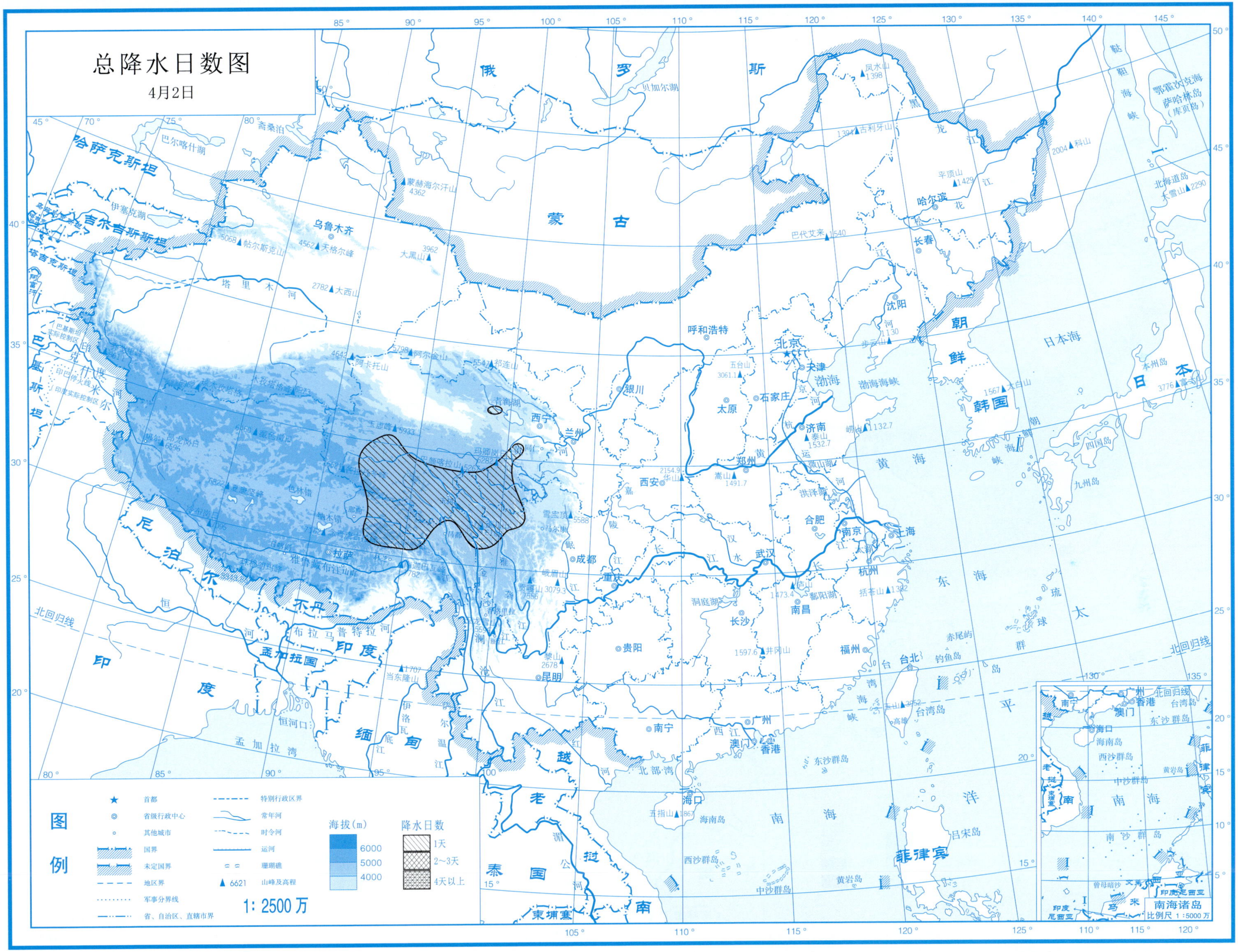

总降水日数图
4月2日
图例
首都
省级行政中心
其他城市
国界
未定国界
地区界
军事分界线
省、自治区、直辖市界
特别行政区界
常年河
时令河
运河
珊瑚礁
6621 山峰及高程
海拔(m)
6000
5000
4000
降水日数
1天
2~3天
4天以上
1: 2500万
南海诸岛
比例尺 1:5000万
俄罗斯
蒙古
哈萨克斯坦
吉尔吉斯斯坦
塔吉克斯坦
巴基斯坦
尼泊尔
不丹
印度
孟加拉国
缅甸
老挝
泰国
越南
柬埔寨
菲律宾
朝鲜
韩国
日本
北京
天津
石家庄
太原
呼和浩特
沈阳
长春
哈尔滨
济南
郑州
西安
兰州
西宁
银川
乌鲁木齐
拉萨
成都
重庆
贵阳
昆明
南宁
广州
长沙
武汉
南昌
合肥
南京
上海
杭州
福州
台北
海口
香港
澳门
渤海
黄海
东海
南海
日本海
太平洋
北回归线

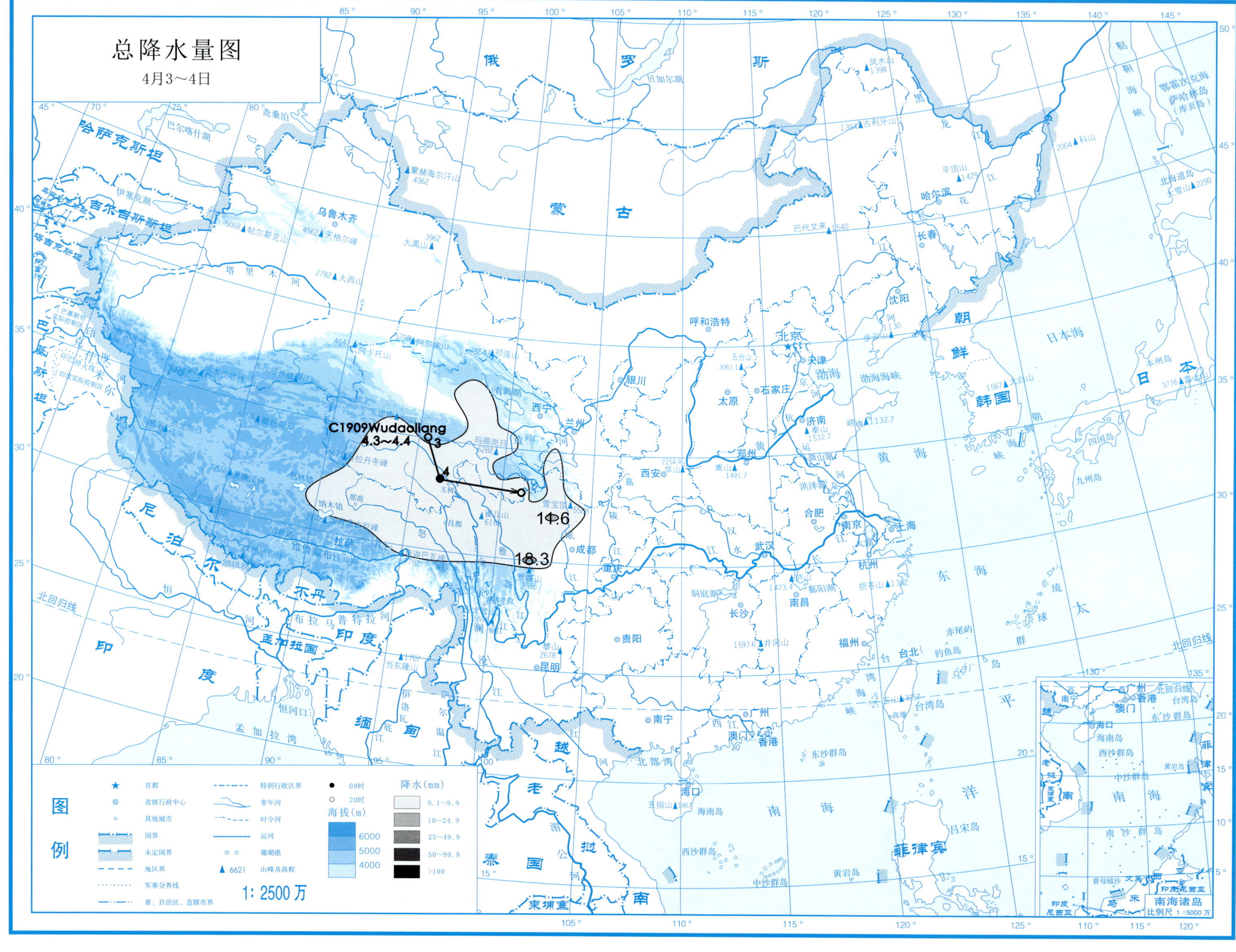

总降水量图
4月3～4日
C1909Wudaoliang
4.3～4.4
3
4
14.6
18.3
图例
首都
省级行政中心
其他城市
国界
未定国界
地区界
军事分界线
省、自治区、直辖市界
特别行政区界
常年河
时令河
运河
珊瑚礁
山峰及高程
08时
20时
海拔(m)
6000
5000
4000
降水(mm)
0.1～9.9
10～24.9
25～49.9
50～99.9
>100
1：2500 万
南海诸岛
比例尺 1：5000 万

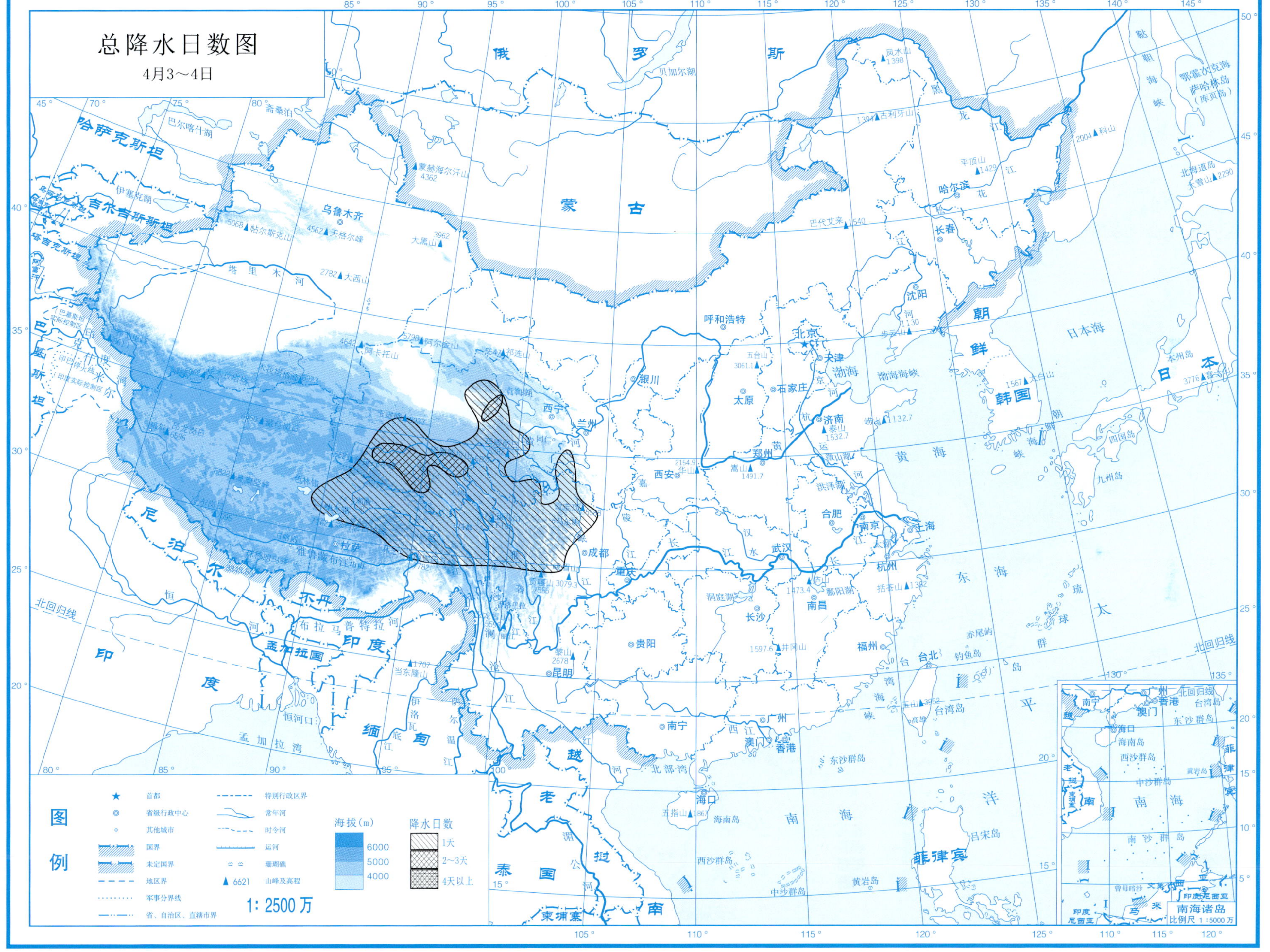
总降水日数图
4月3～4日
图例
首都
省级行政中心
其他城市
国界
未定国界
地区界
军事分界线
省、自治区、直辖市界
特别行政区界
常年河
时令河
运河
珊瑚礁
山峰及高程
海拔(m)
6000
5000
4000
降水日数
1天
2～3天
4天以上
1:2500万
南海诸岛
比例尺 1:5000万

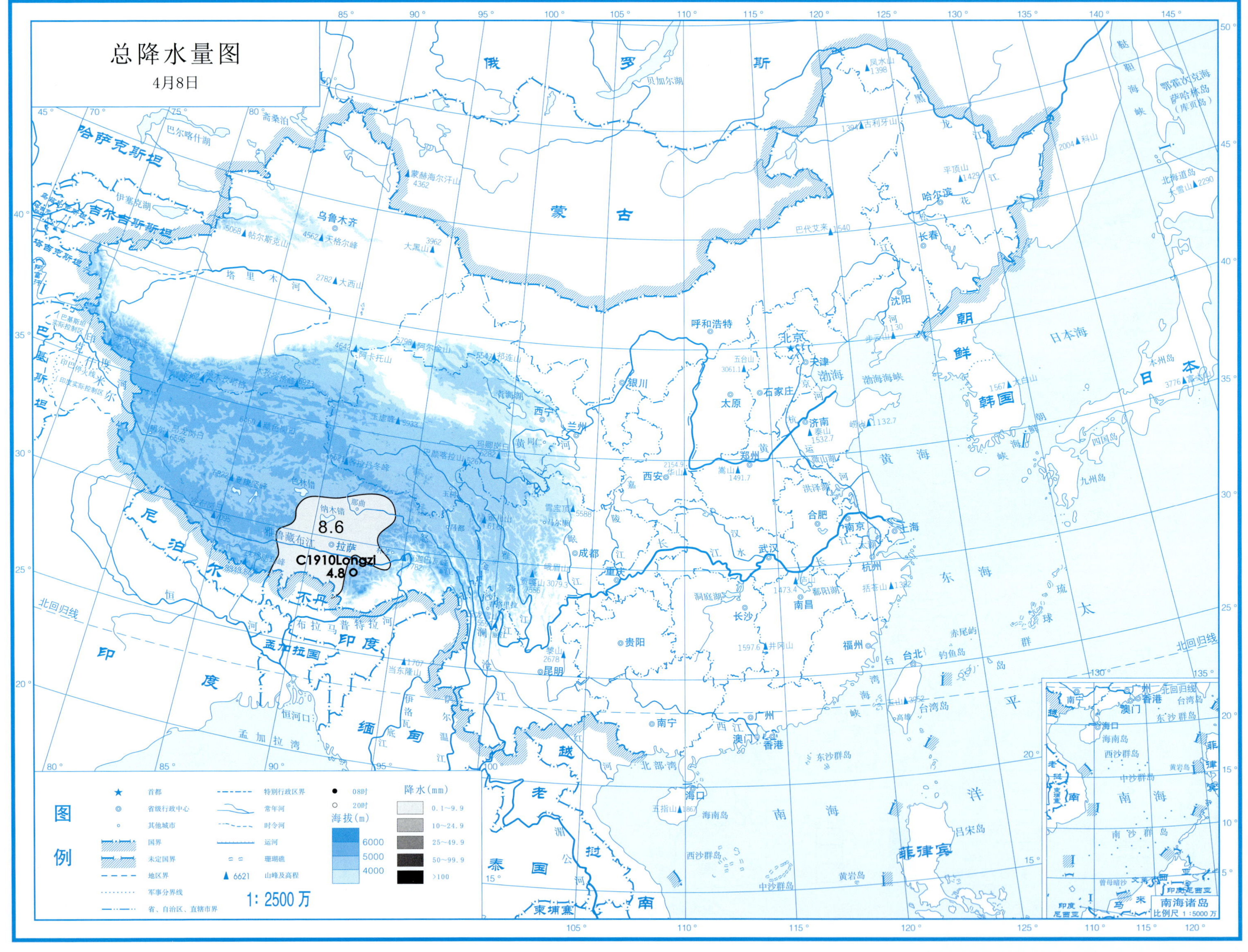
总降水量图
4月8日
8.6
C1910Longzi
4.8
图例
首都
省级行政中心
其他城市
国界
未定国界
地区界
军事分界线
省、自治区、直辖市界
特别行政区界
常年河
时令河
运河
珊瑚礁
6621 山峰及高程
08时
20时
海拔(m)
6000
5000
4000
降水(mm)
0.1~9.9
10~24.9
25~49.9
50~99.9
>100
1: 2500 万
南海诸岛
比例尺 1:5000 万

总降水日数图

4月8日

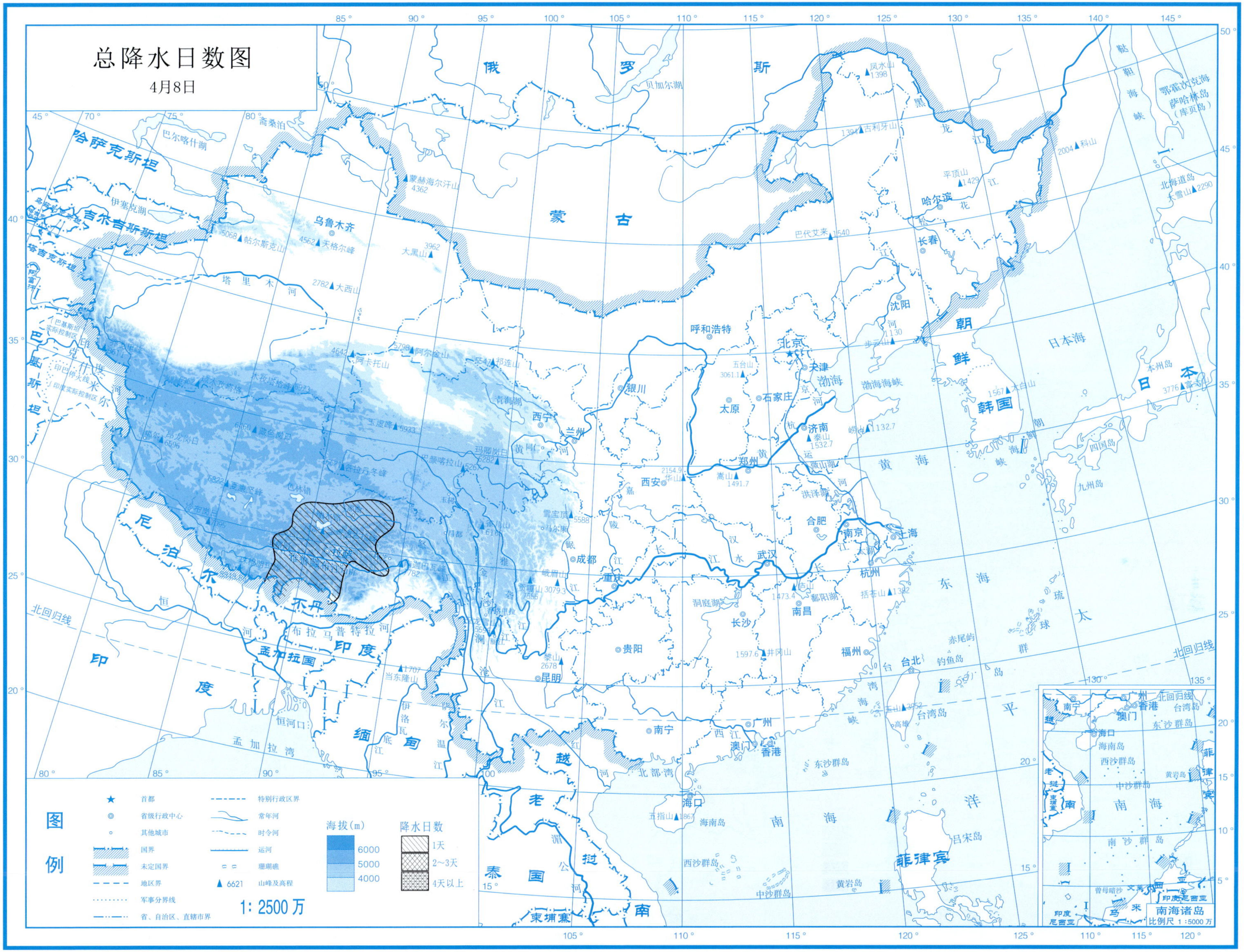

图例

符号	含义	符号	含义
★	首都		特别行政区界
◎	省级行政中心		常年河
○	其他城市		时令河
	国界		运河
	未定国界		珊瑚礁
	地区界	▲ 6621	山峰及高程
	军事分界线		
	省、自治区、直辖市界		

海拔(m)：6000、5000、4000

降水日数：1天、2~3天、4天以上

1: 2500 万

南海诸岛 比例尺 1:5000 万

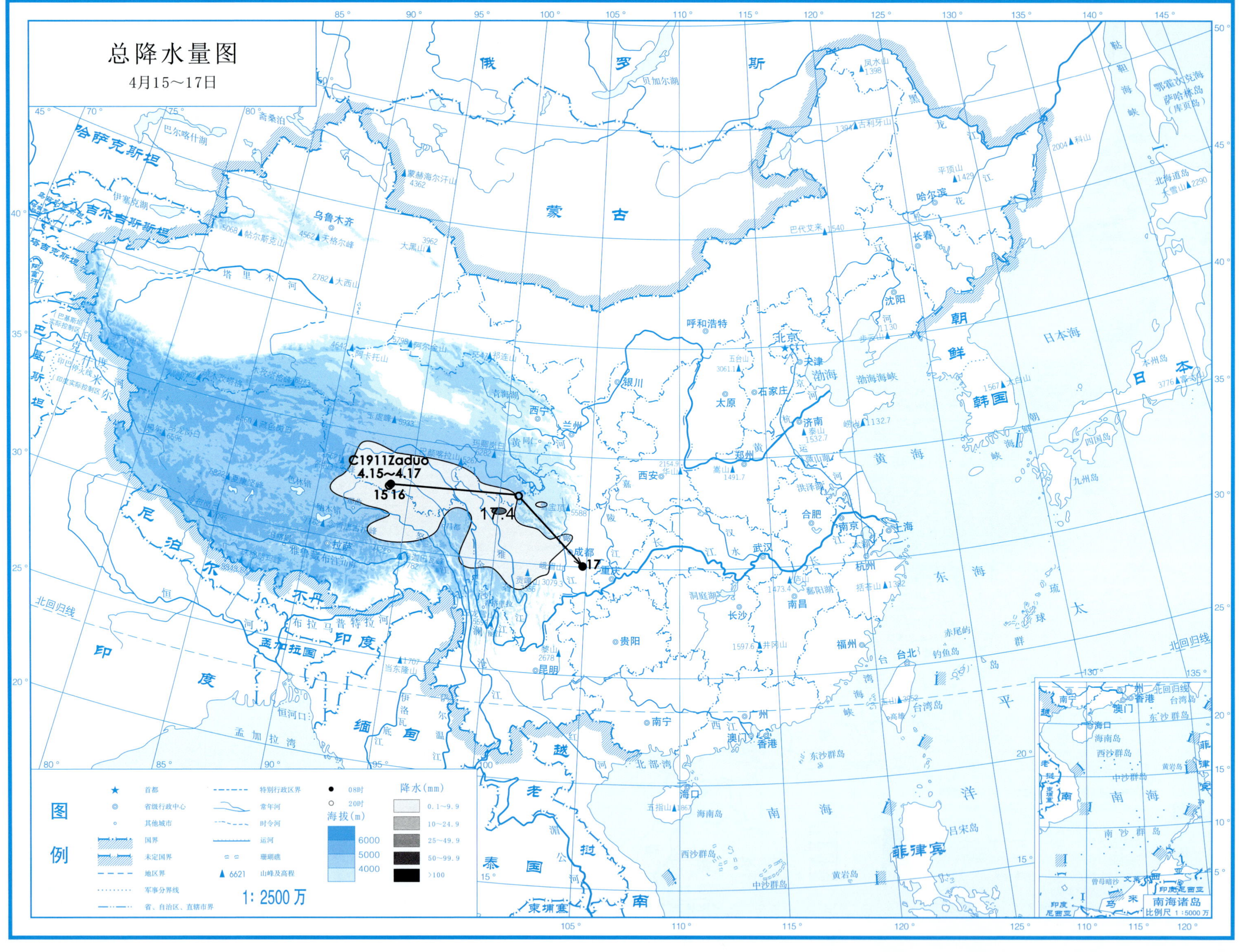
总降水量图
4月15～17日
C1911Zaduo
4.15～4.17
15
16
17.4
17
图例
首都
省级行政中心
其他城市
国界
未定国界
地区界
军事分界线
省、自治区、直辖市界
特别行政区界
常年河
时令河
运河
珊瑚礁
6621 山峰及高程
08时
20时
海拔(m)
6000
5000
4000
降水(mm)
0.1～9.9
10～24.9
25～49.9
50～99.9
>100
1: 2500 万
南海诸岛
比例尺 1 : 5000 万

总降水日数图

4月15～17日

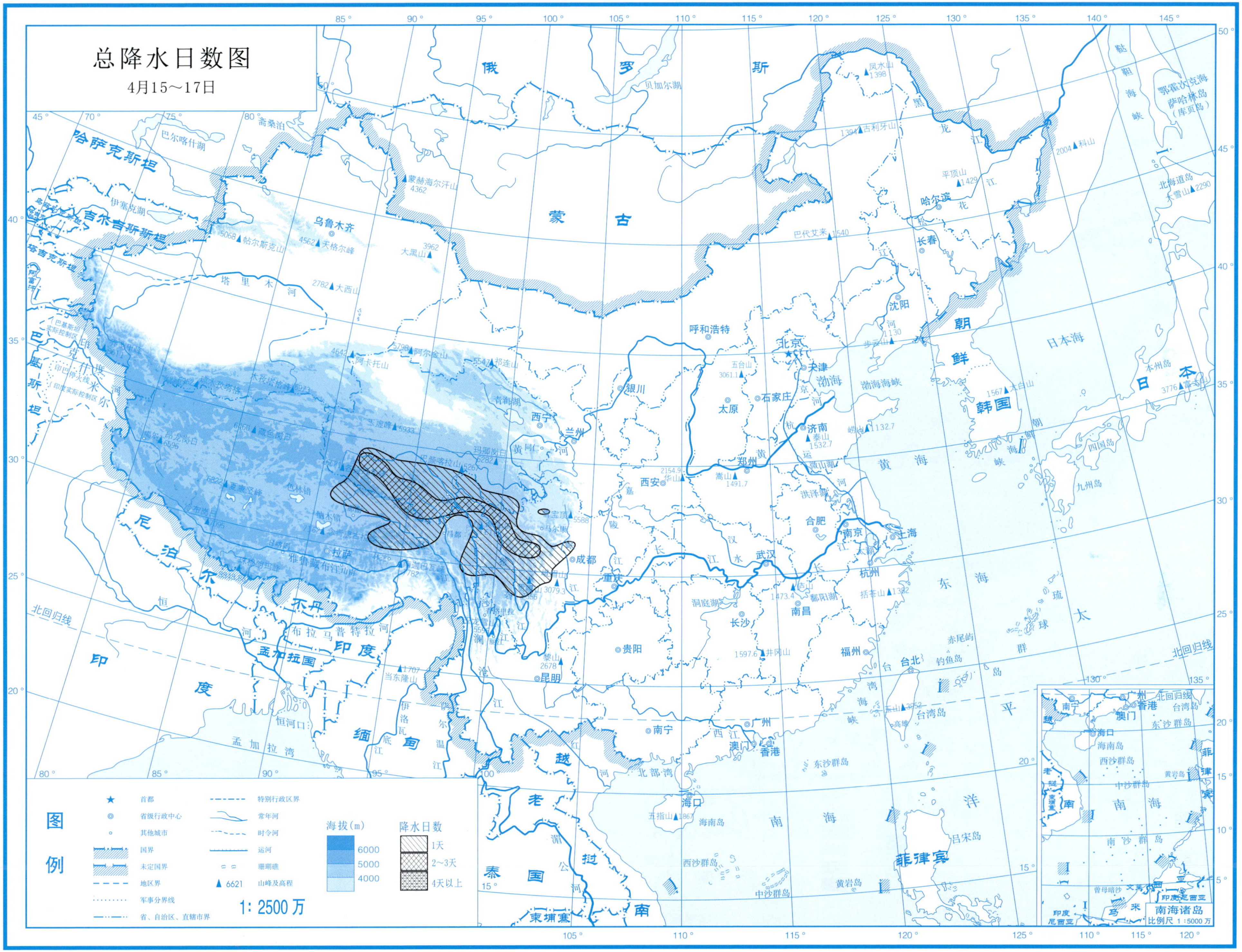

图例

★ 首都
◎ 省级行政中心
∘ 其他城市
国界
未定国界
地区界
军事分界线
省、自治区、直辖市界
特别行政区界
常年河
时令河
运河
珊瑚礁
▲ 6621 山峰及高程

海拔(m)
6000
5000
4000

降水日数
1天
2～3天
4天以上

1: 2500万

南海诸岛
比例尺 1 : 5000 万

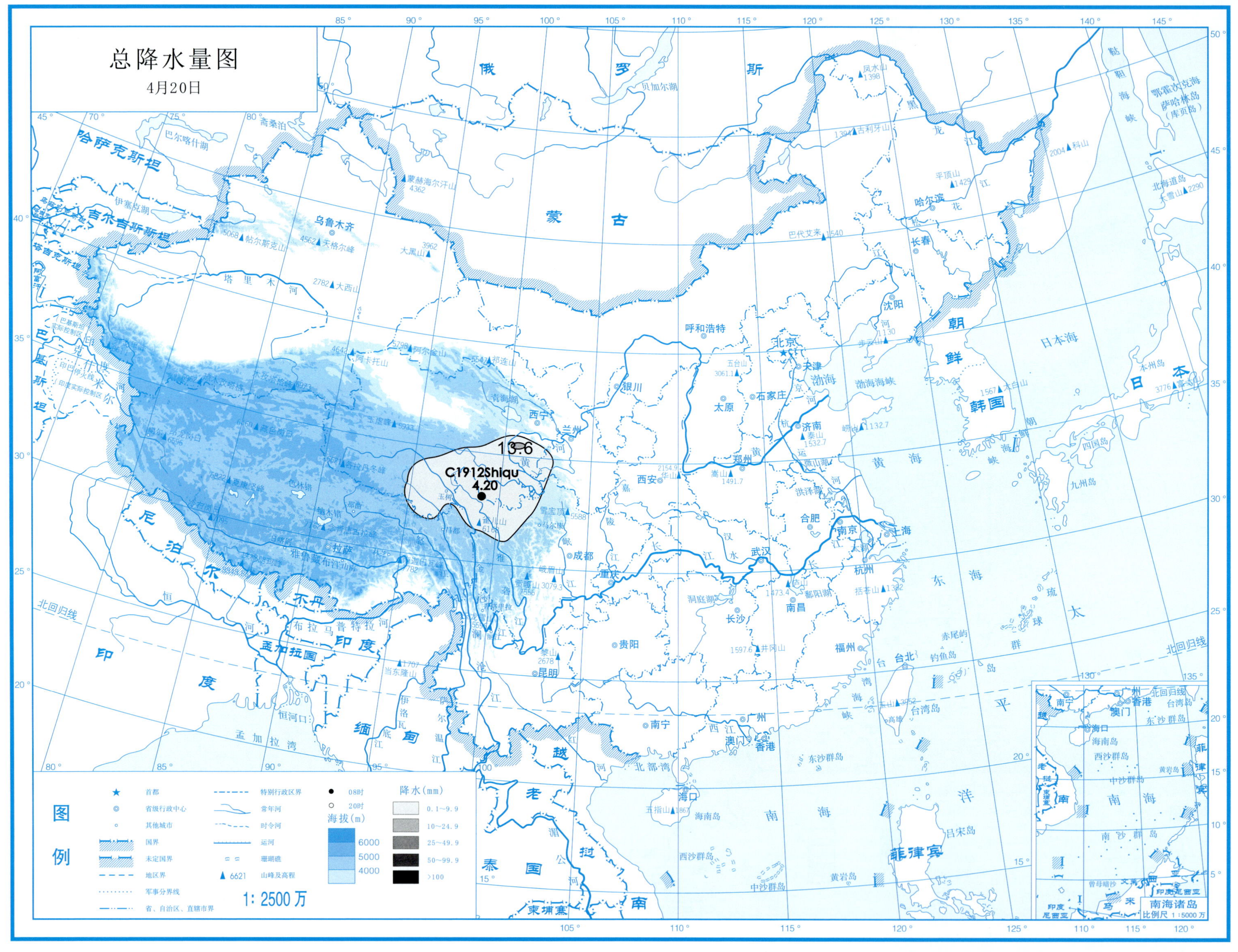
总降水量图
4月20日
C1912Shiqu
4.20
13.6
图例
首都
省级行政中心
其他城市
国界
未定国界
地区界
军事分界线
省、自治区、直辖市界
特别行政区界
常年河
时令河
运河
珊瑚礁
6621 山峰及高程
08时
20时
海拔(m)
6000
5000
4000
降水(mm)
0.1～9.9
10～24.9
25～49.9
50～99.9
>100
1: 2500 万
南海诸岛
比例尺 1:5000 万

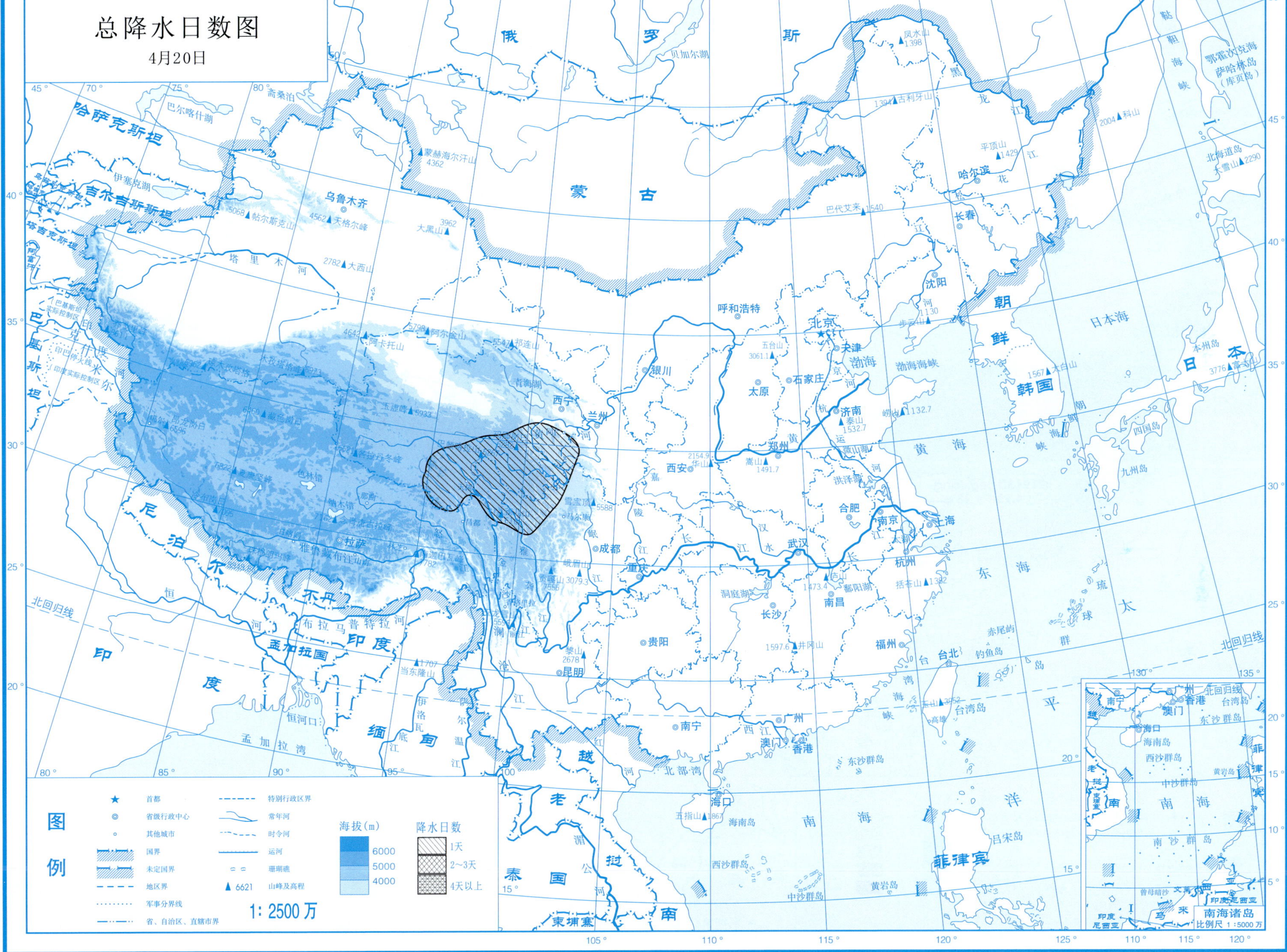
总降水日数图
4月20日
图例
首都
省级行政中心
其他城市
国界
未定国界
地区界
军事分界线
省、自治区、直辖市界
特别行政区界
常年河
时令河
运河
珊瑚礁
6621 山峰及高程
海拔(m)
6000
5000
4000
降水日数
1天
2~3天
4天以上
1: 2500万
南海诸岛
比例尺 1:5000万

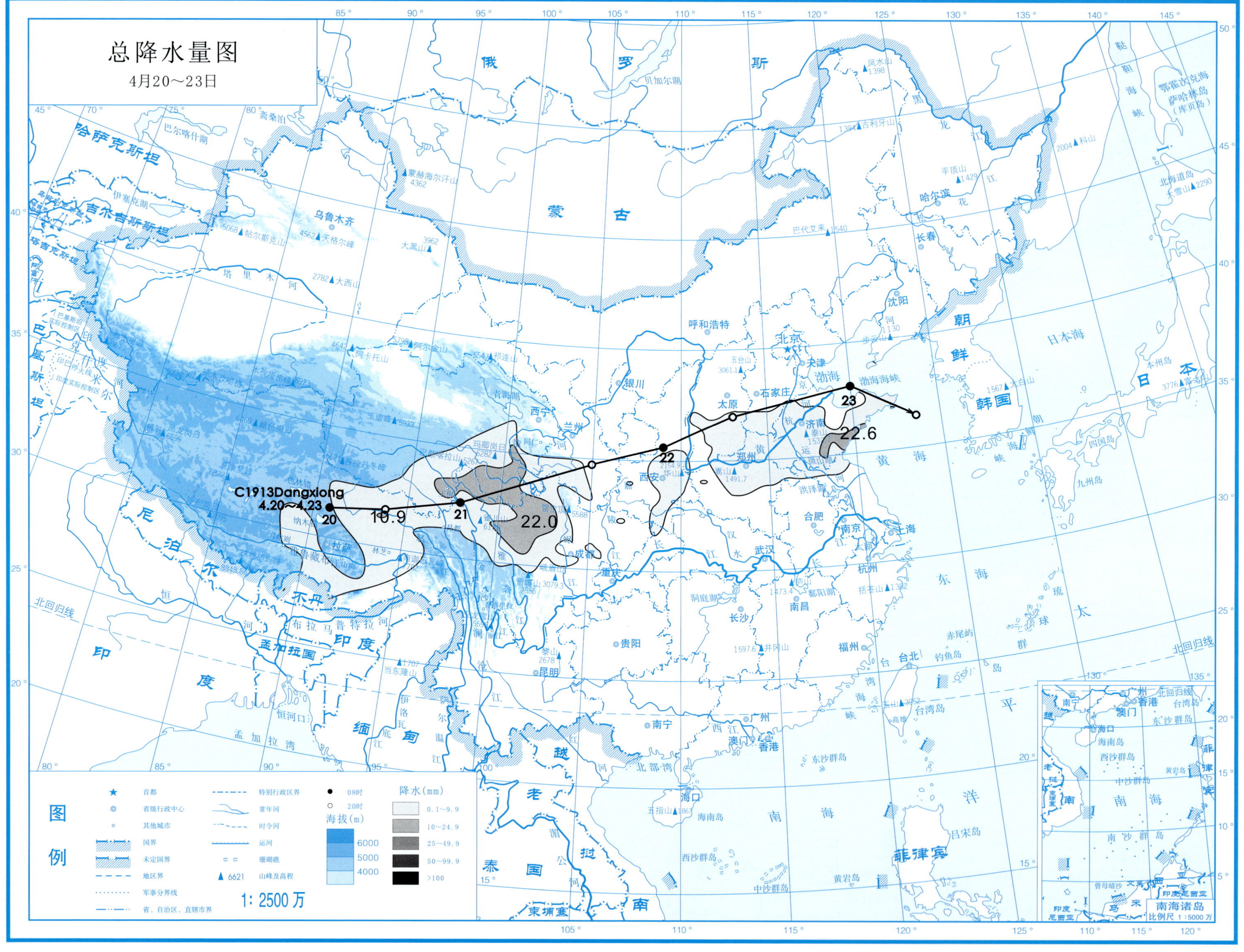
总降水量图
4月20～23日
C1913Dangxiong
4.20～4.23
20
21
22
23
10.9
22.0
22.6
图例
首都
省级行政中心
其他城市
国界
未定国界
地区界
军事分界线
省、自治区、直辖市界
特别行政区界
常年河
时令河
运河
珊瑚礁
山峰及高程
08时
20时
海拔(m)
6000
5000
4000
降水(mm)
0.1～9.9
10～24.9
25～49.9
50～99.9
>100
1: 2500 万
南海诸岛
比例尺 1:5000 万

总降水日数图

4月20～23日

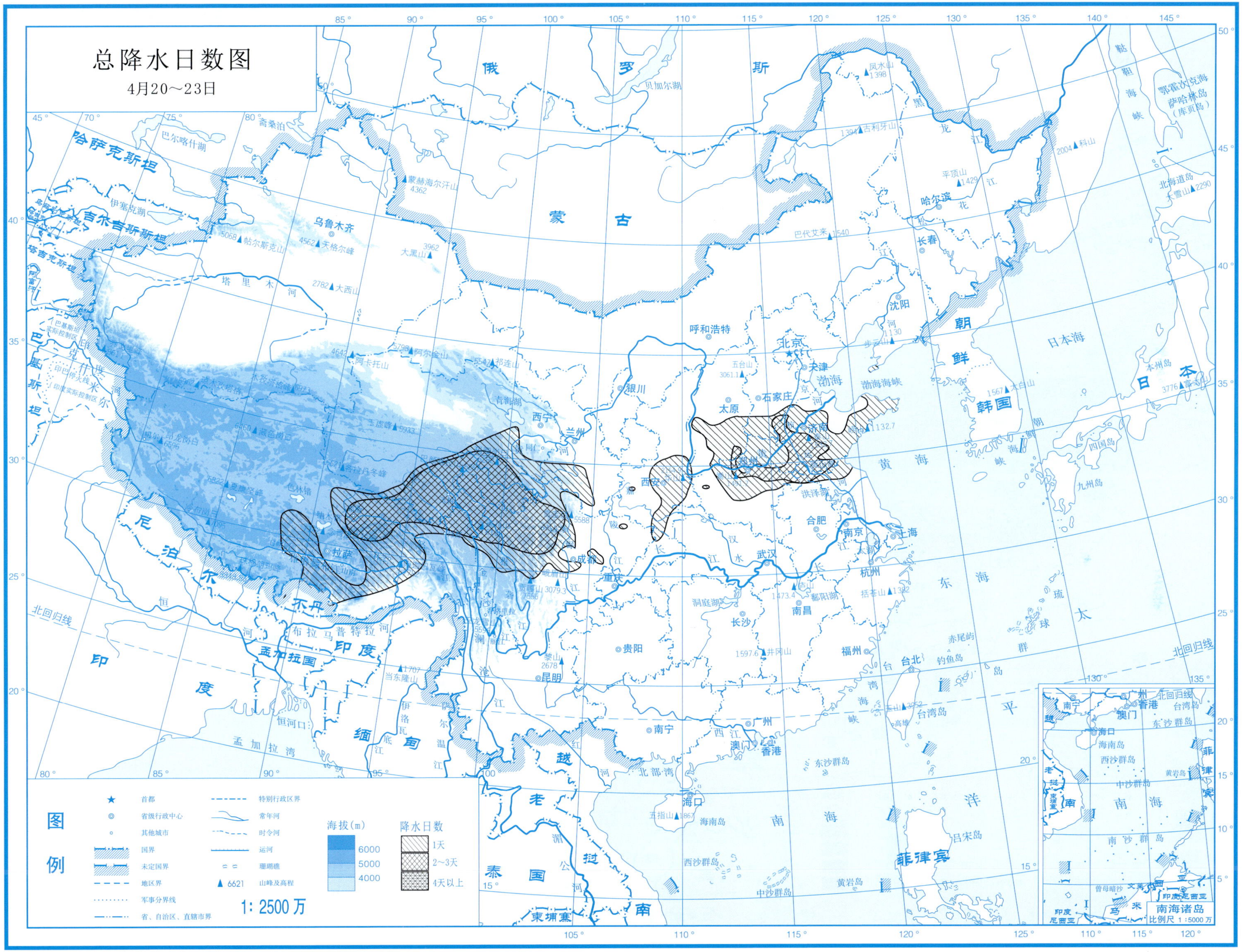

图例

- ★ 首都
- ◎ 省级行政中心
- ○ 其他城市
- 国界
- 未定国界
- 地区界
- 军事分界线
- 省、自治区、直辖市界
- 特别行政区界
- 常年河
- 时令河
- 运河
- 珊瑚礁
- ▲ 6621 山峰及高程

海拔(m)

- 6000
- 5000
- 4000

降水日数

- 1天
- 2～3天
- 4天以上

1: 2500万

南海诸岛
比例尺 1：5000万

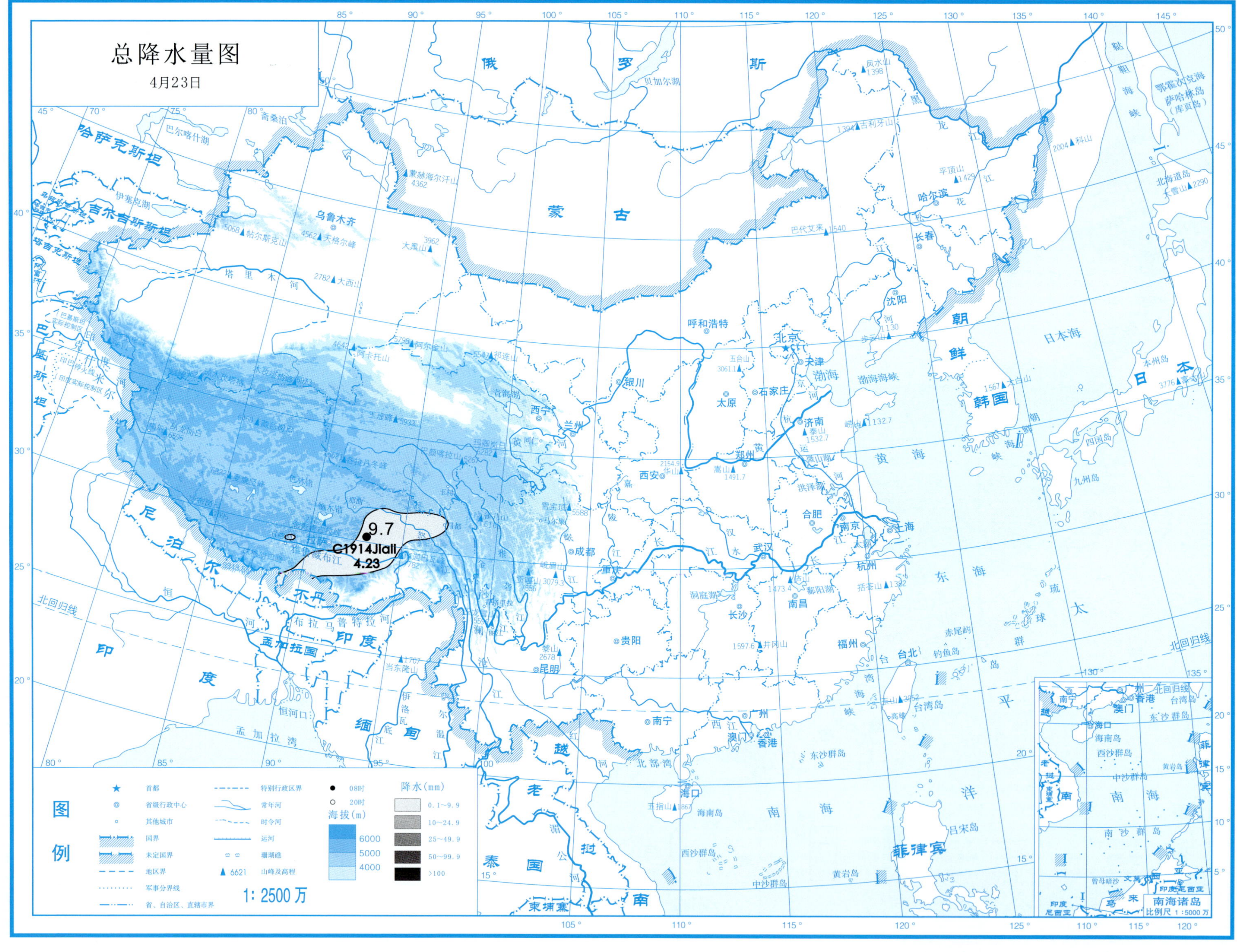
总降水量图
4月23日
9.7
C1914Jlali
4.23
图例
首都
省级行政中心
其他城市
国界
未定国界
地区界
军事分界线
省、自治区、直辖市界
特别行政区界
常年河
时令河
运河
珊瑚礁
6621 山峰及高程
08时
20时
海拔(m)
6000
5000
4000
降水(mm)
0.1~9.9
10~24.9
25~49.9
50~99.9
>100
1: 2500万
南海诸岛
比例尺 1:5000万

总降水日数图

4月23日

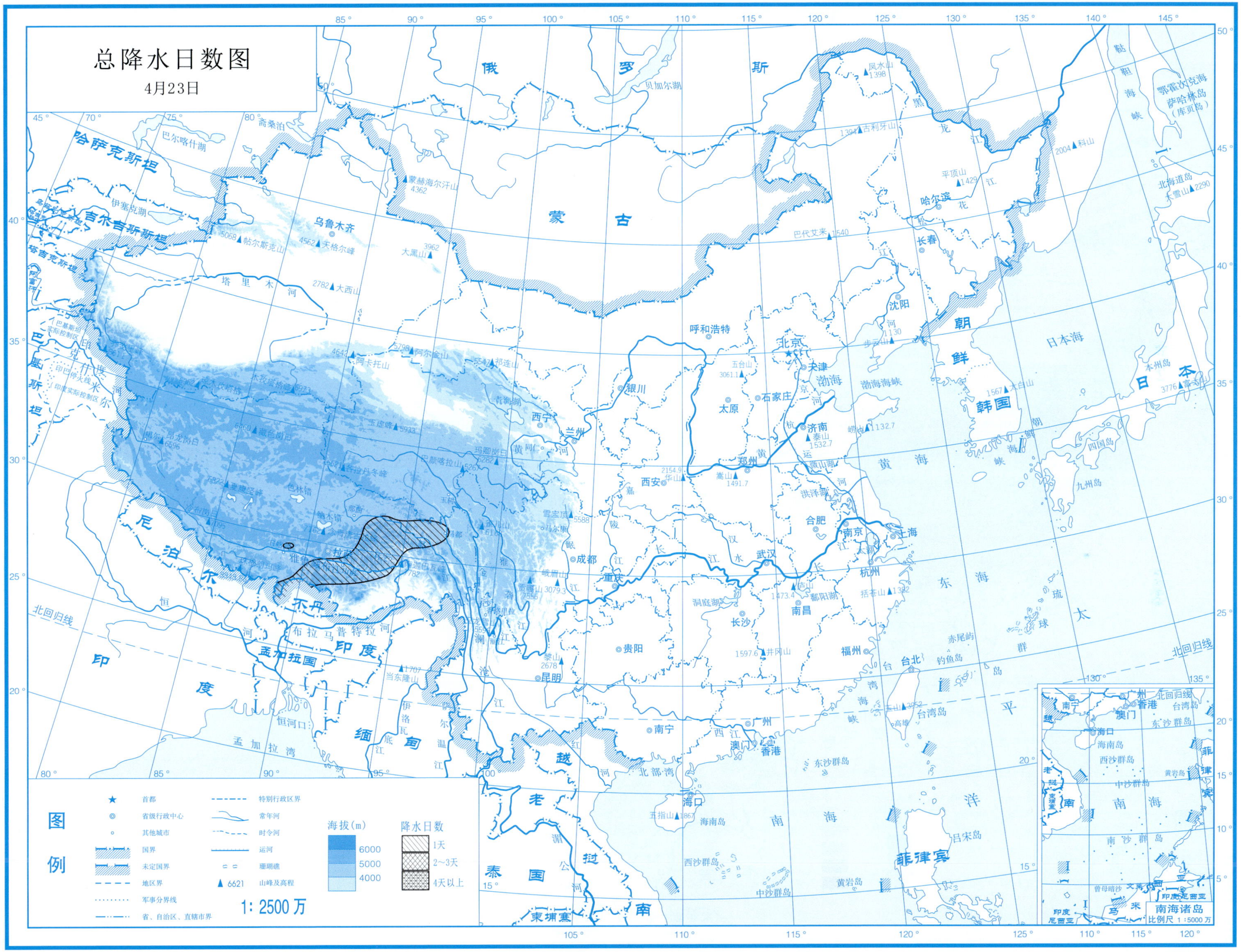

图例

★ 首都
◎ 省级行政中心
○ 其他城市
国界
未定国界
地区界
军事分界线
省、自治区、直辖市界
特别行政区界
常年河
时令河
运河
珊瑚礁
▲6621 山峰及高程

海拔(m)
6000
5000
4000

降水日数
1天
2~3天
4天以上

1: 2500万

南海诸岛
比例尺 1:5000万

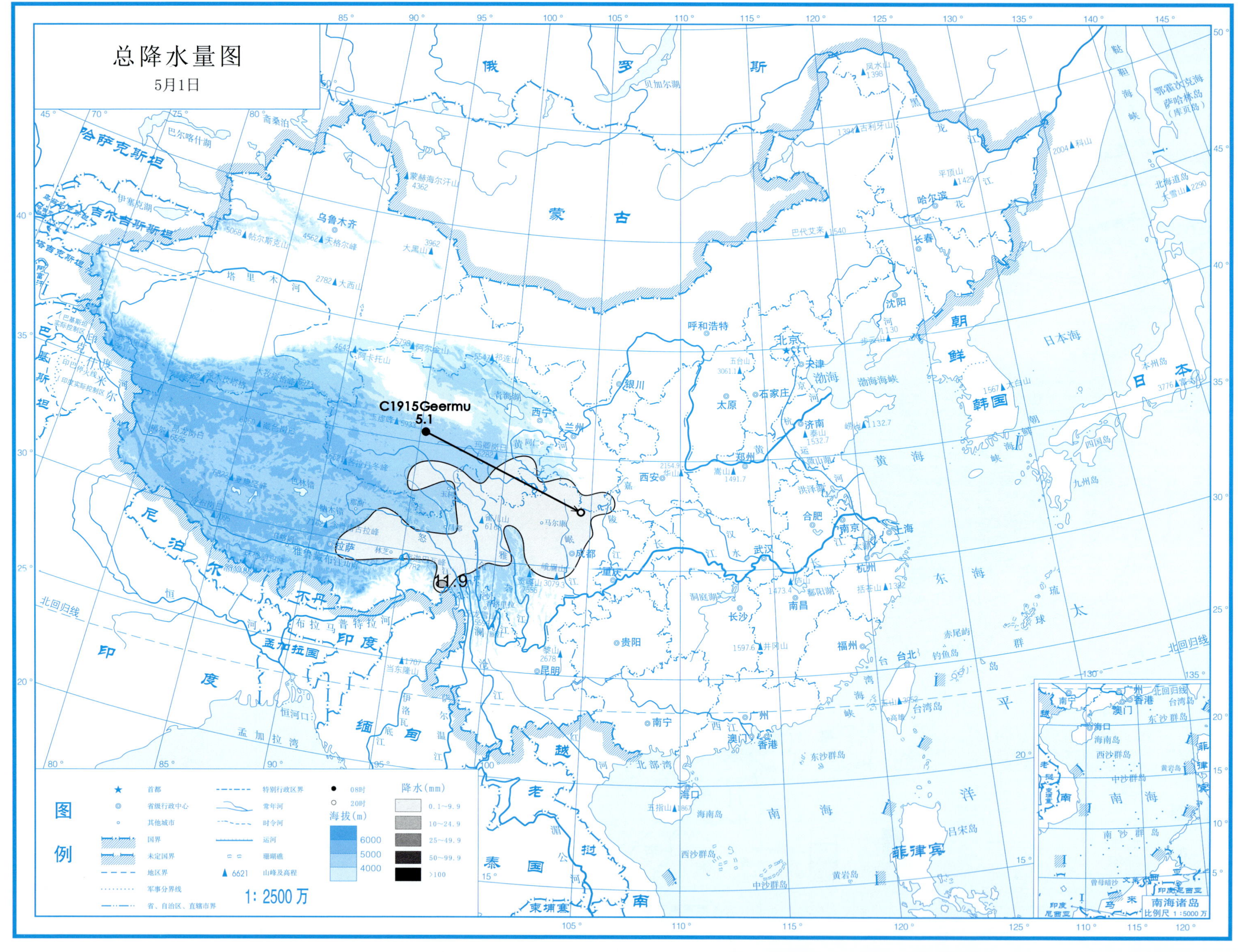
总降水量图
5月1日
C1915Geermu
5.1
11.9
图例
首都
省级行政中心
其他城市
国界
未定国界
地区界
军事分界线
省、自治区、直辖市界
特别行政区界
常年河
时令河
运河
珊瑚礁
6621 山峰及高程
08时
20时
海拔(m)
6000
5000
4000
降水(mm)
0.1~9.9
10~24.9
25~49.9
50~99.9
>100
1:2500万
南海诸岛
比例尺 1:5000万

总降水日数图

5月1日

图例

★ 首都
◎ 省级行政中心
○ 其他城市
国界
未定国界
地区界
军事分界线
省、自治区、直辖市界
特别行政区界
常年河
时令河
运河
珊瑚礁
▲6621 山峰及高程

海拔(m)
6000
5000
4000

降水日数
1天
2~3天
4天以上

1: 2500万

南海诸岛
比例尺 1:5000万

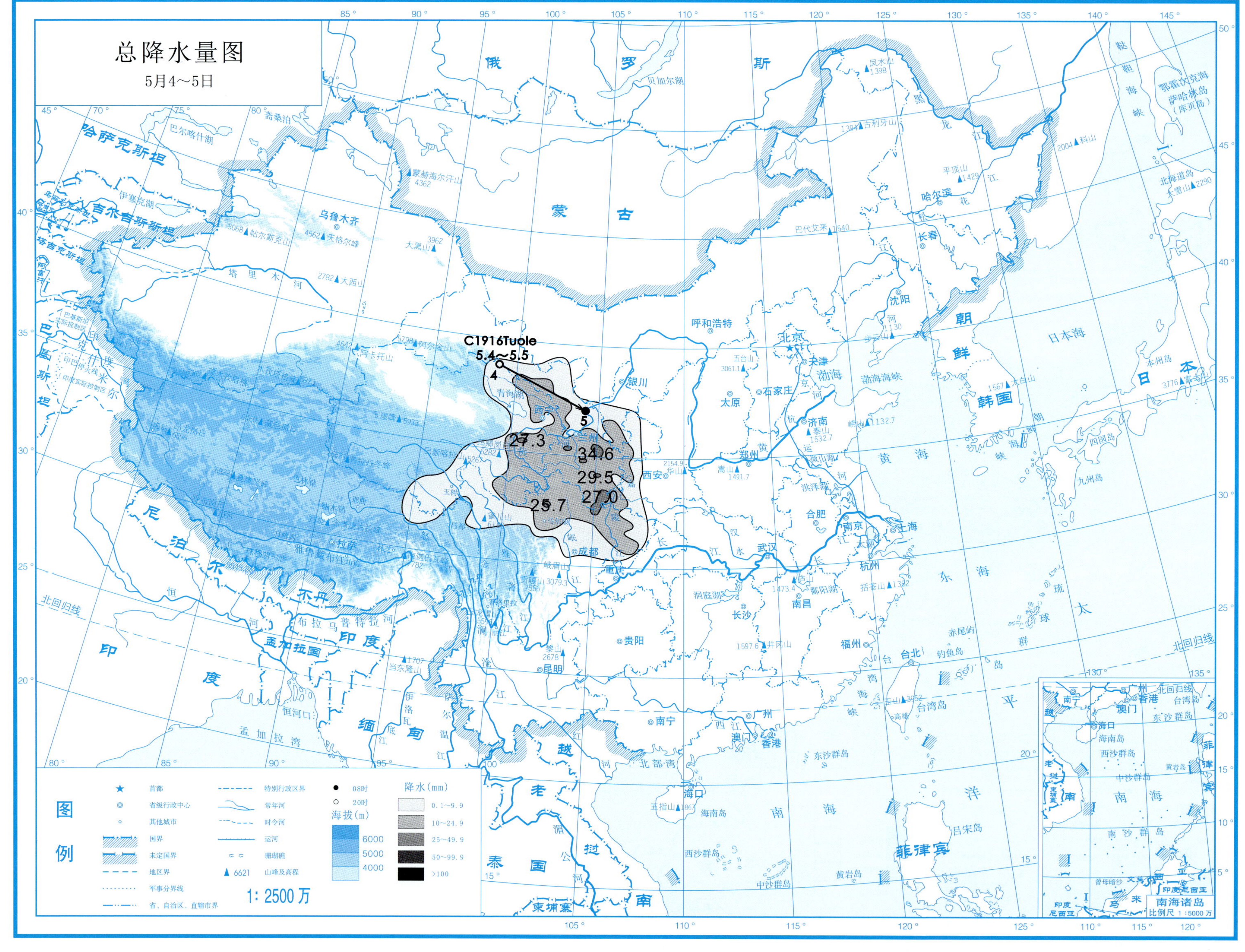

总降水量图
5月4～5日
C1916Tuole
5.4～5.5
27.3
34.6
29.5
27.0
25.7
图例
降水(mm)
0.1～9.9
10～24.9
25～49.9
50～99.9
>100
海拔(m)
6000
5000
4000
1: 2500 万
南海诸岛
比例尺 1:5000 万

总降水日数图

5月4～5日

图例

符号	说明	符号	说明
★	首都		特别行政区界
◎	省级行政中心		常年河
○	其他城市		时令河
	国界		运河
	未定国界		珊瑚礁
	地区界	▲ 6621	山峰及高程
	军事分界线		
	省、自治区、直辖市界		

海拔(m)

6000

5000

4000

降水日数

1天

2~3天

4天以上

1: 2500 万

南海诸岛

比例尺 1 : 5000 万

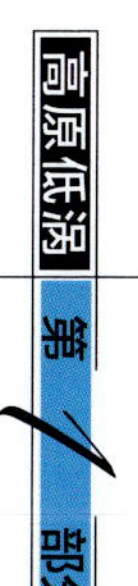

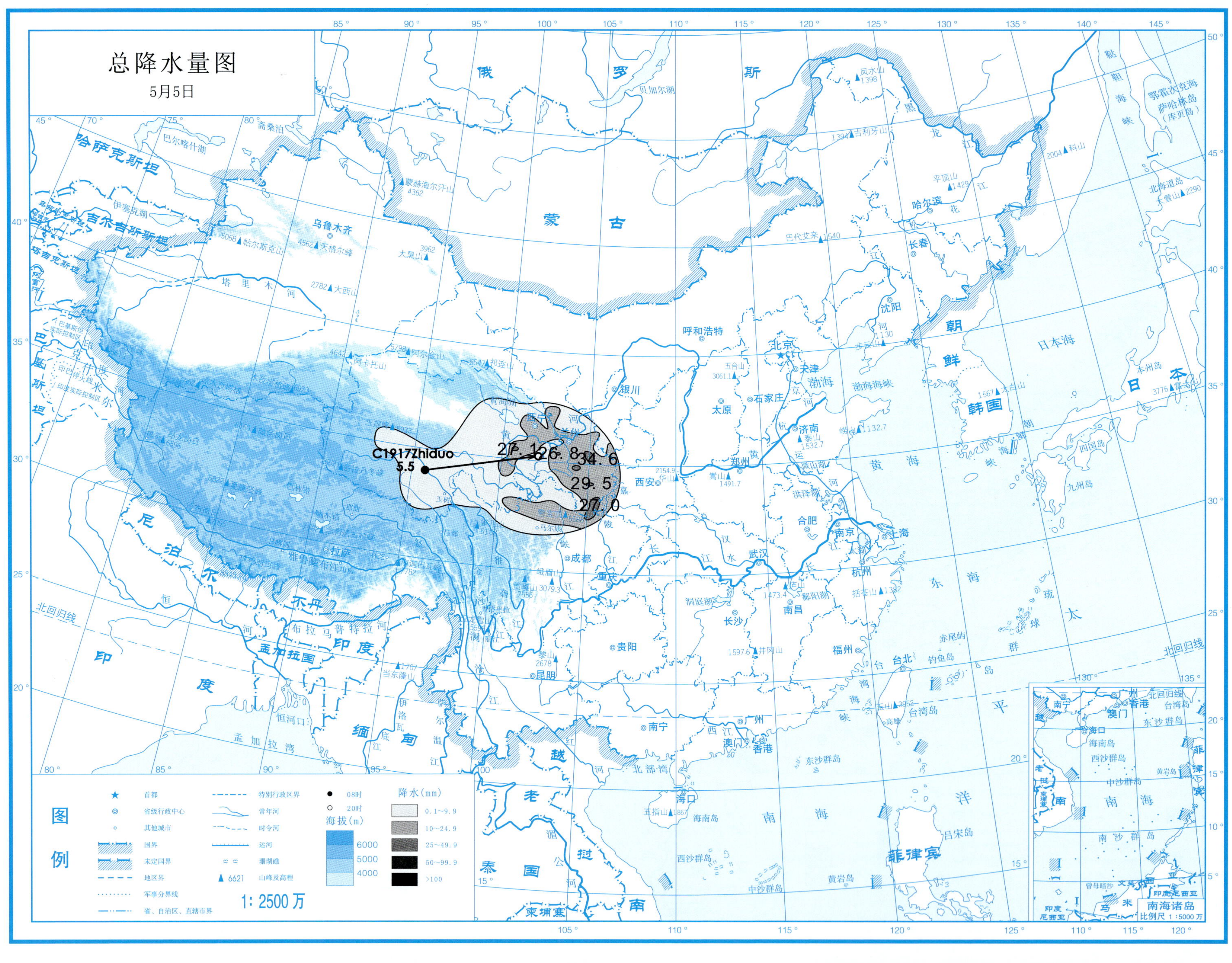
总降水量图
5月5日
C1917Zhiduo
5.5
126.8
34.6
29.5
27.0
图例
首都
省级行政中心
其他城市
国界
未定国界
地区界
军事分界线
省、自治区、直辖市界
特别行政区界
常年河
时令河
运河
珊瑚礁
山峰及高程
08时
20时
海拔(m)
6000
5000
4000
降水(mm)
0.1~9.9
10~24.9
25~49.9
50~99.9
>100
1: 2500万
南海诸岛
比例尺 1:5000万

总降水日数图

5月5日

图例

- ★ 首都
- ◎ 省级行政中心
- ○ 其他城市
- 国界
- 未定国界
- 地区界
- 军事分界线
- 省、自治区、直辖市界
- 特别行政区界
- 常年河
- 时令河
- 运河
- 珊瑚礁
- ▲ 6621 山峰及高程

海拔(m)：6000、5000、4000

降水日数：1天、2~3天、4天以上

1∶2500万

南海诸岛 比例尺 1∶5000万

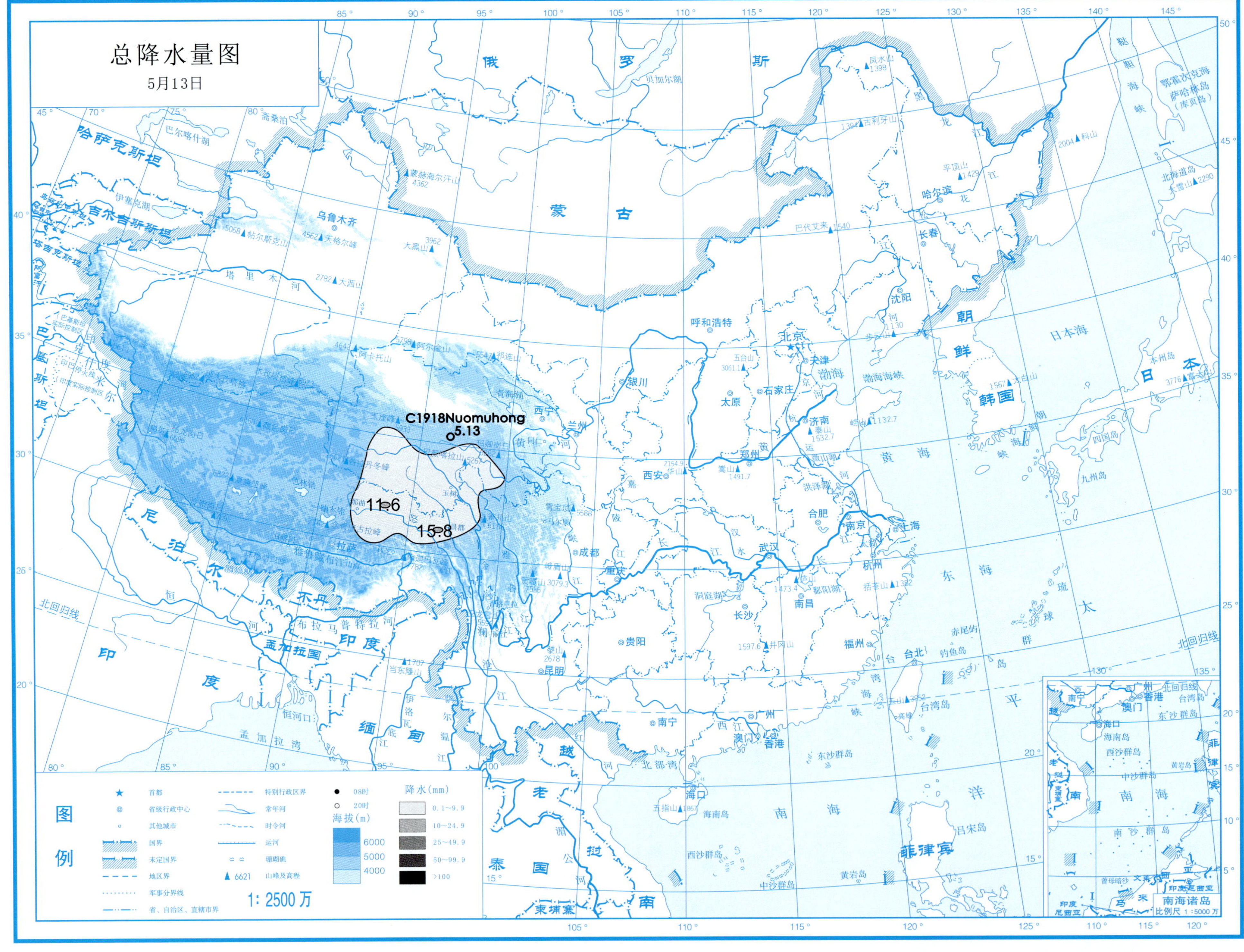
总降水量图
5月13日
C1918Nuomuhong
5.13
11.6
15.8
降水(mm)
0.1~9.9
10~24.9
25~49.9
50~99.9
>100
海拔(m)
6000
5000
4000
1: 2500 万
南海诸岛
比例尺 1:5000 万

总降水日数图

5月13日

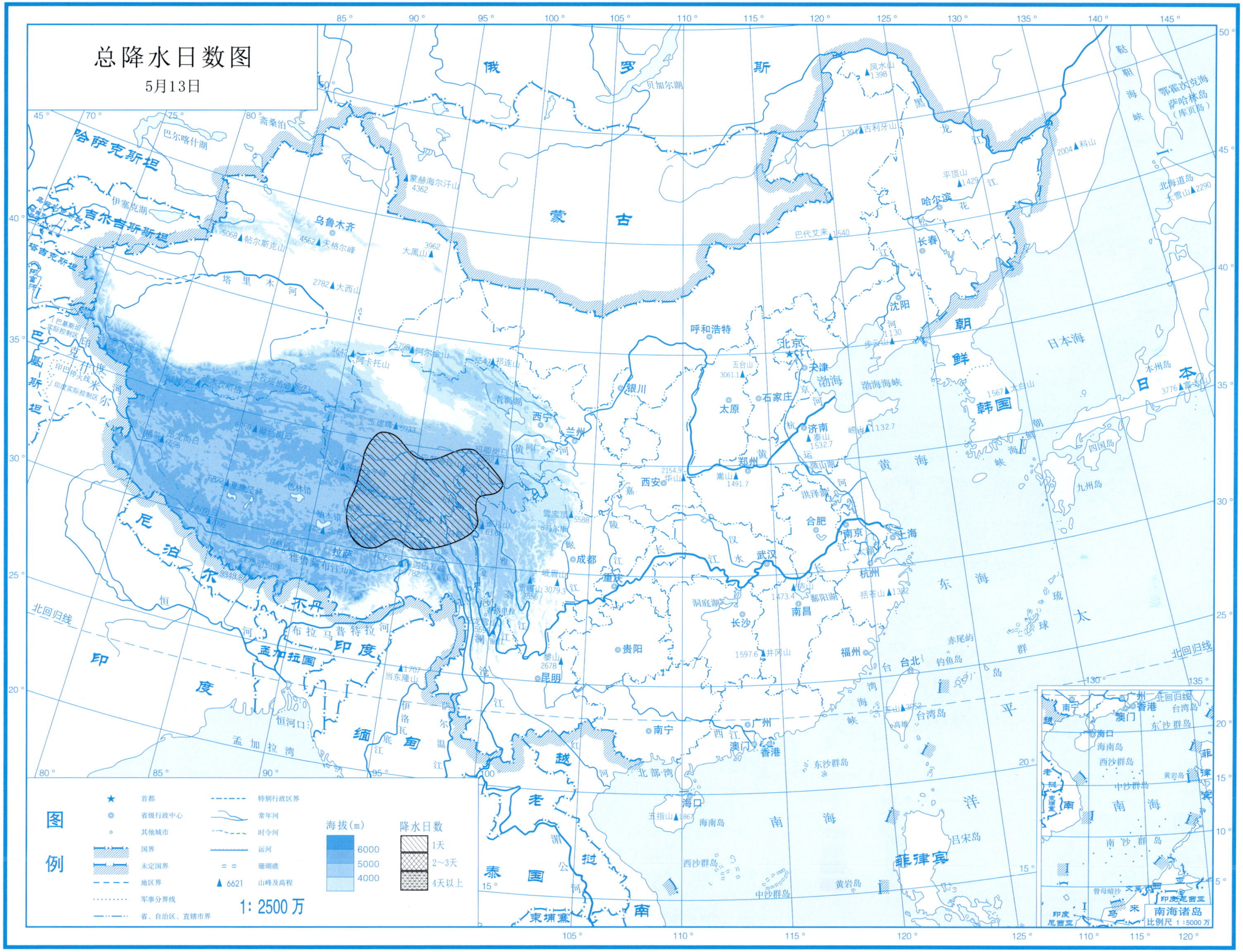

图例

★ 首都
◎ 省级行政中心
○ 其他城市
国界
未定国界
地区界
军事分界线
省、自治区、直辖市界
特别行政区界
常年河
时令河
运河
珊瑚礁
▲ 6621 山峰及高程

海拔(m)
6000
5000
4000

降水日数
1天
2~3天
4天以上

1：2500万

南海诸岛
比例尺 1：5000万

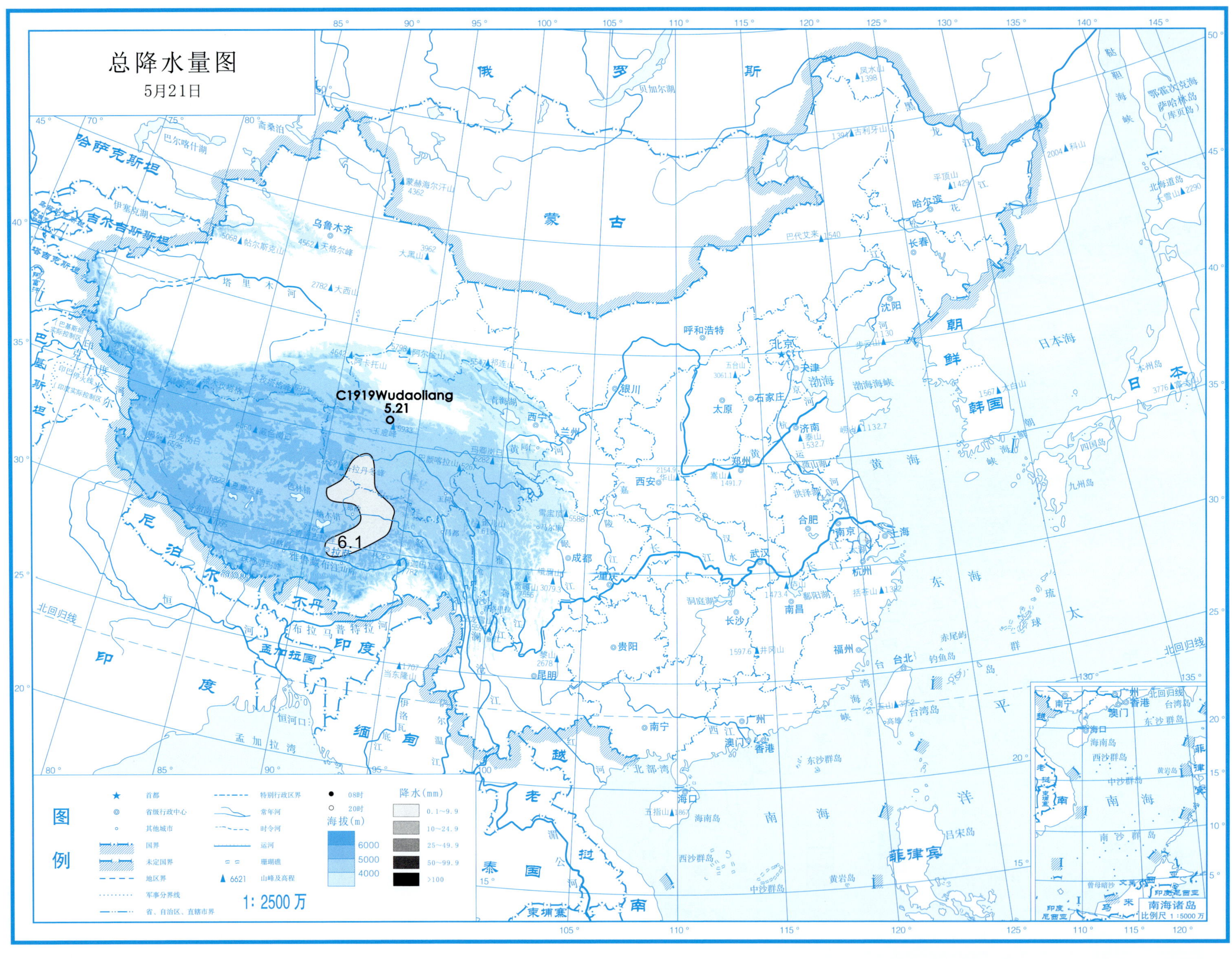
总降水量图
5月21日
C1919Wudaoliang
5.21
6.1
图例
首都
省级行政中心
其他城市
国界
未定国界
地区界
军事分界线
省、自治区、直辖市界
特别行政区界
常年河
时令河
运河
珊瑚礁
6621 山峰及高程
08时
20时
海拔(m)
6000
5000
4000
降水(mm)
0.1~9.9
10~24.9
25~49.9
50~99.9
>100
1: 2500万
南海诸岛
比例尺 1:5000万

总降水日数图

5月21日

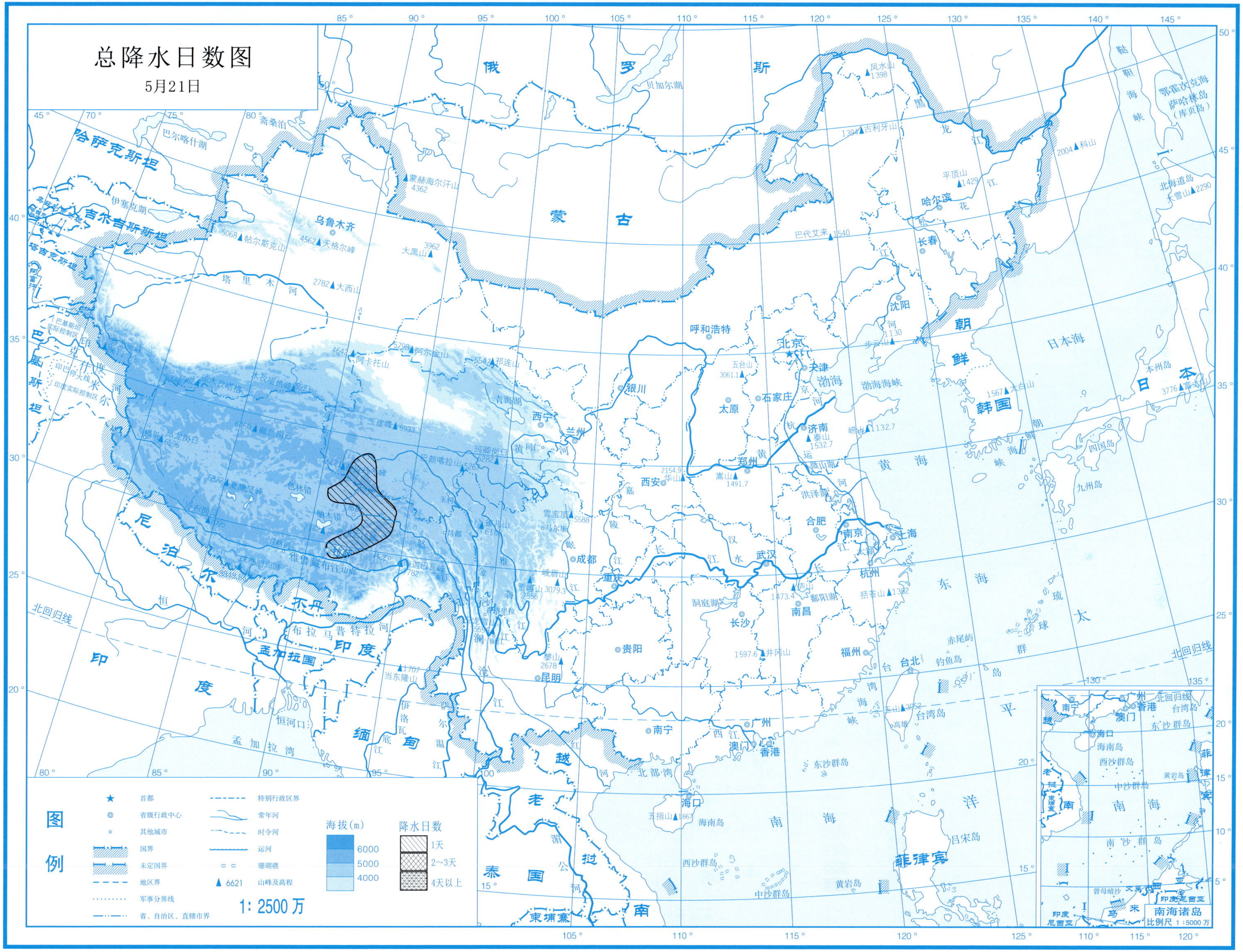

图例
首都
省级行政中心
其他城市
国界
未定国界
地区界
军事分界线
省、自治区、直辖市界
特别行政区界
常年河
时令河
运河
珊瑚礁
山峰及高程
海拔(m)
6000
5000
4000
降水日数
1天
2~3天
4天以上
1:2500万
南海诸岛
比例尺 1:5000万
俄罗斯
蒙古
哈萨克斯坦
吉尔吉斯斯坦
塔吉克斯坦
巴基斯坦
尼泊尔
不丹
印度
孟加拉国
缅甸
老挝
泰国
柬埔寨
越南
菲律宾
朝鲜
韩国
日本
北京
天津
石家庄
太原
呼和浩特
沈阳
长春
哈尔滨
济南
郑州
西安
银川
兰州
西宁
乌鲁木齐
成都
重庆
武汉
合肥
南京
上海
杭州
南昌
长沙
福州
台北
贵阳
昆明
南宁
广州
香港
澳门
海口
渤海
黄海
东海
南海
日本海
太平洋
北回归线

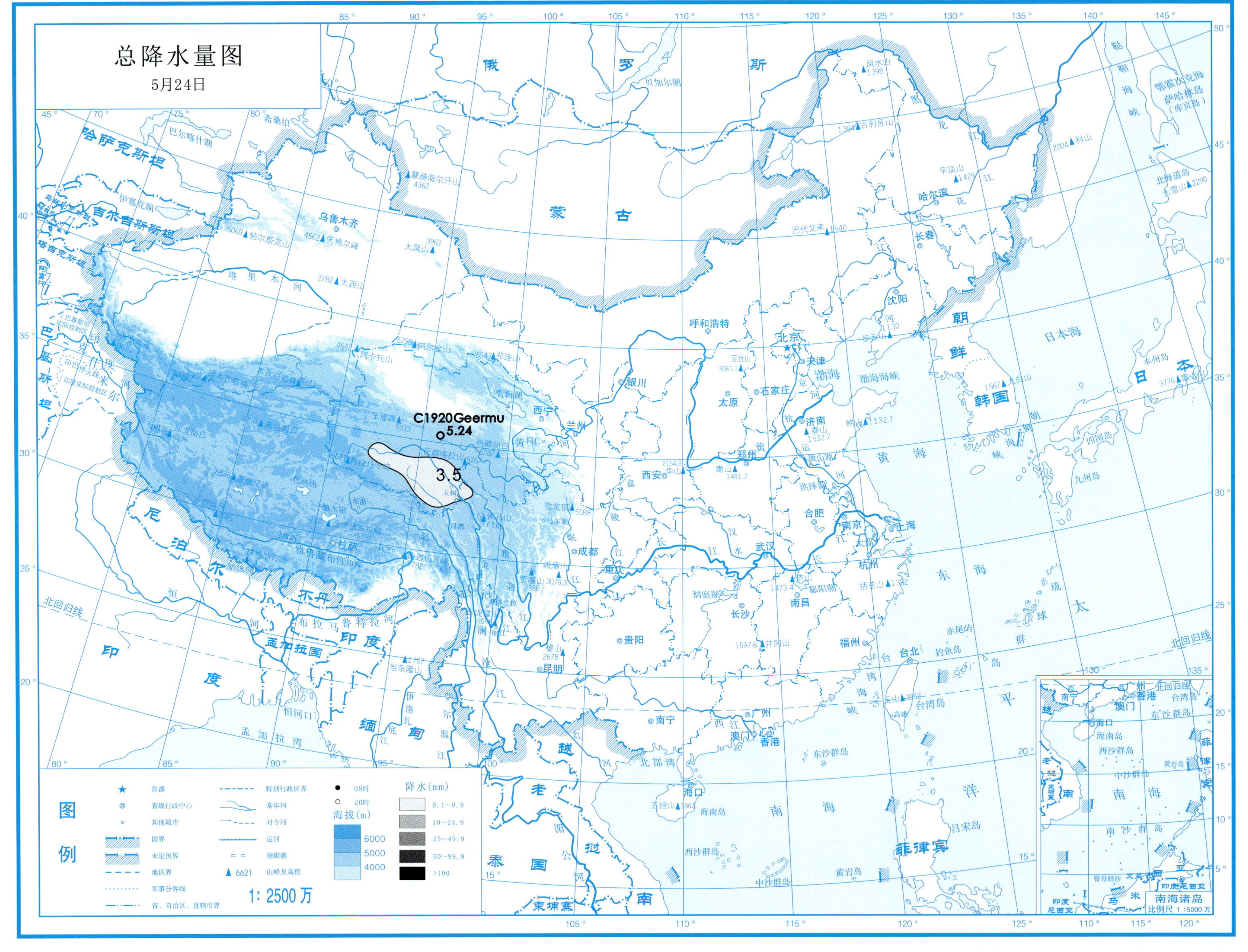
总降水量图
5月24日
C1920Geermu
5.24
3.5
图例
首都
省级行政中心
其他城市
国界
未定国界
地区界
军事分界线
省、自治区、直辖市界
特别行政区界
常年河
时令河
运河
珊瑚礁
6621 山峰及高程
08时
20时
海拔(m)
6000
5000
4000
降水(mm)
0.1~9.9
10~24.9
25~49.9
50~99.9
>100
1:2500万
南海诸岛
比例尺 1:5000万

总降水日数图

5月24日

图例

符号	说明	符号	说明
★	首都		特别行政区界
◎	省级行政中心		常年河
○	其他城市		时令河
	国界		运河
	未定国界		珊瑚礁
	地区界	▲ 6621	山峰及高程
	军事分界线		
	省、自治区、直辖市界		

海拔(m)：6000、5000、4000

降水日数：1天、2~3天、4天以上

1:2500万

南海诸岛 比例尺 1:5000万

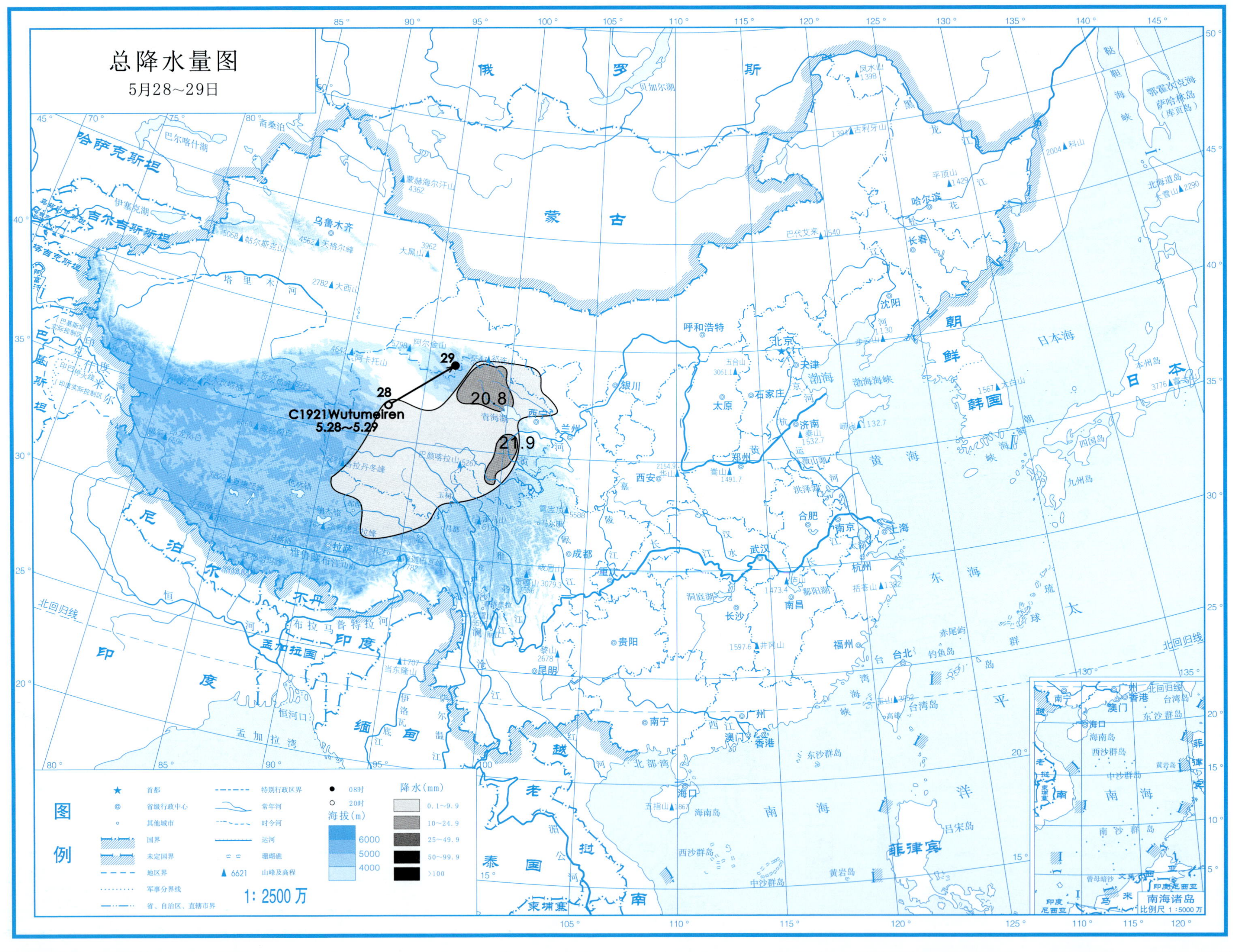
总降水量图
5月28~29日
29
28
C1921Wutumeiren
5.28~5.29
20.8
21.9
图例
首都
省级行政中心
其他城市
国界
未定国界
地区界
军事分界线
省、自治区、直辖市界
特别行政区界
常年河
时令河
运河
珊瑚礁
6621 山峰及高程
08时
20时
海拔(m)
6000
5000
4000
降水(mm)
0.1~9.9
10~24.9
25~49.9
50~99.9
>100
1: 2500 万
南海诸岛
比例尺 1:5000 万

总降水日数图

5月28~29日

图例

★	首都		特别行政区界
◎	省级行政中心		常年河
○	其他城市		时令河
	国界		运河
	未定国界		珊瑚礁
	地区界	▲ 6621	山峰及高程
	军事分界线		
	省、自治区、直辖市界		

海拔(m)：6000　5000　4000

降水日数：1天　2~3天　4天以上

1: 2500 万

南海诸岛
比例尺 1:5000 万

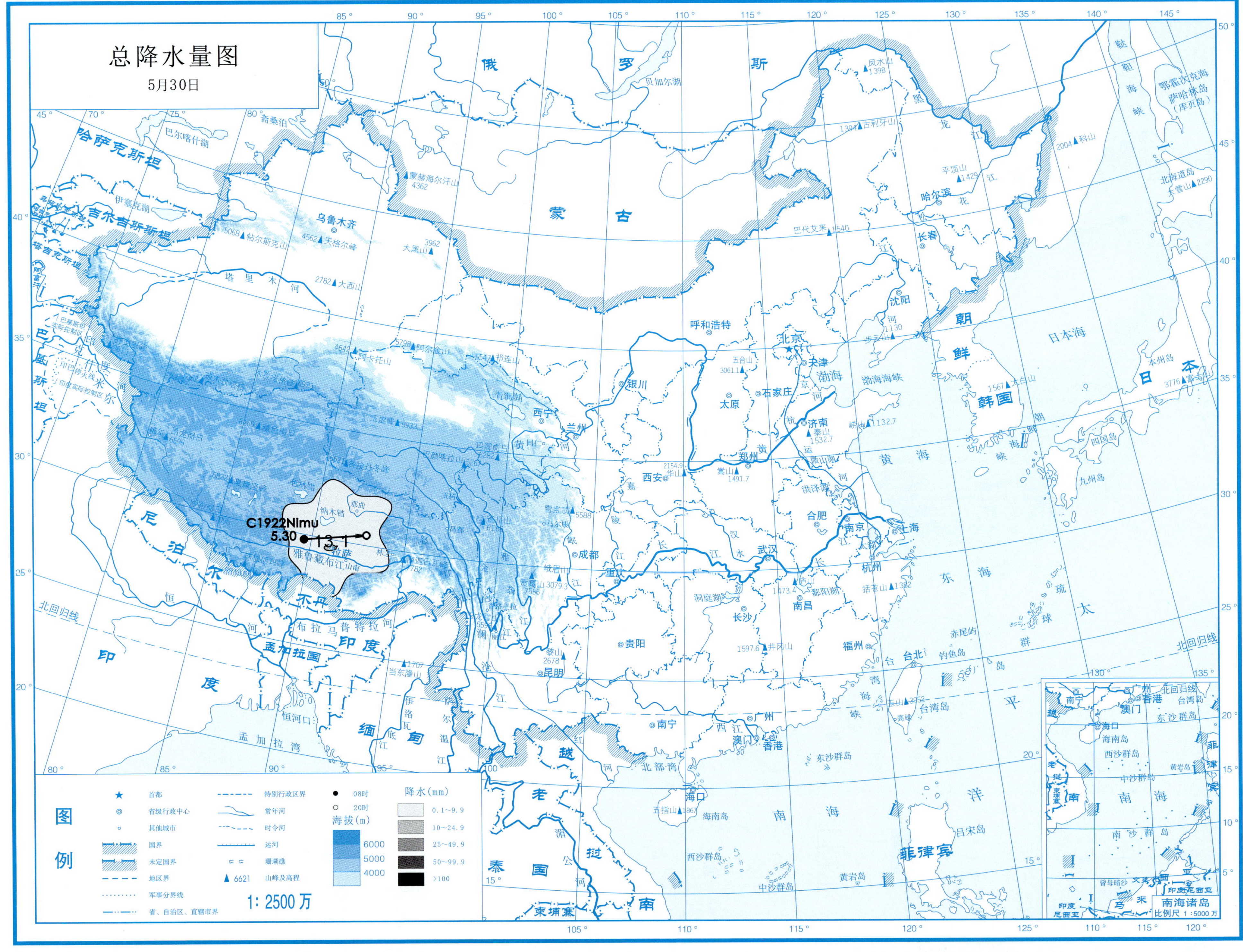
总降水量图
5月30日
C1922Nimu
5.30
13.1
图例
首都
省级行政中心
其他城市
国界
未定国界
地区界
军事分界线
省、自治区、直辖市界
特别行政区界
常年河
时令河
运河
珊瑚礁
6621 山峰及高程
08时
20时
海拔(m)
6000
5000
4000
降水(mm)
0.1～9.9
10～24.9
25～49.9
50～99.9
>100
1: 2500 万
南海诸岛
比例尺 1:5000 万

总降水日数图

5月30日

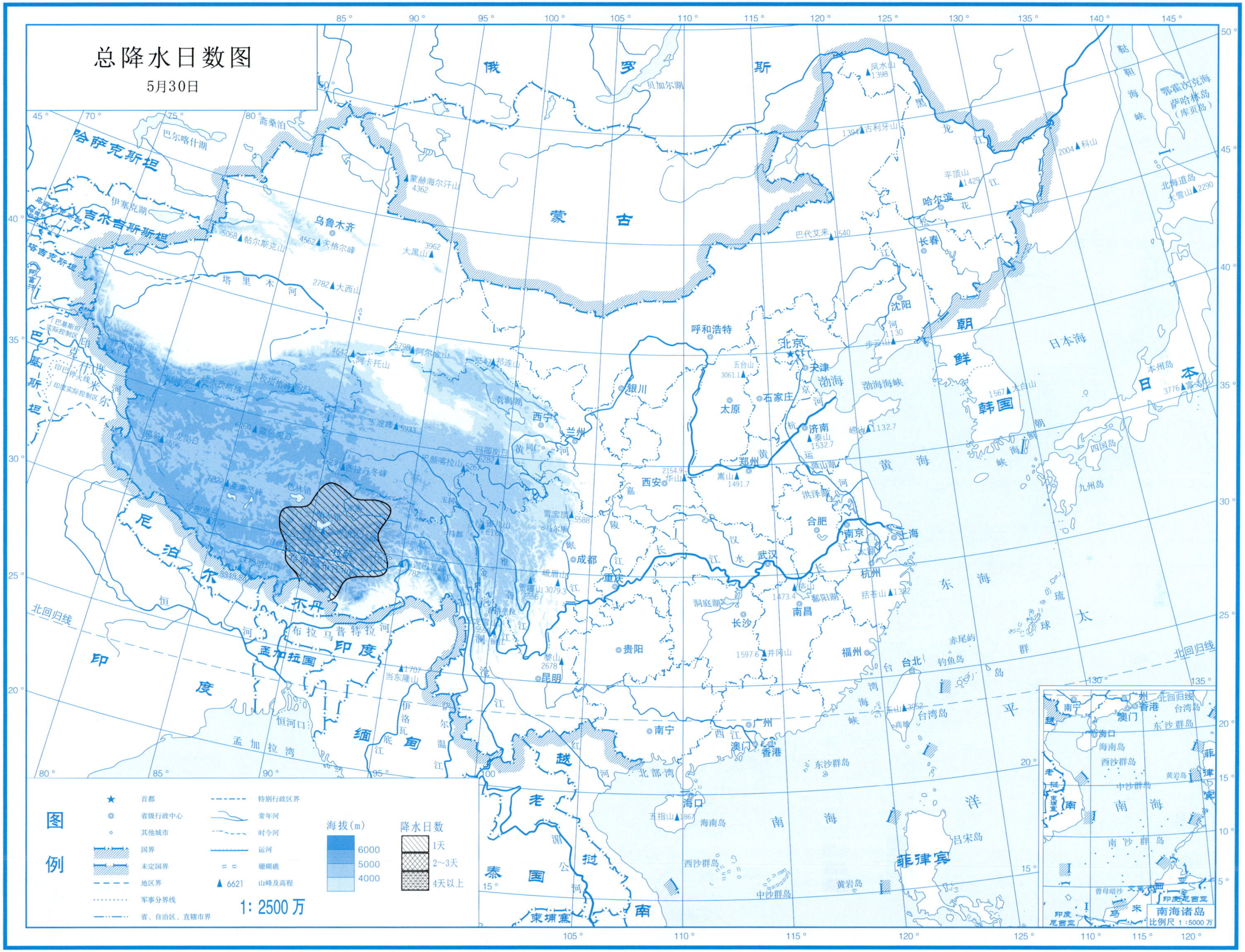

图例
首都
省级行政中心
其他城市
国界
未定国界
地区界
军事分界线
省、自治区、直辖市界
特别行政区界
常年河
时令河
运河
珊瑚礁
6621 山峰及高程
海拔（m）
6000
5000
4000
降水日数
1天
2~3天
4天以上
1∶2500万
俄 罗 斯
蒙 古
哈萨克斯坦
吉尔吉斯斯坦
塔吉克斯坦
巴基斯坦
尼 泊 尔
不丹
印 度
孟加拉国
缅 甸
老 挝
泰 国
越 南
柬埔寨
朝 鲜
韩国
日 本
菲律宾
乌鲁木齐
呼和浩特
北京
天津
石家庄
太原
济南
郑州
西安
银川
西宁
兰州
成都
重庆
武汉
合肥
南京
上海
杭州
南昌
长沙
贵阳
昆明
福州
台北
南宁
广州
澳门
香港
海口
哈尔滨
长春
沈阳
拉萨
渤海
黄 海
东 海
南 海
日本海
太 平 洋
北回归线
南海诸岛
比例尺 1：5000万

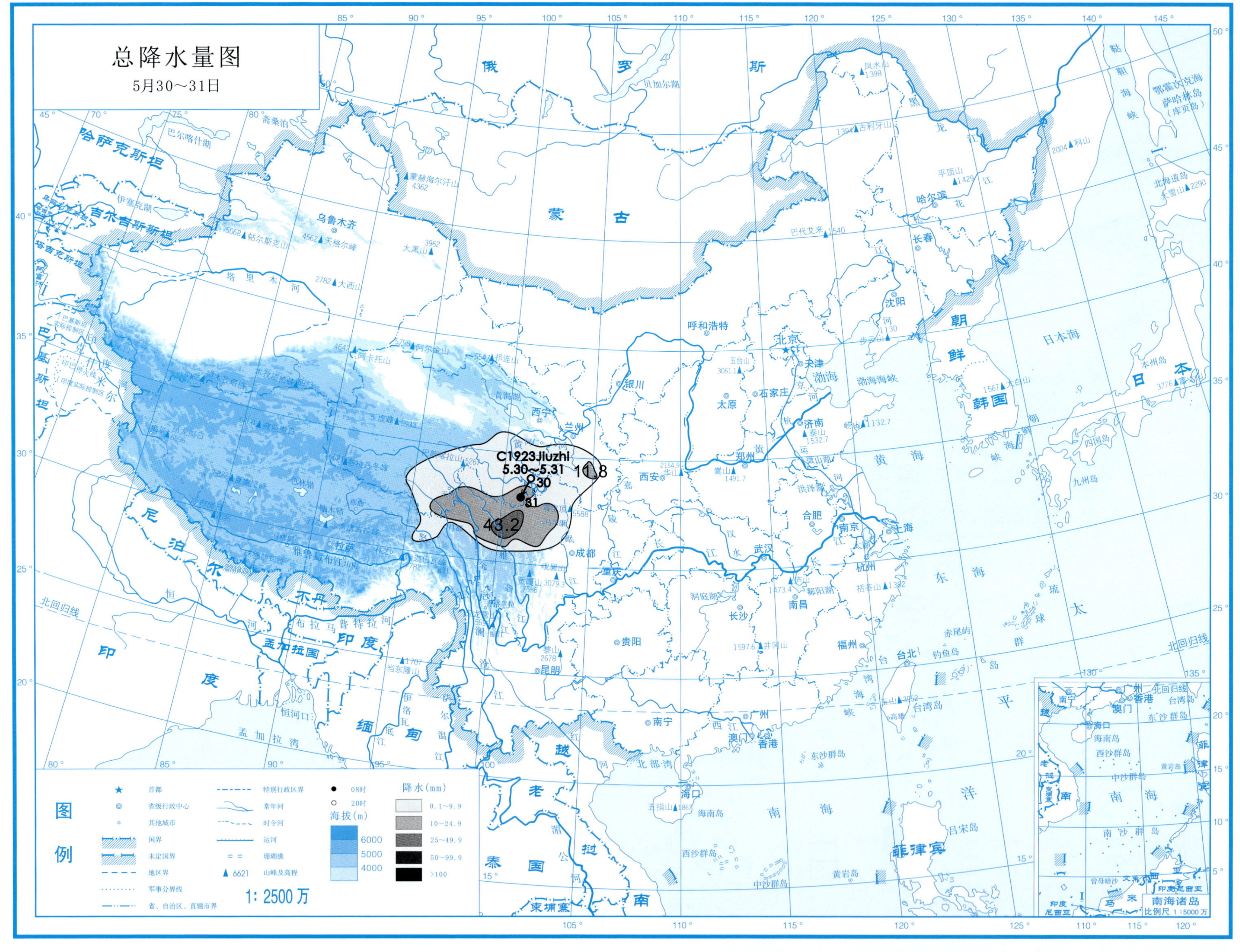
总降水量图
5月30～31日
C1923Jiuzhi
5.30～5.31
30
31
43.2
11.8
图例
首都
省级行政中心
其他城市
国界
未定国界
地区界
军事分界线
省、自治区、直辖市界
特别行政区界
常年河
时令河
运河
珊瑚礁
山峰及高程
08时
20时
海拔(m)
6000
5000
4000
降水(mm)
0.1～9.9
10～24.9
25～49.9
50～99.9
>100
1:2500万
南海诸岛
比例尺 1:5000万

总降水日数图

5月30～31日

图例

符号	说明	符号	说明
★	首都		特别行政区界
◎	省级行政中心		常年河
○	其他城市		时令河
	国界		运河
	未定国界		珊瑚礁
	地区界	▲ 6621	山峰及高程
	军事分界线		
	省、自治区、直辖市界		

海拔(m)：6000、5000、4000

降水日数：1天、2～3天、4天以上

1：2500万

南海诸岛 比例尺 1：5000万

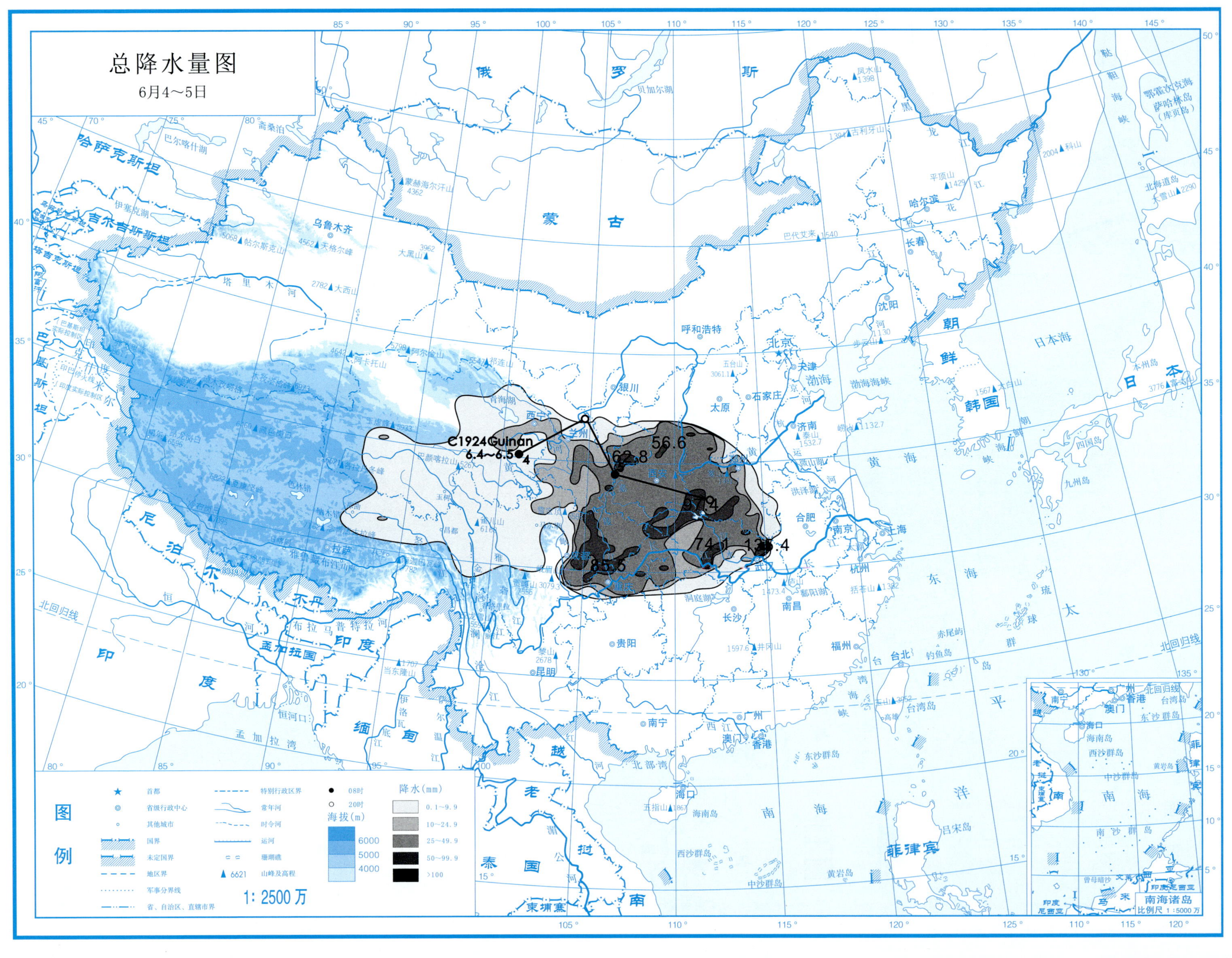
总降水量图
6月4～5日
C1924Guinan
6.4～6.5
56.6
62.8
57.4
74.1
135.4
85.6
图例
首都
省级行政中心
其他城市
国界
未定国界
地区界
军事分界线
省、自治区、直辖市界
特别行政区界
常年河
时令河
运河
珊瑚礁
6621 山峰及高程
08时
20时
海拔(m)
6000
5000
4000
降水(mm)
0.1～9.9
10～24.9
25～49.9
50～99.9
>100
1: 2500万
南海诸岛
比例尺 1:5000万

总降水日数图

6月4～5日

图例

★ 首都

◎ 省级行政中心

○ 其他城市

国界

未定国界

地区界

军事分界线

省、自治区、直辖市界

特别行政区界

常年河

时令河

运河

珊瑚礁

▲ 6621 山峰及高程

海拔(m)

6000

5000

4000

降水日数

1天

2～3天

4天以上

1：2500万

南海诸岛

比例尺 1：5000万

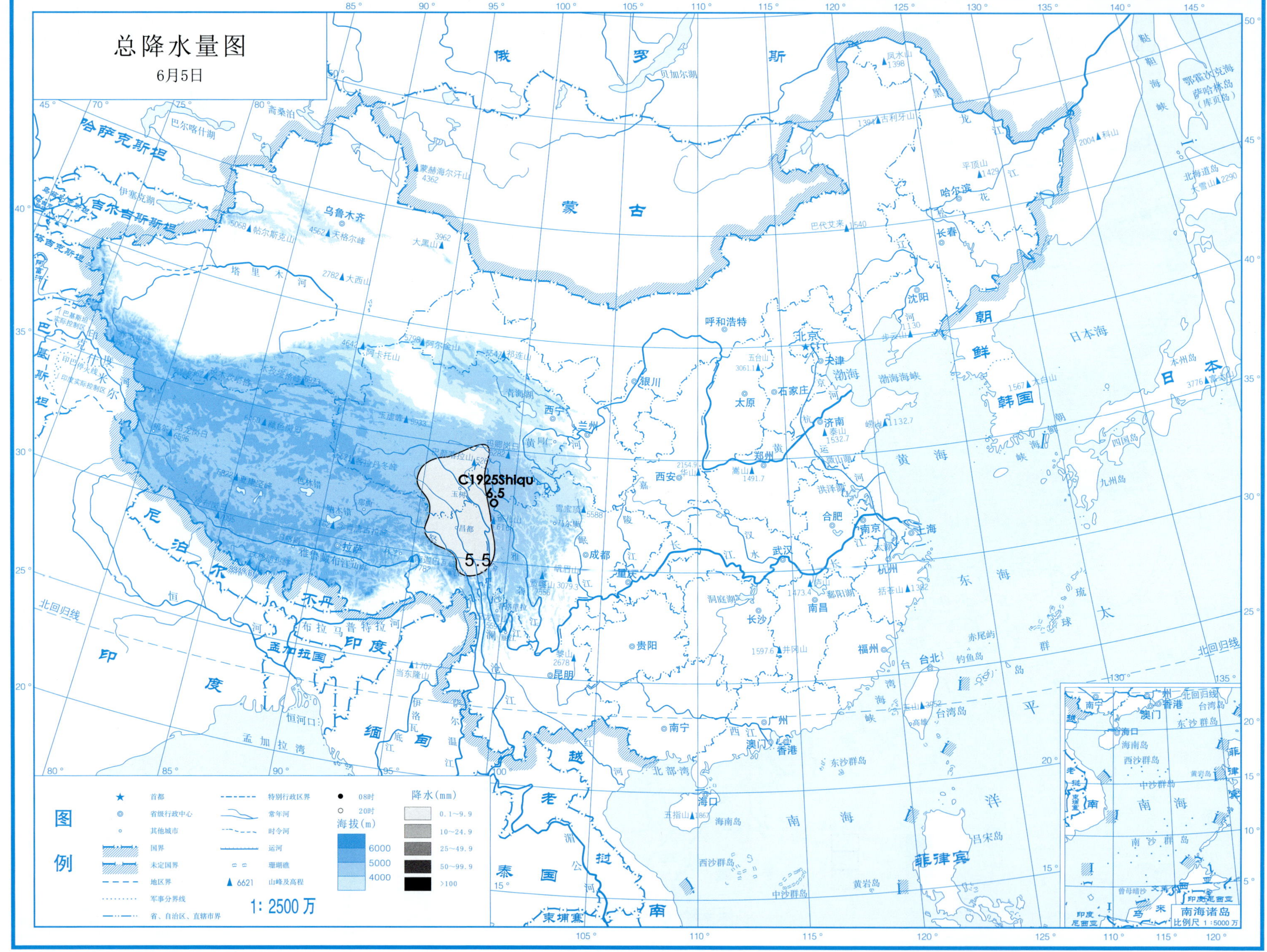
总降水量图
6月5日
C1925Shiqu
6.5
5.5
图例
首都
省级行政中心
其他城市
国界
未定国界
地区界
军事分界线
省、自治区、直辖市界
特别行政区界
常年河
时令河
运河
珊瑚礁
6621 山峰及高程
08时
20时
海拔(m)
6000
5000
4000
降水(mm)
0.1~9.9
10~24.9
25~49.9
50~99.9
>100
1: 2500 万
南海诸岛
比例尺 1:5000 万

总降水日数图

6月5日

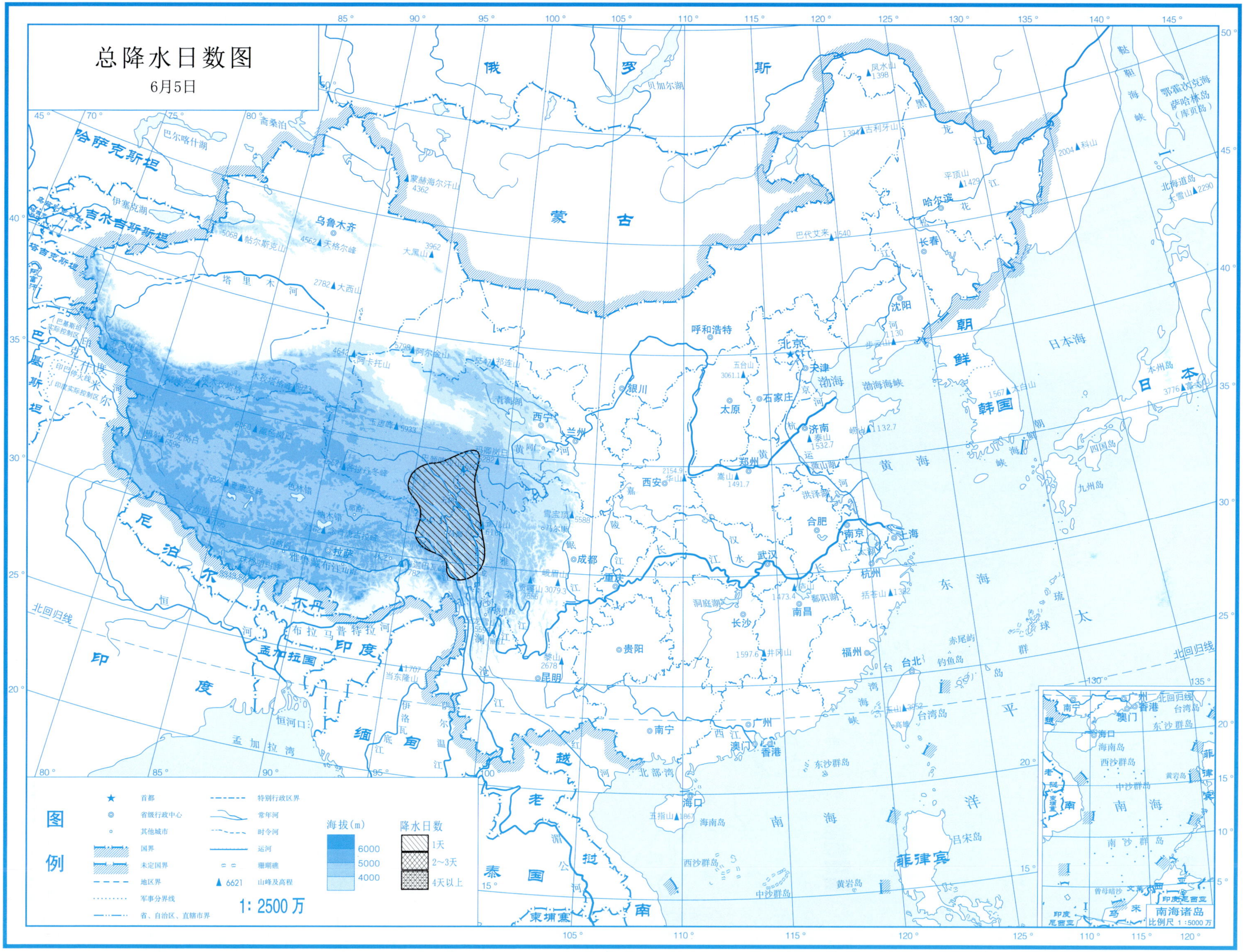

图例

首都
省级行政中心
其他城市
国界
未定国界
地区界
军事分界线
省、自治区、直辖市界
特别行政区界
常年河
时令河
运河
珊瑚礁
山峰及高程

海拔(m)
6000
5000
4000

降水日数
1天
2~3天
4天以上

1: 2500 万

南海诸岛
比例尺 1:5000 万

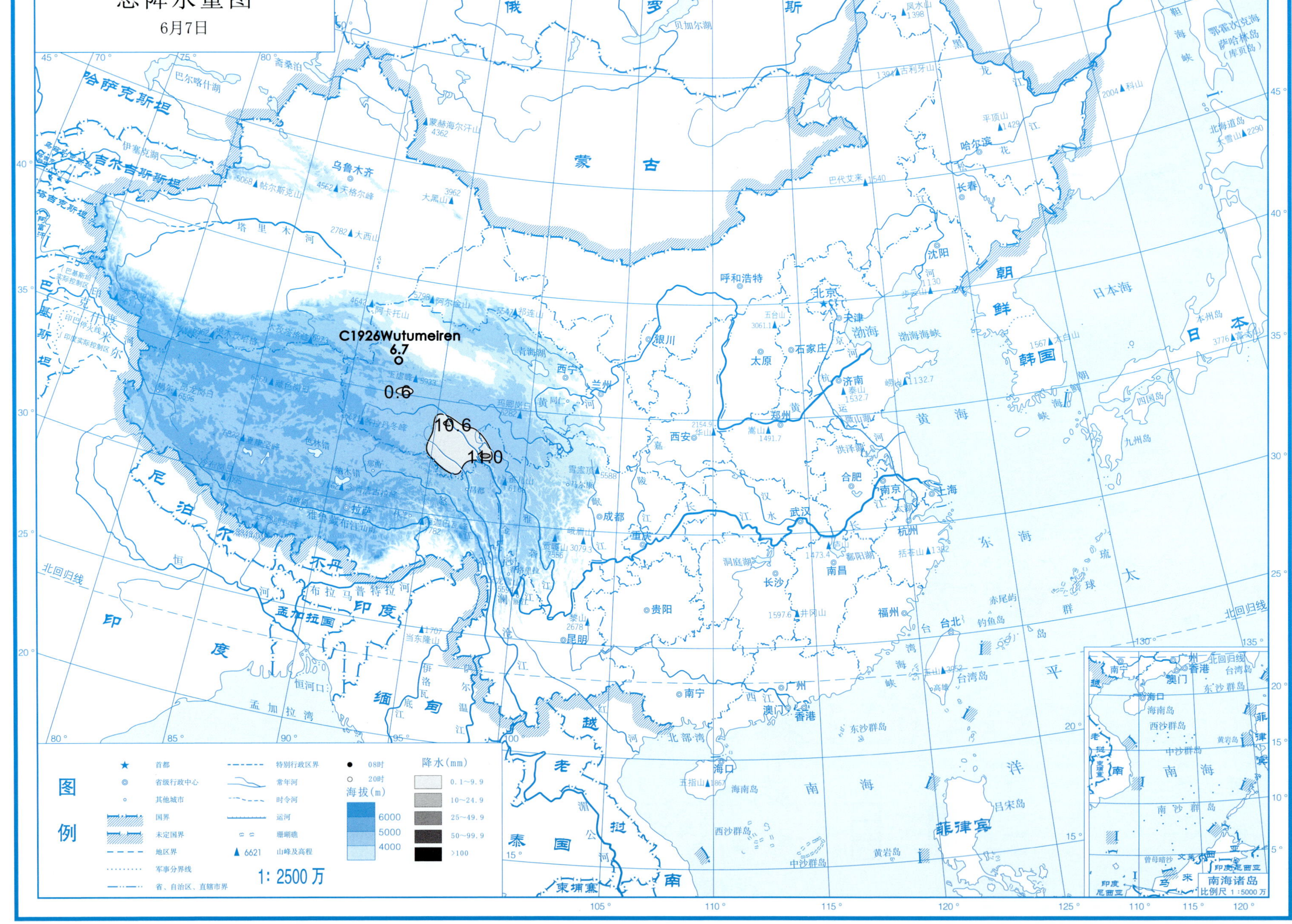
总降水量图
6月7日
C1926Wutumeiren
6.7
0.6
10.6
1.0
图例
首都
省级行政中心
其他城市
国界
未定国界
地区界
军事分界线
省、自治区、直辖市界
特别行政区界
常年河
时令河
运河
珊瑚礁
山峰及高程
08时
20时
海拔(m)
6000
5000
4000
降水(mm)
0.1~9.9
10~24.9
25~49.9
50~99.9
>100
1:2500万
南海诸岛
比例尺 1:5000万

总降水日数图

6月7日

图例

符号	说明	符号	说明
★	首都		特别行政区界
◎	省级行政中心		常年河
◦	其他城市		时令河
	国界		运河
	未定国界		珊瑚礁
	地区界	▲ 6621	山峰及高程
	军事分界线		
	省、自治区、直辖市界		

海拔(m)：6000、5000、4000

降水日数：1天、2~3天、4天以上

1: 2500万

南海诸岛 比例尺 1:5000万

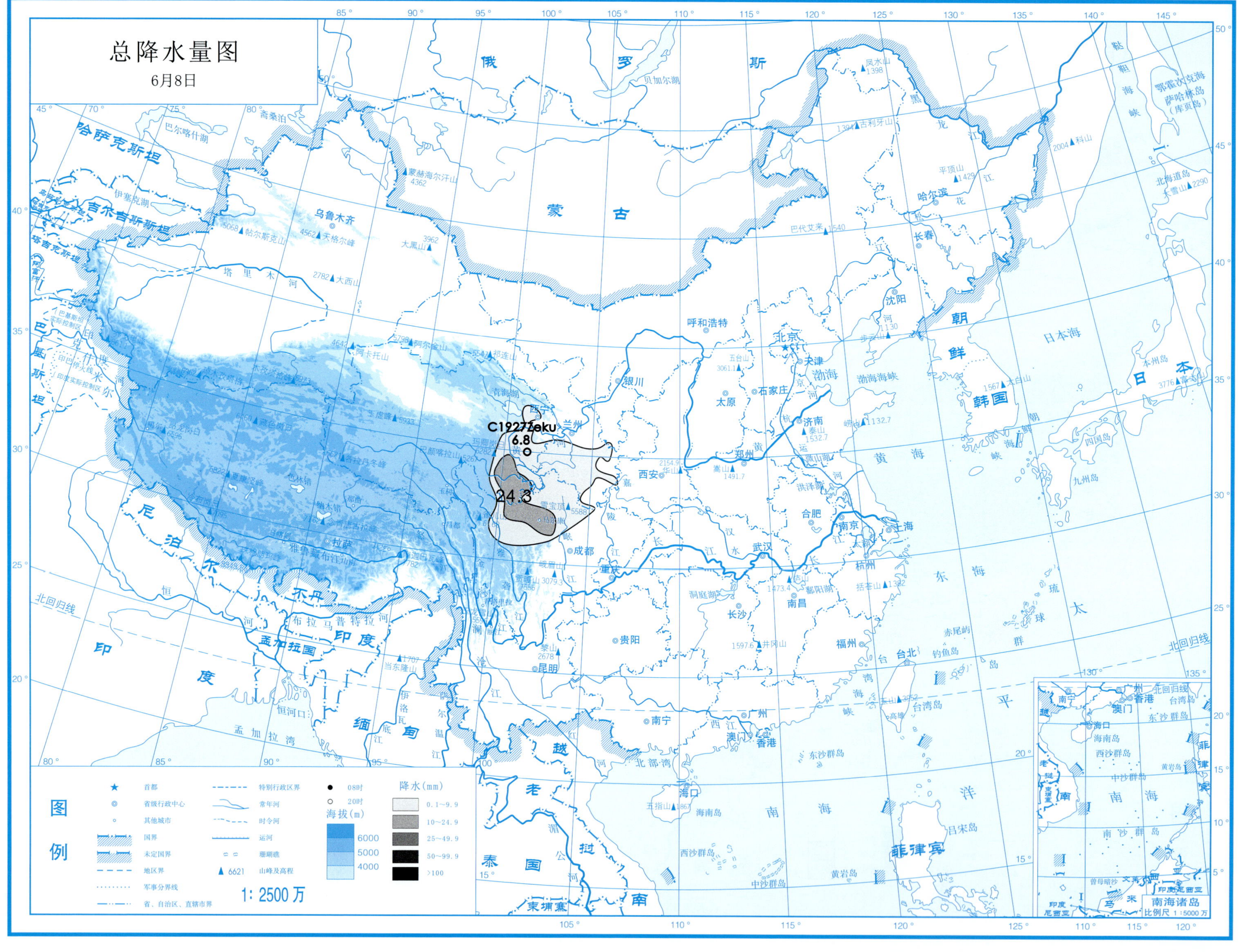
总降水量图
6月8日
C1927Zeku
6.8
24.3
图例
首都
省级行政中心
其他城市
国界
未定国界
地区界
军事分界线
省、自治区、直辖市界
特别行政区界
常年河
时令河
运河
珊瑚礁
山峰及高程
08时
20时
海拔(m)
6000
5000
4000
降水(mm)
0.1~9.9
10~24.9
25~49.9
50~99.9
>100
1: 2500 万
南海诸岛
比例尺 1:5000 万

总降水日数图

6月8日

图例

- ★ 首都
- ◎ 省级行政中心
- ○ 其他城市
- 国界
- 未定国界
- 地区界
- 军事分界线
- 省、自治区、直辖市界
- 特别行政区界
- 常年河
- 时令河
- 运河
- 珊瑚礁
- ▲ 6621 山峰及高程

海拔(m)

- 6000
- 5000
- 4000

降水日数

- 1天
- 2~3天
- 4天以上

1∶2500万

南海诸岛 比例尺 1∶5000万

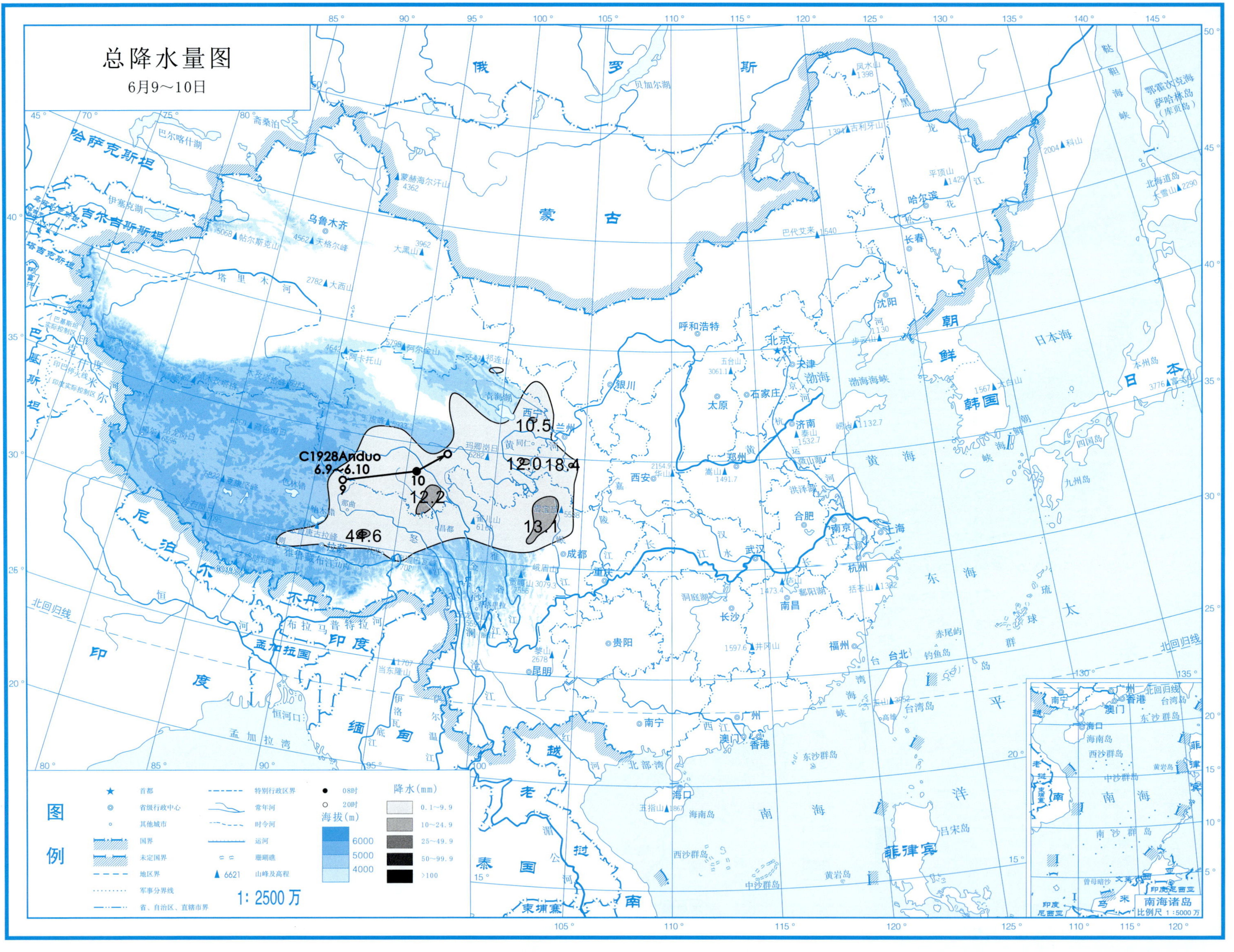
总降水量图
6月9～10日
C1928Anduo
6.9～6.10
9
10
10.5
12.0
18.4
12.2
13.1
44.6
图例
首都
省级行政中心
其他城市
国界
未定国界
地区界
军事分界线
省、自治区、直辖市界
特别行政区界
常年河
时令河
运河
珊瑚礁
6621 山峰及高程
08时
20时
海拔(m)
6000
5000
4000
降水(mm)
0.1～9.9
10～24.9
25～49.9
50～99.9
>100
1:2500万
南海诸岛
比例尺 1:5000万

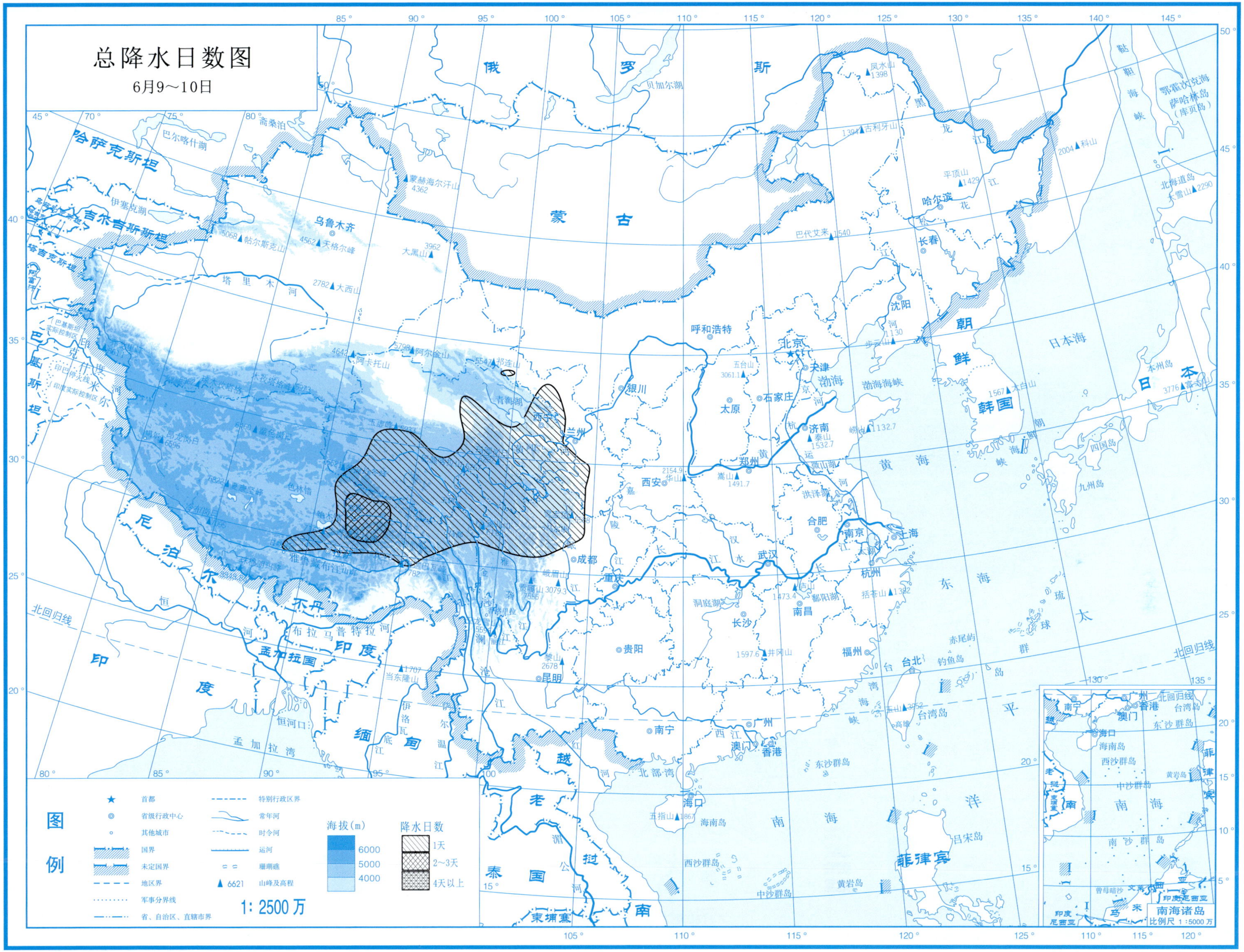

总降水日数图

6月9～10日

图例

降水日数：1天；2～3天；4天以上

海拔(m)：6000；5000；4000

1：2500万

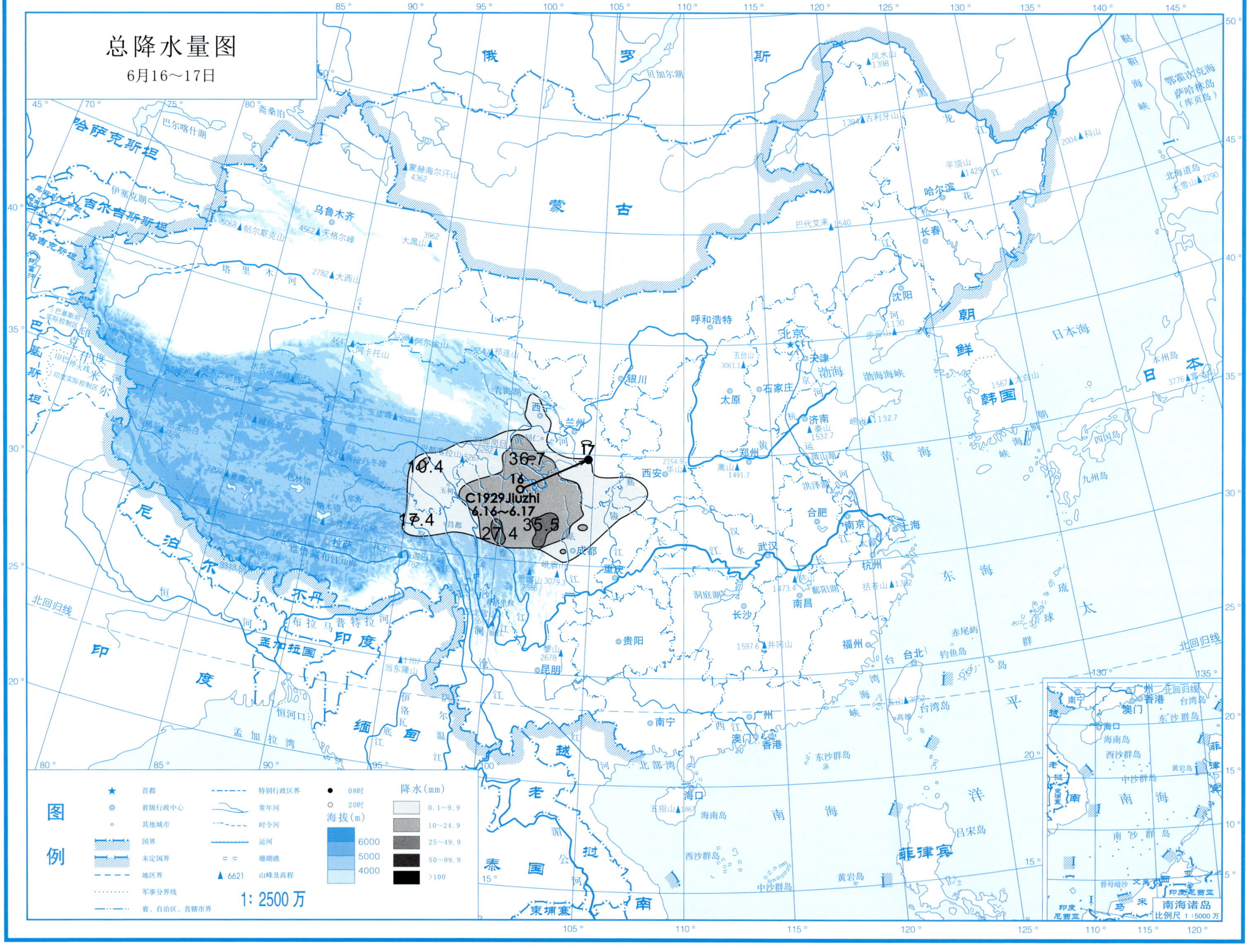

总降水量图
6月16～17日
C1929Jiuzhi
6.16～6.17
16
17
10.4
36.7
17.4
27.4
35.5
图例
首都
省级行政中心
其他城市
国界
未定国界
地区界
军事分界线
省、自治区、直辖市界
特别行政区界
常年河
时令河
运河
珊瑚礁
6621 山峰及高程
08时
20时
海拔(m)
6000
5000
4000
降水(mm)
0.1～9.9
10～24.9
25～49.9
50～99.9
>100
1: 2500万
南海诸岛
比例尺 1:5000万

总降水日数图

6月16～17日

图例

- ★ 首都
- ◎ 省级行政中心
- ○ 其他城市
- 国界
- 未定国界
- 地区界
- 军事分界线
- 省、自治区、直辖市界
- 特别行政区界
- 常年河
- 时令河
- 运河
- 珊瑚礁
- ▲6621 山峰及高程

海拔(m)：6000、5000、4000

降水日数：1天、2~3天、4天以上

1：2500万

南海诸岛 比例尺 1：5000万

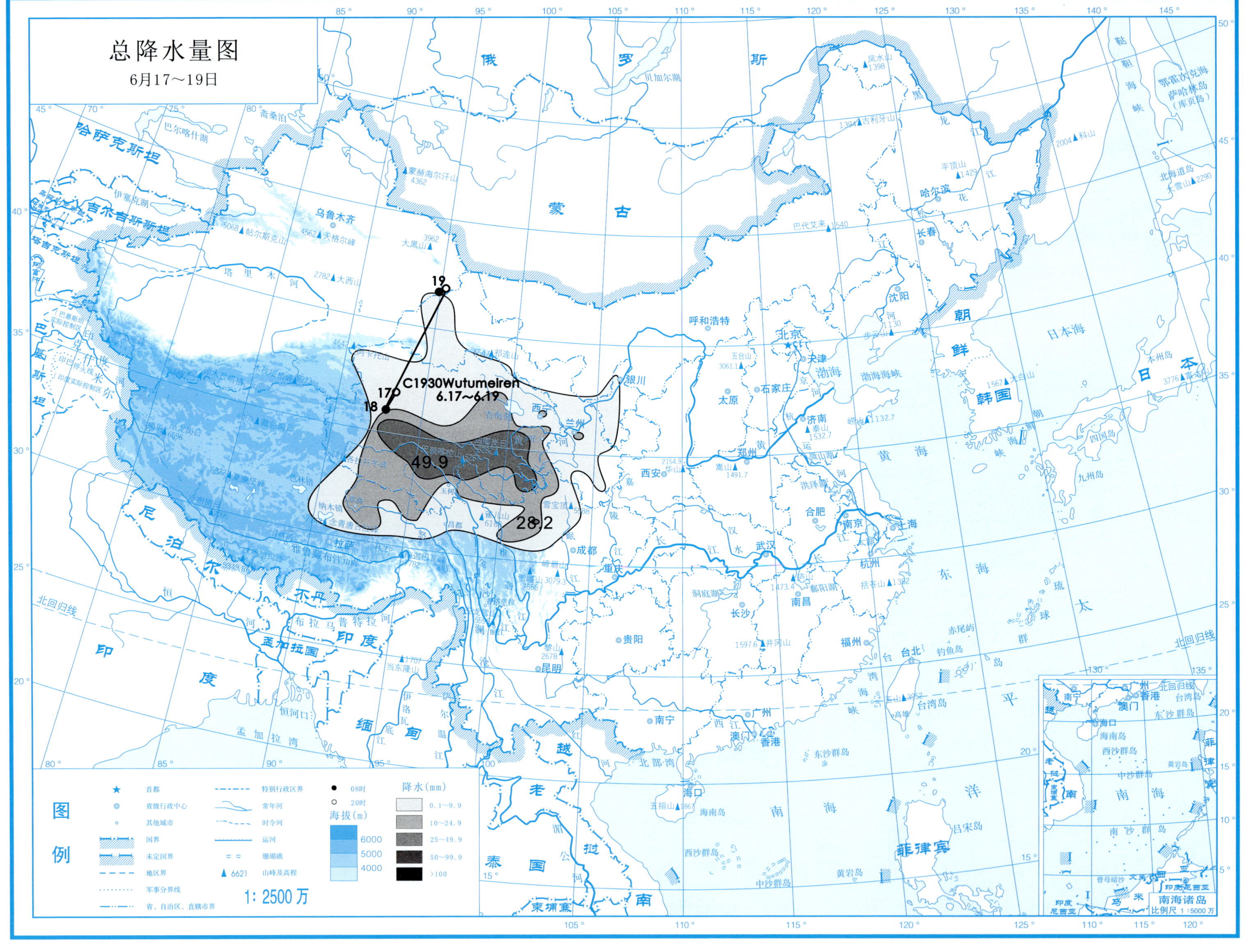
总降水量图
6月17～19日
C1930Wutumeiren
6.17～6.19
17
18
19
49.9
28.2
图例
首都
省级行政中心
其他城市
国界
未定国界
地区界
军事分界线
省、自治区、直辖市界
特别行政区界
常年河
时令河
运河
珊瑚礁
山峰及高程
08时
20时
海拔(m)
6000
5000
4000
降水(mm)
0.1～9.9
10～24.9
25～49.9
50～99.9
>100
1: 2500万
南海诸岛
比例尺 1:5000万

总降水日数图

6月17～19日

图例

符号	说明	符号	说明
★	首都		特别行政区界
◎	省级行政中心		常年河
○	其他城市		时令河
	国界		运河
	未定国界		珊瑚礁
	地区界	▲ 6621	山峰及高程
	军事分界线		
	省、自治区、直辖市界		

海拔(m)：6000、5000、4000

降水日数：1天、2～3天、4天以上

1: 2500万

南海诸岛 比例尺 1:5000万

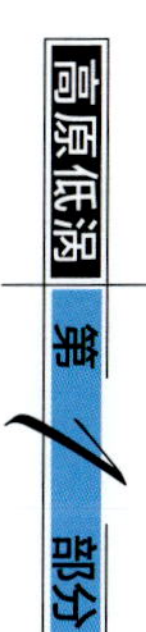

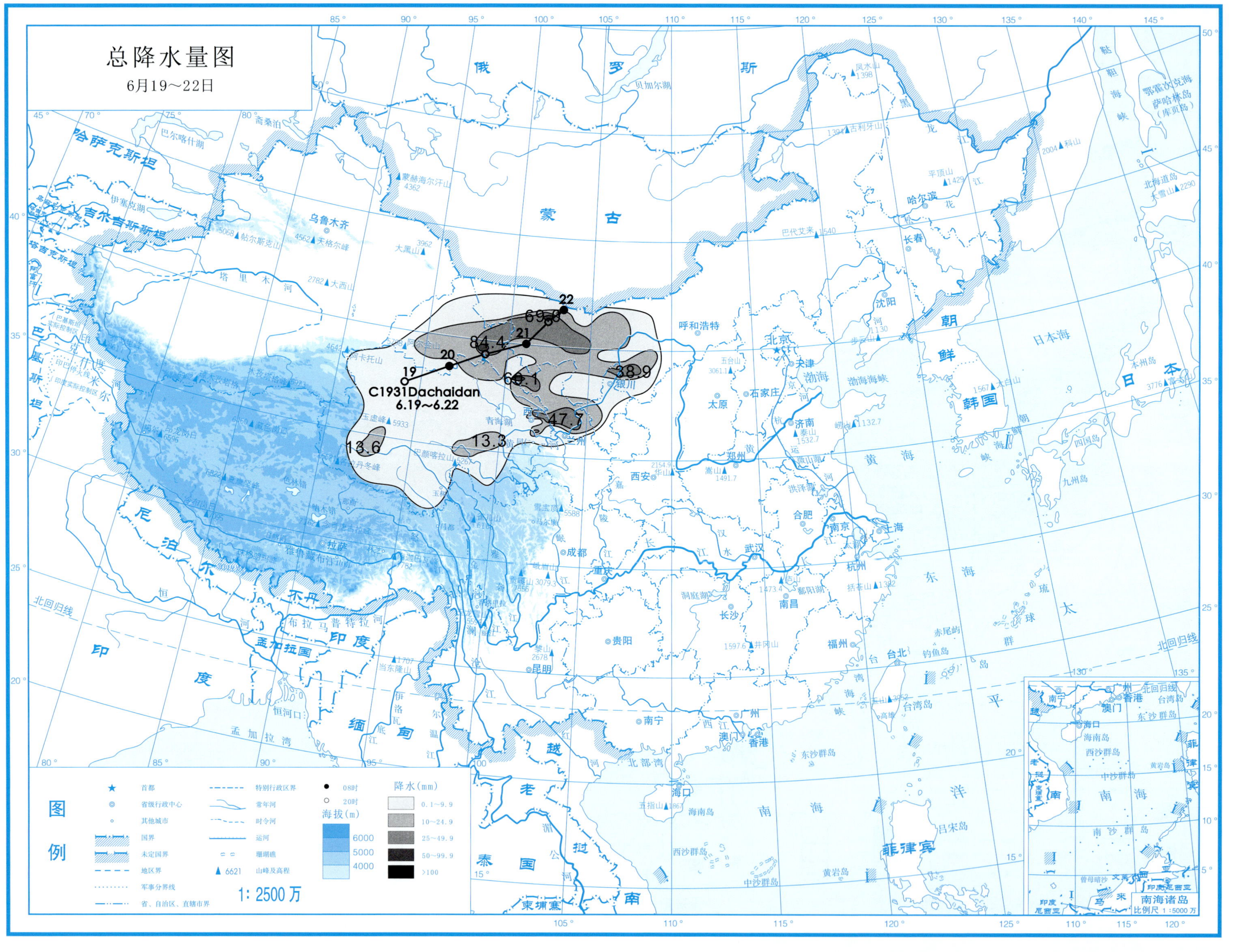
总降水量图
6月19～22日
C1931Dachaidan
6.19～6.22
19
20
21
22
84.4
69.8
38.9
60.1
47.7
13.3
13.6
图例
首都
省级行政中心
其他城市
国界
未定国界
地区界
军事分界线
省、自治区、直辖市界
特别行政区界
常年河
时令河
运河
珊瑚礁
6621 山峰及高程
08时
20时
海拔(m)
6000
5000
4000
降水(mm)
0.1～9.9
10～24.9
25～49.9
50～99.9
>100
1: 2500 万
南海诸岛
比例尺 1:5000 万

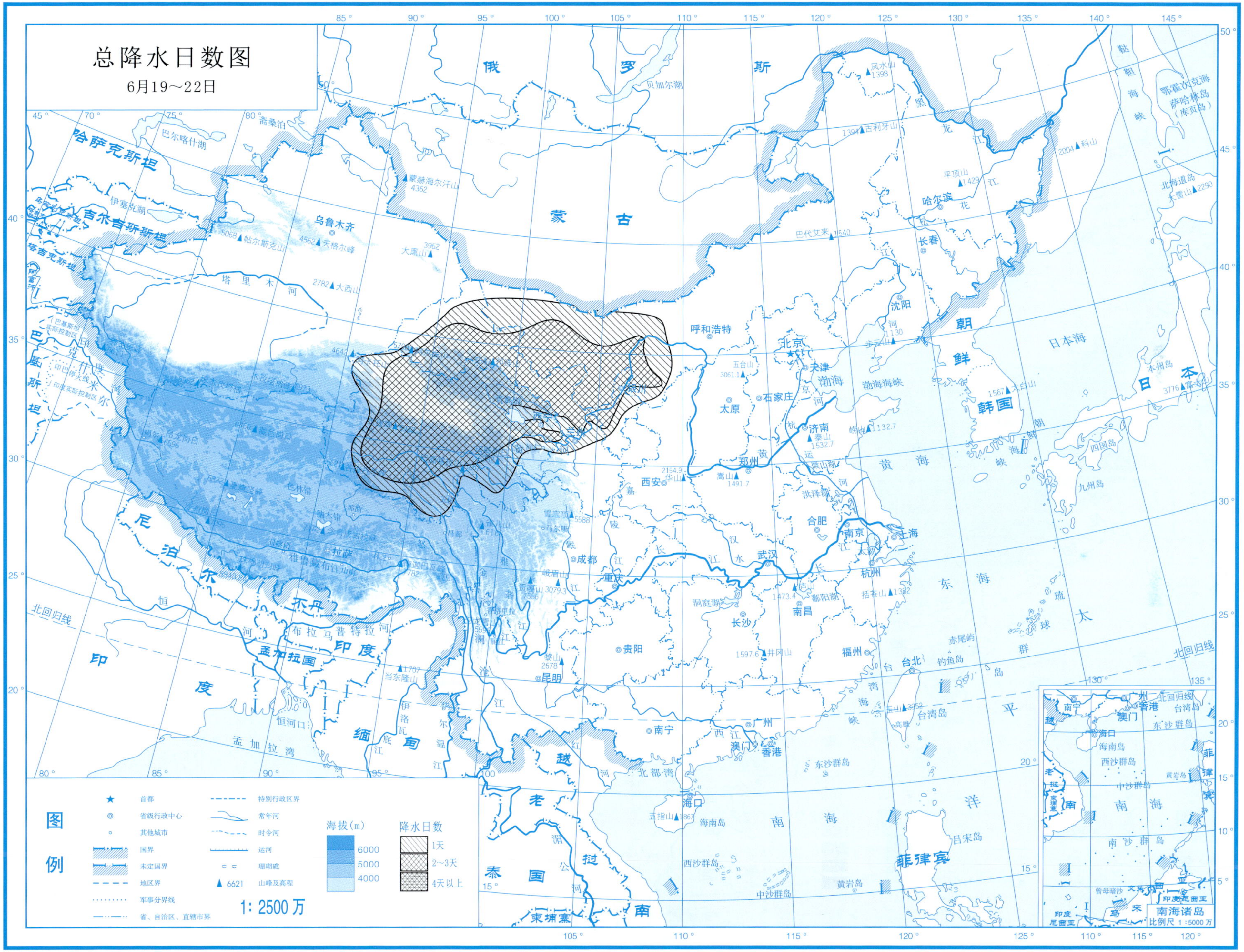

总降水日数图

6月19～22日

图例

★ 首都
◎ 省级行政中心
○ 其他城市
国界
未定国界
地区界
军事分界线
省、自治区、直辖市界
特别行政区界
常年河
时令河
运河
珊瑚礁
▲6621 山峰及高程

海拔(m)
6000
5000
4000

降水日数
1天
2～3天
4天以上

1: 2500万

南海诸岛
比例尺 1:5000万

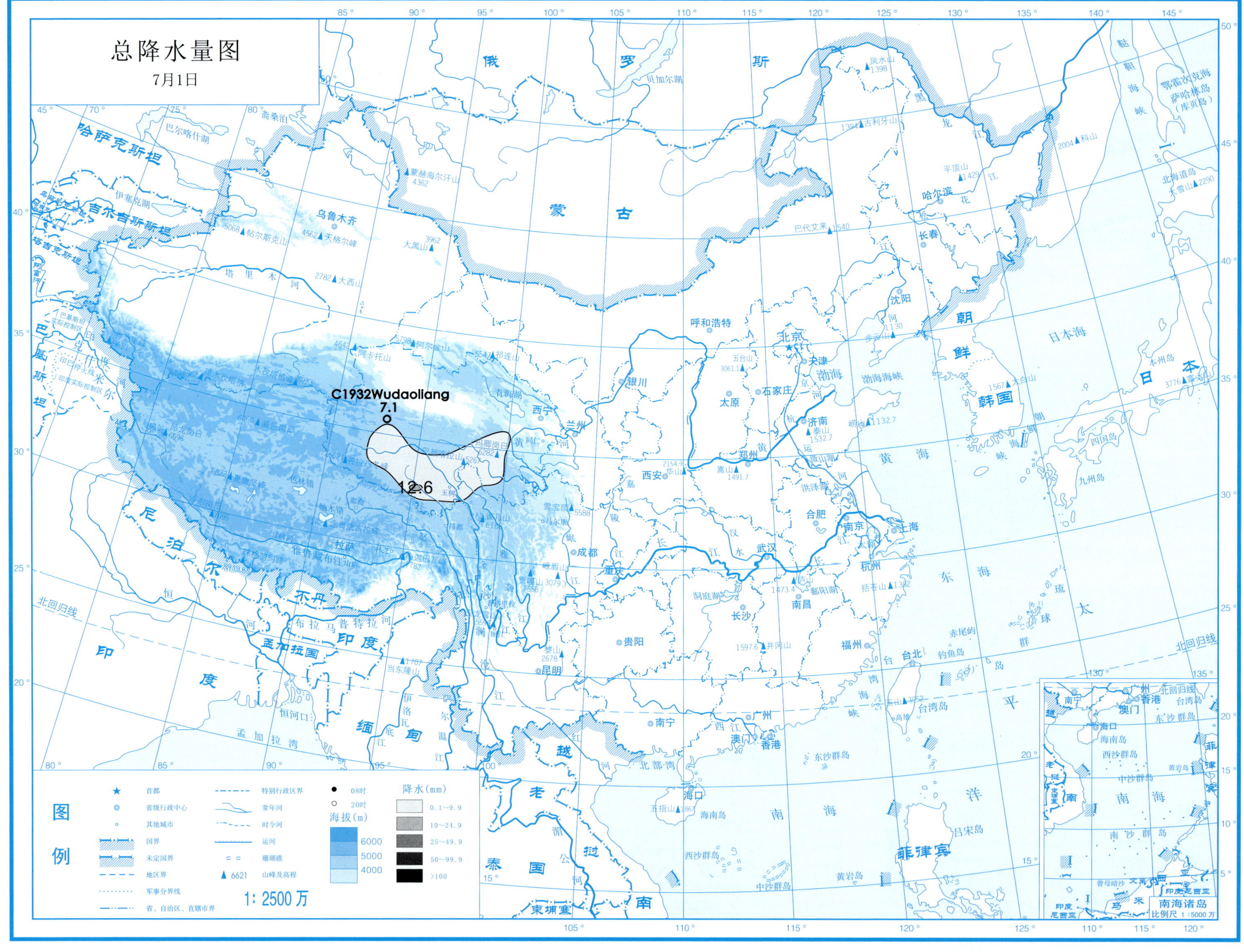
总降水量图
7月1日
C1932Wudaoliang
7.1
12.6
图例
首都
省级行政中心
其他城市
国界
未定国界
地区界
军事分界线
省、自治区、直辖市界
特别行政区界
常年河
时令河
运河
珊瑚礁
6621 山峰及高程
08时
20时
海拔(m)
6000
5000
4000
降水(mm)
0.1~9.9
10~24.9
25~49.9
50~99.9
>100
1:2500万
南海诸岛
比例尺 1:5000万

总降水日数图

7月1日

图例

★ 首都
◎ 省级行政中心
◦ 其他城市
国界
未定国界
地区界
军事分界线
省、自治区、直辖市界
特别行政区界
常年河
时令河
运河
珊瑚礁
▲ 6621 山峰及高程

海拔(m)
6000
5000
4000

降水日数
1天
2~3天
4天以上

1: 2500万

南海诸岛
比例尺 1:5000万

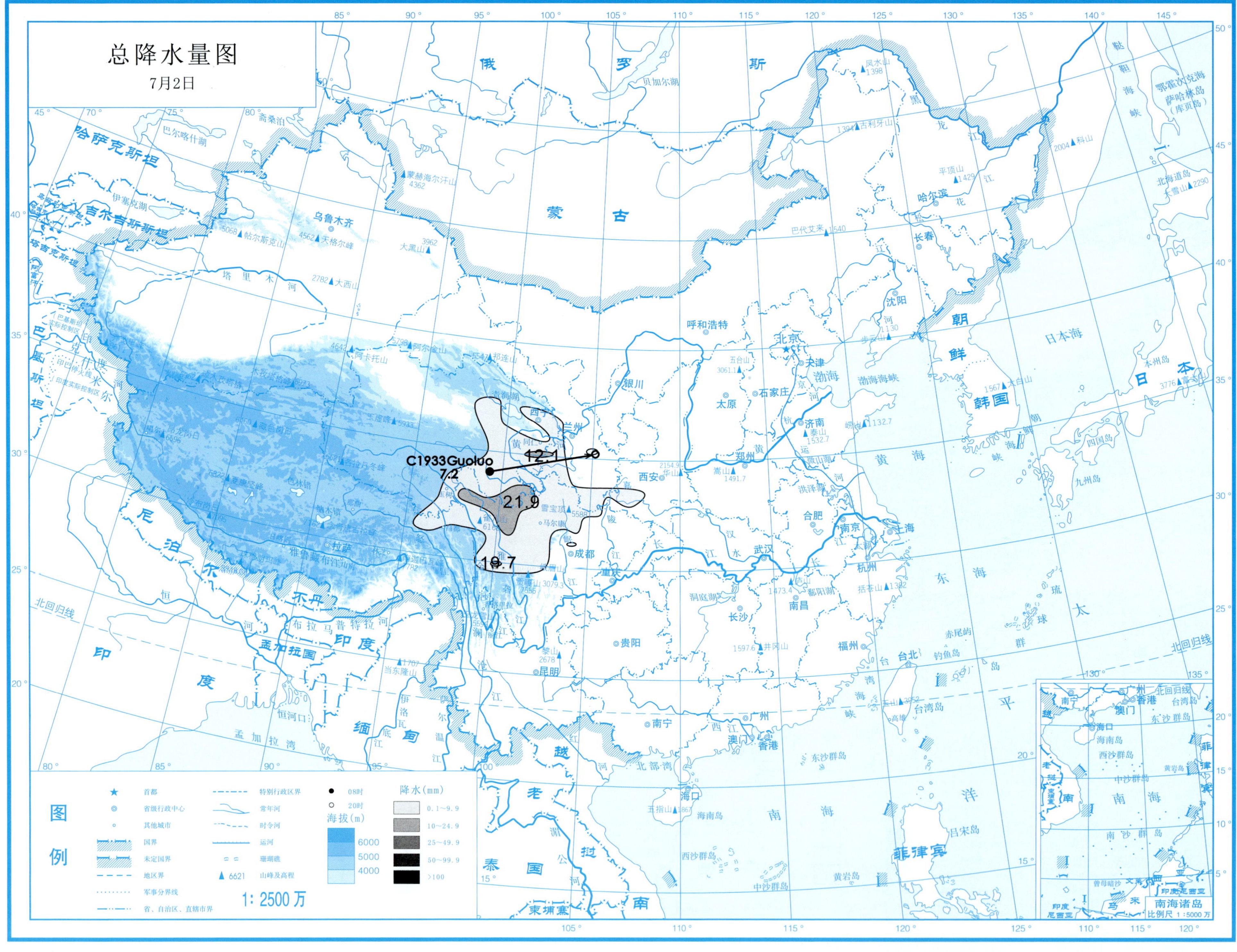
总降水量图
7月2日
C1933Guoluo
7.2
12.1
21.9
10.7
图例
首都
省级行政中心
其他城市
国界
未定国界
地区界
军事分界线
省、自治区、直辖市界
特别行政区界
常年河
时令河
运河
珊瑚礁
6621 山峰及高程
08时
20时
海拔（m）
6000
5000
4000
降水（mm）
0.1～9.9
10～24.9
25～49.9
50～99.9
>100
1: 2500 万
南海诸岛
比例尺 1:5000 万
北回归线
俄 罗 斯
蒙 古
哈萨克斯坦
吉尔吉斯斯坦
塔吉克斯坦
印 度
尼 泊 尔
不 丹
孟加拉国
缅 甸
老 挝
越 南
泰 国
柬埔寨
朝 鲜
韩国
日 本
菲律宾
乌鲁木齐
西宁
兰州
银川
呼和浩特
北京
天津
太原
石家庄
济南
郑州
西安
成都
重庆
武汉
合肥
南京
上海
杭州
南昌
长沙
贵阳
昆明
南宁
广州
福州
台北
香港
澳门
海口
拉萨
哈尔滨
长春
沈阳
渤海
黄 海
东 海
南 海
日本海
太 平 洋

总降水日数图

7月2日

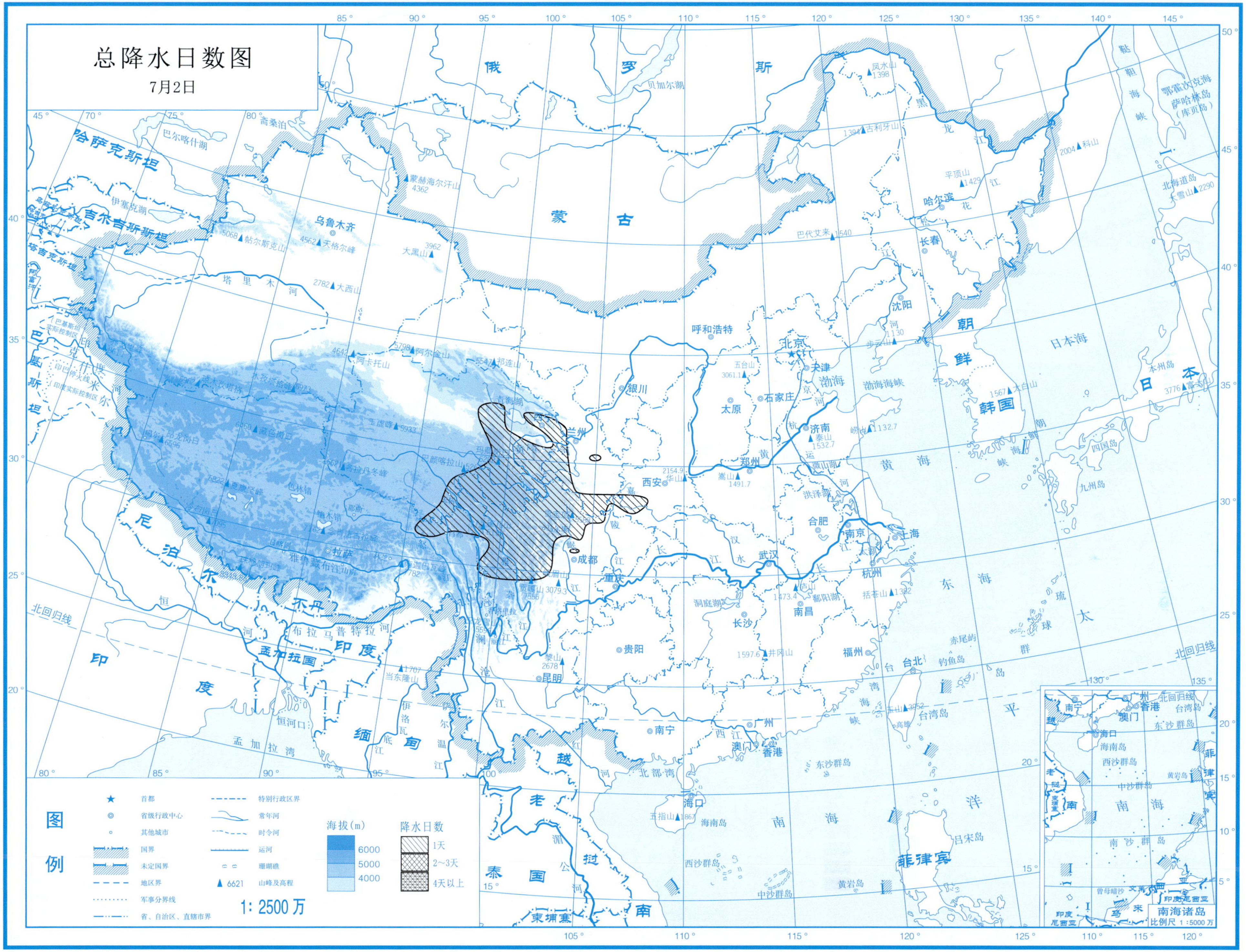

图例

★ 首都
◎ 省级行政中心
○ 其他城市
国界
未定国界
地区界
军事分界线
省、自治区、直辖市界
特别行政区界
常年河
时令河
运河
珊瑚礁
▲ 6621 山峰及高程

海拔(m)
6000
5000
4000

降水日数
1天
2~3天
4天以上

1：2500万

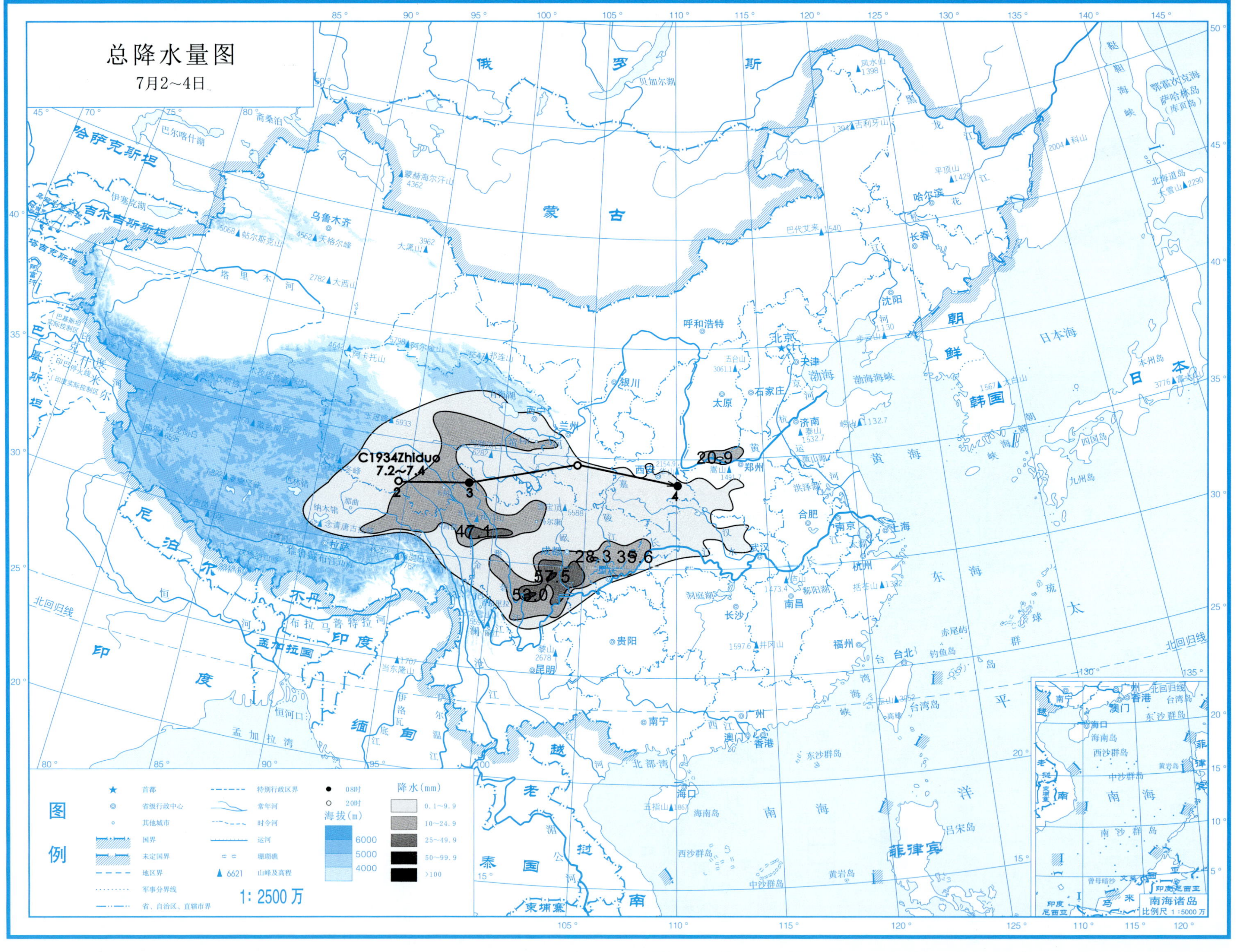

总降水量图
7月2~4日
C1934Zhiduo
7.2~7.4
2
3
4
47.1
28.3
35.6
57.5
53.0
20.9
图例
首都
省级行政中心
其他城市
国界
未定国界
地区界
军事分界线
省、自治区、直辖市界
特别行政区界
常年河
时令河
运河
珊瑚礁
6621 山峰及高程
08时
20时
海拔(m)
6000
5000
4000
降水(mm)
0.1~9.9
10~24.9
25~49.9
50~99.9
>100
1: 2500 万
南海诸岛
比例尺 1:5000 万

总降水日数图

7月2～4日

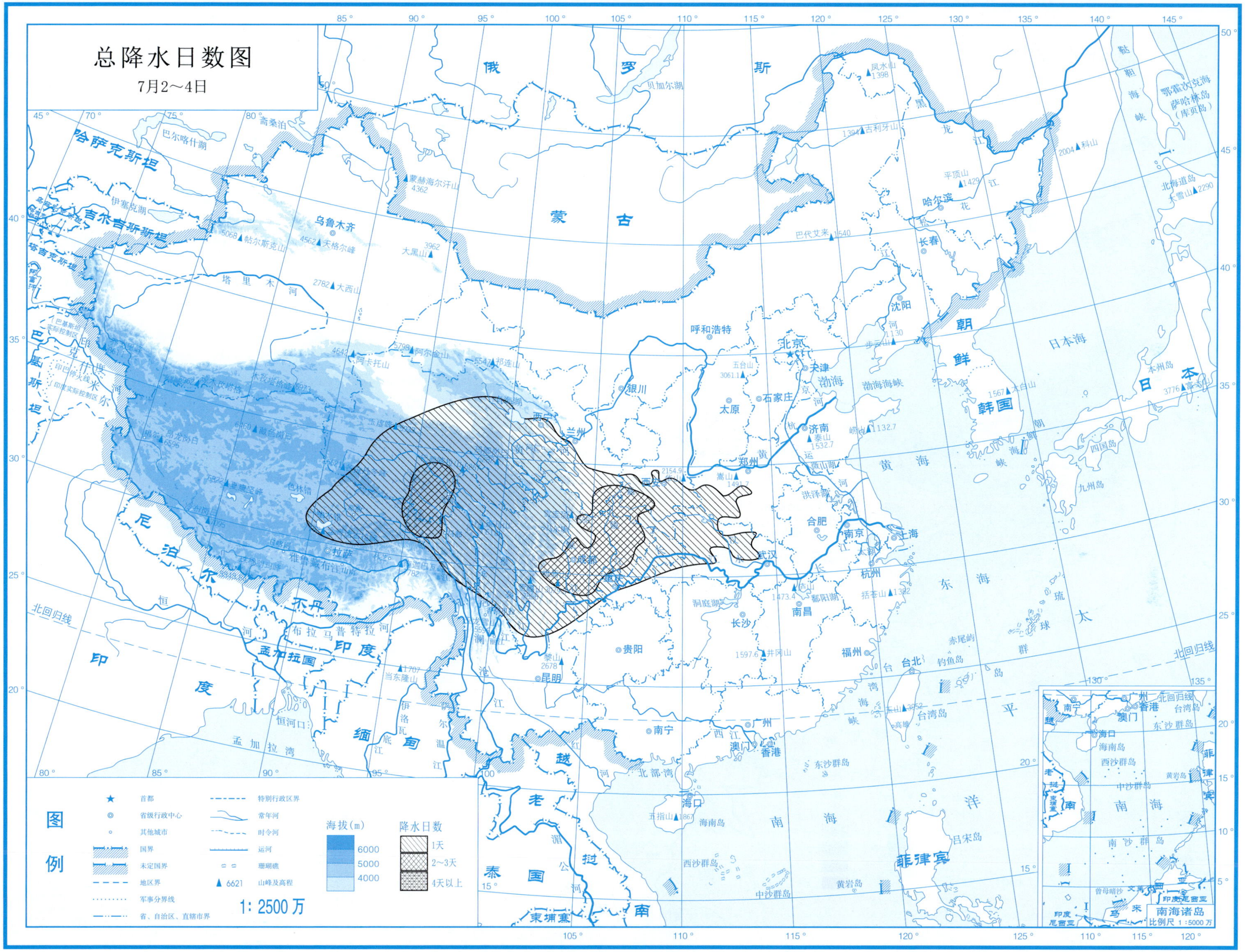

图例

★ 首都
◎ 省级行政中心
○ 其他城市
国界
未定国界
地区界
军事分界线
省、自治区、直辖市界
特别行政区界
常年河
时令河
运河
珊瑚礁
▲ 6621 山峰及高程

海拔(m)
6000
5000
4000

降水日数
1天
2～3天
4天以上

1∶2500万

南海诸岛
比例尺 1∶5000万

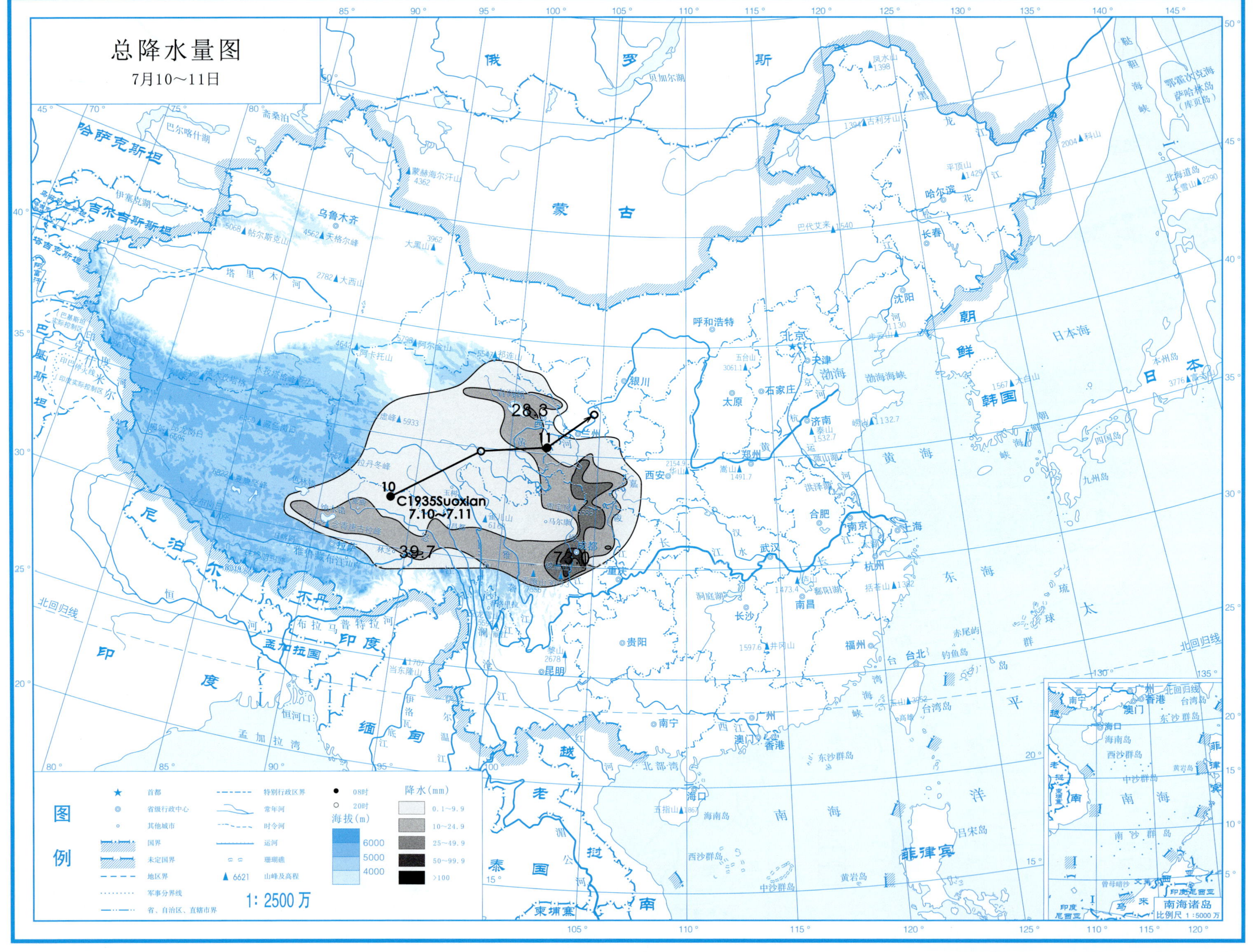
总降水量图
7月10～11日
C1935Suoxian
7.10～7.11
10
11
28.6
39.7
73.0
图例
首都
省级行政中心
其他城市
国界
未定国界
地区界
军事分界线
省、自治区、直辖市界
特别行政区界
常年河
时令河
运河
珊瑚礁
6621 山峰及高程
08时
20时
海拔(m)
6000
5000
4000
降水(mm)
0.1～9.9
10～24.9
25～49.9
50～99.9
≥100
1:2500万
南海诸岛
比例尺 1:5000万

总降水日数图

7月10～11日

图例

符号	含义	符号	含义
★	首都	—·—	特别行政区界
◎	省级行政中心	～	常年河
○	其他城市	- -	时令河
	国界		运河
	未定国界		珊瑚礁
- - -	地区界	▲ 6621	山峰及高程
······	军事分界线		
—··—	省、自治区、直辖市界		

海拔(m)：6000、5000、4000

降水日数：1天、2～3天、4天以上

1：2500万

南海诸岛 比例尺 1：5000万

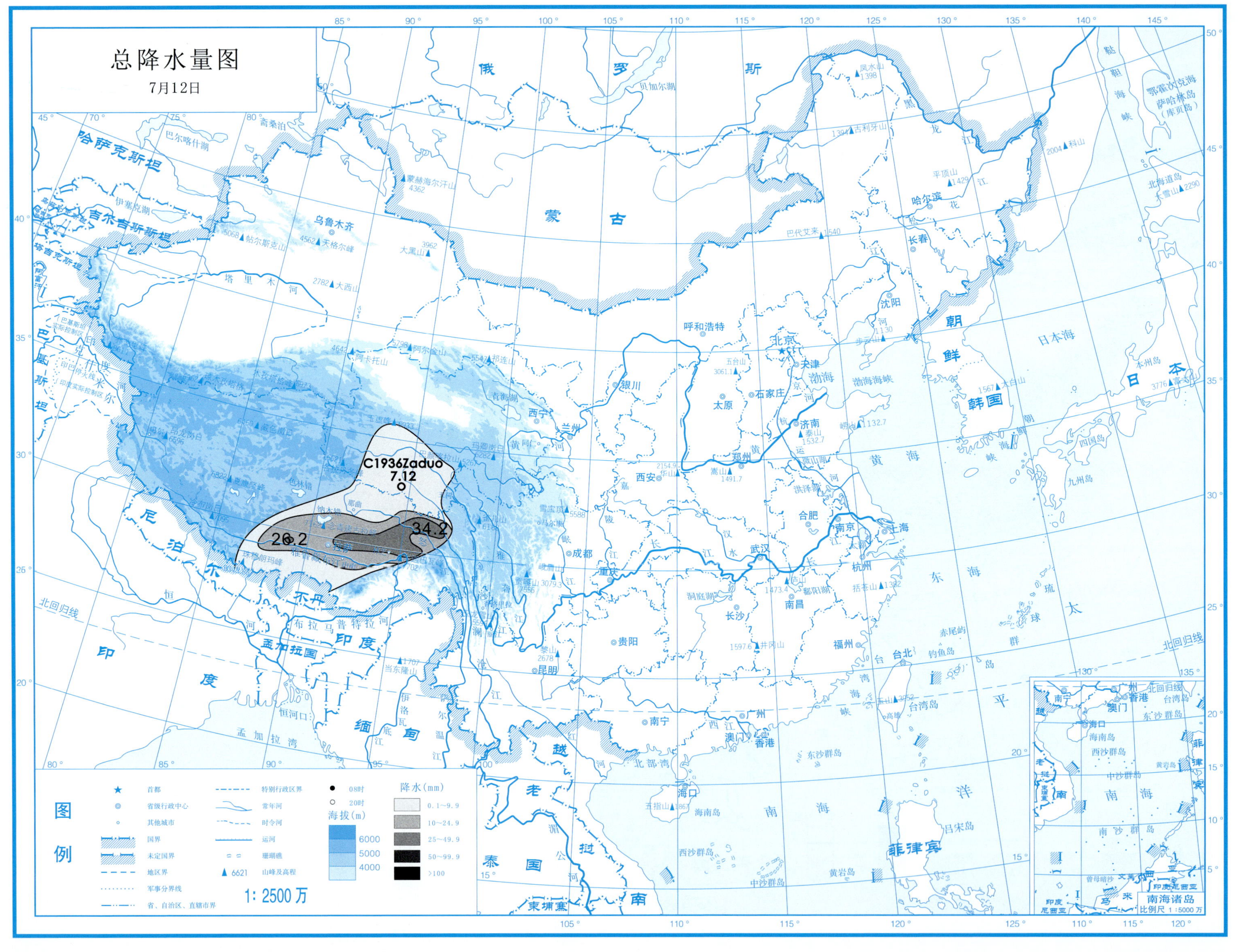
总降水量图
7月12日
C1936Zaduo
7.12
26.2
34.2
图例
首都
省级行政中心
其他城市
国界
未定国界
地区界
军事分界线
省、自治区、直辖市界
特别行政区界
常年河
时令河
运河
珊瑚礁
6621 山峰及高程
08时
20时
海拔(m)
6000
5000
4000
降水(mm)
0.1~9.9
10~24.9
25~49.9
50~99.9
>100
1: 2500万
南海诸岛
比例尺 1:5000万

总降水日数图

7月12日

图例

符号	含义	符号	含义
★	首都		特别行政区界
◎	省级行政中心		常年河
◦	其他城市		时令河
	国界		运河
	未定国界		珊瑚礁
	地区界	▲ 6621	山峰及高程
	军事分界线		
	省、自治区、直辖市界		

1∶2500万

海拔(m)：6000、5000、4000

降水日数：1天、2～3天、4天以上

南海诸岛 比例尺 1∶5000万

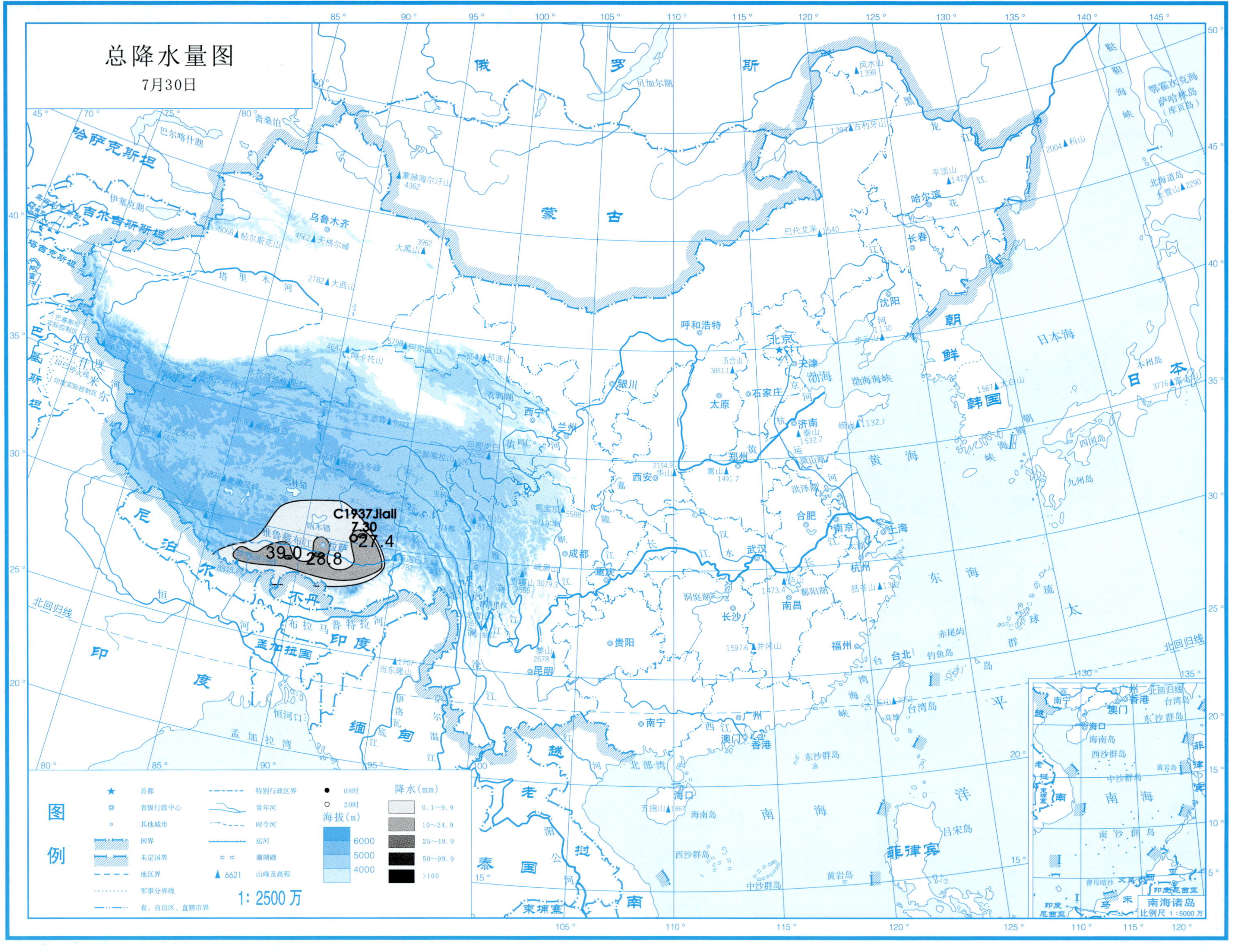
总降水量图
7月30日
C1937Jiali
7.30
27.4
39.0
28.8
图例
首都
省级行政中心
其他城市
国界
未定国界
地区界
军事分界线
省、自治区、直辖市界
特别行政区界
常年河
时令河
运河
珊瑚礁
山峰及高程
08时
20时
海拔(m)
6000
5000
4000
降水(mm)
0.1~9.9
10~24.9
25~49.9
50~99.9
>100
1: 2500 万
南海诸岛
比例尺 1:5000 万

总降水日数图

7月30日

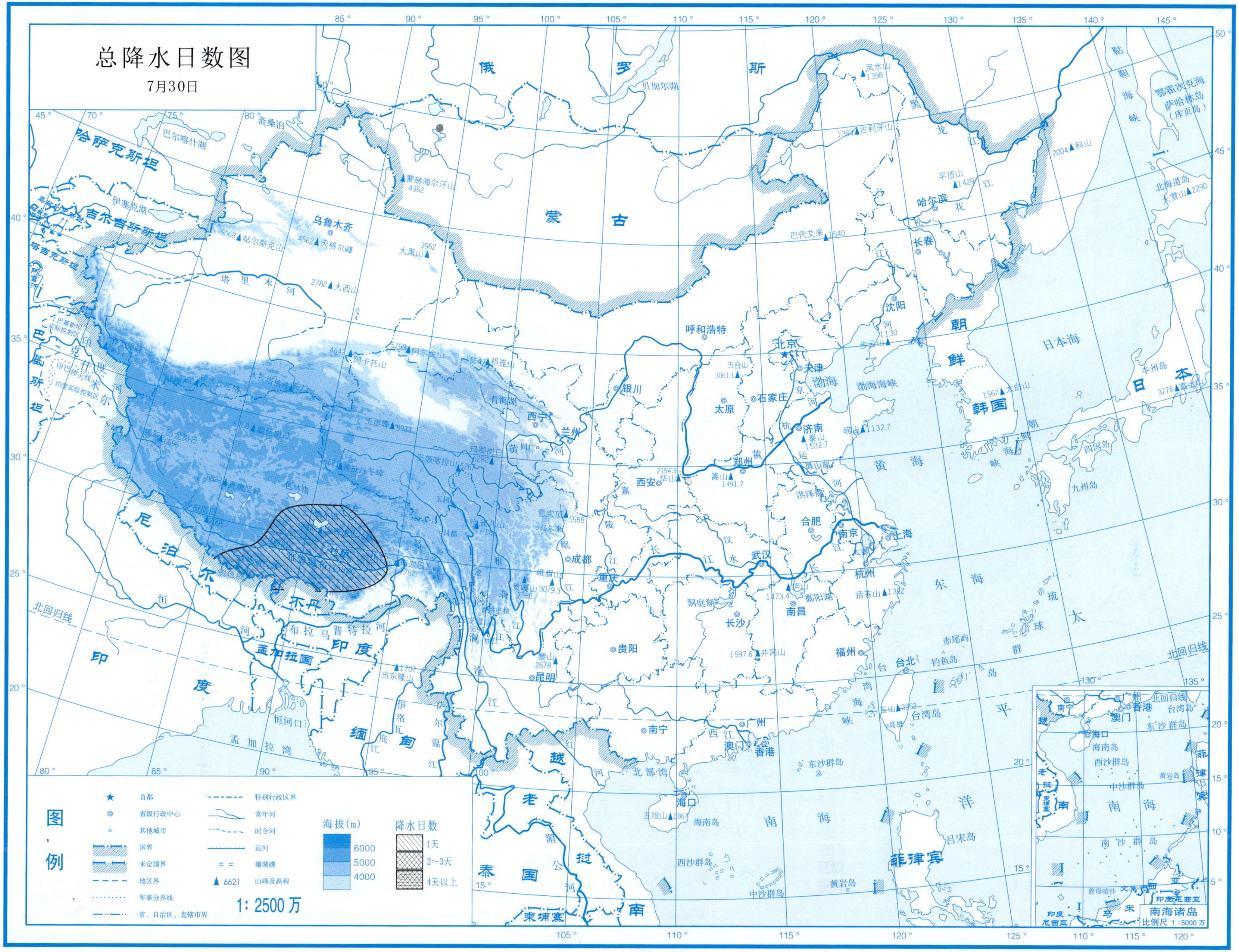

图例

首都
省级行政中心
其他城市
国界
未定国界
地区界
军事分界线
省、自治区、直辖市界
特别行政区界
常年河
时令河
运河
珊瑚礁
山峰及高程

海拔(m)
6000
5000
4000

降水日数
1天
2~3天
4天以上

1: 2500万

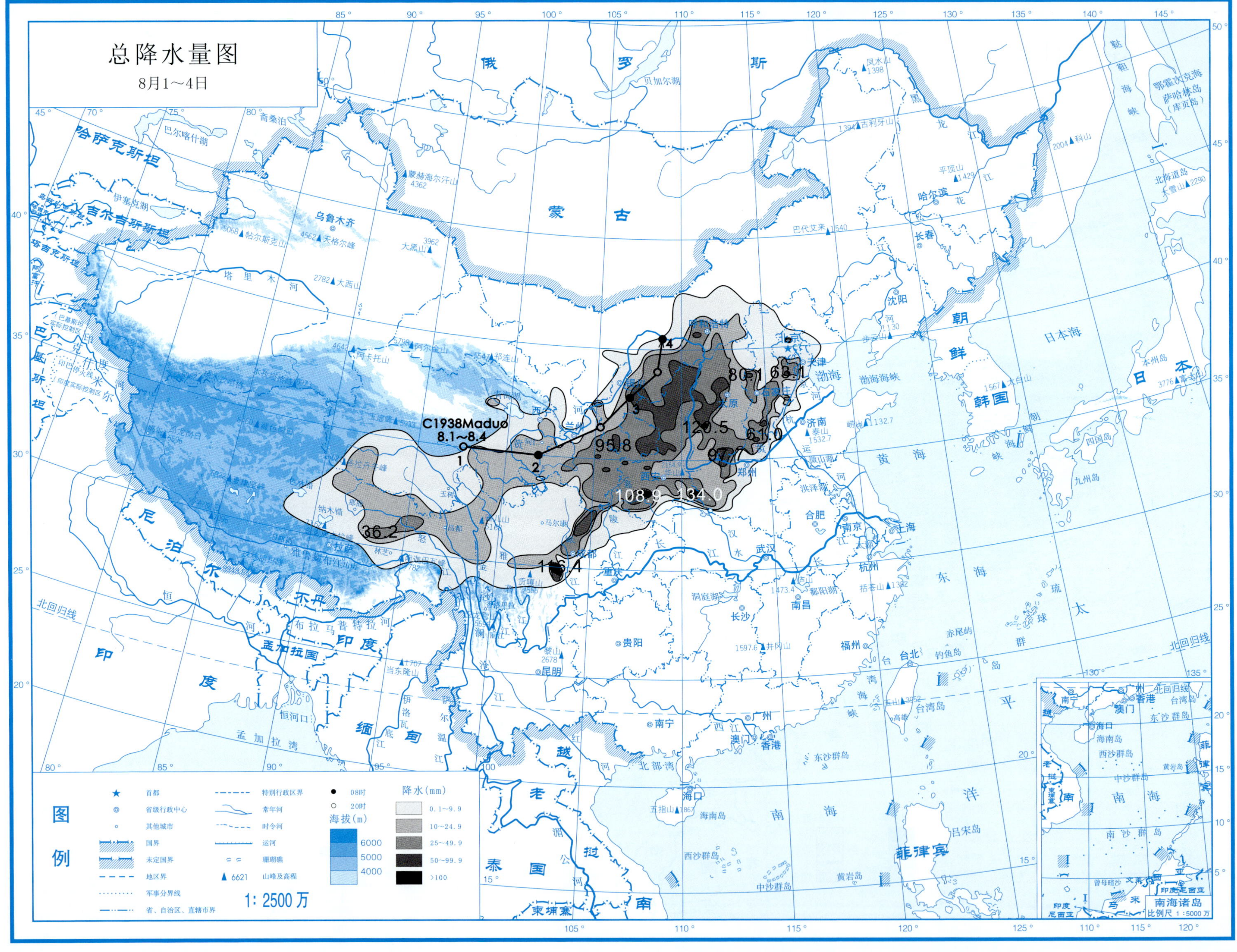
总降水量图
8月1～4日
C1938Maduo
8.1～8.4
1
2
3
4
36.2
95.8
80.1
63.1
120.5
61.0
97.7
108.9
134.0
115.4
图例
首都
省级行政中心
其他城市
国界
未定国界
地区界
军事分界线
省、自治区、直辖市界
特别行政区界
常年河
时令河
运河
珊瑚礁
6621 山峰及高程
08时
20时
海拔(m)
6000
5000
4000
降水(mm)
0.1～9.9
10～24.9
25～49.9
50～99.9
>100
1：2500万
南海诸岛
比例尺 1：5000万

总降水日数图

8月1～4日

图例

符号	含义	符号	含义
★	首都		特别行政区界
◎	省级行政中心		常年河
∘	其他城市		时令河
	国界		运河
	未定国界		珊瑚礁
	地区界	▲ 6621	山峰及高程
	军事分界线		
	省、自治区、直辖市界		

海拔(m)：6000、5000、4000

降水日数：1天、2～3天、4天以上

1∶2500 万

南海诸岛 比例尺 1∶5000 万

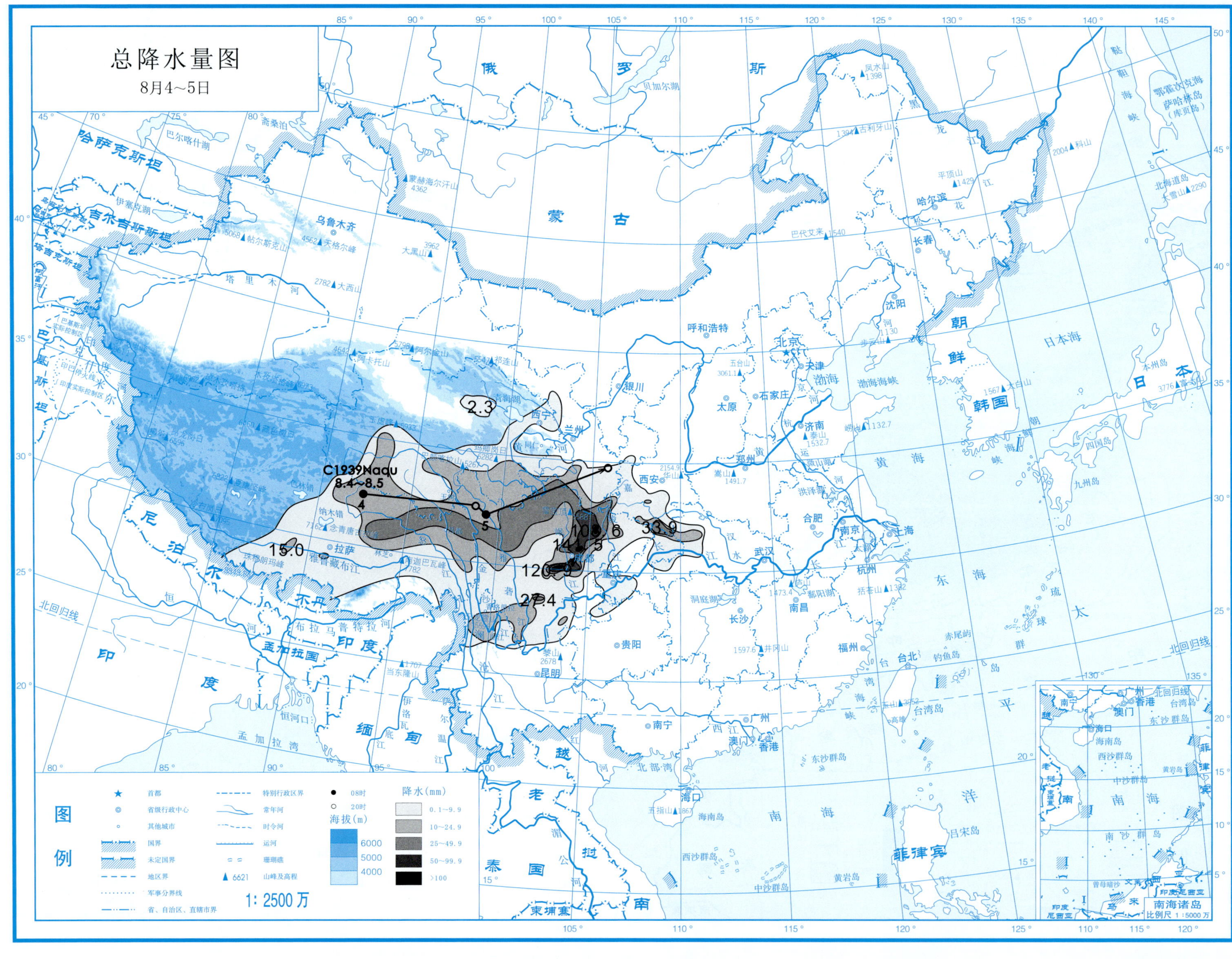
总降水量图
8月4~5日
C1939Naqu
8.4~8.5
4
5
2.3
15.0
108.6
141.5
120.9
27.4
33.9
图例
首都
省级行政中心
其他城市
国界
未定国界
地区界
军事分界线
省、自治区、直辖市界
特别行政区界
常年河
时令河
运河
珊瑚礁
6621 山峰及高程
08时
20时
海拔(m)
6000
5000
4000
降水(mm)
0.1~9.9
10~24.9
25~49.9
50~99.9
>100
1:2500万
南海诸岛
比例尺 1:5000万

总降水日数图

8月4～5日

图例

★ 首都
◎ 省级行政中心
○ 其他城市
国界
未定国界
地区界
军事分界线
省、自治区、直辖市界
特别行政区界
常年河
时令河
运河
珊瑚礁
▲6621 山峰及高程

海拔(m)：6000、5000、4000

降水日数：1天、2～3天、4天以上

1: 2500 万

南海诸岛 比例尺 1 : 5000 万

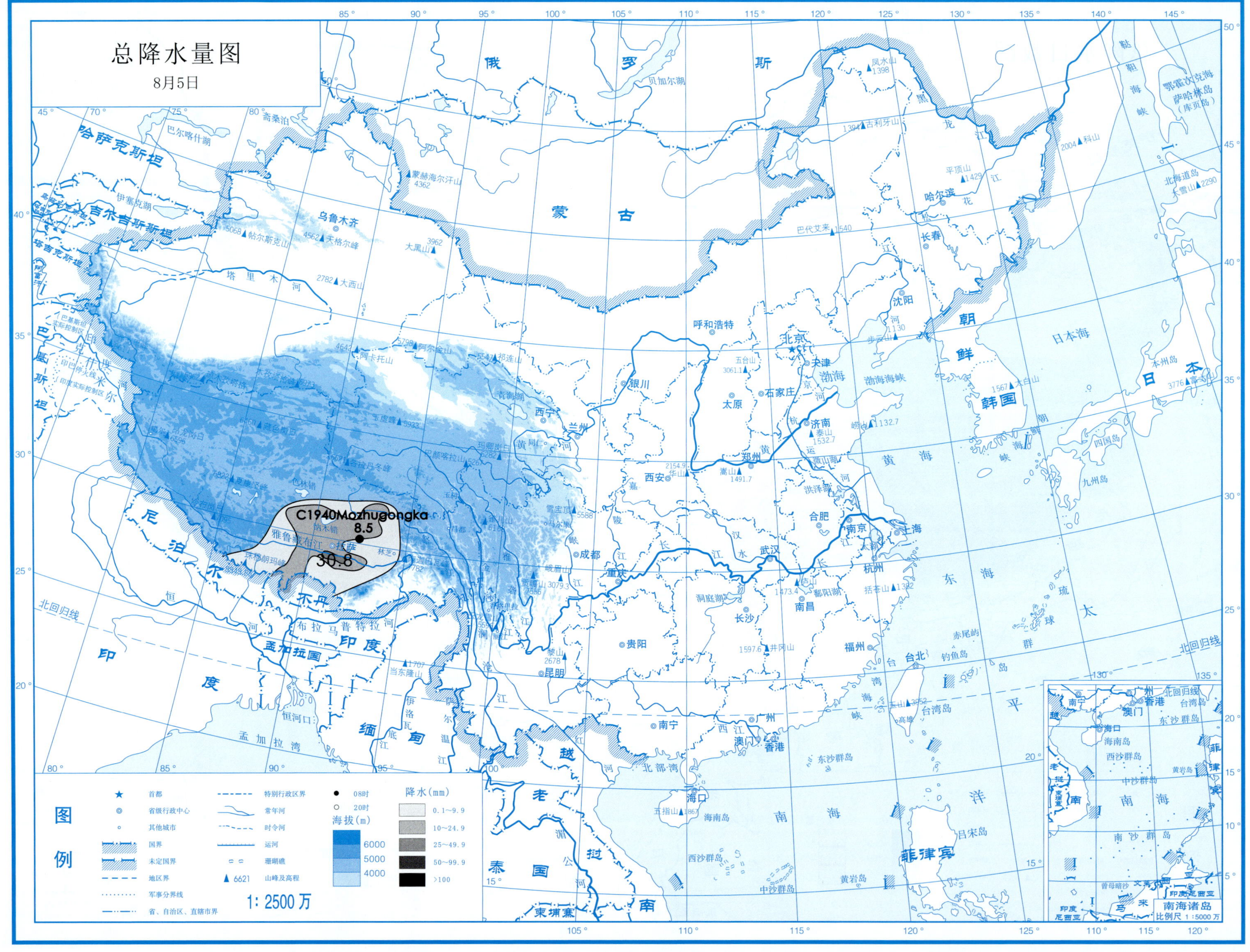
总降水量图
8月5日
C1940Mozhugongka
8.5
30.8
图例
首都
省级行政中心
其他城市
国界
未定国界
地区界
军事分界线
省、自治区、直辖市界
特别行政区界
常年河
时令河
运河
珊瑚礁
6621 山峰及高程
08时
20时
海拔(m)
6000
5000
4000
降水(mm)
0.1~9.9
10~24.9
25~49.9
50~99.9
>100
1: 2500 万
南海诸岛
比例尺 1:5000 万

总降水日数图

8月5日

图例

符号	说明	符号	说明
★	首都		特别行政区界
◎	省级行政中心		常年河
○	其他城市		时令河
	国界		运河
	未定国界		珊瑚礁
	地区界	▲ 6621	山峰及高程
	军事分界线		
	省、自治区、直辖市界		

海拔（m）：6000、5000、4000

降水日数：1天、2~3天、4天以上

1：2500万

南海诸岛 比例尺 1：5000万

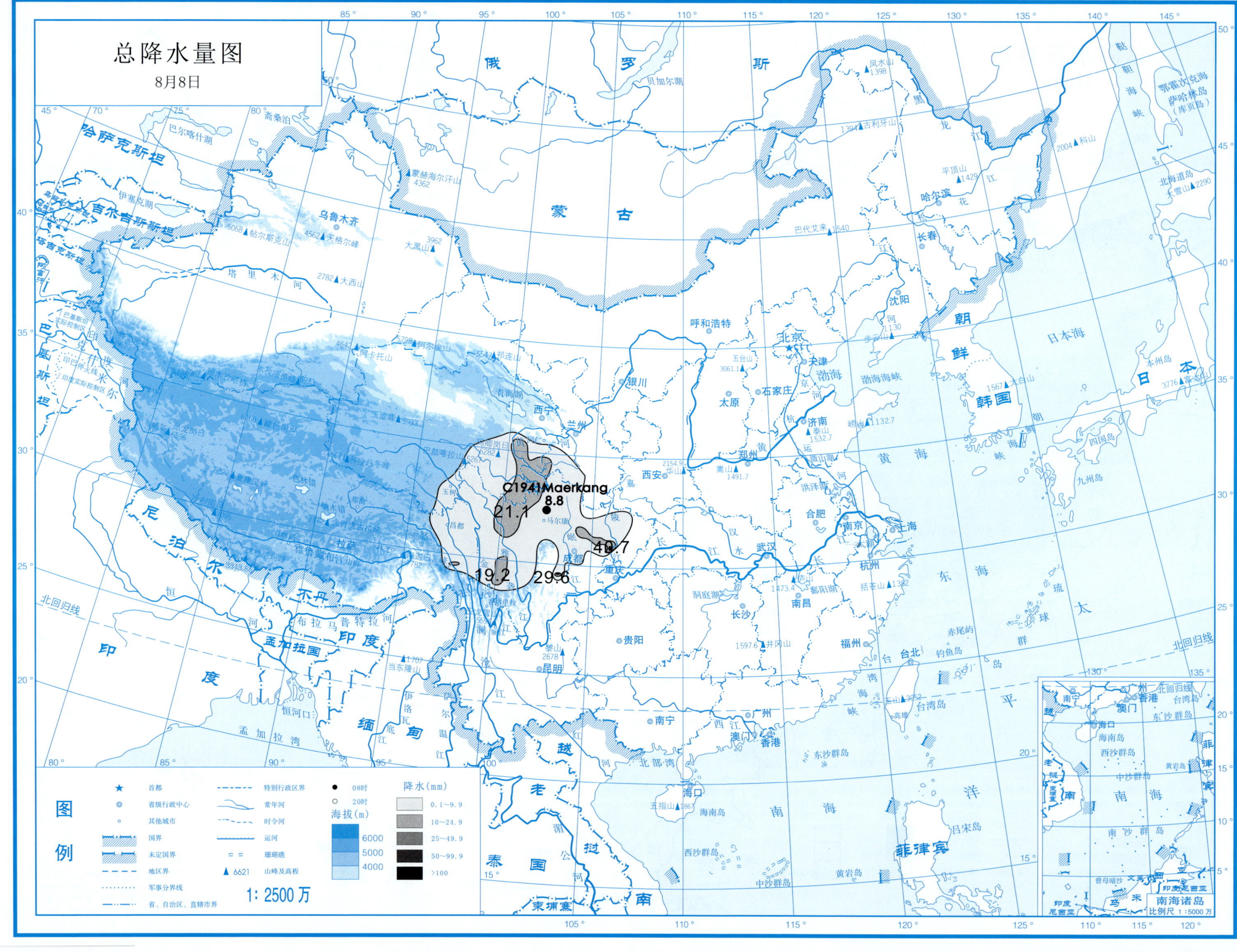

总降水量图
8月8日
C1941Maerkang
8.8
21.1
19.2
29.6
40.7
图例
首都
省级行政中心
其他城市
国界
未定国界
地区界
军事分界线
省、自治区、直辖市界
特别行政区界
常年河
时令河
运河
珊瑚礁
6621 山峰及高程
08时
20时
海拔(m)
6000
5000
4000
降水(mm)
0.1~9.9
10~24.9
25~49.9
50~99.9
>100
1: 2500 万
南海诸岛
比例尺 1:5000 万

总降水日数图

8月8日

图例

符号	说明
★	首都
◎	省级行政中心
○	其他城市
	国界
	未定国界
	地区界
	军事分界线
	省、自治区、直辖市界
	特别行政区界
	常年河
	时令河
	运河
	珊瑚礁
▲ 6621	山峰及高程

海拔(m)：6000、5000、4000

降水日数：1天、2~3天、4天以上

1: 2500 万

南海诸岛 比例尺 1 :5000 万

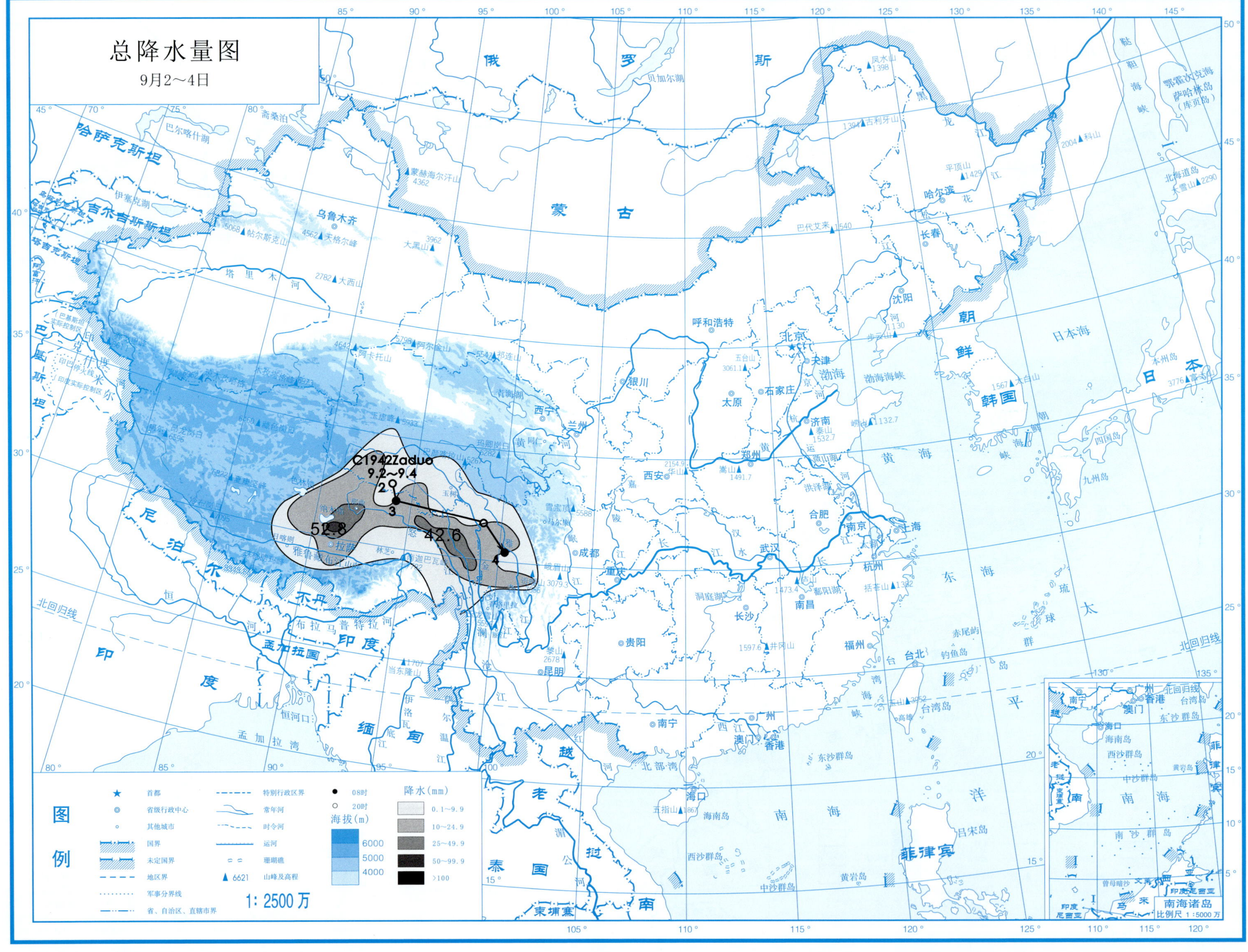

总降水量图
9月2～4日
C1942Zaduo
9.2～9.4
52.8
42.6
图例
首都
省级行政中心
其他城市
国界
未定国界
地区界
军事分界线
省、自治区、直辖市界
特别行政区界
常年河
时令河
运河
珊瑚礁
山峰及高程
08时
20时
海拔(m)
6000
5000
4000
降水(mm)
0.1～9.9
10～24.9
25～49.9
50～99.9
>100
1: 2500 万
南海诸岛
比例尺 1:5000 万

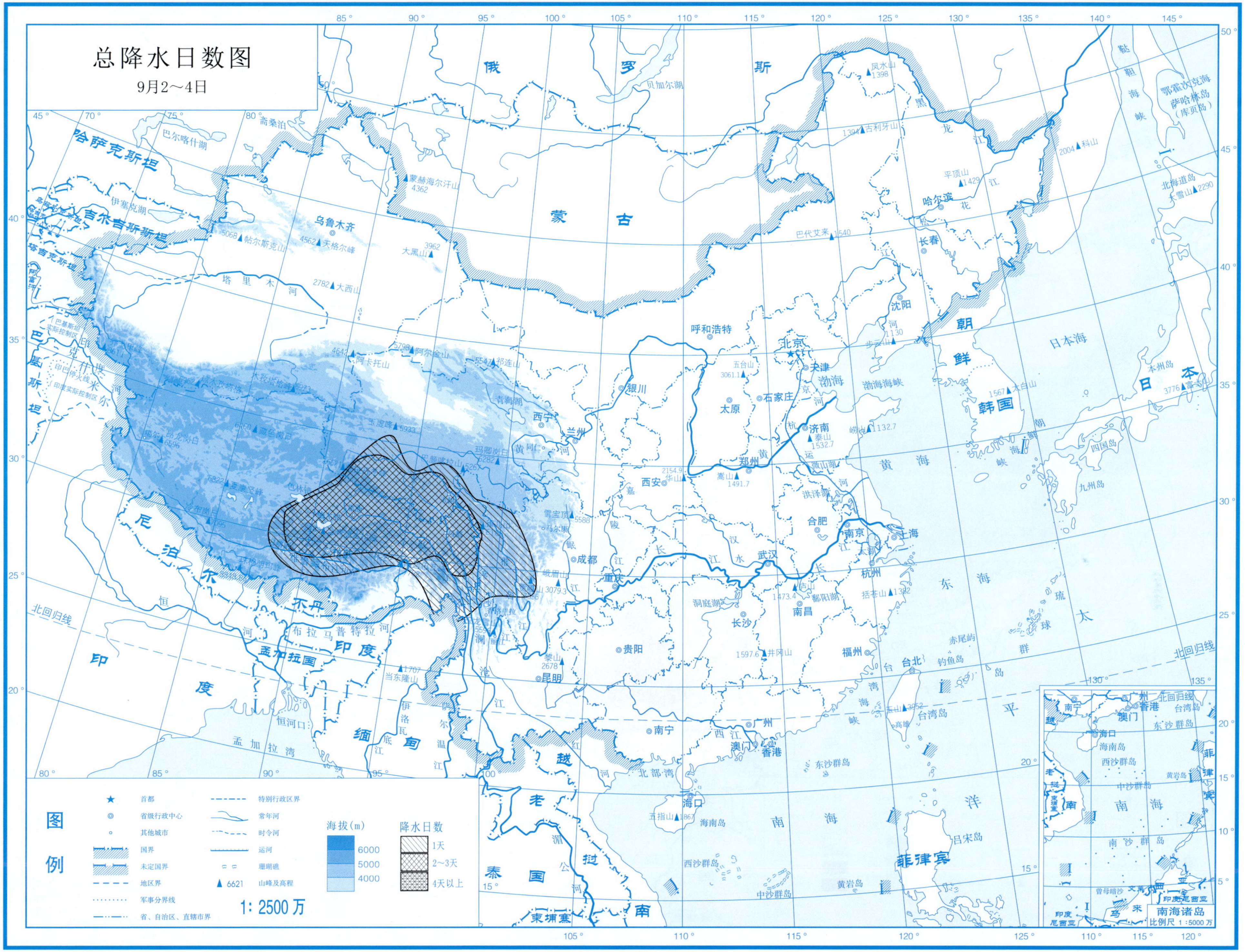

总降水日数图

9月2～4日

图例

首都
省级行政中心
其他城市
国界
未定国界
地区界
军事分界线
省、自治区、直辖市界
特别行政区界
常年河
时令河
运河
珊瑚礁
6621 山峰及高程

海拔(m)
6000
5000
4000

降水日数
1天
2～3天
4天以上

1：2500万

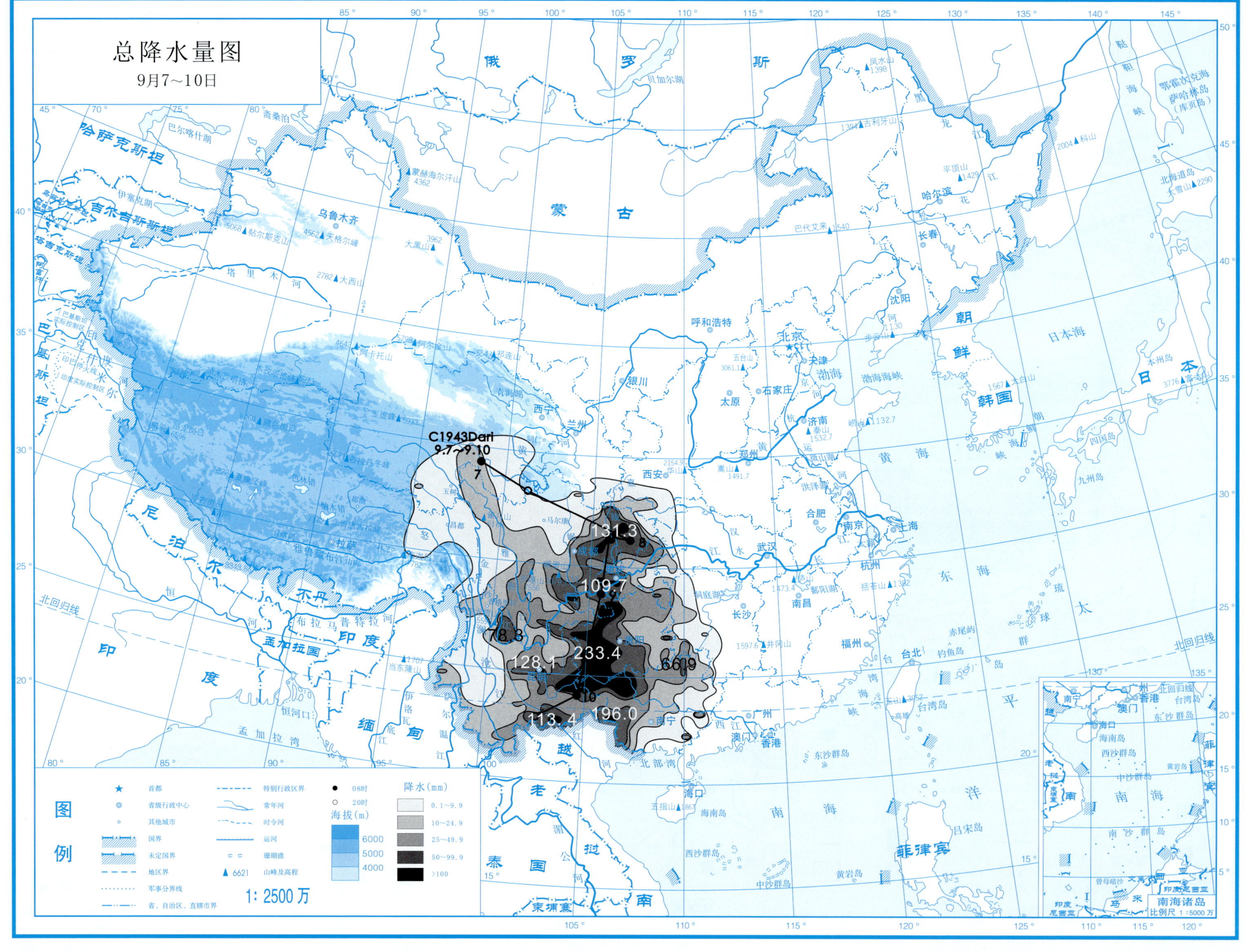
总降水量图
9月7~10日
C1943Dari
9.7~9.10
131.3
109.7
78.3
128.1
233.4
66.9
113.4
196.0
图例
首都
省级行政中心
其他城市
国界
未定国界
地区界
军事分界线
省、自治区、直辖市界
特别行政区界
常年河
时令河
运河
珊瑚礁
山峰及高程
08时
20时
海拔(m)
6000
5000
4000
降水(mm)
0.1~9.9
10~24.9
25~49.9
50~99.9
≥100
1:2500万
南海诸岛
比例尺 1:5000万

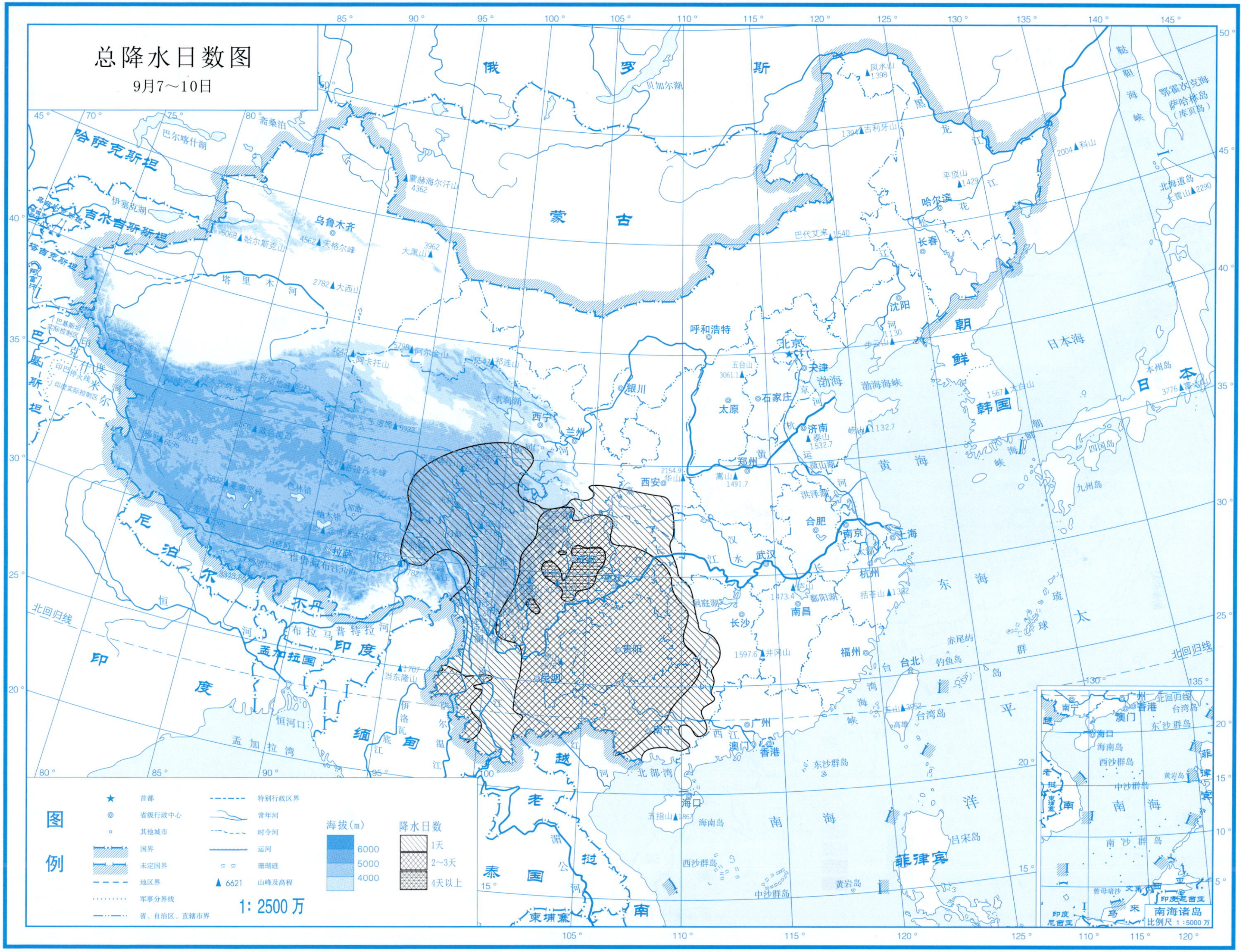

总降水日数图

9月7～10日

图例

- ★ 首都
- ◎ 省级行政中心
- ○ 其他城市
- 国界
- 未定国界
- 地区界
- 军事分界线
- 省、自治区、直辖市界
- 特别行政区界
- 常年河
- 时令河
- 运河
- 珊瑚礁
- ▲ 6621 山峰及高程

海拔(m)：6000、5000、4000

降水日数：1天、2～3天、4天以上

1∶2500万

南海诸岛 比例尺 1∶5000万

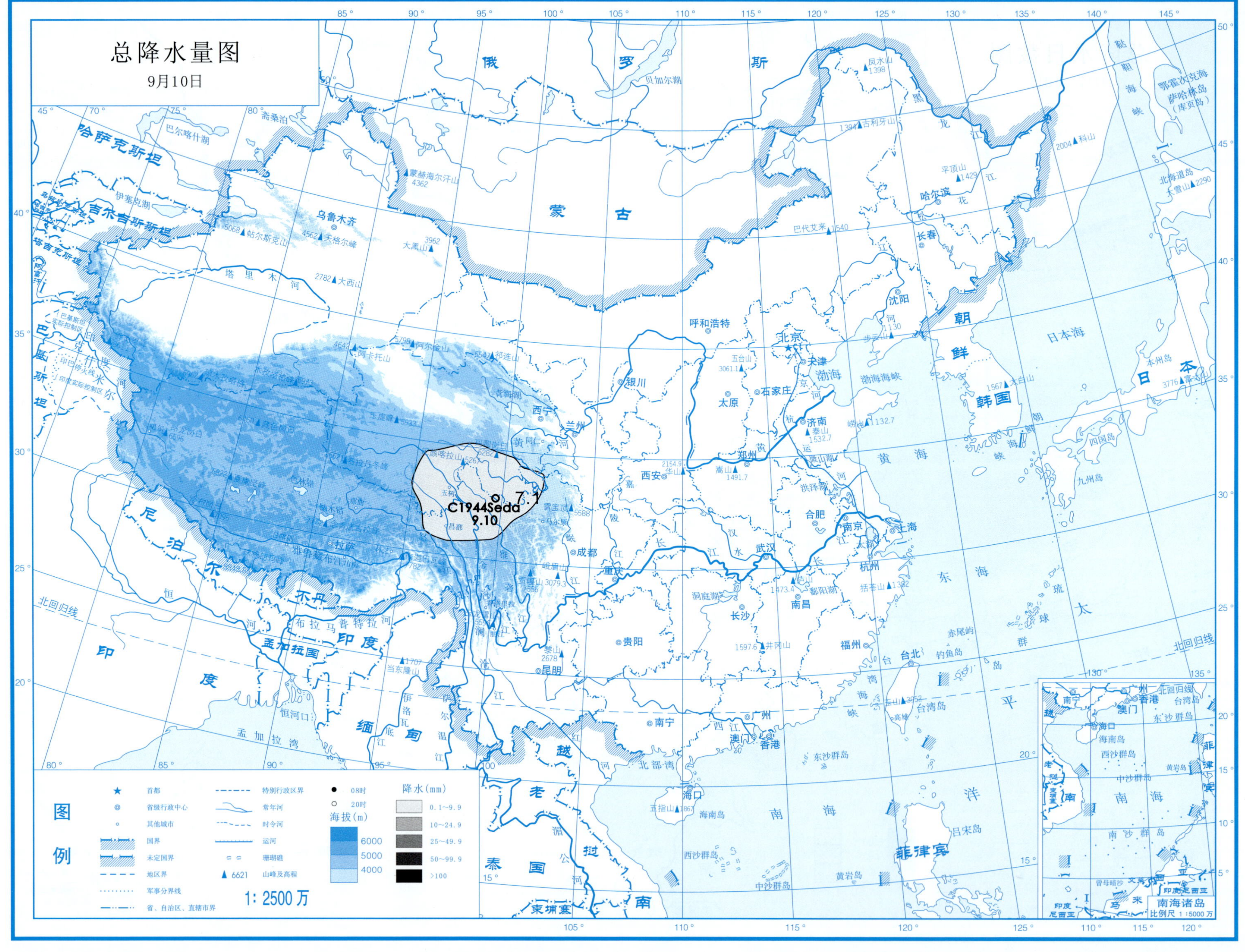
总降水量图
9月10日
C1944Seda
9.10
7.1
图例
首都
省级行政中心
其他城市
国界
未定国界
地区界
军事分界线
省、自治区、直辖市界
特别行政区界
常年河
时令河
运河
珊瑚礁
6621 山峰及高程
08时
20时
降水(mm)
0.1~9.9
10~24.9
25~49.9
50~99.9
>100
海拔(m)
6000
5000
4000
1: 2500 万
南海诸岛
比例尺 1:5000 万

总降水日数图

9月10日

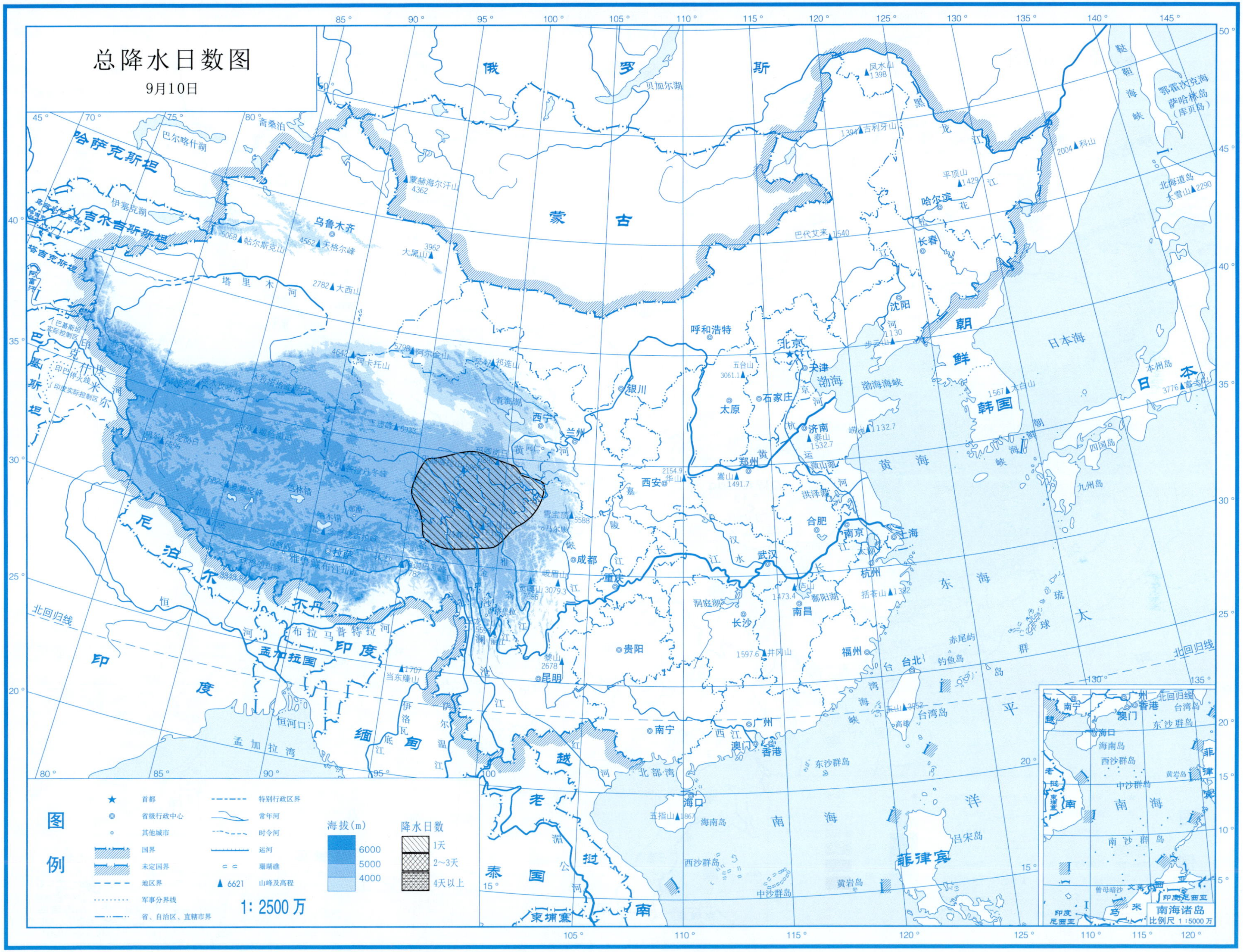

图例

★ 首都
◎ 省级行政中心
○ 其他城市
国界
未定国界
地区界
军事分界线
特别行政区界
常年河
时令河
运河
珊瑚礁
▲ 6621 山峰及高程
省、自治区、直辖市界

海拔(m)
6000
5000
4000

降水日数
1天
2~3天
4天以上

1：2500万

南海诸岛
比例尺 1：5000万

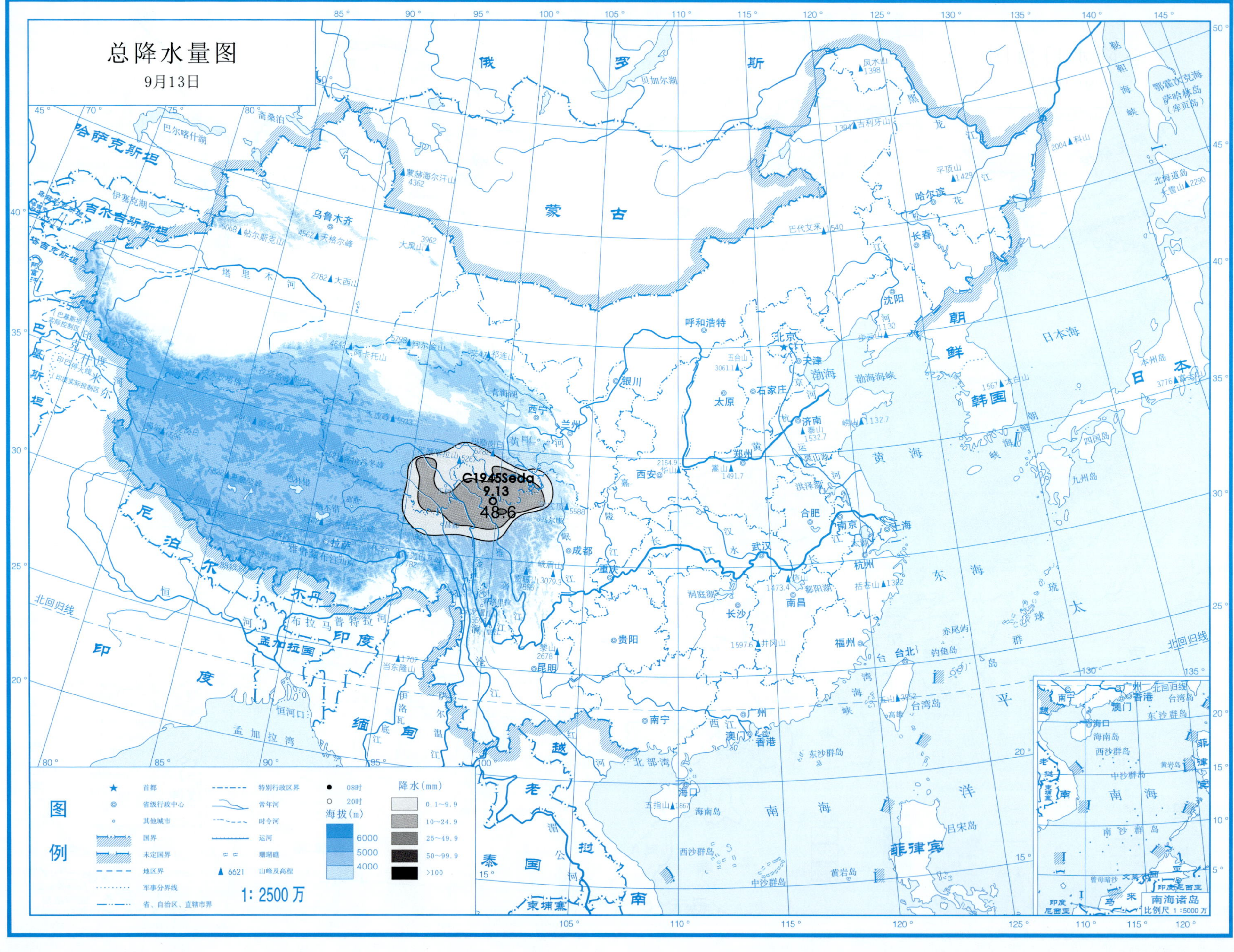
总降水量图
9月13日
C1945Seda
9.13
48.6
图例
首都
省级行政中心
其他城市
国界
未定国界
地区界
军事分界线
省、自治区、直辖市界
特别行政区界
常年河
时令河
运河
珊瑚礁
山峰及高程
08时
20时
海拔(m)
6000
5000
4000
降水(mm)
0.1~9.9
10~24.9
25~49.9
50~99.9
>100
1:2500万
南海诸岛
比例尺 1:5000万

总降水日数图

9月13日

图例

★ 首都
◎ 省级行政中心
○ 其他城市
国界
未定国界
地区界
军事分界线
省、自治区、直辖市界
特别行政区界
常年河
时令河
运河
珊瑚礁
▲6621 山峰及高程

海拔(m)
6000
5000
4000

降水日数
1天
2~3天
4天以上

1: 2500万

南海诸岛
比例尺 1:5000万

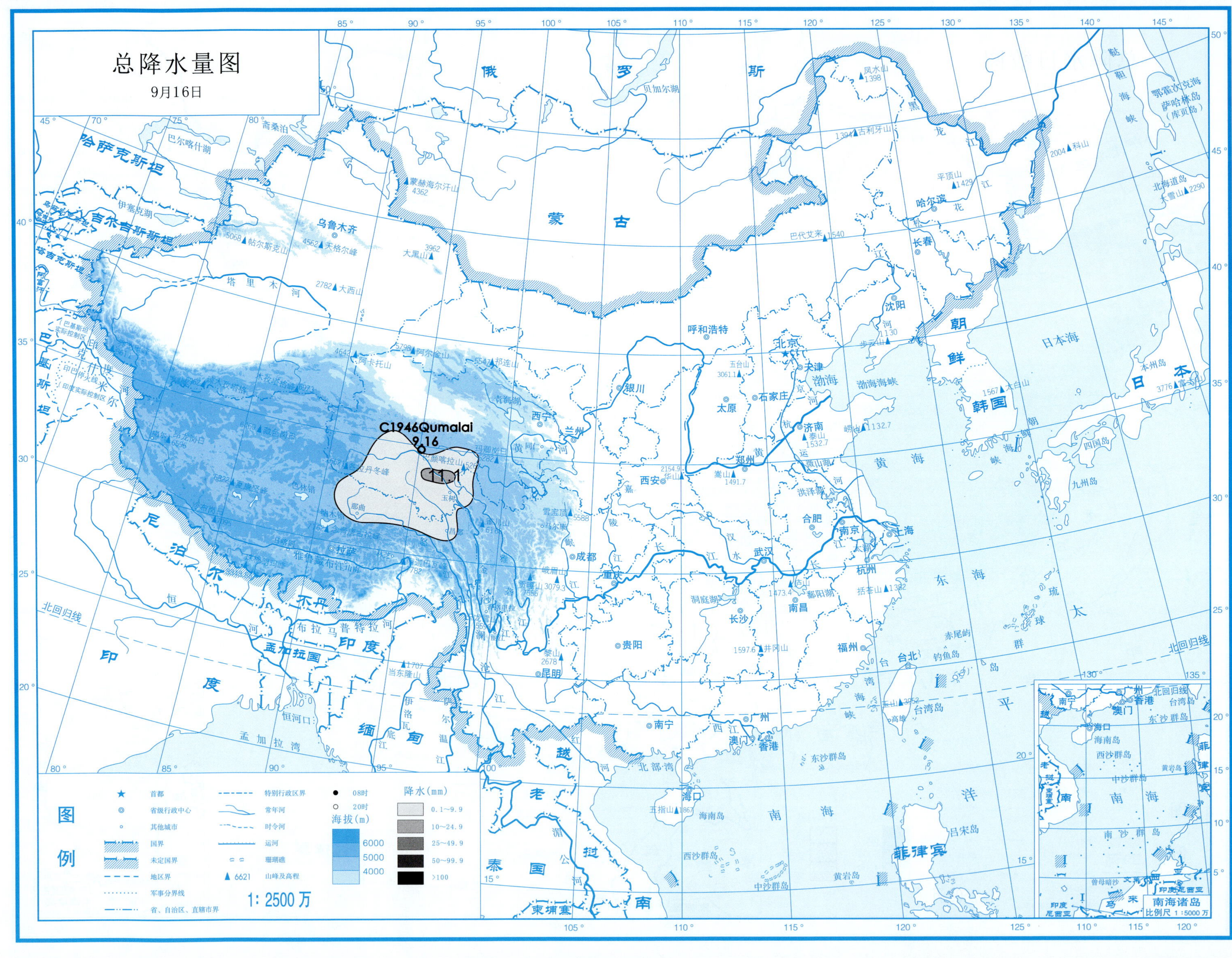
总降水量图
9月16日
C1946Qumalai
9.16
11.1
俄 罗 斯
蒙 古
哈萨克斯坦
吉尔吉斯斯坦
塔吉克斯坦
巴基斯坦
印 度
尼 泊 尔
不丹
孟加拉国
缅 甸
老 挝
泰 国
越 南
柬埔寨
朝 鲜
韩 国
日 本
菲律宾
乌鲁木齐
拉萨
西宁
兰州
银川
呼和浩特
北京
天津
石家庄
太原
济南
郑州
西安
成都
重庆
贵阳
昆明
南宁
武汉
长沙
南昌
合肥
南京
上海
杭州
福州
台北
广州
香港
澳门
海口
沈阳
长春
哈尔滨
渤海
黄 海
东 海
南 海
日本海
太 平 洋
北回归线
南海诸岛
比例尺 1:5000 万
图例
首都
省级行政中心
其他城市
国界
未定国界
地区界
军事分界线
省、自治区、直辖市界
特别行政区界
常年河
时令河
运河
珊瑚礁
6621 山峰及高程
08时
20时
海拔(m)
6000
5000
4000
降水(mm)
0.1~9.9
10~24.9
25~49.9
50~99.9
>100
1: 2500 万

总降水日数图

9月16日

图例

- ★ 首都
- ◎ 省级行政中心
- ○ 其他城市
- 国界
- 未定国界
- 地区界
- 军事分界线
- 省、自治区、直辖市界
- 特别行政区界
- 常年河
- 时令河
- 运河
- 珊瑚礁
- ▲ 6621 山峰及高程

海拔(m)
6000
5000
4000

降水日数
1天
2~3天
4天以上

1：2500万

南海诸岛

比例尺 1：5000万

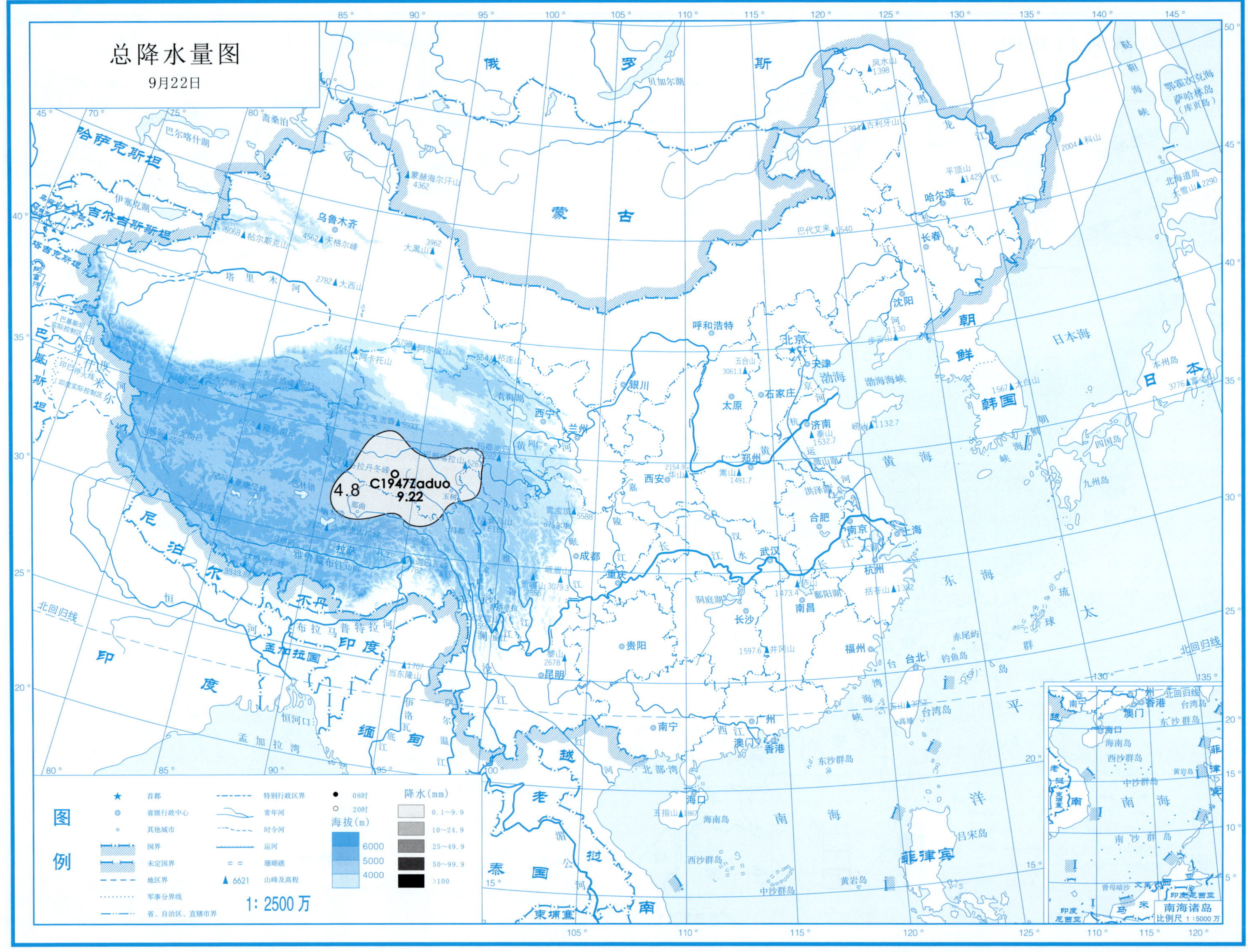

总降水量图
9月22日
C1947Zaduo
9.22
4.8
图例
首都
省级行政中心
其他城市
国界
未定国界
地区界
军事分界线
省、自治区、直辖市界
特别行政区界
常年河
时令河
运河
珊瑚礁
山峰及高程
08时
20时
海拔(m)
6000
5000
4000
降水(mm)
0.1~9.9
10~24.9
25~49.9
50~99.9
>100
1: 2500 万
南海诸岛
比例尺 1:5000 万

总降水日数图

9月22日

图例

★ 首都
◎ 省级行政中心
○ 其他城市
国界
未定国界
地区界
军事分界线
省、自治区、直辖市界
特别行政区界
常年河
时令河
运河
珊瑚礁
▲ 6621 山峰及高程

海拔（m）：6000、5000、4000

降水日数：1天、2~3天、4天以上

1：2500万

南海诸岛 比例尺 1：5000万

高原低涡中心位置资料表

月	日	时	中心位置		位势高度/位势什米
			北纬/(°)	东经/(°)	
①1月14日 (C1901)茫崖，Mangya					
1	14	08	38.0	89.1	556
		20	38.5	93.9	558
消失					
②2月28日 (C1902)乌图美仁，Wutumeiren					
2	28	08	36.4	93.1	553
消失					
③3月4日 (C1903)曲麻莱，Qumalai					
3	4	08	34.4	95.1	560
		20	34.7	98.1	561
消失					
④3月6日 (C1904)托勒，Tuole					
3	6	08	38.4	98.4	560
		20	37.6	103.6	560
消失					
⑤3月27日 (C1905)嘉黎，Jiali					
3	27	08	30.7	92.8	572
消失					
⑥3月31日 (C1906)嘉黎，Jiali					
3	31	20	31.2	93.5	574
消失					
⑦4月1～2日 (C1907)泽库，Zeku					
4	1	20	35.7	102.1	570
	2	08	34.7	105.6	570
消失					
⑧4月2日 (C1908)玛多，Maduo					
4	2	20	35.0	97.5	572
消失					
⑨4月3～4日 (C1909)五道梁，Wudaoliang					
4	3	20	35.0	95.5	572
	4	08	33.2	96.5	572
		20	33.0	101.0	574
消失					

高原低涡中心位置资料表（续-1）

月	日	时	中心位置		位势高度/位势什米
			北纬/(°)	东经/(°)	
⑩4月8日 (C1910)隆子，Longzi					
4	8	20	28.6	92.5	576
消失					
⑪4月15～17日 (C1911)杂多，Zaduo					
4	15	20	32.7	93.8	579
	16	08	32.8	93.9	575
		20	33.0	101.0	579
	17	08	30.0	104.8	577
消失					
⑫4月20日 (C1912)石渠，Shiqu					
4	20	08	33.0	99.0	575
消失					

月	日	时	中心位置		位势高度/位势什米
			北纬/(°)	东经/(°)	
⑬4月20～23日 (C1913)当雄，Dangxiong					
4	20	08	31.3	90.8	574
		20	31.7	93.8	574
	21	08	32.5	97.8	573
		20	34.7	104.9	573
	22	08	35.6	108.9	572
		20	37.0	113.0	572
	23	08	38.0	120.0	572
		20	36.4	123.5	569
消失					
⑭4月23日 (C1914)嘉黎，Jiali					
4	23	08	30.2	93.0	579
消失					

月	日	时	中心位置		位势高度/位势什米
			北纬/(°)	东经/(°)	
⑮5月1日 (C1915)格尔木，Geermu					
5	1	08	35.4	95.3	575
		20	32.5	104.4	574
消失					
⑯5月4～5日 (C1916)托勒，Tuole					
5	4	20	38.8	98.9	574
	5	08	37.0	104.2	576
消失					
⑰5月5日 (C1917)治多，Zhiduo					
5	5	08	34.0	95.7	576
		20	35.2	102.0	575
消失					

高原低涡中心位置资料表（续-2）

月	日	时	中心位置		位势高度/位势什米
			北纬/(°)	东经/(°)	
⑱5月13日					
(C1918)诺木洪，Nuomuhong					
5	13	20	35.3	96.6	572
消失					
⑲5月21日					
(C1919)五道梁，Wudaoliang					
5	21	20	36.0	93.3	581
消失					
⑳5月24日					
(C1920)格尔木，Geermu					
5	24	20	35.3	96.0	578
消失					
㉑5月28～29日					
(C1921)乌图美仁，Wutumeiren					
5	28	20	36.5	93.0	578
	29	08	38.7	96.6	576
消失					

月	日	时	中心位置		位势高度/位势什米
			北纬/(°)	东经/(°)	
㉒5月30日					
(C1922)尼木，Nimu					
5	30	08	29.7	89.6	580
		20	30.4	92.8	579
消失					
㉓5月30～31日					
(C1923)久治，Jiuzhi					
5	30	20	33.9	101.5	579
	31	08	33.0	101.0	579
消失					
㉔6月4～5日					
(C1924)贵南，Guinan					
6	4	08	35.1	101.0	576
		20	37.0	104.7	576
	5	08	34.4	106.5	575
		20	33.3	112.0	575
消失					

月	日	时	中心位置		位势高度/位势什米
			北纬/(°)	东经/(°)	
㉕6月5日					
(C1925)石渠，Shiqu					
6	5	20	32.6	98.9	581
消失					
㉖6月7日					
(C1926)乌图美仁，Wutumeiren					
6	7	20	36.4	92.4	582
消失					
㉗6月8日					
(C1927)泽库，Zeku					
6	8	20	35.0	101.3	580
消失					

高原低涡中心位置资料表（续-3）

月	日	时	中心位置		位势高度/位势什米
			北纬/(°)	东经/(°)	
㉘ 6月9～10日					
(C1928)安多，Anduo					
6	9	20	32.8	91.5	580
	10	08	33.7	95.6	579
		20	34.7	97.2	579
消失					
㉙ 6月16～17日					
(C1929)久治，Jiuzhi					
6	16	20	33.2	101.0	580
	17	08	34.8	104.6	580
消失					
㉚ 6月17～19日					
(C1930)乌图美仁，Wutumeiren					
6	17	20	36.8	93.2	577
	18	08	36.0	92.8	578
		20	41.8	95.2	575
	19	08	41.6	94.8	576
消失					

月	日	时	中心位置		位势高度/位势什米
			北纬/(°)	东经/(°)	
㉛ 6月19～22日					
(C1931)大柴旦，Dachaidan					
6	19	20	37.6	94.0	578
	20	08	38.6	96.5	576
		20	39.3	98.6	578
	21	08	40.0	101.0	578
		20	41.1	102.2	580
	22	08	41.7	103.1	577
消失					
㉜ 7月1日					
(C1932)五道梁，Wudaoliang					
7	1	20	35.6	92.9	582
消失					
㉝ 7月2日					
(C1933)果洛，Guoluo					
7	2	08	34.0	99.2	584
		20	35.2	105.1	584
消失					

月	日	时	中心位置		位势高度/位势什米
			北纬/(°)	东经/(°)	
㉞ 7月2～4日					
(C1934)治多，Zhiduo					
7	2	20	33.0	94.4	586
	3	08	33.4	98.3	584
		20	34.6	104.4	584
	4	08	33.8	110.0	581
消失					
㉟ 7月10～11日					
(C1935)索县，Suoxian					
7	10	08	32.2	93.7	579
		20	34.8	98.3	579
	11	08	35.2	102.0	579
		20	36.8	104.6	580
消失					
㊱ 7月12日					
(C1936)杂多，Zaduo					
7	12	20	32.8	94.5	582
消失					

高原低涡中心位置资料表（续-4）

月	日	时	中心位置		位势高度/位势什米
			北纬/(°)	东经/(°)	
㊲7月30日 (C1937)嘉黎，Jiali					
7	30	20	30.2	92.6	587
消失					
㊳8月1～4日 (C1938)玛多，Maduo					
8	1	20	35.0	97.5	584
	2	08	35.0	101.8	581
		20	36.4	105.2	580
	3	08	37.8	106.9	580
		20	39.0	108.5	581
	4	08	40.5	108.8	578
消失					
㊴8月4～5日 (C1939)那曲，Naqu					
8	4	08	32.3	92.4	582
		20	32.5	98.6	583
	5	08	32.2	99.2	583
		20	34.7	105.8	584
消失					
㊵8月5日 (C1940)墨竹工卡，Mozhugongka					
8	5	08	30.2	92.4	583
消失					
㊶8月8日 (C1941)马尔康，Maerkang					
8	8	08	32.4	102.4	584
消失					
㊷9月2～4日 (C1942)杂多，Zaduo					
9	2	20	32.8	93.8	585
	3	08	32.1	94.1	584
		20	31.6	99.0	585
	4	08	30.4	100.3	584
消失					
㊸9月7～10日 (C1943)达日，Dari					
9	7	08	34.3	98.5	583
		20	33.2	101.3	584
	8	08	31.2	107.0	582
		20	31.3	105.9	583
	9	08	28.7	105.6	584
		20	26.0	105.0	584
	10	08	24.0	104.6	584
		20	22.9	102.6	584
消失					

高原低涡中心位置资料表（续-5）

月	日	时	中心位置		位势高度/位势什米
			北纬/(°)	东经/(°)	
㊹9月10日 (C1944)色达，Seda					
9	10	20	32.8	99.6	586
消失					
㊺9月13日 (C1945)色达，Seda					
9	13	20	32.6	99.7	584
消失					

月	日	时	中心位置		位势高度/位势什米
			北纬/(°)	东经/(°)	
㊻9月16日 (C1946)曲麻莱，Qumalai					
9	16	20	34.8	95.1	579
消失					

月	日	时	中心位置		位势高度/位势什米
			北纬/(°)	东经/(°)	
㊼9月22日 (C1947)杂多，Zaduo					
9	22	20	33.4	93.8	584
消失					

第二部分

高原切变线

Tibetan Plateau Shear Line

2019年 高原切变线概况

2019年发生在青藏高原上的切变线共有52次，其中在青藏高原东部生成的切变线共有51次，在青藏高原西部生成的切变线共有1次（表11~表13）。

2019年初生高原切变线出现在3月上旬，最后一个高原切变线生成在12月下旬（表11）。从月际分布看，7月出现次数最多，有12次；2019年切变线主要集中在5月和7~9月，约占71%（表11）。移出高原的青藏高原切变线较少，全年仅有2次，分别出现在5月和7月（表14）。本年度除1月和2月外，每月均有高原切变线生成，且各月生成高原切变线的次数有差异，详见表11。

2019年青藏高原切变线源地主要在青藏高原东部(表12)。移出高原的青藏高原切变线共2次（表14~表16），移出高原的地点在甘肃和四川（表17）。

2019年高原切变线北、南两侧最大风速最多的频率分别是北侧为4~12m/s，约占93%；南侧为6~14m/s，约占88.6%（表18）。夏半年，高原切变线北、南两侧最大风速最多的频率分别是北侧为4～12m/s，约占92.1%；南侧为6～14m/s，约占86.9%（表19）。冬半年，高原切变线北、南两侧最大风速最多的频率均为8～12m/s，均约占83.3%（表20）。

全年除影响青藏高原以外对我国其余地区有影响的高原切变线共有23次。其中4次高原切变线造成的过程降水量在100mm以上，它们是S1925、S1928、S1931、S1935高原切变线，分别在四川宜宾、四川简阳、四川中江、四川都江堰造成过程降水量分别为156.7mm、118.4mm、141.5mm、155.2mm，降水日数分别为1天、1天、1天、2天。

2019年对我国影响较大的高原切变线主要是S1928、S1935。其中S1928高原切变线是造成我国影响范围最广的一次过程，有超过20个测站出现了暴雨、大暴雨，主要分布在四川和陕西。7月28日20时在高原东南部外斯到那曲生成的S1928高原切变线，切变线北、南两侧最大风速分别是12m/s、10m/s，此切变线之后东南移。29日08时，切变线移出高原，切变线北、南两侧最大风速均为10m/s，之后切变线减弱消失。在此切变线活动过程中，北侧风速逐渐减弱，南侧风速保持稳定。受其影响，四川东部和陕西南部地区出现暴雨到大暴雨，降水日数为1天；青海东部、甘肃南部、重庆西北部和云南北部地区出现中到大雨，降水日数为1～2天；西藏东部和青海西、南部部分地区出现小雨，降水日数为1天。8月18日08时生成于高原东部贵德至曲麻莱的S1935高原切变线，是本年度历时最长，对青藏高原、长江上游降水影响较大的高原切变线。该高原切变线生成后先东南移转西南移转渐北移再转西南移，在切变线移动过程中，北侧最大风速先增强后减弱，南侧风速先减弱后增强再逐渐减弱。18日08时高原切变线生成时，切变线北、南两侧最大风速分别为4m/s、14m/s，之后切变线东南移；18日20时切变线北侧最大风速增加到6m/s、切变线南侧最大风速减弱为8m/s，之后切变线转为西南移。19日08时切变线北、南侧最大风速均增强，分别为10m/s、12m/s，之后切变线转向东北移；19日20时切变线北侧最大风速减弱为8m/s，南侧最大风速维持为12m/s，之后切变线继续向北移。20日08时切变线北侧最大风速继续减弱为6m/s，南侧最大风速增强为14m/s，之后切变线转为西南移；20日20时切变线北侧最大风速维持为6m/s，南侧最大风速减弱为12m/s，之后切变线减弱消失。受其影响，青海、甘肃和四川等部分地区出现暴雨到大暴雨，降水日数为1～3天；西藏部分地区出现大到暴雨，降水日数为1～2天；宁夏南部地区出现大雨，降水日数为1天；陕西和云南部分地区出现小到中雨，降水日数为1～2天。

9月23日08时生成于高原东南部黑水至沱沱河的S1945高原切变线，是对青藏高原降水影响最大的高原切变线。23日08时高原切变线生成时，切变线北侧最大风速为4m/s，南侧最大风速为14m/s，之后切变线向西南移；23日20时，切变线北侧最大风速增强到12m/s、切变线南侧最大风速减弱为8m/s，之后切变线转为东南移。24日08时，切变线北侧最大风速减弱到6m/s、切变线南侧最大风速增强到12m/s，之后切变线减弱消失。受其影响，西藏东半部、川西高原出现大雨，降水日数为1～2天；青海西南、南、东南、东部和甘肃西南部出现小到中雨，降水日数为1～2天。

表11 高原切变线出现次数

月 年	1	2	3	4	5	6	7	8	9	10	11	12	合计
2019	0	0	2	4	8	3	12	9	8	3	1	2	52
几率/%	0.00	0.00	3.85	7.69	15.38	5.77	23.08	17.31	15.38	5.77	1.92	3.85	100

表12 高原东部切变线出现次数

月 年	1	2	3	4	5	6	7	8	9	10	11	12	合计
2019	0	0	2	3	8	3	12	9	8	3	1	2	51
几率/%	0.00	0.00	3.92	5.88	15.69	5.88	23.53	17.65	15.69	5.88	1.96	3.92	100

表13 高原西部切变线出现次数

月 年	1	2	3	4	5	6	7	8	9	10	11	12	合计
2019	0	0	0	1	0	0	0	0	0	0	0	0	1
几率/%	0.00	0.00	0.00	100	0.00	0.00	0.00	0.00	0.00	0.00	0.00	0.00	100

表14 高原切变线移出高原次数

年＼月	1	2	3	4	5	6	7	8	9	10	11	12	合计
2019	0	0	0	0	1	0	1	0	0	0	0	0	2
移出几率/%	0.00	0.00	0.00	0.00	1.92	0.00	1.92	0.00	0.00	0.00	0.00	0.00	3.84
月移出率/%	0.00	0.00	0.00	0.00	50.00	0.00	50.00	0.00	0.00	0.00	0.00	0.00	100

表15 高原东部切变线移出高原次数

年＼月	1	2	3	4	5	6	7	8	9	10	11	12	合计
2019	0	0	0	0	1	0	1	0	0	0	0	0	2
移出几率/%	0.00	0.00	0.00	0.00	1.96	0.00	1.96	0.00	0.00	0.00	0.00	0.00	3.92
月移出率/%	0.00	0.00	0.00	0.00	50.00	0.00	50.00	0.00	0.00	0.00	0.00	0.00	100

表16 高原西部切变线移出高原次数

年＼月	1	2	3	4	5	6	7	8	9	10	11	12	合计
2019	0	0	0	0	0	0	0	0	0	0	0	0	0
移出几率/%	0.00	0.00	0.00	0.00	0.00	0.00	0.00	0.00	0.00	0.00	0.00	0.00	0.00
月移出率/%	0.00	0.00	0.00	0.00	0.00	0.00	0.00	0.00	0.00	0.00	0.00	0.00	0.00

表17 高原切变线移出高原的地区分布

地区 / 年	湖南	甘肃	宁夏	四川	重庆	贵州	云南	广西	合计
2019		1		1					2
出高原率/%		50		50					100

表18 高原切变线两侧最大风速频率分布

最大风速/(m/s)	2	4	6	8	10	12	14	16	18	20	22	24	26	28	合计
北侧/%	1.13	12.50	22.73	23.86	18.18	15.91	4.55	1.14	0.00	0.00	0.00	0.00	0.00	0.00	100
南侧/%	0.00	6.82	11.36	19.32	20.45	21.59	15.91	2.27	1.14	0.00	1.14	0.00	0.00	0.00	100

表19 夏半年高原切变线两侧最大风速频率分布

最大风速/ (m/s)	2	4	6	8	10	12	14	16	18	20	22	24	26	28	合计
北侧/%	1.32	13.16	25.00	21.05	17.10	15.79	5.26	1.32	0.00	0.00	0.00	0.00	0.00	0.00	100
南侧/%	0.00	7.89	11.84	19.74	19.74	18.42	17.10	2.63	1.32	0.00	1.32	0.00	0.00	0.00	100

表20 冬半年高原切变线两侧最大风速频率分布

最大风速/ (m/s)	2	4	6	8	10	12	14	16	18	20	22	24	26	28	合计
北侧/%	0.00	8.33	8.33	41.67	25.00	16.67	0.00	0.00	0.00	0.00	0.00	0.00	0.00	0.00	100
南侧/%	0.00	0.00	8.33	16.67	25.00	41.67	8.33	0.00	0.00	0.00	0.00	0.00	0.00	0.00	100

高原切变线纪要表

序号	编号	中英文名称	起止日期(月.日)	最大风速/(m/s)		发现时起-终点经纬度	移出高原的地区	移出高原的时间	移出高原的风速/(m/s)		路径趋向	影响切变线移出高原的天气系统
				北侧	南侧				北侧	南侧		
1	S1901	民勤–五道梁, Minqin–Wudaoliang	3.5	10	10	102.9°E,38.2°N–92.2°E,35.4°N					东南移	
2	S1902	黑水–囊谦, Heishui–Nangqian	3.31	8	12	103.0°E,32.1°N–97.0°E,32.0°N					原地生消	
3	S1903	玛曲–囊谦, Maqu–Nangqian	4.2	12	12	103.2°E,34.1°N–97.0°E,32.4°N					原地生消	
4	S1904	乌图美仁–狮泉河, Wutumeiren–Shiquanhe	4.18～4.19	10	14	92.1°E,37.0°N–80.0°E,33.8°N					东北移转西北移	
5	S1905	巴塘–南木林, Batang–Nanmulin	4.21	6	12	98.0°E,30.2°N–88.0°E,30.1°N					原地生消	
6	S1906	巴塘–当雄, Batang–Dangxiong	4.22	8	8	98.4°E,30.8°N–91.1°E,30.4°N					原地生消	
7	S1907	石渠–那曲, Shiqu–Naqu	5.12	10	18	98.0°E,32.4°N–91.7°E,32.2°N					原地生消	
8	S1908	兴海–曲麻莱, Xinghai–Qumalai	5.15	6	14	99.7°E,35.8°N–94.0°E,34.1°N					原地生消	
9	S1909	色达–安多, Seda–Anduo	5.17	14	12	100.0°E,32.8°N–91.5°E,32.5°N					原地生消	
10	S1910	色达–安多, Seda–Anduo	5.18～5.19	10	14	100.0°E,32.5°N–92.3°E,32.4°N					北移转东南移	

高原切变线纪要表（续-1）

序号	编号	中英文名称	起止日期(月.日)	最大风速/(m/s)		发现时起-终点经纬度	移出高原的地区	移出高原的时间	移出高原的风速/(m/s)		路径趋向	影响切变线移出高原的天气系统
				北侧	南侧				北侧	南侧		
11	S1911	色达–那曲, Seda–Naqu	5.20～5.22	14	14	100.0°E,32.6°N–92.2°E,32.0°N					西南移转东移再北移	
12	S1912	民勤–德令哈, Minqin–Delingha	5.26～5.27	16	16	103.4°E,38.2°N–97.2°E,37.9°N	金塔	5.27^{08}	8	12	西南移转北移移出高原	副高
13	S1913	石渠–安多, Shiqu–Anduo	5.29～5.30	6	12	98.8°E,32.4°N–91.9°E,32.6°N					东南移	
14	S1914	囊谦–拉萨, Nangqian–Lasa	5.31	12	14	97.8°E,32.4°N–91.1°E,29.7°N					原地生消	
15	S1915	贡觉–当雄, Gongjue–Dangxiong	6.9	12	14	98.0°E,30.7°N–91.1°E,30.4°N					东北移	
16	S1916	白玉–当雄, Baiyu–Dangxiong	6.11	6	4	99.0°E,30.8°N–90.9°E,30.1°N					原地生消	
17	S1917	兴海–五道梁, Xinghai–Wudaoliang	6.29	8	10	99.3°E,35.7°N–93.6°E,35.5°N					东南移	
18	S1918	眉山–察隅, Meishan–Chayu	7.4	6	8	104.0°E,30.1°N–97.4°E,29.0°N					原地生消	
19	S1919	玛曲–五道梁, Maqu–Wudaoliang	7.5	6	6	103.0°E,34.4°N–94.5°E,35.5°N					原地生消	
20	S1920	白玉–拉萨, Baiyu–Lasa	7.7～7.8	12	10	99.3°E,30.8°N–91.2°E,29.6°N					西南移	

高原切变线纪要表（续-2）

序号	编号	中英文名称	起止日期(月.日)	最大风速/(m/s)		发现时起-终点经纬度	移出高原的地区	移出高原的时间	移出高原的风速/(m/s)		路径趋向	影响切变线移出高原的天气系统
				北侧	南侧				北侧	南侧		
21	S1921	甘孜-安多, Ganzi-Anduo	7.12	4	12	100.0°E,31.4°N-92.0°E,32.4°N					原地生消	
22	S1922	诺木洪-嘉黎, Nuomuhong-Jiali	7.13	10	14	96.1°E,36.8°N-93.2°E,30.9°N					原地生消	
23	S1923	贵德-那曲, Guide-Naqu	7.15～7.16	12	22	102.2°E,35.9°N-92.1°E,31.8°N					西移转西北移转东北移	
24	S1924	果洛-当雄, Guoluo-Dangxiong	7.18	4	6	101.3°E,34.7°N-92.2°E,30.5°N					原地生消	
25	S1925	新龙-墨竹工卡, Xinlong-Mozhugongka	7.21～7.22	10	10	100.0°E,31.0°N-92.4°E,30.5°N					东南移	
26	S1926	玉树-浪卡子, Yushu-Langkazi	7.23～7.24	8	8	96.2°E,33.4°N-91.2°E,28.2°N					东移转东南移	
27	S1927	理县-帕里, Lixian-Pali	7.25	8	8	103.0°E,31.5°N-87.6°E,26.7°N					东北移	
28	S1928	外斯-那曲, Waisi-Naqu	7.28～7.29	12	10	101.8°E,34.6°N-91.3°E,31.4°N	犍为	7.29^{08}	10	10	东南移 移出高原	青藏高压
29	S1929	昌都-当雄, Changdu-Dangxiong	7.29	8	6	97.0°E,30.2°N-91.0°E,30.1°N					南移	
30	S1930	玛多-五道梁, Maduo-Wudaoliang	8.1	12	8	98.8°E,35.3°N-93.2°E,35.6°N					原地生消	

高原切变线纪要表（续-3）

序号	编号	中英文名称	起止日期(月.日)	最大风速/(m/s)		发现时起-终点经纬度	移出高原的地区	移出高原的时间	移出高原的风速/(m/s)		路径趋向	影响切变线移出高原的天气系统
				北侧	南侧				北侧	南侧		
31	S1931	岷县-嘉黎, Minxian-Jiali	8.5	12	14	104.2°E,34.4°N-92.7°E,30.5°N					原地生消	
32	S1932	新龙-安多, Xinlong-Anduo	8.6	10	10	100.0°E,31.1°N-92.1°E,32.8°N					原地生消	
33	S1933	德令哈-安多, Delingha-Anduo	8.7	10	14	96.2°E,37.0°N-92.0°E,32.0°N					南移	
34	S1934	德令哈-安多, Delingha-Anduo	8.12~8.13	14	12	96.1°E,36.9°N-92.1°E,32.2°N					东南移	
35	S1935	贵德-曲麻莱, Guide-Qumalai	8.18~8.20	10	14	102.1°E,36.2°N-94.4°E,34.6°N					东南移转西南移转渐北移再转西南移	
36	S1936	玛多-当雄, Maduo-Dangxiong	8.23	4	8	99.4°E,35.0°N-91.9°E,30.8°N					原地生消	
37	S1937	黑水-贡觉, Heishui-Gongjue	8.28	8	6	103.8°E,32.0°N-98.0°E,31.2°N					原地生消	
38	S1938	刚察-昌都, Gangcha-Changdu	8.30	12	12	100.0°E,37.1°N-97.0°E,30.2°N					东南移	
39	S1939	甘孜-沱沱河, Ganzi-Tuotuohe	9.4	10	8	98.8°E,32.0°N-91.5°E,32.9°N					原地生消	
40	S1940	沱沱河-巴塘, Tuotuohe-Batang	9.5	4	6	92.4°E,33.2°N-99.0°E,29.6°N					西移	

高原切变线纪要表（续-4）

序号	编号	中英文名称	起止日期(月.日)	最大风速/(m/s)		发现时起-终点经纬度	移出高原的地区	移出高原的时间	移出高原的风速/(m/s)		路径趋向	影响切变线移出高原的天气系统
				北侧	南侧				北侧	南侧		
41	S1941	岷县-雅江, Minxian-Yajiang	9.9	6	4	104.3°E,34.8°N-101.2°E,30.0°N					原地生消	
42	S1942	壤塘-布拖, Rangtang-Butuo	9.15	12	8	101.0°E,32.1°N-103.0°E,27.5°N					原地生消	
43	S1943	五道梁-当雄, Wudaoliang-Dangxiong	9.19~9.20	10	14	93.0°E,35.8°N-91.1°E,30.4°N					东南移	
44	S1944	班玛-林芝, Banma-Linzhi	9.21	8	10	101.1°E,33.5°N-94.5°E,27.8°N					原地生消	
45	S1945	黑水-沱沱河, Heishui-Tuotuohe	9.23~9.24	12	14	103.2°E,31.8°N-92.0°E,33.0°N					西南移转东南移	
46	S1946	色达-安多, Seda-Anduo	9.29	6	10	100.0°E,32.4°N-92.0°E,32.7°N					原地生消	
47	S1947	囊谦-安多, Nangqian-Anduo	10.3	10	10	97.4°E,32.2°N-91.7°E,33.0°N					原地生消	
48	S1948	新龙-嘉黎, Xinlong-Jiali	10.11	6	8	100.0°E,31.1°N-92.0°E,30.7°N					原地生消	
49	S1949	巴塘-当雄, Batang-Dangxiong	10.15	12	10	99.2°E,30.7°N-91.1°E,30.2°N					原地生消	
50	S1950	贵德-曲麻莱, Guide-Qumalai	11.4	4	8	102.5°E,36.0°N-94.6°E,34.6°N					原地生消	
51	S1951	贡觉-当雄, Gongjue-Dangxiong	12.17	12	10	98.4°E,30.8°N-92.4°E,30.5°N					原地生消	
52	S1952	色达-当雄, Seda-Dangxiong	12.27	10	12	100.0°E,32.4°N-91.8°E,30.9°N					原地生消	

高原切变线对我国影响简表

序号	编号	简述活动的情况	高原切变线对我国的影响			
			项目	时间（月.日）	概况	极值
1	S1901	高原东北部东南移	降水	3.5	青海东、中、东南、西南部，甘肃西南部，陕西南部，四川中、东北、西北部，河南、湖北西部和重庆东北部地区降水量为0.1～19mm，降水日数为1天	四川马尔康 18.4mm（1天）
2	S1902	高原东南部原地生消	降水	3.31	西藏东部、青海南部个别地区和四川中、南、西北部地区降水量为0.1～10mm，降水日数为1天	四川芦山 9.3mm（1天）
3	S1903	高原东部原地生消	降水	4.2	青海南、东南部，甘肃南部和四川中、北、西北部地区降水量为0.1～18mm，降水日数为1天	四川色达 17.4mm（1天）
4	S1904	高原西北部东北移转西北移	降水	4.18～4.19	青海西北、西南、中、北部，新疆西南部个别地区和甘肃北部地区降水量为0.1～17mm，降水日数为1～2天	青海德令哈 17.0mm（1天）
5	S1905	高原南部原地生消	降水	4.21	西藏南、中、东部，四川西北部和青海南部地区降水量为0.1～3mm，降水日数为1天	青海囊谦 2.6mm（1天）
6	S1906	高原南部原地生消	降水	4.22	西藏南、中、东、东南部，四川西北部和青海南部地区降水量为0.1～4mm，降水日数为1天	西藏墨竹工卡 3.8mm（1天）
7	S1907	高原南部原地生消	降水	5.12	西藏东、东南部，青海西、南、东南部和四川西、西北部地区降水量为0.1～25mm，降水日数为1天	西藏察隅 24.4mm（1天）
8	S1908	高原东部原地生消	降水	5.15	西藏东、东南部，青海西、南、东、东南部和四川西北部地区降水量为0.1～11mm，降水日数为1天	西藏林芝 11.0mm（1天）
9	S1909	高原东南部原地生消	降水	5.17	西藏东、南、中部，青海东南、西南、南部和四川西北部地区降水量为0.1～20mm，降水日数为1天	西藏比如 19.7mm（1天）

高原切变线对我国影响简表（续-1）

序号	编号	简述活动的情况	高原切变线对我国的影响			
			项目	时间(月.日)	概况	极值
10	S1910	高原东南部北移转东南移	降水	5.18～5.19	西藏东、东南部，青海西、南、东、西南、东南部，甘肃南部和四川中、南、西北、北部地区降水量为0.1～60mm，降水日数为1～2天	四川夹江 58.9mm（1天）
11	S1911	高原东南部西南移转东移再北移	降水	5.20～5.22	西藏东、中、东南部，青海西、南、东、中、西南、东南部，甘肃西南部个别地区和四川西、西北部地区降水量为0.1～27mm，降水日数为1～3天	四川壤塘 26.6mm（3天）
12	S1912	高原东北部西南移转北移移出高原	降水	5.26～5.27	青海北、中、南、东、东北、东南部，甘肃南部和四川西北、北部地区降水量为0.1～36mm，降水日数为1天	青海贵南 35.2mm（1天）
13	S1913	高原东南部东南移	降水	5.29～5.30	西藏东南、东部，青海西、南、中、西南、东南部和四川西北部地区降水量为0.1～31mm，降水日数为1～2天	西藏嘉黎 30.4mm（2天）
14	S1914	高原东部原地生消	降水	5.31	西藏南、东部，青海南部和四川西北部个别地区降水量为0.1～11mm，降水日数为1天	西藏泽当 10.5mm（1天）
15	S1915	高原南部东北移	降水	6.9	西藏东、东南部，青海南部和四川西北部地区降水量为0.1～21mm，降水日数为1天	西藏嘉黎 20.6mm（1天）
16	S1916	高原东南部原地生消	降水	6.11	西藏东、东南部，青海南部和四川西北部个别地区降水量为0.1～9mm，降水日数为1天	西藏洛隆 8.9mm（1天）
17	S1917	高原东北部东南移	降水	6.29	西藏东、东南部，青海西、南、中、西南、东、东南部和四川西北部地区降水量为0.1～24mm，降水日数为1天	四川色达 23.1mm（1天）
18	S1918	高原东南部原地生消	降水	7.4	西藏东、东南部，青海南、东南部，甘肃西南部，四川大部和云南北部地区降水量为0.1～55mm，降水日数为1天	四川木里 52.2mm（1天）
19	S1919	高原东部原地生消	降水	7.5	青海西、南、东、东北部地区降水量为0.1～11mm，降水日数为1天	青海同德 10.3mm（1天）

高原切变线对我国影响简表（续–2）

序号	编号	简述活动的情况	高原切变线对我国的影响			
			项目	时间(月.日)	概况	极值
20	S1920	高原东南部西南移	降水	7.7～7.8	西藏南、中、东、东南部，青海南、西南部和四川西北部地区降水量为0.1～70mm，降水日数为1～2天。其中西藏有成片降水量大于25mm的降水区，降水日数为1～2天	西藏浪卡子 66.5mm（2天）
21	S1921	高原东南部原地生消	降水	7.12	西藏南、中、东、东南部，青海西、南、西南部和四川西北部地区降水量为0.1～35mm，降水日数为1天。其中西藏有成片降水量大于25mm的降水区，降水日数为1天	西藏昌都 34.2mm（1天）
22	S1922	高原东部原地生消	降水	7.13	西藏中、东、东南部，青海南、中、西、西南、北部和四川西北、西部地区降水量为0.1～35mm，降水日数为1天	西藏林芝 34.7mm（1天）
23	S1923	高原东南部西移转西北移转东北移	降水	7.15～7.16	西藏南、中、东、东南部，青海西、南、东、东南、中、西南部，甘肃、宁夏、陕西南部和四川北半部降水量为0.1～95mm，降水日数为1～2天。其中西藏和青海有成片降水量大于25mm的降水区，降水日数为2天，四川有成片降水量大于50mm的降水区，降水日数为1天	四川南部 90.6mm（1天）
24	S1924	高原东南部原地生消	降水	7.18	西藏南、中、东部，青海南半部、甘肃西南部和四川西北、北部地区降水量为0.1～36mm，降水日数为1天	四川马尔康 35.6mm（1天）
25	S1925	高原东南部东南移	降水	7.21～7.22	西藏东、东南、南部，青海西南、南部，四川大部，重庆西南、中部，贵州西、北部和云南北部地区降水量为0.1～160mm，降水日数为1～2天。其中四川有成片降水量大于50mm的降水区，降水日数为1～2天	四川宜宾 156.7mm（1天）
26	S1926	高原南部东移转东南移	降水	7.23～7.24	西藏中南部、东半部，青海西南、西、南、东南、中部，甘肃西南部，四川西南、西、中、西北、北部和云南西南、西、西北部地区降水量为0.1～60mm，降水日数为1～2天。其中西藏、四川、云南交界处有成片降水量大于25mm的降水区，降水日数为1～2天	四川自贡 59.0mm（1天）

高原切变线对我国影响简表（续-3）

序号	编号	简述活动的情况	高原切变线对我国的影响			
			项目	时间（月.日）	概况	极值
27	S1927	高原东南部东北移	降水	7.25	西藏西南、南、东南部，四川大部，重庆西南、中、西北部，贵州西部和云南西北、东北部地区降水量为0.1～60mm，降水日数为1天	四川筠连 58.6mm（1天）
28	S1928	高原东南部东南移移出高原	降水	7.28～7.29	西藏中、东、南、东南部，青海西、南、东、东南部，甘肃、陕西南部，四川大部，重庆西北部和云南西北部地区降水量为0.1～120mm，降水日数为1～2天。其中四川有成片降水量大于50mm的降水区，降水日数为1～2天	四川简阳 118.4mm（1天）
29	S1929	高原南部南移	降水	7.29	西藏中南部、东半部，青海南部，四川西南、西北部个别地区和云南西北部地区降水量为0.1～34mm，降水日数为1天	西藏比如 33.4mm（1天）
30	S1930	高原东北部原地生消	降水	8.1	青海西、南、西南部和四川西北部个别地区降水量为0.1～18mm，降水日数为1天	青海沱沱河 17.8mm（1天）
31	S1931	高原东南部原地生消	降水	8.5	西藏南、中、东、东南部，青海南、东、东南部，甘肃、陕西南部，四川大部，重庆西南、东北部个别地区，湖北西北部个别地区和云南北部地区降水量为0.1～145mm，降水日数为1天	四川中江 141.5mm（1天）
32	S1932	高原东南部原地生消	降水	8.6	西藏中南部、东半部，青海南部，四川西南、西部和云南西北部个别地区降水量为0.1～27mm，降水日数为1天	西藏芒康 26.9mm（1天）
33	S1933	高原中部南移	降水	8.7	西藏中、东、南、东南部，青海中、西南、南、东、东南部和四川西北、西部个别地区降水量为0.1～23mm，降水日数为1天	西藏班戈 22.9mm（1天）
34	S1934	高原东部东南移	降水	8.12～8.13	西藏东、东南部，青海中、西、南、东、东南部，甘肃西南部和四川西、西北、北部地区降水量为0.1～20mm，降水日数为1～2天	青海贵南 19.2mm（1天）

高原切变线对我国影响简表（续-4）

序号	编号	简述活动的情况	高原切变线对我国的影响			
			项目	时间(月.日)	概况	极值
35	S1935	高原东部东南移转西南移转渐北移再转西南移	降水	8.18～8.20	西藏东、东南部，青海西、西南、南、东、东南、东北部，甘肃中、南部，宁夏南半部，陕西西南部，四川大部和云南西北部地区降水量为0.1～160mm，降水日数为1～3天。其中四川有成片降水量大于25mm的降水区，降水日数为1～2天	四川都江堰 155.2mm（2天）
36	S1936	高原东部原地生消	降水	8.23	西藏东、东南部，青海中、南、东、东南部和四川西北部地区降水量为0.1～32mm，降水日数为1天	青海杂多 31.7mm（1天）
37	S1937	高原东南部原地生消	降水	8.28	西藏东、东南部，青海中、北、南、东、东南部，甘肃南部和四川西北、西、北部地区降水量为0.1～27mm，降水日数为1天	四川道孚 26.4mm（1天）
38	S1938	高原东部东南移	降水	8.30	西藏东、东南部，青海北、东、东北、东南、南部，甘肃南部，四川大部和云南西北部地区降水量为0.1～70mm，降水日数为1天	云南丽江 69.4mm（1天）
39	S1939	高原南部原地生消	降水	9.4	西藏北、东部和青海西南、南部地区降水量为0.1～41mm，降水日数为1天	西藏昌都 40.4mm（1天）
40	S1940	高原东南部西移	降水	9.5	西藏东、东南部，青海西、西南部和四川西部地区降水量为0.1～17mm，降水日数为1天	西藏索县 16.4mm（1天）
41	S1941	高原东南部原地生消	降水	9.9	西藏东部，青海东南、南部，甘肃南部，陕西西南部个别地区和四川西北、西、中、北部地区降水量为0.1～37mm，降水日数为1天	四川剑阁 36.4mm（1天）
42	S1942	高原东南部原地生消	降水	9.15	西藏东、东南部，青海南部，四川东南、西半部和云南北部地区降水量为0.1～23mm，降水日数为1天	四川昭阳 22.8mm（1天）

高原切变线对我国影响简表（续-5）

序号	编号	简述活动的情况	高原切变线对我国的影响			
			项目	时间(月.日)	概　况	极值
43	S1943	高原东部东南移	降水	9.19～9.20	西藏南、东半部，青海东南、东、南、中部，甘肃西南部和四川西、西北、北部地区降水量为0.1～27mm，降水日数为1～2天	四川壤塘 26.2mm（2天）
44	S1944	高原东南部原地生消	降水	9.21	西藏东、东南部，青海东南部，四川西北、西、西南部和云南西、西北、西南、中部地区降水量为0.1～95mm，降水日数为1天	云南景东 90.3mm（1天）
45	S1945	高原东南部西南移转东南移	降水	9.23～9.24	西藏东半部，青海南、东、西南、东南部，甘肃西南部，四川大部和云南东北、西北部地区降水量为0.1～46mm，降水日数为1～2天	四川康定 45.1mm（2天）
46	S1946	高原东南部原地生消	降水	9.29	西藏东、南、东南部，青海南部和四川西北、西部地区降水量为0.1～11mm，降水日数为1天	西藏芒康 10.8mm（1天）
47	S1947	高原中部原地生消	降水	10.3	西藏东部，青海西、西南、南部和四川西北部个别地区降水量为0.1～9mm，降水日数为1天	青海五道梁 9.0mm（1天）
48	S1948	高原东南部原地生消	降水	10.11	西藏东、东南部，青海南部和四川西北、西部地区降水量为0.1～20mm，降水日数为1天	西藏洛隆 20.0mm（1天）
49	S1949	高原东南部原地生消	降水	10.15	西藏东部，青海南部和四川西北部个别地区降水量为0.1～11mm，降水日数为1天	西藏昌都 10.5mm（1天）
50	S1950	高原东北部原地生消	降水	11.4	青海西、南、东、西南、东南部和甘肃西南部个别地区降水量为0.1～6mm，降水日数为1天	青海杂多 5.6mm（1天）
51	S1951	高原东南部原地生消	降水	12.17	西藏东、东南部地区降水量为0.1～4mm，降水日数为1天	西藏丁青 3.5mm（1天）
52	S1952	高原东南部原地生消	降水	12.27	西藏东、东南部和四川西北部地区降水量为0.1～6mm，降水日数为1天	西藏嘉黎 5.8mm（1天）

2019年高原切变线编号、名称、日期对照表

未移出高原的高原切变线		移出高原的高原切变线
① S1901 民勤–五道梁	⑧ S1908 兴海–曲麻莱	⑫ S1912 民勤–德令哈
Minqin–Wudaoliang	Xinghai–Qumalai	Minqin–Delingha
3.5	5.15	5.26～5.27
② S1902 黑水–囊谦	⑨ S1909 色达–安多	㉘ S1928 外斯–那曲
Heishui–Nangqian	Seda–Anduo	Waisi–Naqu
3.31	5.17	7.28～7.29
③ S1903 玛曲–囊谦	⑩ S1910 色达–安多	
Maqu–Nangqian	Seda–Anduo	
4.2	5.18～5.19	
④ S1904 乌图美仁–狮泉河	⑪ S1911 色达–那曲	
Wutumeiren–Shiquanhe	Seda–Naqu	
4.18～4.19	5.20～5.22	
⑤ S1905 巴塘–南木林	⑬ S1913 石渠–安多	
Batang–Nanmulin	Shiqu–Anduo	
4.21	5.29～5.30	
⑥ S1906 巴塘–当雄	⑭ S1914 囊谦–拉萨	
Batang–Dangxiong	Nangqian–Lasa	
4.22	5.31	
⑦ S1907 石渠–那曲	⑮ S1915 贡觉–当雄	
Shiqu–Naqu	Gongjue–Dangxiong	
5.12	6.9	

2019年高原切变线编号、名称、日期对照表（续-1）

未移出高原的高原切变线		
⑯ S1916 白玉-当雄	㉒ S1922 诺木洪-嘉黎	㉙ S1929 昌都-当雄
Baiyu-Dangxiong	Nuomuhong-Jiali	Changdu-Dangxiong
6.11	7.13	7.29
⑰ S1917 兴海-五道梁	㉓ S1923 贵德-那曲	㉚ S1930 玛多-五道梁
Xinghai-Wudaoliang	Guide-Naqu	Maduo-Wudaoliang
6.29	7.15～7.16	8.1
⑱ S1918 眉山-察隅	㉔ S1924 果洛-当雄	㉛ S1931 岷县-嘉黎
Meishan-Chayu	Guoluo-Dangxiong	Minxian-Jiali
7.4	7.18	8.5
⑲ S1919 玛曲-五道梁	㉕ S1925 新龙-墨竹工卡	㉜ S1932 新龙-安多
Maqu-Wudaoliang	Xinlong-Mozhugongka	Xinlong-Anduo
7.5	7.21～7.22	8.6
⑳ S1920 白玉-拉萨	㉖ S1926 玉树-浪卡子	㉝ S1933 德令哈-安多
Baiyu-Lasa	Yushu-Langkazi	Delingha-Anduo
7.7～7.8	7.23～7.24	8.7
㉑ S1921 甘孜-安多	㉗ S1927 理县-帕里	㉞ S1934 德令哈-安多
Ganzi-Anduo	Lixian-Pali	Delingha-Anduo
7.12	7.25	8.12～8.13

2019年高原切变线编号、名称、日期对照表（续-2）

未移出高原的高原切变线		
㉟ S1935 贵德–曲麻莱	㊶ S1941 岷县–雅江	㊼ S1947 囊谦–安多
Guide–Qumalai	Minxian–Yajiang	Nangqian–Anduo
8.18～8.20	9.9	10.3
㊱ S1936 玛多–当雄	㊷ S1942 壤塘–布拖	㊽ S1948 新龙–嘉黎
Maduo–Dangxiong	Rangtang–Butuo	Xinlong–Jiali
8.23	9.15	10.11
㊲ S1937 黑水–贡觉	㊸ S1943 五道梁–当雄	㊾ S1949 巴塘–当雄
Heishui–Gongjue	Wudaoliang–Dangxiong	Batang–Dangxiong
8.28	9.19～9.20	10.15
㊳ S1938 刚察–昌都	㊹ S1944 班玛–林芝	㊿ S1950 贵德–曲麻莱
Gangcha–Changdu	Banma–Linzhi	Guide–Qumalai
8.30	9.21	11.4
㊴ S1939 甘孜–沱沱河	㊺ S1945 黑水–沱沱河	51 S1951 贡觉–当雄
Ganzi–Tuotuohe	Heishui–Tuotuohe	Gongjue–Dangxiong
9.4	9.23～9.24	12.17
㊵ S1940 沱沱河–巴塘	㊻ S1946 色达–安多	52 S1952 色达–当雄
Tuotuohe–Batang	Seda–Anduo	Seda–Dangxiong
9.5	9.29	12.27

高原切变线路径图

2019年3月

S1901
Minqin-Wudaoliang
3.5^{08}
3.5^{20}

S1902
Heishui-Nangqian
3.31^{08}

图例

★ 首都
省级行政中心
其他城市
国界
未定国界
地区界
军事分界线
省、自治区、直辖市界
特别行政区界
常年河
时令河
运河
珊瑚礁
▲6621 山峰及高程

海拔(m)
6000
5000
4000

切变线

1∶2500万

南海诸岛
比例尺 1∶5000万

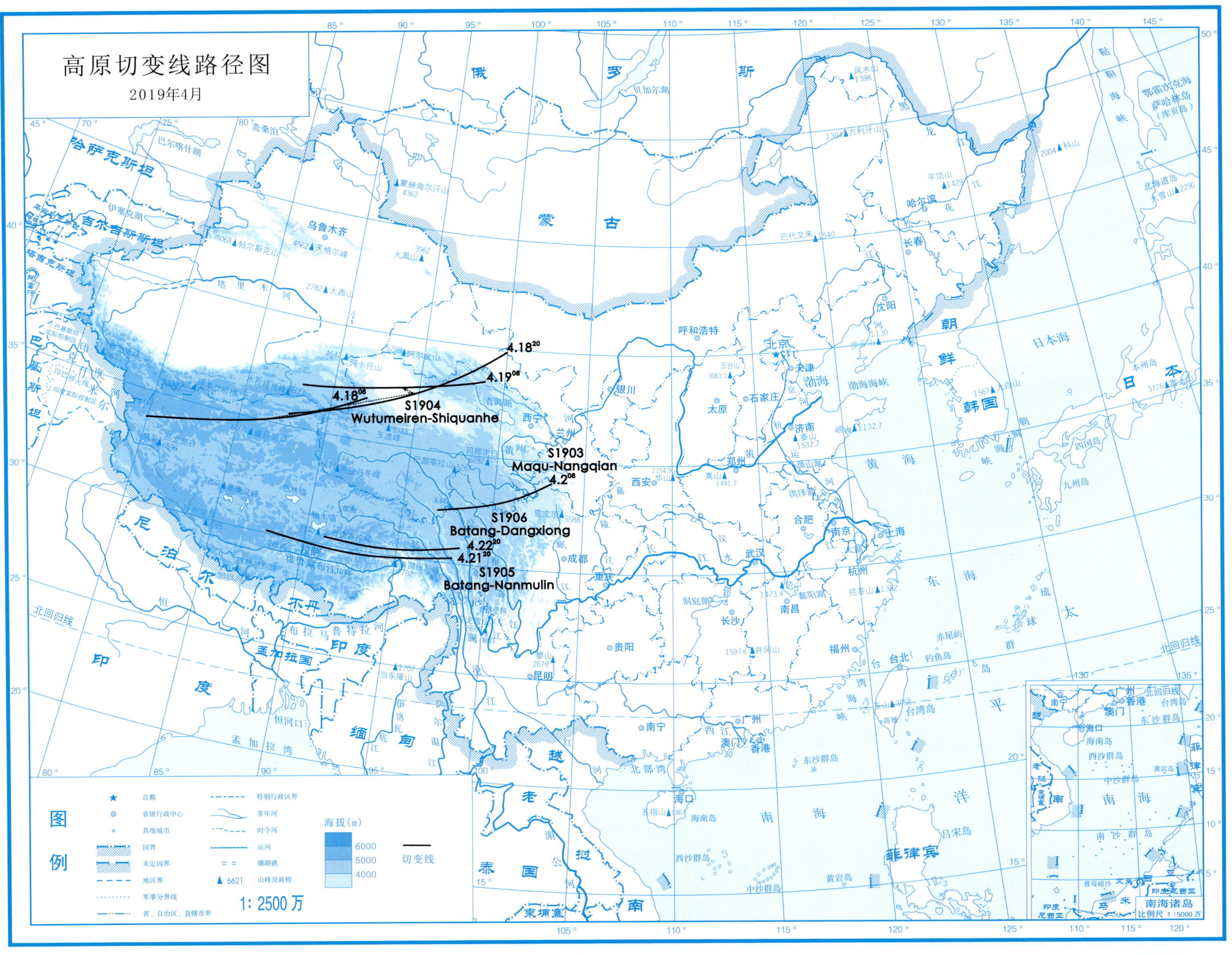
高原切变线路径图
2019年4月
4.18²⁰
4.19⁰⁸
4.18⁰⁸
S1904
Wutumeiren-Shiquanhe
S1903
Maqu-Nangqian
4.2⁰⁸
S1906
Batang-Dangxiong
4.22²⁰
4.21²⁰
S1905
Batang-Nanmulin
图例
首都
省级行政中心
其他城市
国界
未定国界
地区界
军事分界线
省、自治区、直辖市界
特别行政区界
常年河
时令河
运河
珊瑚礁
6621 山峰及高程
海拔(m)
6000
5000
4000
切变线
1: 2500 万
南海诸岛
比例尺 1 : 5000 万

高原切变线路径图

2019年5月(a)

S1908
Xinghai-Qumalai
5.15[20]

S1909
Seda-Anduo
5.17[20]

5.12[20]
S1907
Shiqu-Naqu

图例

符号	说明	符号	说明
★	首都		特别行政区界
◎	省级行政中心		常年河
○	其他城市		时令河
	国界		运河
	未定国界		珊瑚礁
	地区界	▲ 6621	山峰及高程
	军事分界线		
	省、自治区、直辖市界		

海拔(m)
6000
5000
4000

切变线

1：2500 万

南海诸岛
比例尺 1：5000 万

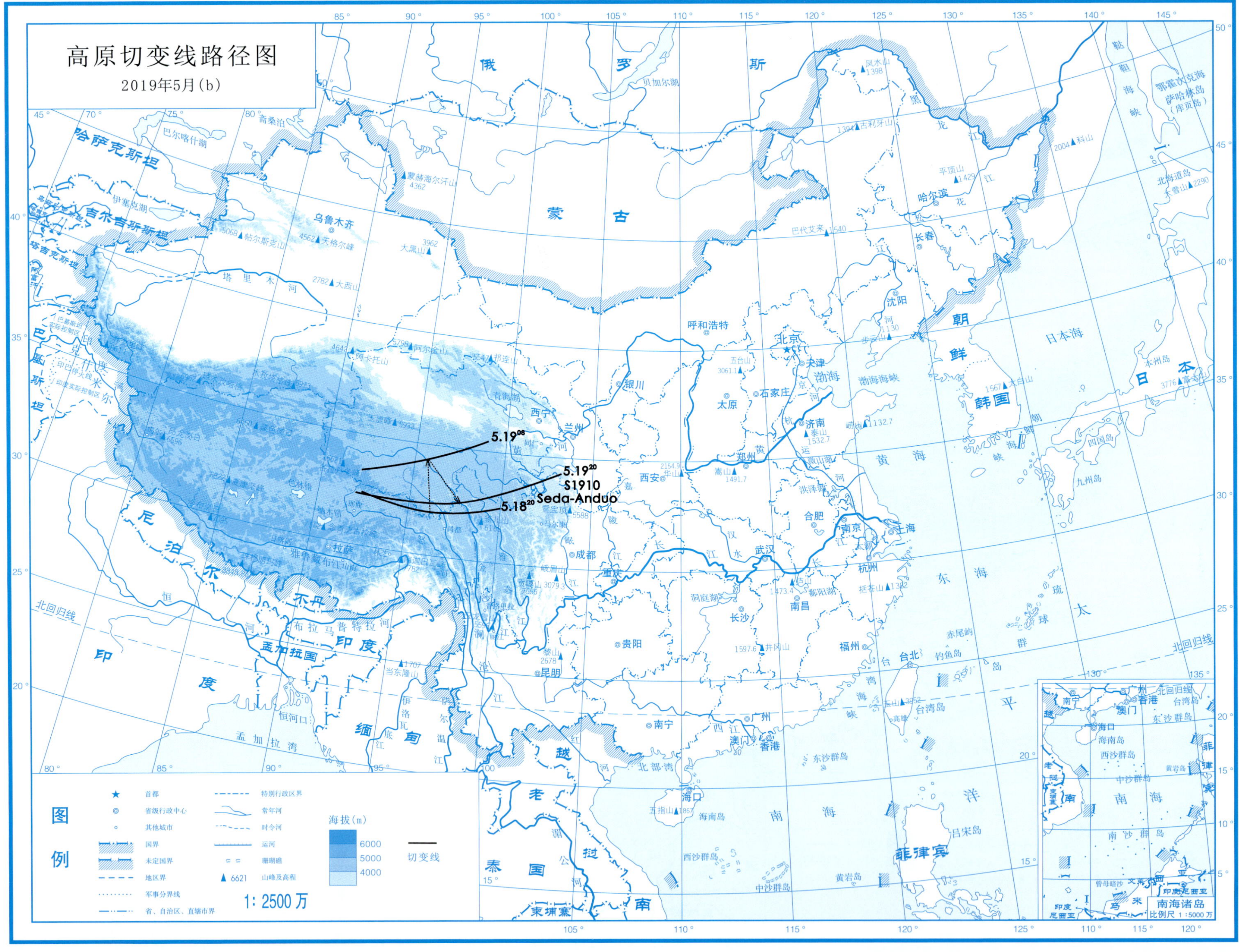
高原切变线路径图
2019年5月(b)
5.19[08]
5.19[20]
S1910
Seda-Anduo
5.18[20]
图例
首都
省级行政中心
其他城市
国界
未定国界
地区界
军事分界线
省、自治区、直辖市界
特别行政区界
常年河
时令河
运河
珊瑚礁
6621 山峰及高程
海拔(m)
6000
5000
4000
切变线
1:2500万
南海诸岛
比例尺 1:5000万

高原切变线路径图

2019年5月(c)

S1912
Minqin-Delingha

5.27[08]

5.26[08]

5.26[20]

S1911
Seda-Naqu

5.22[08]

5.20[20]

5.21[08]

5.21[20]

图例

★ 首都
◎ 省级行政中心
○ 其他城市
国界
未定国界
地区界
军事分界线
省、自治区、直辖市界
特别行政区界
常年河
时令河
运河
珊瑚礁
▲ 6621 山峰及高程

海拔(m)
6000
5000
4000

切变线

1：2500万

南海诸岛
比例尺 1：5000万

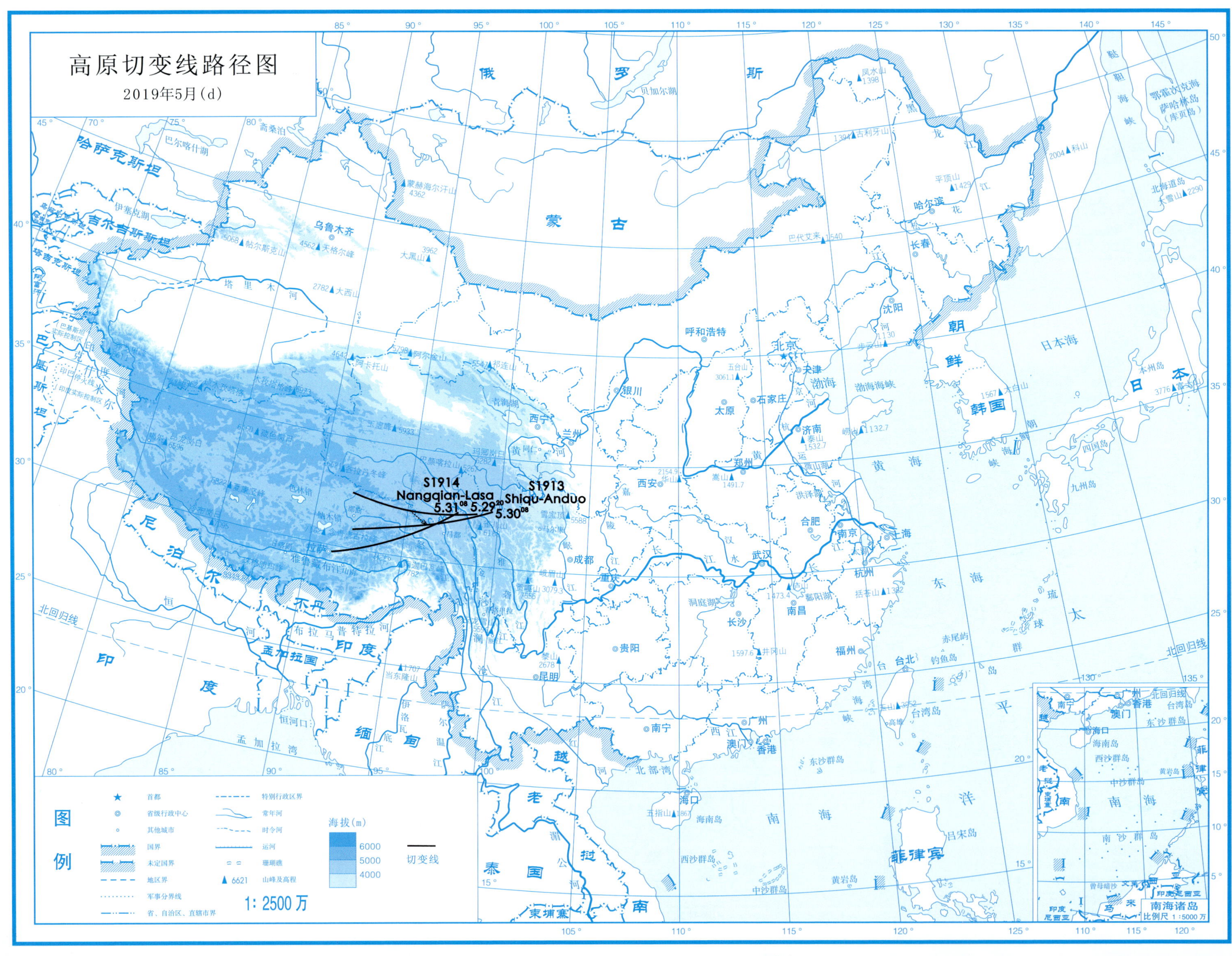
高原切变线路径图
2019年5月(d)
S1914
Nangqian-Lasa
5.31[08] 5.29[20]
5.30[08]
S1913
Shiqu-Anduo
图例
首都
省级行政中心
其他城市
国界
未定国界
地区界
军事分界线
省、自治区、直辖市界
特别行政区界
常年河
时令河
运河
珊瑚礁
6621 山峰及高程
海拔(m)
6000
5000
4000
切变线
1:2500万
南海诸岛
比例尺 1:5000万

高原切变线路径图

2019年6月

S1917 Xinghai-Wudaoliang 6.29 08

6.29 20

6.9 20

S1915 Gongjue-Dangxiong

6.9 08

6.11 20

S1916 Baiyu-Dangxiong

图例

符号	说明	符号	说明
★	首都		特别行政区界
◎	省级行政中心		常年河
○	其他城市		时令河
	国界		运河
	未定国界		珊瑚礁
	地区界	▲ 6621	山峰及高程
	军事分界线		
	省、自治区、直辖市界		

海拔（m）：6000、5000、4000

—— 切变线

1：2500万

南海诸岛 比例尺 1：5000万

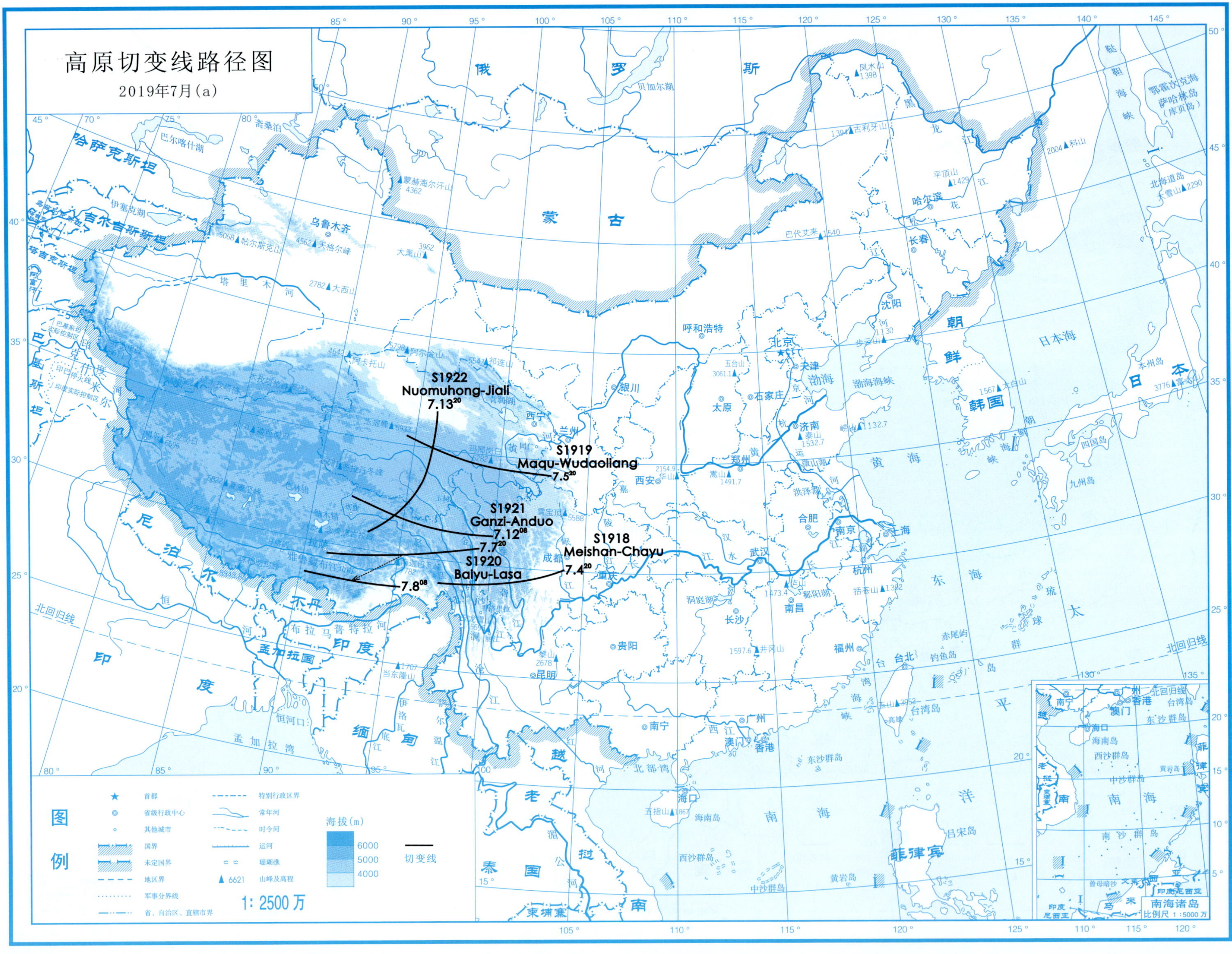
高原切变线路径图
2019年7月(a)
S1922
Nuomuhong-Jiali
7.13^{20}
S1919
Maqu-Wudaoliang
7.5^{20}
S1921
Ganzi-Anduo
7.12^{08}
7.7^{20}
S1920
Baiyu-Lasa
7.8^{08}
S1918
Meishan-Chayu
7.4^{20}
图例
首都
省级行政中心
其他城市
国界
未定国界
地区界
军事分界线
省、自治区、直辖市界
特别行政区界
常年河
时令河
运河
珊瑚礁
6621 山峰及高程
海拔(m)
6000
5000
4000
切变线
1:2500万
南海诸岛
比例尺 1:5000万

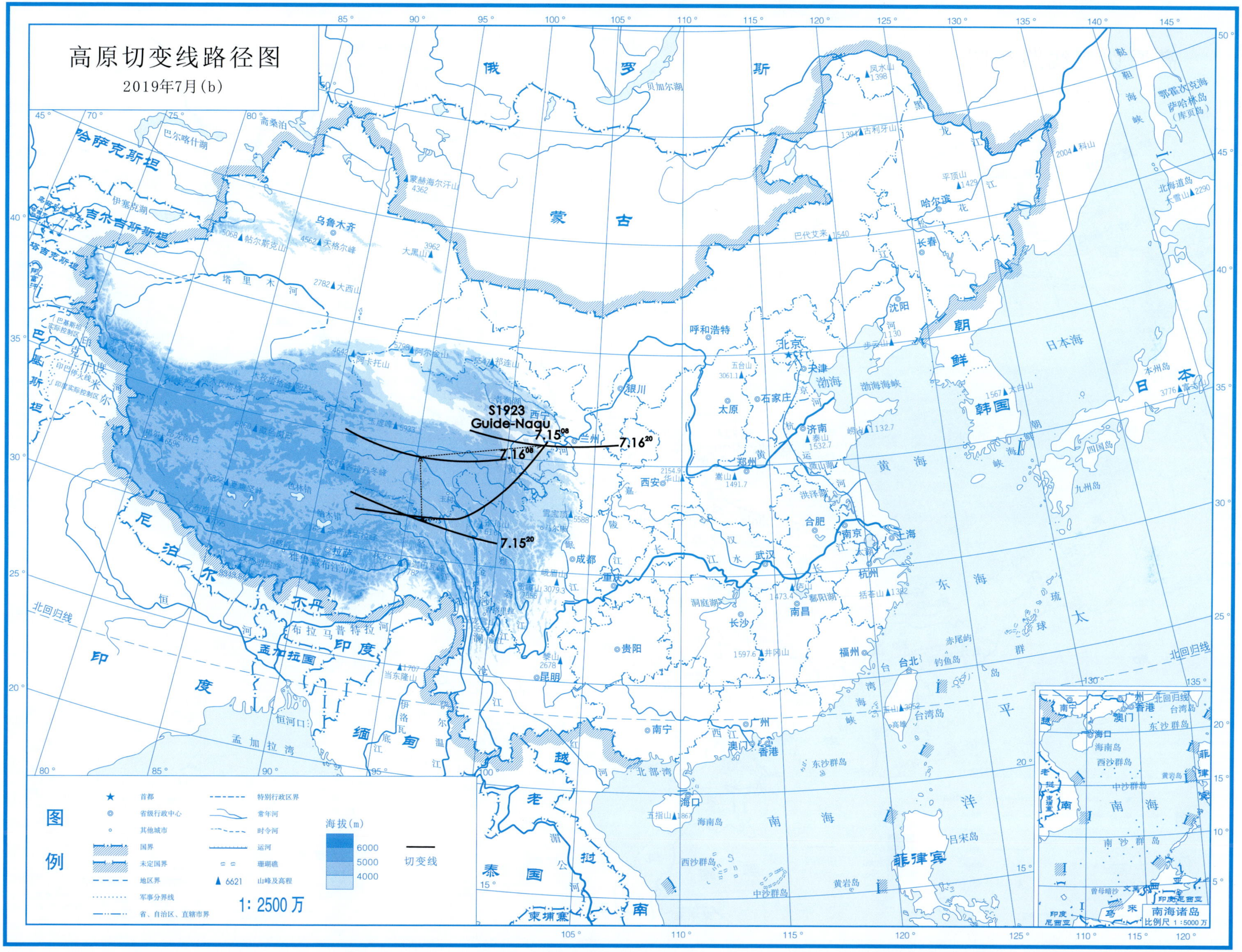

高原切变线路径图

2019年7月(b)

S1923
Guide-Nagu
7.15 08
7.16 08
7.16 20
7.15 20

图例

★ 首都
◎ 省级行政中心
○ 其他城市
国界
未定国界
地区界
军事分界线
省、自治区、直辖市界
特别行政区界
常年河
时令河
运河
珊瑚礁
▲ 6621 山峰及高程

海拔(m)
6000
5000
4000

切变线

1:2500万

南海诸岛
比例尺 1:5000万

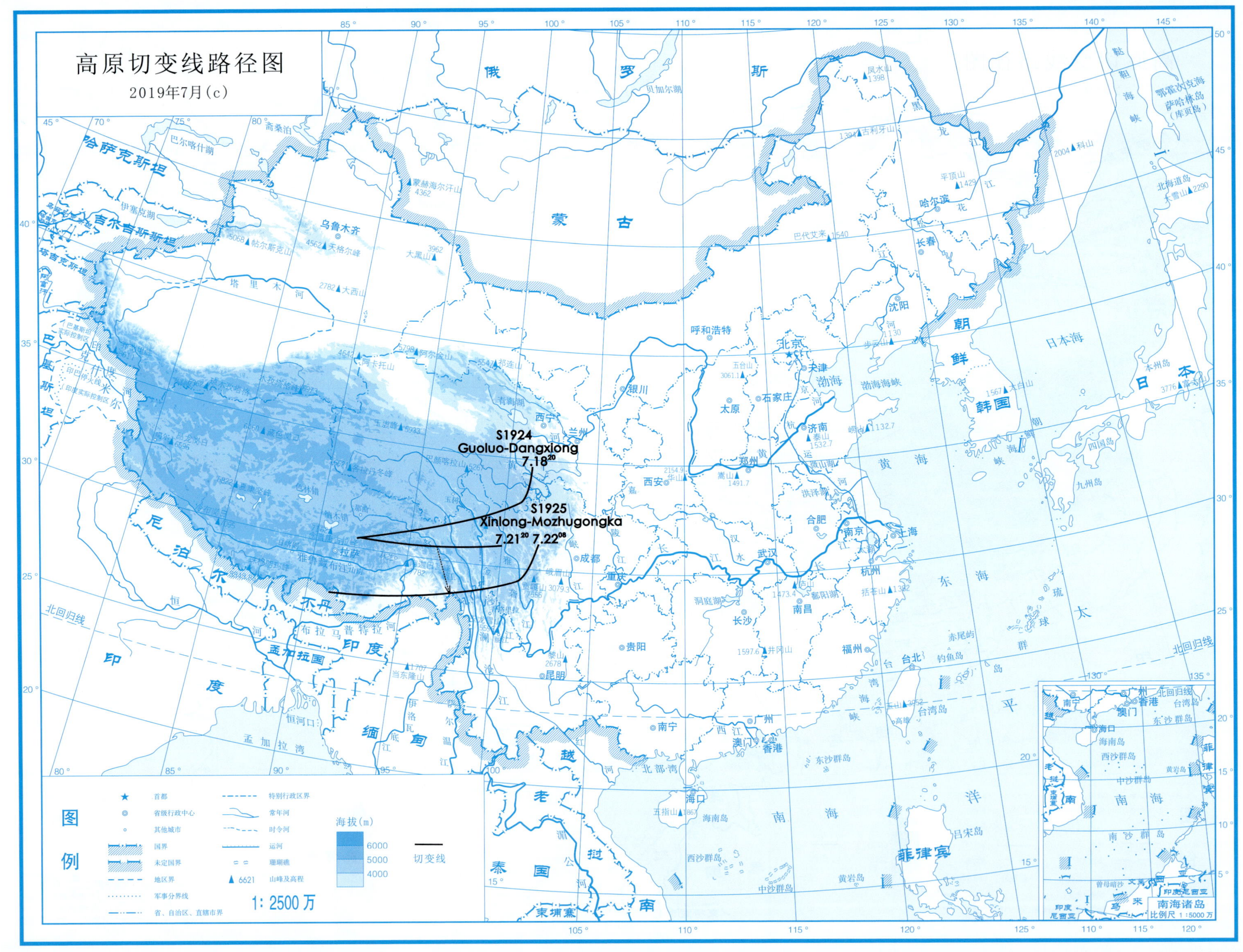
高原切变线路径图
2019年7月(c)
S1924
Guoluo-Dangxiong
7.18^{20}
S1925
Xinlong-Mozhugongka
7.21^{20} 7.22^{08}
图例
首都
省级行政中心
其他城市
国界
未定国界
地区界
军事分界线
省、自治区、直辖市界
特别行政区界
常年河
时令河
运河
珊瑚礁
6621 山峰及高程
海拔(m)
6000
5000
4000
切变线
1: 2500 万
南海诸岛
比例尺 1:5000 万

高原切变线路径图

2019年7月(d)

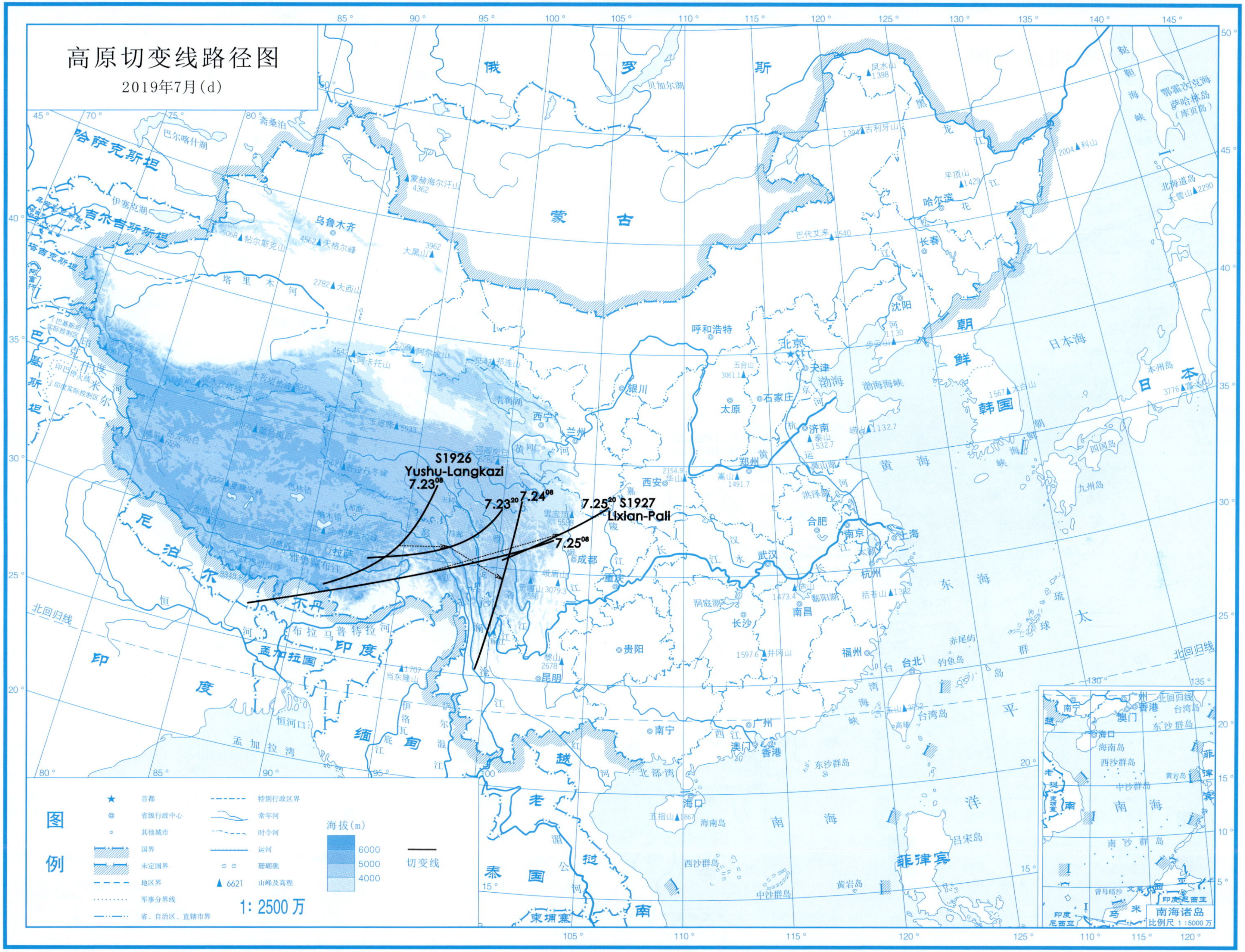

S1926 Yushu-Langkazi

7.23 08

7.23 20

7.24 08

7.25 20 S1927 Lixian-Pali

7.25 08

图例

首都
省级行政中心
其他城市
国界
未定国界
地区界
军事分界线
省、自治区、直辖市界
特别行政区界
常年河
时令河
运河
珊瑚礁
6621 山峰及高程

海拔(m)
6000
5000
4000

切变线

1: 2500万

南海诸岛
比例尺 1:5000万

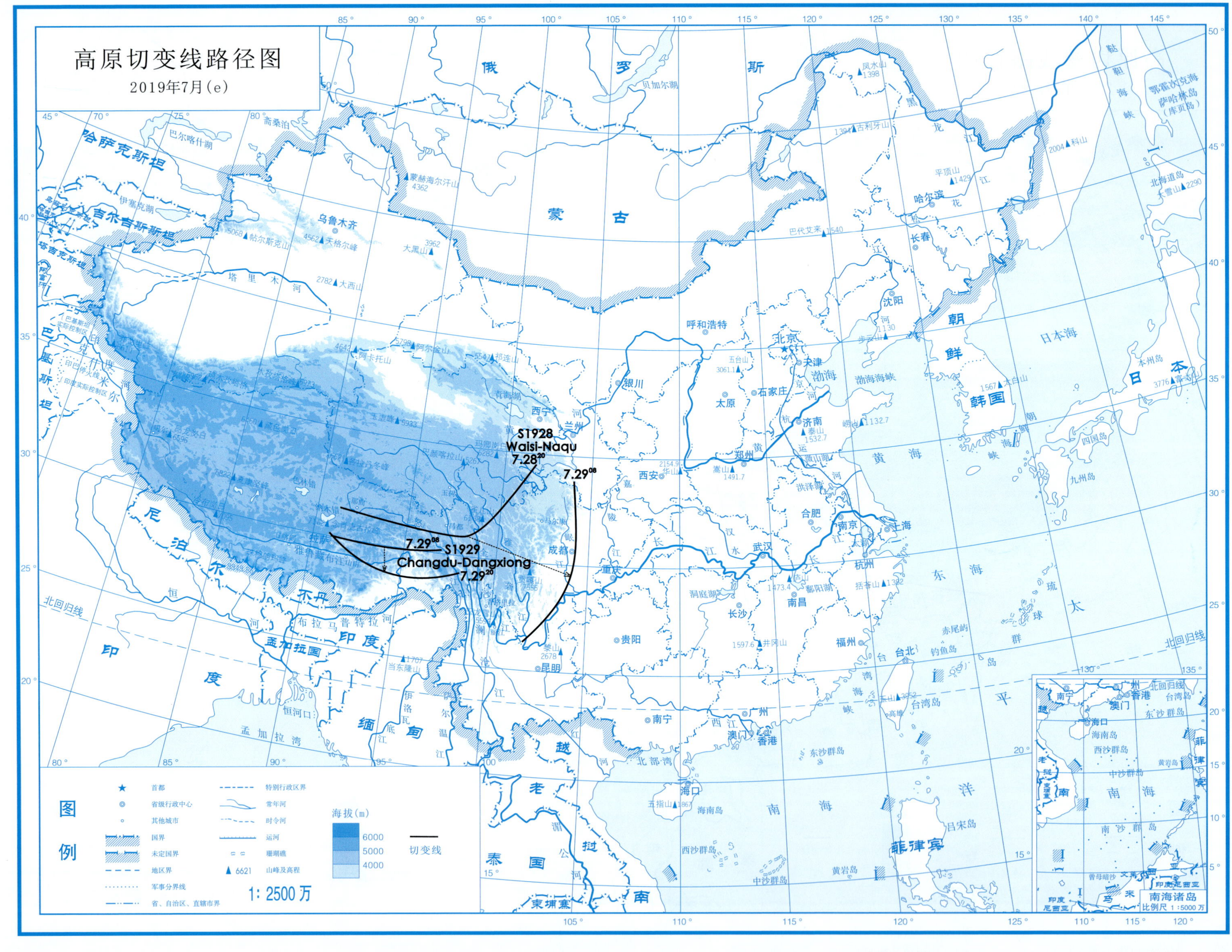
高原切变线路径图
2019年7月(e)
S1928
Waisi-Naqu
7.28²⁰
7.29⁰⁸
7.29⁰⁸
S1929
Changdu-Dangxiong
7.29²⁰
图例
首都
省级行政中心
其他城市
国界
未定国界
地区界
军事分界线
省、自治区、直辖市界
特别行政区界
常年河
时令河
运河
珊瑚礁
6621 山峰及高程
海拔(m)
6000
5000
4000
切变线
1: 2500万
南海诸岛
比例尺 1:5000万

高原切变线路径图

2019年8月(a)

S1933 Delingha-Anduo 8.7[08]

S1930 Maduo-Wudaoliang 8.1[08]

S1931 Minxian-Jiali 8.5[20]

8.7[20]

S1932 Xinlong-Anduo 8.6[20]

图例

★ 首都	特别行政区界	海拔(m)
◎ 省级行政中心	常年河	6000
◦ 其他城市	时令河	5000
国界	运河	4000
未定国界	珊瑚礁	—— 切变线
地区界	▲6621 山峰及高程	
军事分界线		
省、自治区、直辖市界		

1：2500万

南海诸岛 比例尺 1：5000万

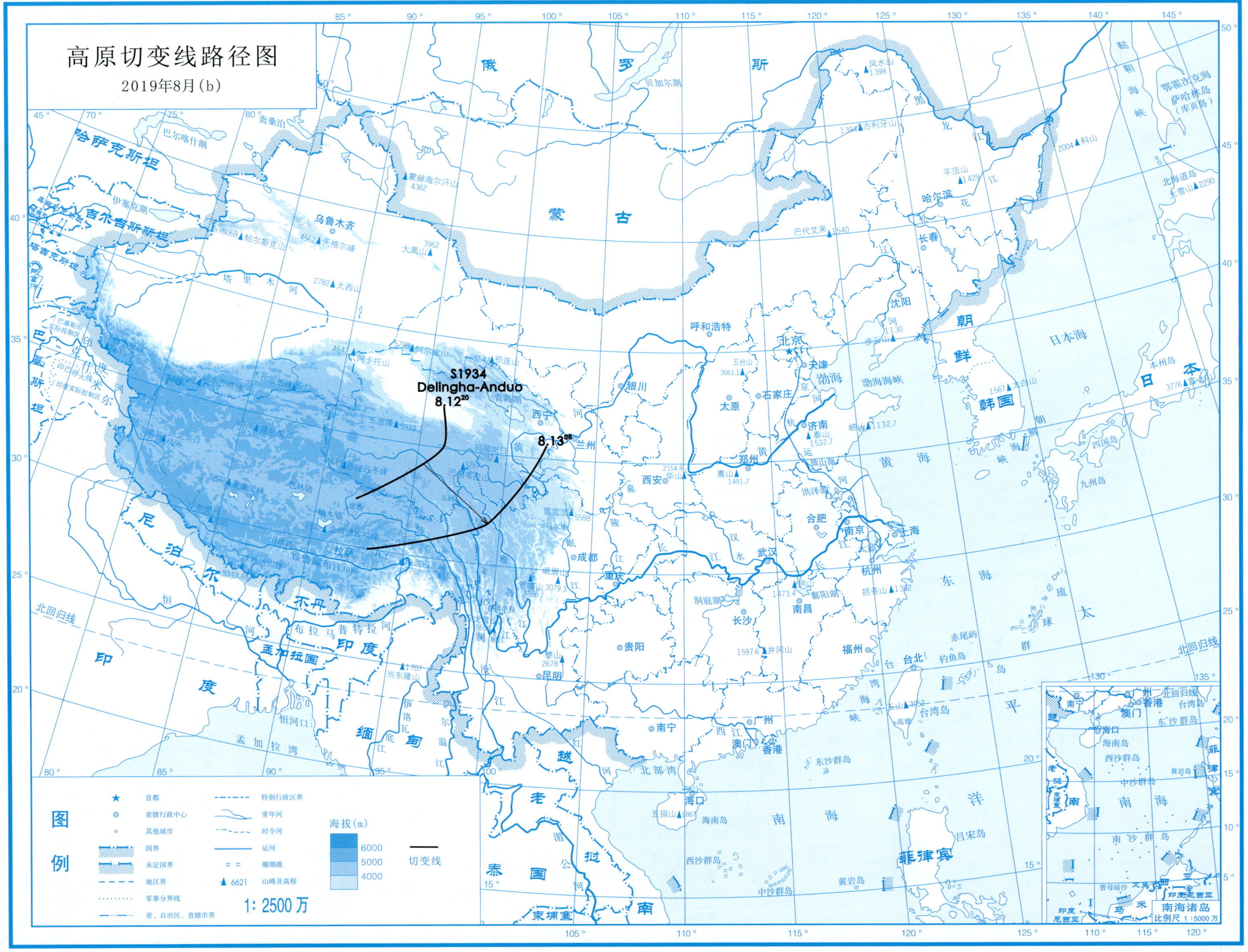
高原切变线路径图
2019年8月(b)
S1934
Delingha-Anduo
8.12[20]
8.13[08]
图例
首都
省级行政中心
其他城市
国界
未定国界
地区界
军事分界线
省、自治区、直辖市界
特别行政区界
常年河
时令河
运河
珊瑚礁
6621 山峰及高程
海拔(m)
6000
5000
4000
切变线
1: 2500 万
南海诸岛
比例尺 1: 5000 万

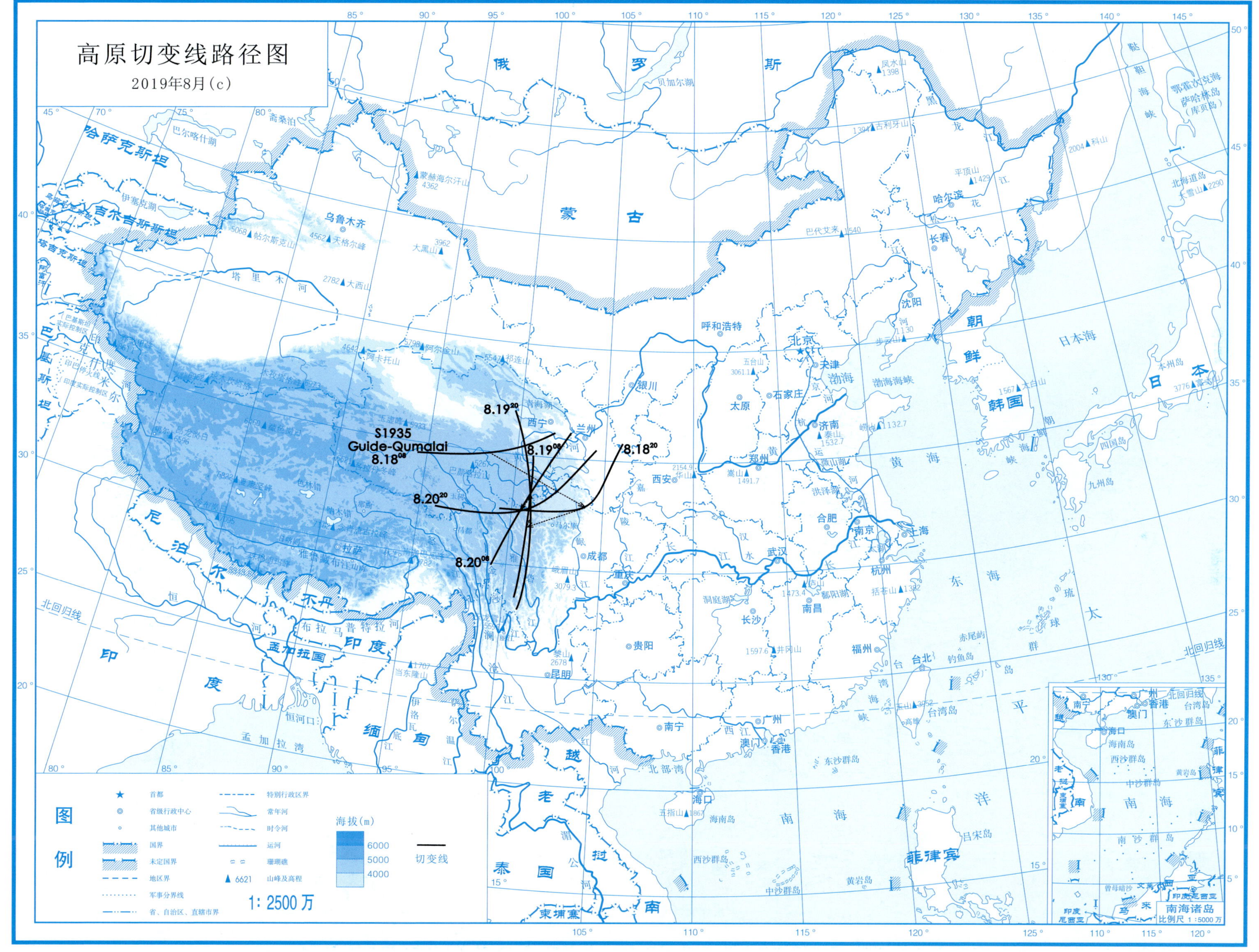

高原切变线路径图
2019年8月(c)
8.19²⁰
S1935
Guide-Qumalai
8.18⁰⁸
8.19⁰⁸
8.18²⁰
8.20²⁰
8.20⁰⁸
俄 罗 斯
蒙 古
哈萨克斯坦
吉尔吉斯斯坦
塔吉克斯坦
巴基斯坦
尼泊尔
不丹
印度
孟加拉国
缅甸
老挝
泰国
越南
柬埔寨
朝鲜
韩国
日本
菲律宾
日本海
黄海
东海
南海
太平洋
北回归线
南海诸岛
比例尺 1:5000 万
图例
首都
省级行政中心
其他城市
国界
未定国界
地区界
军事分界线
省、自治区、直辖市界
特别行政区界
常年河
时令河
运河
珊瑚礁
6621 山峰及高程
海拔(m)
6000
5000
4000
切变线
1: 2500 万

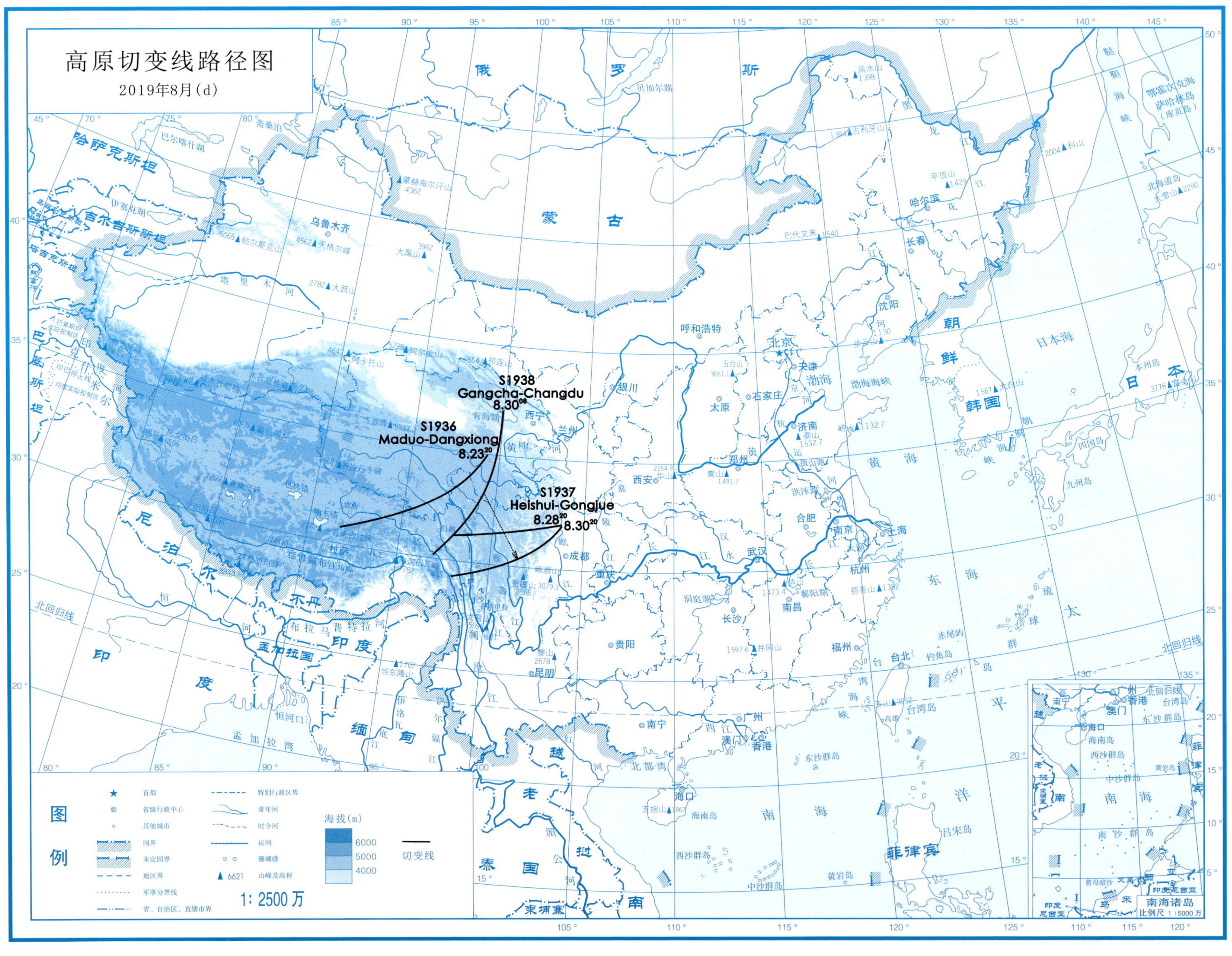
高原切变线路径图
2019年8月(d)
S1938
Gangcha-Changdu
8.30^08
S1936
Maduo-Dangxiong
8.23^20
S1937
Heishui-Gongjue
8.28^20
8.30^20
图例
首都
省级行政中心
其他城市
国界
未定国界
地区界
军事分界线
省、自治区、直辖市界
特别行政区界
常年河
时令河
运河
珊瑚礁
6621 山峰及高程
海拔(m)
6000
5000
4000
切变线
1:2500万
南海诸岛
比例尺 1:5000万

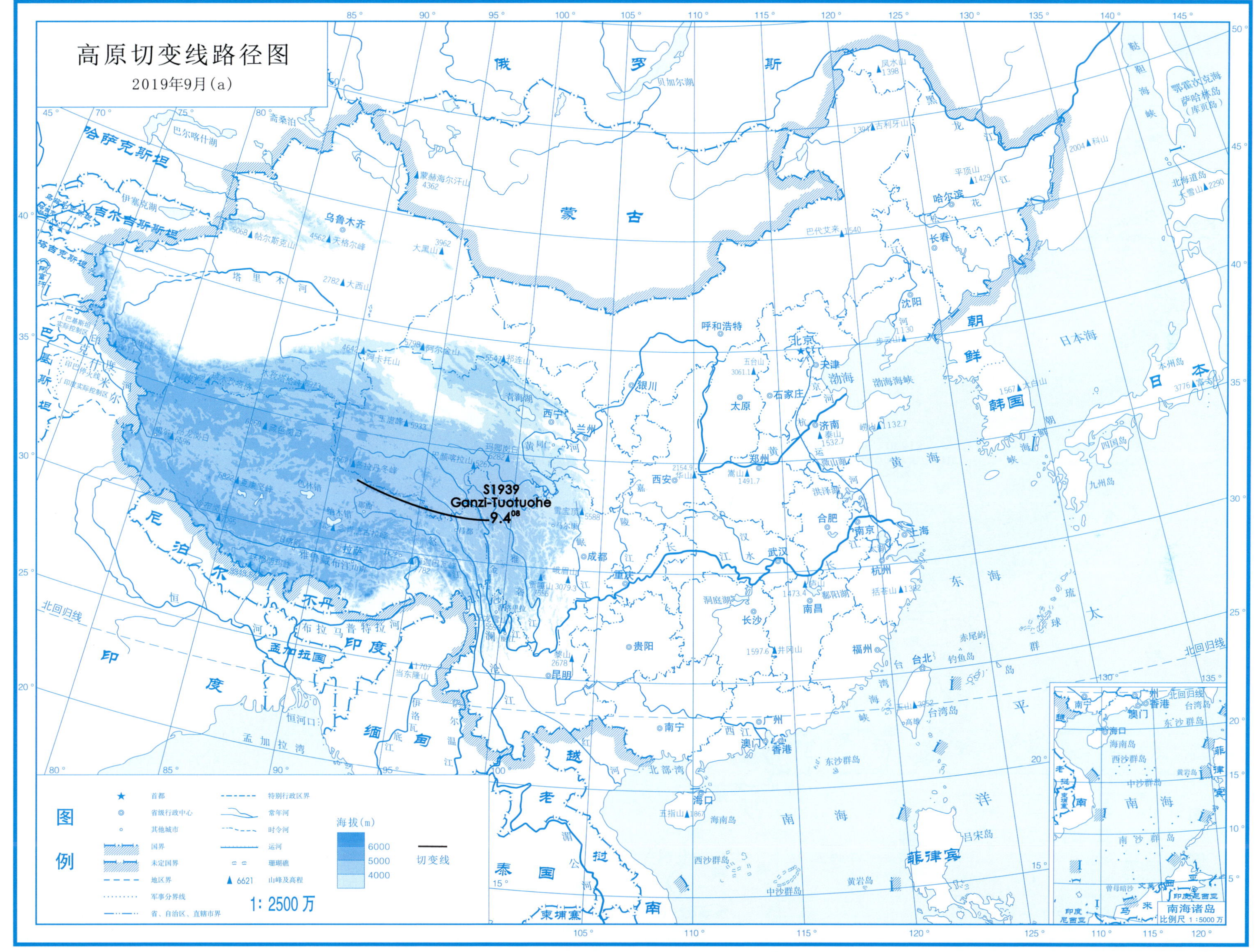
高原切变线路径图
2019年9月(a)
S1939
Ganzi-Tuotuohe
9.4 08
图例
首都
省级行政中心
其他城市
国界
未定国界
地区界
军事分界线
省、自治区、直辖市界
特别行政区界
常年河
时令河
运河
珊瑚礁
6621 山峰及高程
海拔(m)
6000
5000
4000
切变线
1: 2500万
南海诸岛
比例尺 1:5000万

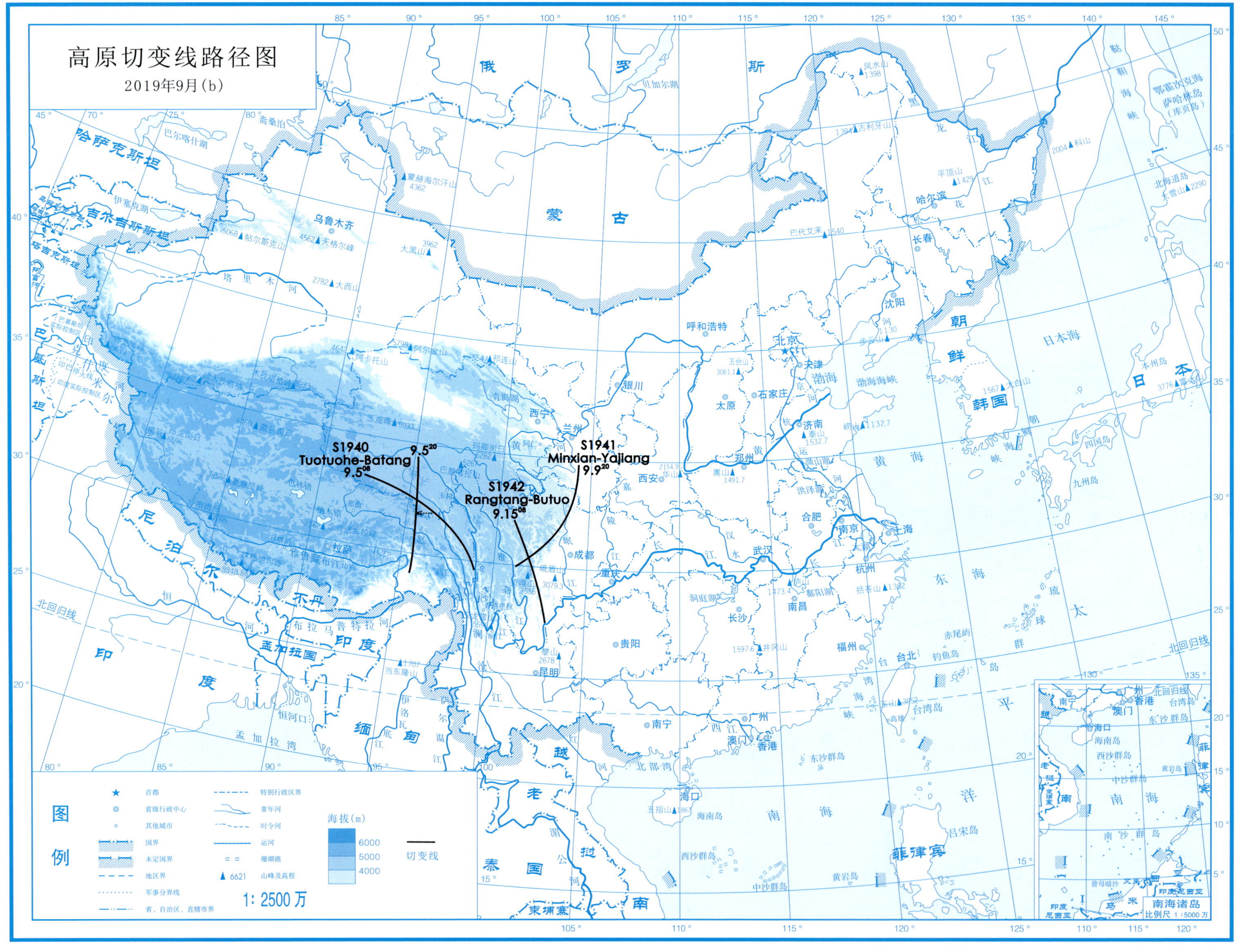

高原切变线路径图
2019年9月(b)
S1940
Tuotuohe-Batang
9.5^08
9.5^20
S1941
Minxian-Yajiang
9.9^20
S1942
Rangtang-Butuo
9.15^08
图例
首都
省级行政中心
其他城市
国界
未定国界
地区界
军事分界线
省、自治区、直辖市界
特别行政区界
常年河
时令河
运河
珊瑚礁
6621 山峰及高程
海拔(m)
6000
5000
4000
切变线
1: 2500 万
南海诸岛
比例尺 1:5000 万

高原切变线路径图

2019年9月(c)

S1943
Wudaoliang-Dangxiong
9.19^{08}

S1944
Banma-Linzhi
9.21^{08}

9.19^{20}

9.20^{08}

图例

★	首都	- - - -	特别行政区界
◎	省级行政中心		常年河
○	其他城市		时令河
	国界		运河
	未定国界		珊瑚礁
	地区界	▲ 6621	山峰及高程
	军事分界线		
	省、自治区、直辖市界		

1: 2500 万

海拔(m)
6000
5000
4000

—— 切变线

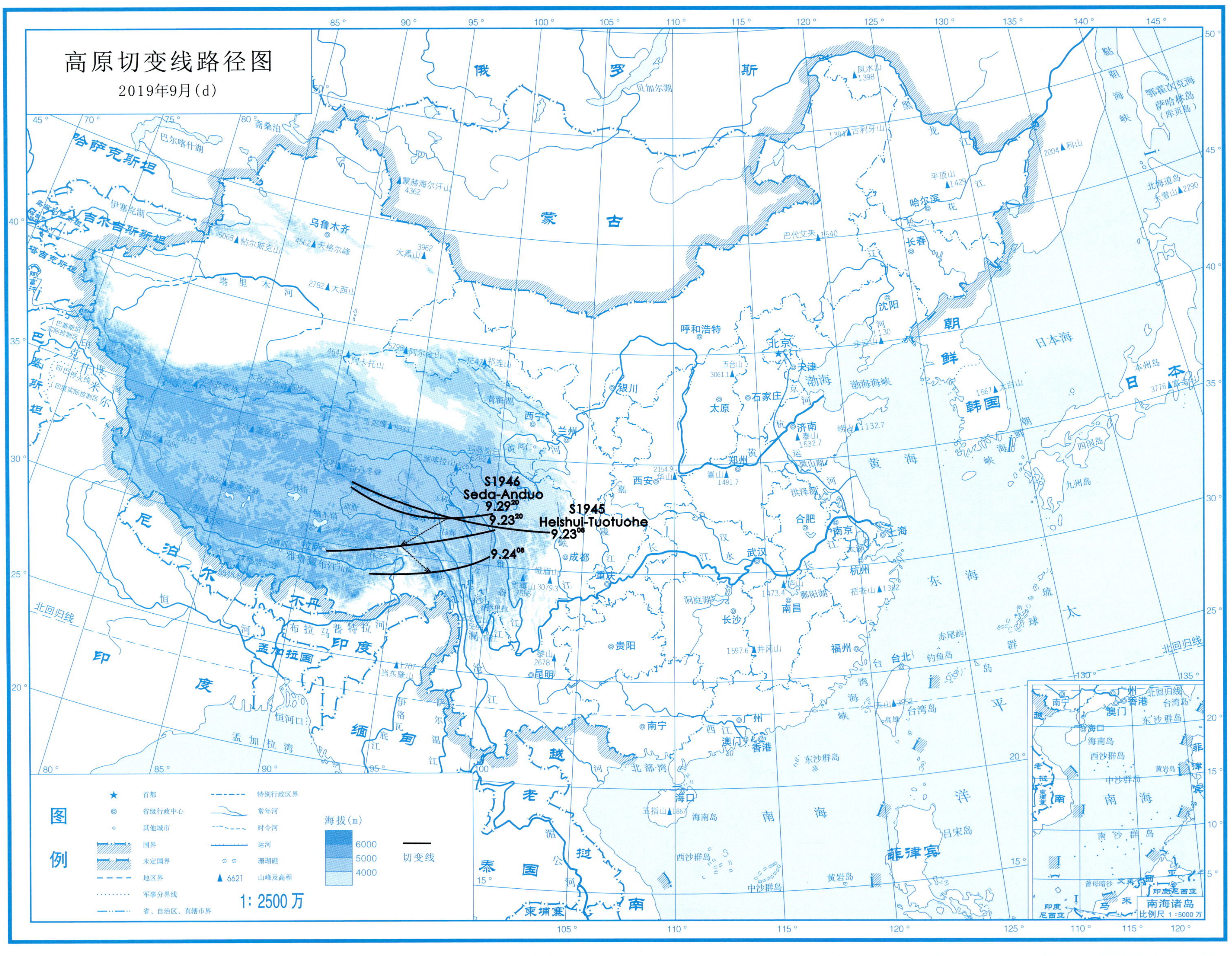

高原切变线路径图
2019年9月(d)
S1946
Seda-Anduo
9.29[20]
9.23[20]
S1945
Heishui-Tuotuohe
9.23[08]
9.24[08]
图例
首都
省级行政中心
其他城市
国界
未定国界
地区界
军事分界线
省、自治区、直辖市界
特别行政区界
常年河
时令河
运河
珊瑚礁
6621 山峰及高程
海拔(m)
6000
5000
4000
切变线
1: 2500 万
南海诸岛
比例尺 1:5000 万

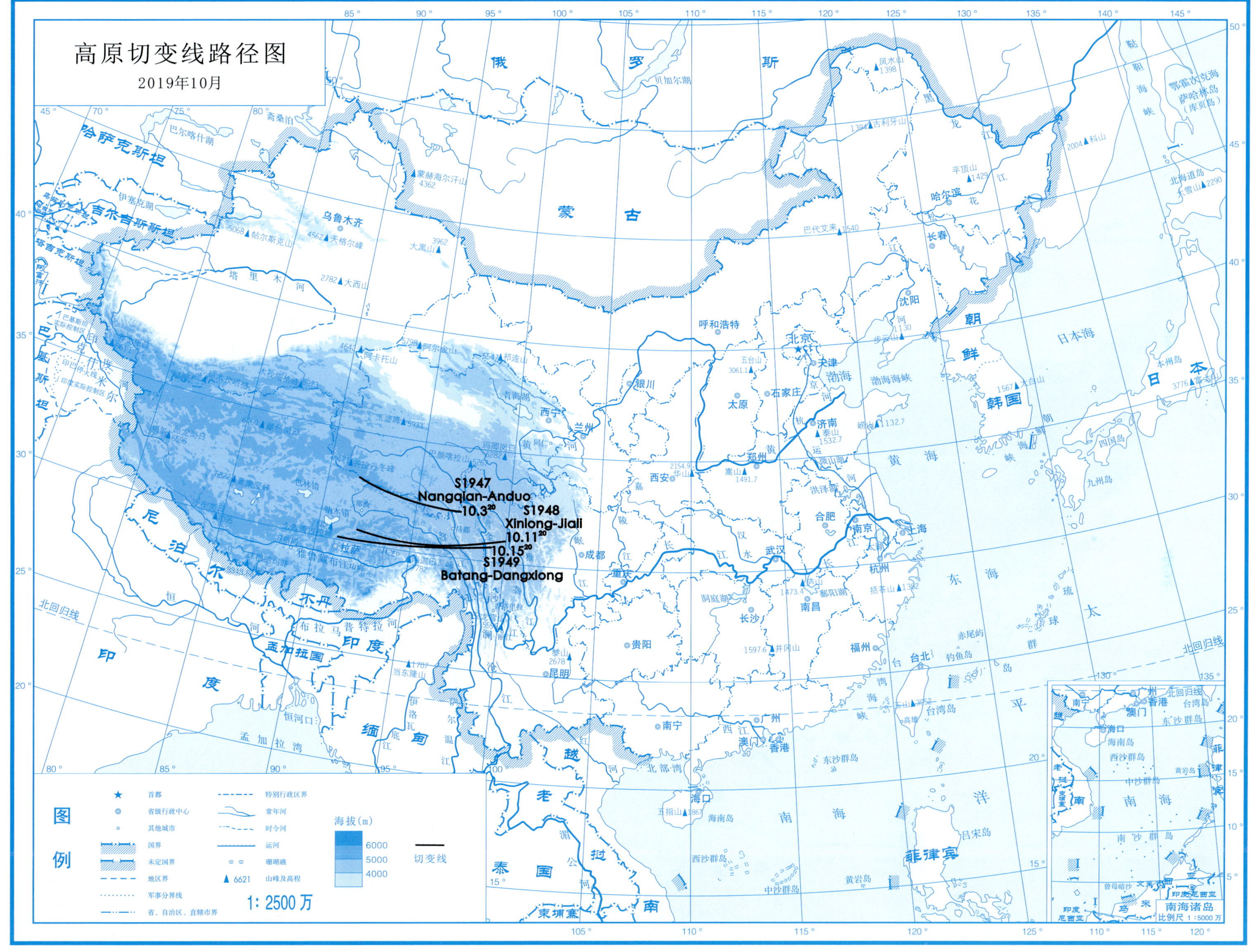
高原切变线路径图
2019年10月
S1947
Nangqian-Anduo
10.3[20]
S1948
Xinlong-Jiali
10.11[20]
10.15[20]
S1949
Batang-Dangxiong
图例
首都
省级行政中心
其他城市
国界
未定国界
地区界
军事分界线
省、自治区、直辖市界
特别行政区界
常年河
时令河
运河
珊瑚礁
6621 山峰及高程
海拔(m)
6000
5000
4000
切变线
1: 2500 万
南海诸岛
比例尺 1 : 5000 万

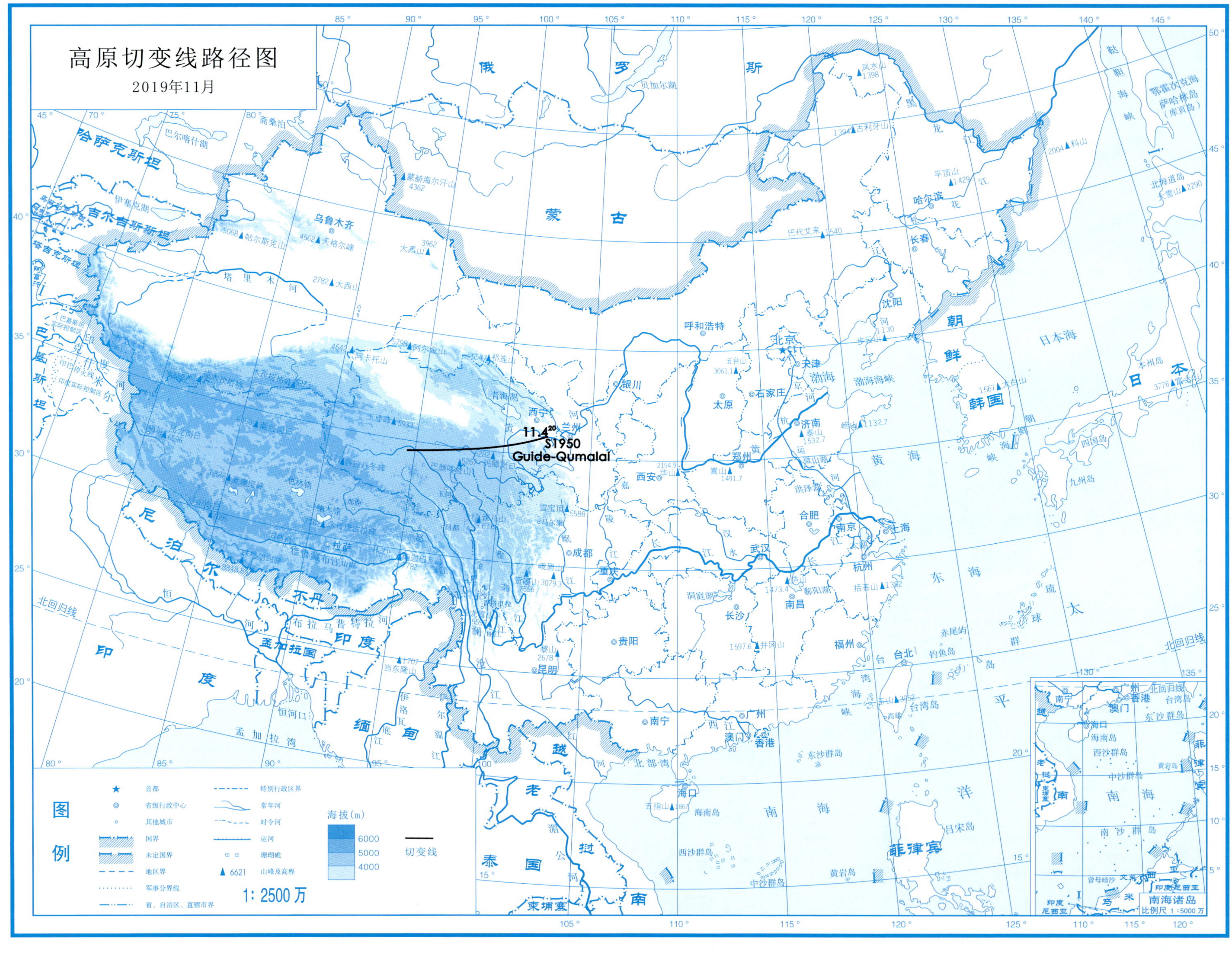
高原切变线路径图
2019年11月
11.4[20]
S1950
Guide-Qumalai
图例
首都
省级行政中心
其他城市
国界
未定国界
地区界
军事分界线
省、自治区、直辖市界
特别行政区界
常年河
时令河
运河
珊瑚礁
山峰及高程
海拔(m)
6000
5000
4000
切变线
1: 2500 万
南海诸岛
比例尺 1：5000 万

高原切变线路径图

2019年12月

S1952
Seda-Dangxiong
12.27^{08}

S1951
Gongjue-Dangxiong
12.17^{20}

图例

首都	特别行政区界
省级行政中心	常年河
其他城市	时令河
国界	运河
未定国界	珊瑚礁
地区界	6621 山峰及高程
军事分界线	
省、自治区、直辖市界	

海拔（m）
6000
5000
4000

切变线

1：2500万

南海诸岛
比例尺 1：5000万

青藏高原切变线降水资料

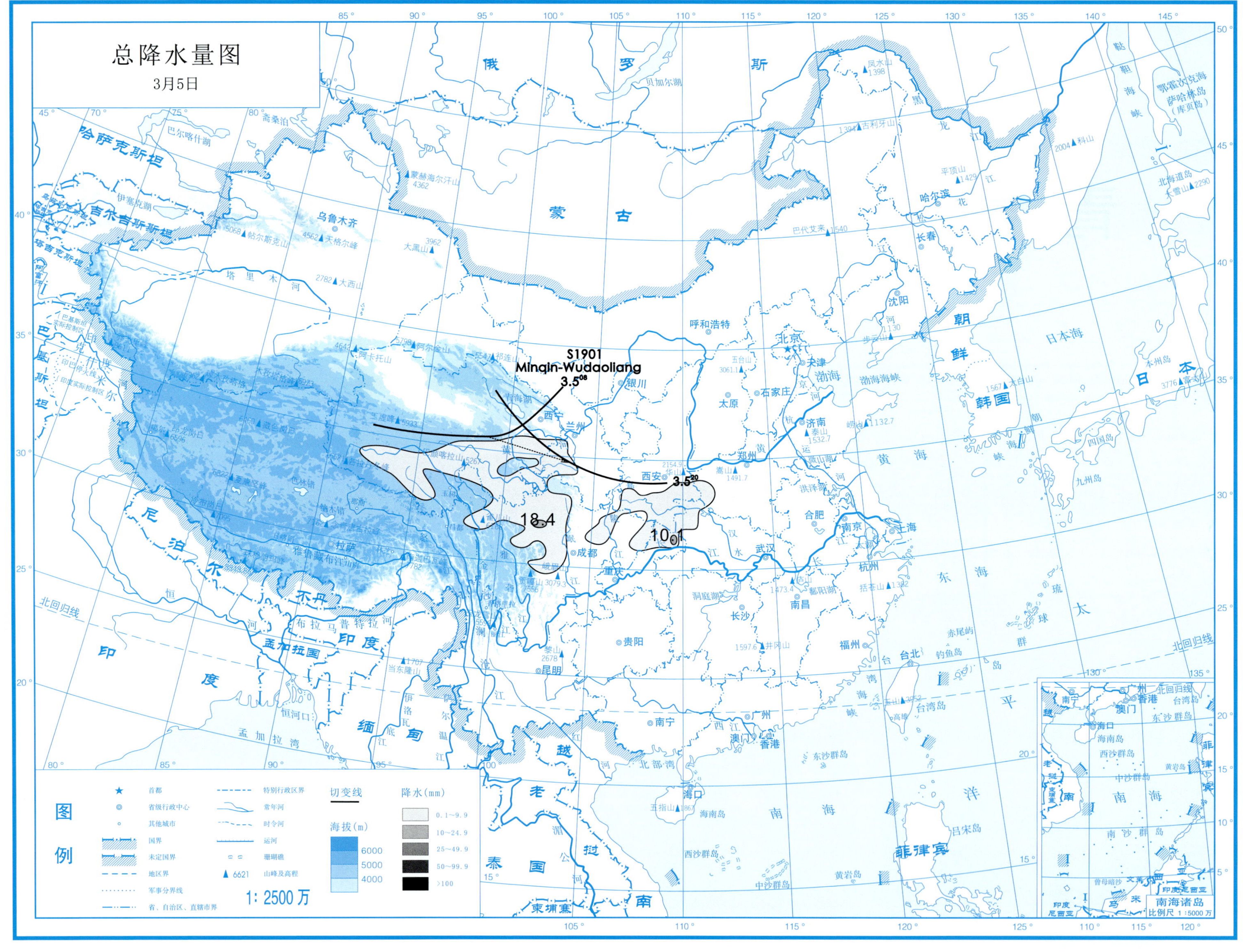

总降水量图
3月5日
S1901
Minqin-Wudaoliang
3.5⁰⁸
3.5²⁰
18.4
10.1
图例
首都
省级行政中心
其他城市
国界
未定国界
地区界
军事分界线
特别行政区界
常年河
时令河
运河
珊瑚礁
6621 山峰及高程
省、自治区、直辖市界
切变线
海拔(m)
6000
5000
4000
降水(mm)
0.1~9.9
10~24.9
25~49.9
50~99.9
>100
1: 2500 万
南海诸岛
比例尺 1 : 5000 万

总降水日数图

3月5日

图例

★	首都		特别行政区界
◎	省级行政中心		常年河
○	其他城市		时令河
	国界		运河
	未定国界		珊瑚礁
	地区界	▲ 6621	山峰及高程
	军事分界线		
	省、自治区、直辖市界		

海拔(m)

6000

5000

4000

降水日数

1天

2~3天

4天以上

1：2500万

南海诸岛

比例尺 1：5000万

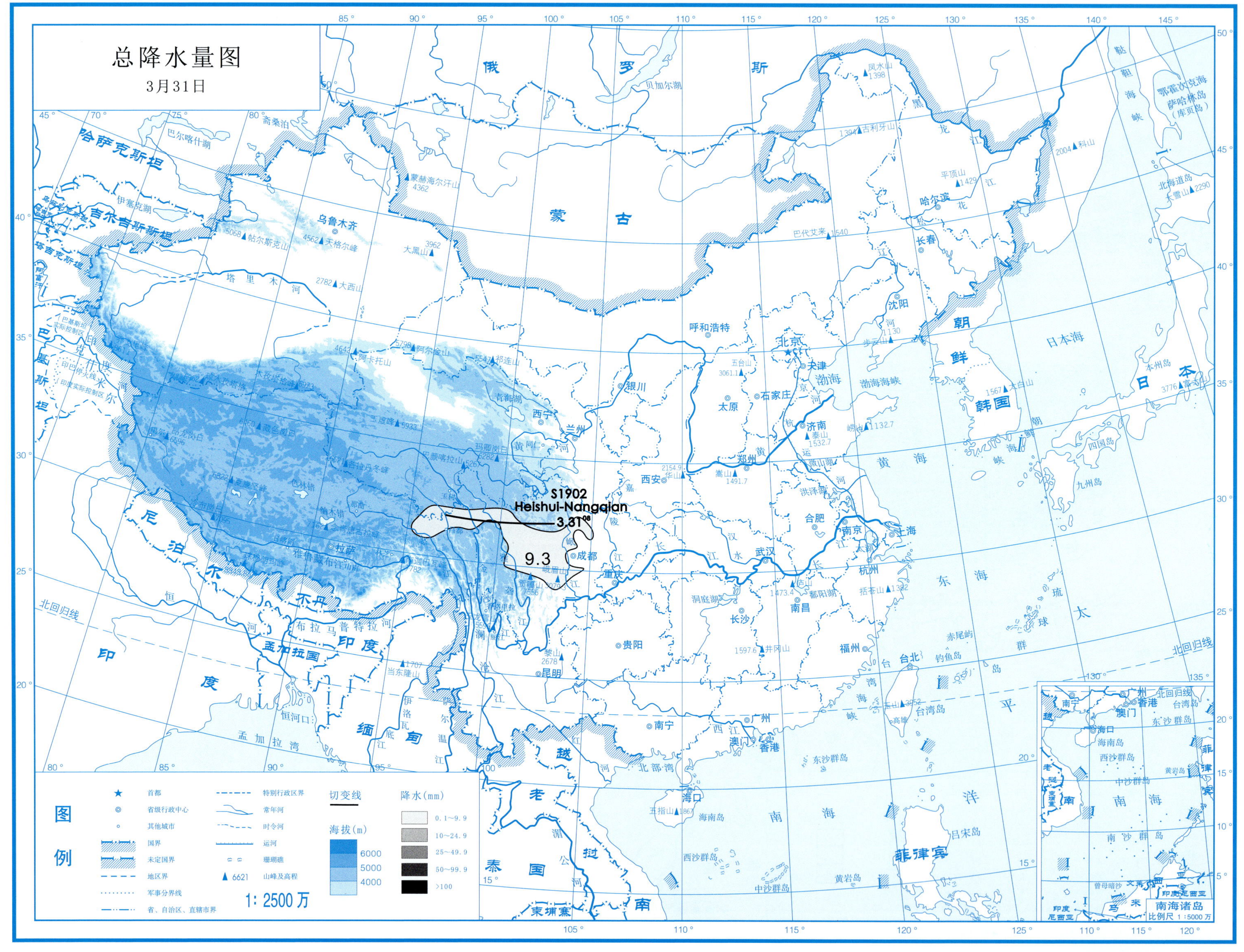
总降水量图
3月31日
S1902
Heishui-Nangqian
3.31
9.3
图例
首都
省级行政中心
其他城市
国界
未定国界
地区界
军事分界线
省、自治区、直辖市界
特别行政区界
常年河
时令河
运河
珊瑚礁
山峰及高程
切变线
海拔(m)
6000
5000
4000
降水(mm)
0.1～9.9
10～24.9
25～49.9
50～99.9
>100
1: 2500万
南海诸岛
比例尺 1:5000万

总降水日数图

3月31日

图例

符号	含义	符号	含义
★	首都		特别行政区界
◎	省级行政中心		常年河
○	其他城市		时令河
	国界		运河
	未定国界		珊瑚礁
	地区界	▲ 6621	山峰及高程
	军事分界线		省、自治区、直辖市界

海拔(m)：6000、5000、4000

降水日数：1天、2~3天、4天以上

1：2500万

南海诸岛 比例尺 1：5000万

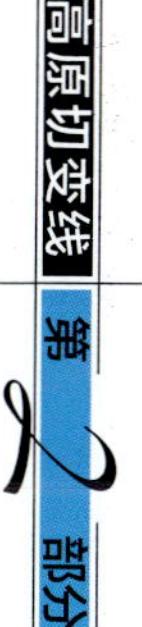

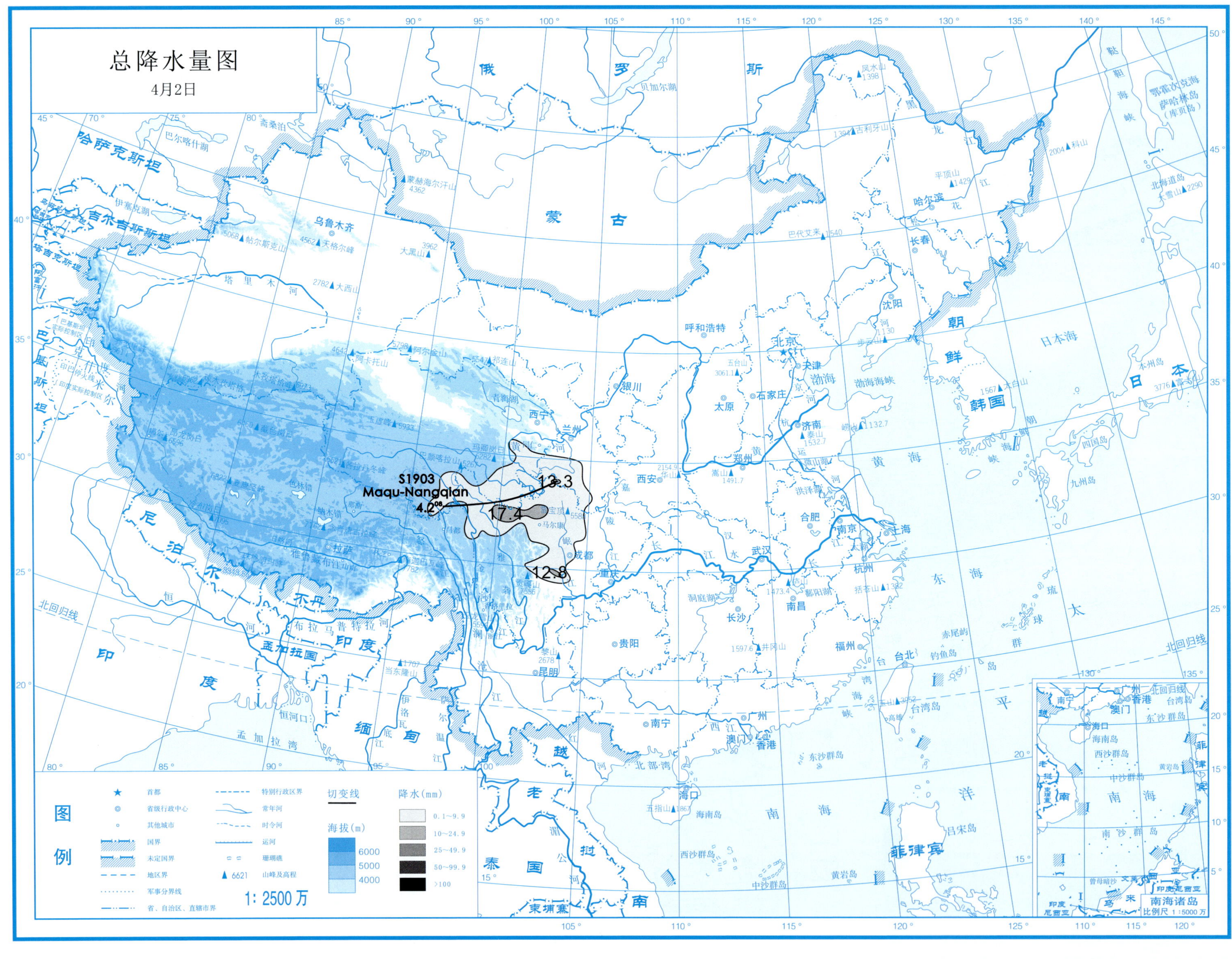

总降水量图
4月2日
S1903
Maqu-Nangqian
4.2
13.3
17.4
12.8
图例
首都
省级行政中心
其他城市
国界
未定国界
地区界
军事分界线
省、自治区、直辖市界
特别行政区界
常年河
时令河
运河
珊瑚礁
山峰及高程
切变线
海拔(m)
6000
5000
4000
降水(mm)
0.1~9.9
10~24.9
25~49.9
50~99.9
>100
1: 2500 万
南海诸岛
比例尺 1:5000 万

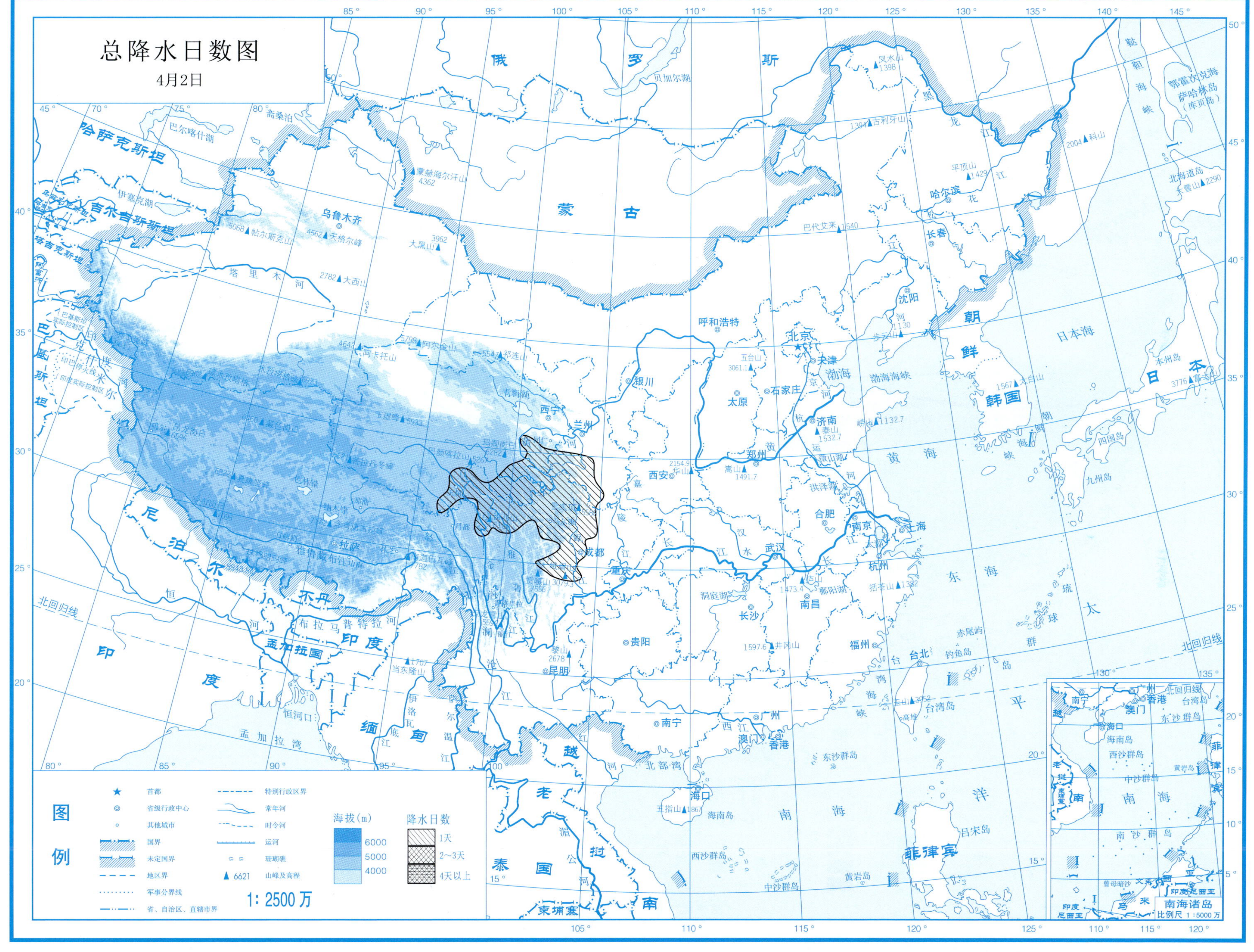
总降水日数图
4月2日
图例
首都
省级行政中心
其他城市
国界
未定国界
地区界
军事分界线
特别行政区界
常年河
时令河
运河
珊瑚礁
山峰及高程
省、自治区、直辖市界
海拔(m)
6000
5000
4000
降水日数
1天
2~3天
4天以上
1: 2500万
南海诸岛
比例尺 1:5000万

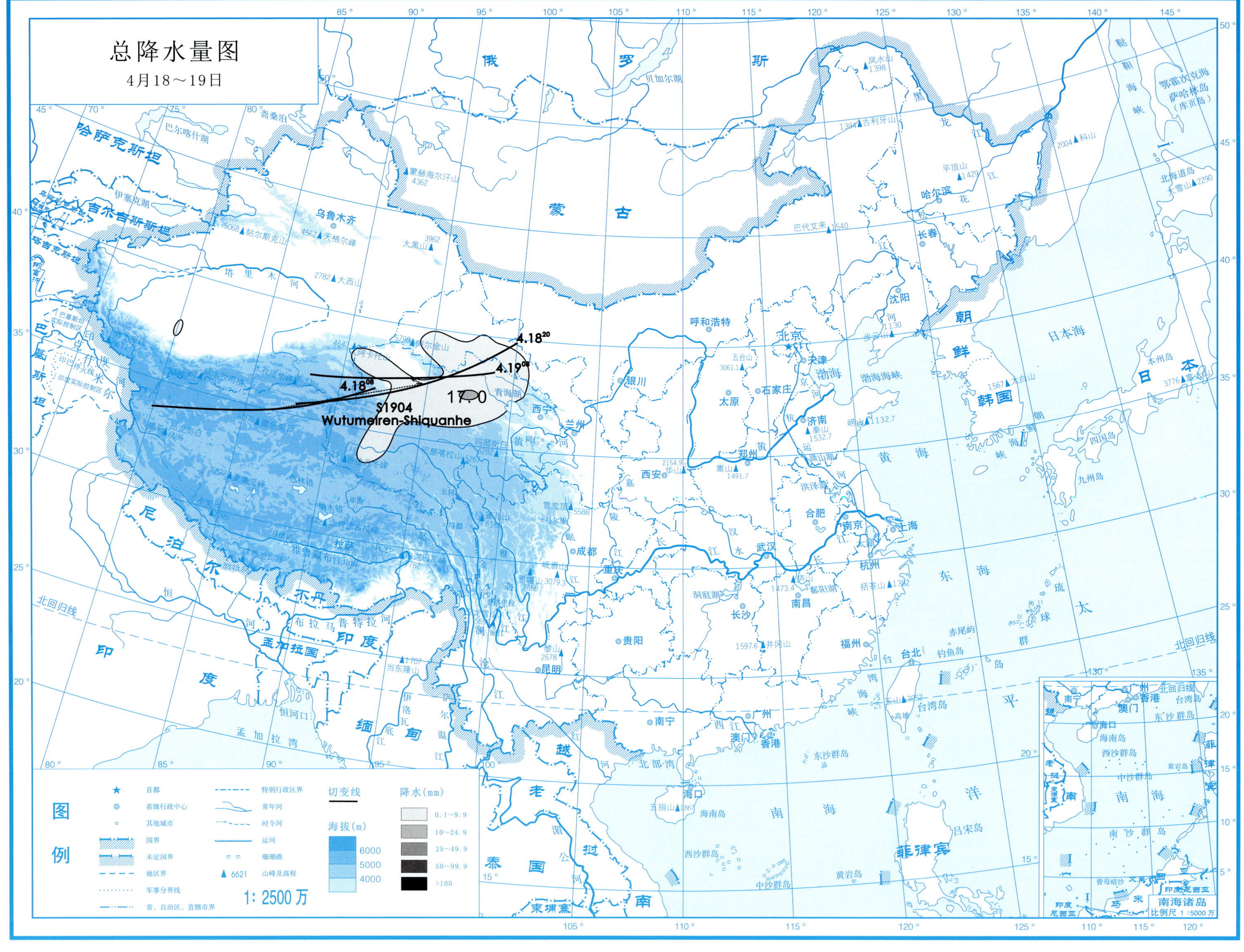
总降水量图
4月18～19日
4.18^20
4.19^08
4.18^08
S1904
Wutumeiren-Shiquanhe
17.0
图例
首都
省级行政中心
其他城市
国界
未定国界
地区界
军事分界线
省、自治区、直辖市界
特别行政区界
常年河
时令河
运河
珊瑚礁
6621 山峰及高程
切变线
海拔(m)
6000
5000
4000
降水(mm)
0.1~9.9
10~24.9
25~49.9
50~99.9
>100
1: 2500万
南海诸岛
比例尺 1:5000万

总降水日数图

4月18～19日

图例

- ★ 首都
- ◎ 省级行政中心
- ○ 其他城市
- 国界
- 未定国界
- 地区界
- 军事分界线
- 省、自治区、直辖市界
- 特别行政区界
- 常年河
- 时令河
- 运河
- 珊瑚礁
- ▲6621 山峰及高程

海拔(m)：6000、5000、4000

降水日数：1天、2～3天、4天以上

1：2500万

南海诸岛　比例尺 1：5000万

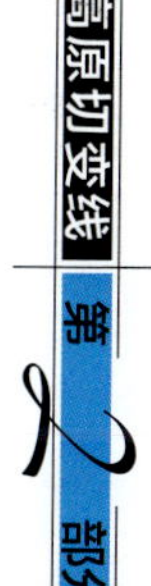

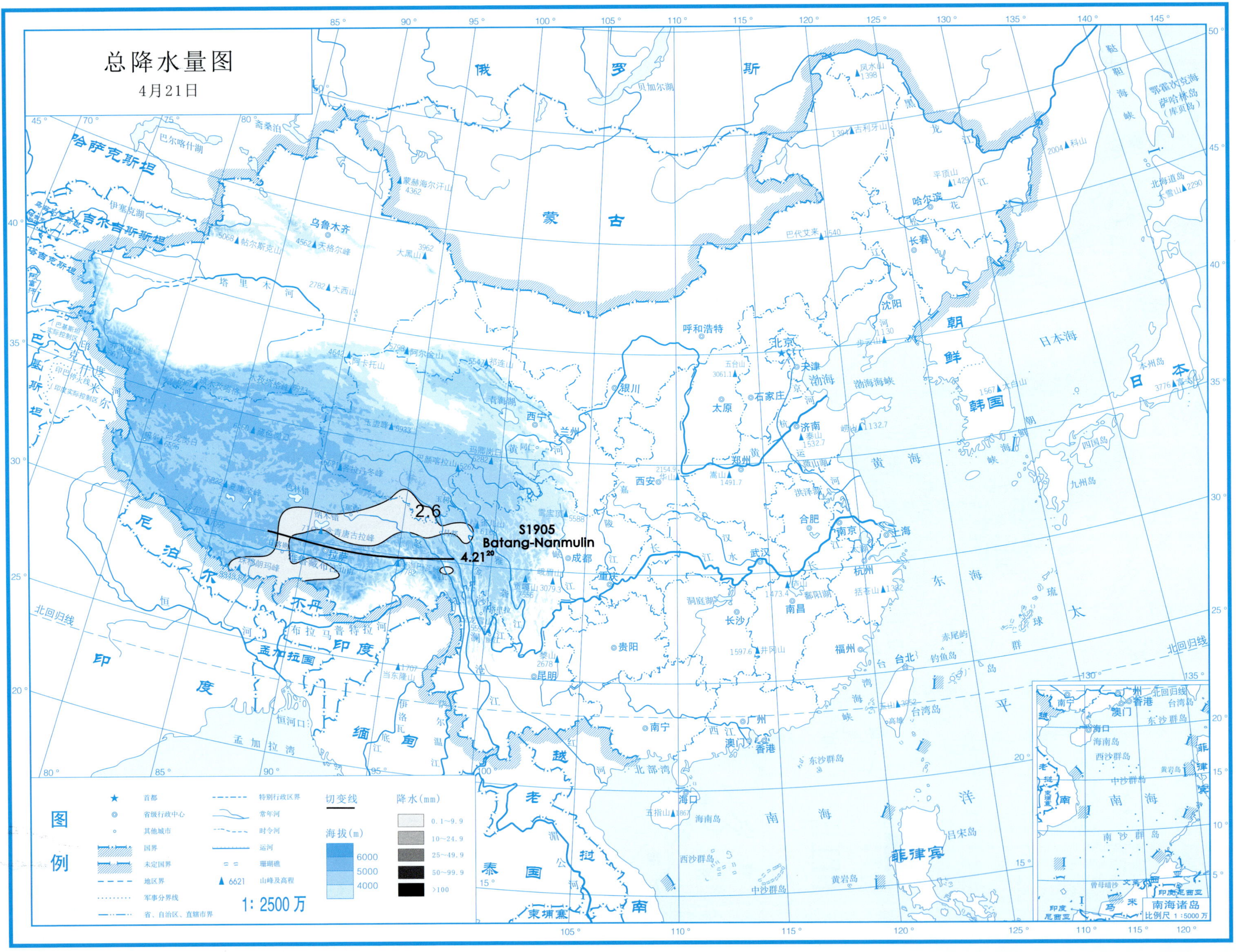
总降水量图
4月21日
2.6
S1905
Batang-Nanmulin
4.21[20]
图例
首都
省级行政中心
其他城市
国界
未定国界
地区界
军事分界线
省、自治区、直辖市界
特别行政区界
常年河
时令河
运河
珊瑚礁
6621 山峰及高程
切变线
海拔(m)
6000
5000
4000
降水(mm)
0.1~9.9
10~24.9
25~49.9
50~99.9
>100
1: 2500万
南海诸岛
比例尺 1:5000万

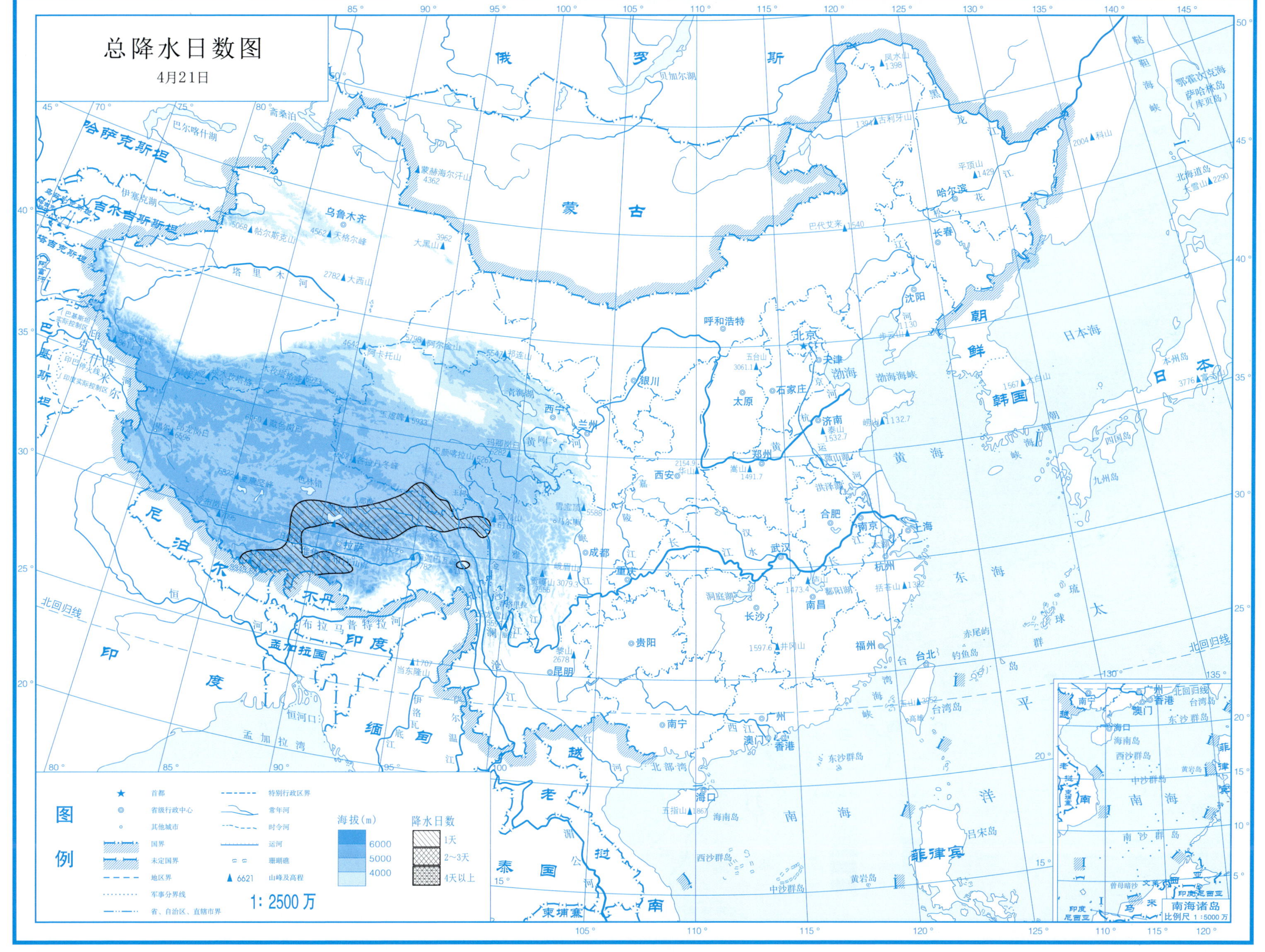
总降水日数图
4月21日
图例
首都
省级行政中心
其他城市
国界
未定国界
地区界
军事分界线
省、自治区、直辖市界
特别行政区界
常年河
时令河
运河
珊瑚礁
6621 山峰及高程
海拔(m)
6000
5000
4000
降水日数
1天
2~3天
4天以上
1:2500万
南海诸岛
比例尺 1:5000万

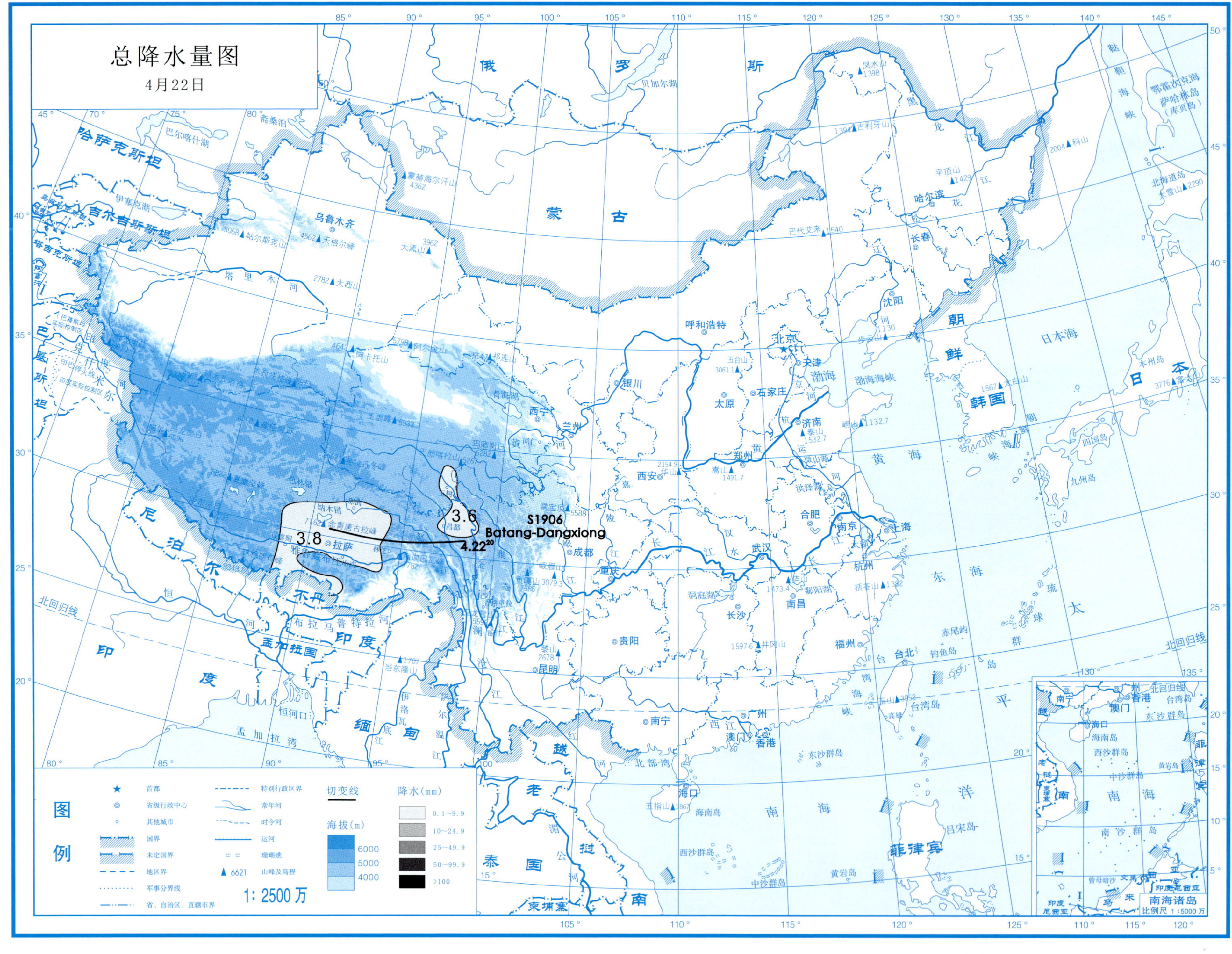
总降水量图
4月22日
3.8
3.6
S1906
Batang-Dangxiong
4.22^20
图例
首都
省级行政中心
其他城市
国界
未定国界
地区界
军事分界线
省、自治区、直辖市界
特别行政区界
常年河
时令河
运河
珊瑚礁
6621 山峰及高程
切变线
海拔(m)
6000
5000
4000
降水(mm)
0.1~9.9
10~24.9
25~49.9
50~99.9
>100
1: 2500万
南海诸岛
比例尺 1:5000万

总降水日数图

4月22日

图例

符号	说明	符号	说明
★	首都		特别行政区界
◎	省级行政中心		常年河
○	其他城市		时令河
	国界		运河
	未定国界		珊瑚礁
	地区界	▲ 6621	山峰及高程
	军事分界线		
	省、自治区、直辖市界		

海拔(m)

6000

5000

4000

降水日数

1天

2~3天

4天以上

1:2500万

南海诸岛
比例尺 1:5000万

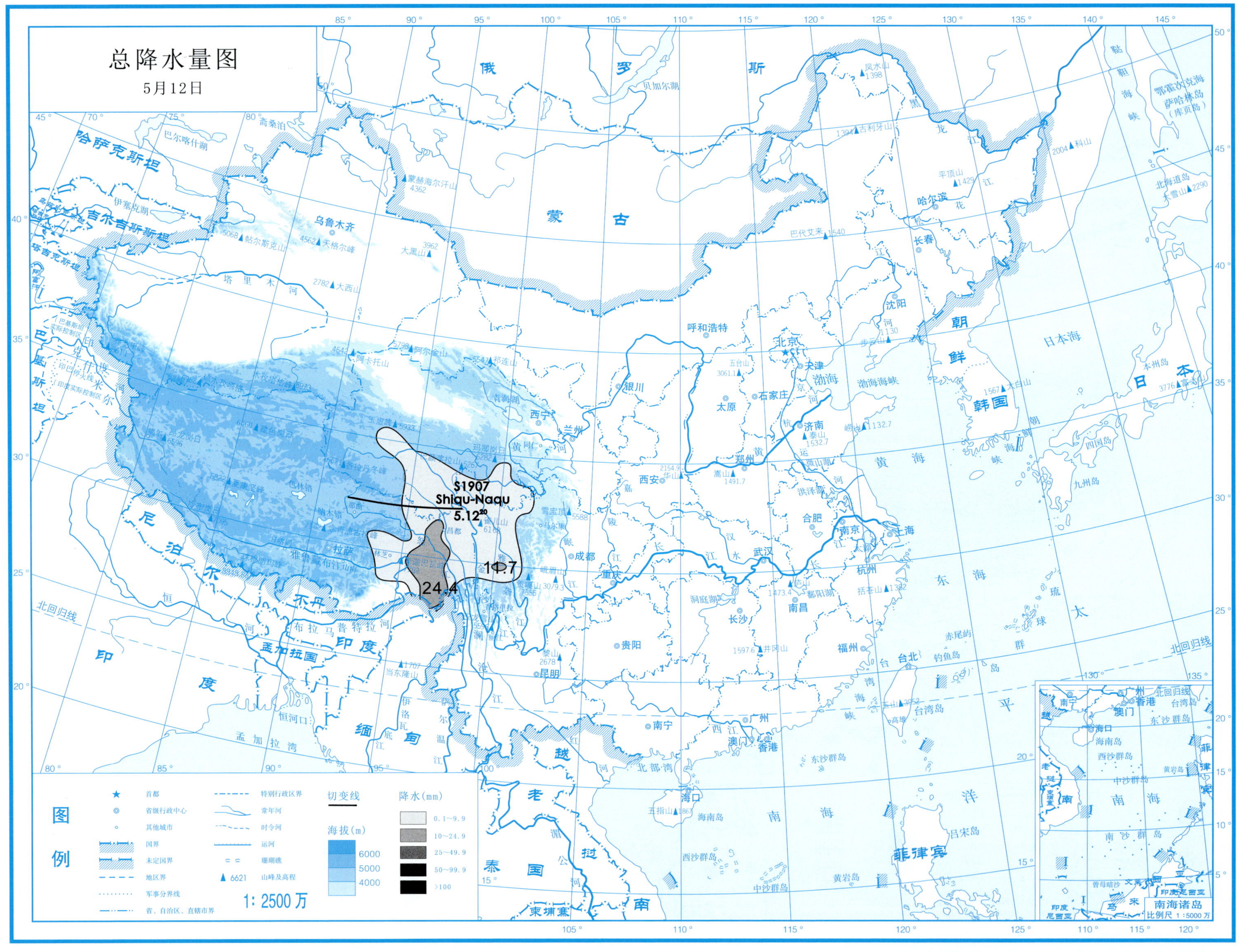

总降水量图
5月12日
S1907
Shiqu-Naqu
5.12
24.4
10.7
图例
首都
省级行政中心
其他城市
国界
未定国界
地区界
军事分界线
省、自治区、直辖市界
特别行政区界
常年河
时令河
运河
珊瑚礁
山峰及高程
切变线
海拔(m)
6000
5000
4000
降水(mm)
0.1~9.9
10~24.9
25~49.9
50~99.9
>100
1: 2500万
南海诸岛
比例尺 1:5000万

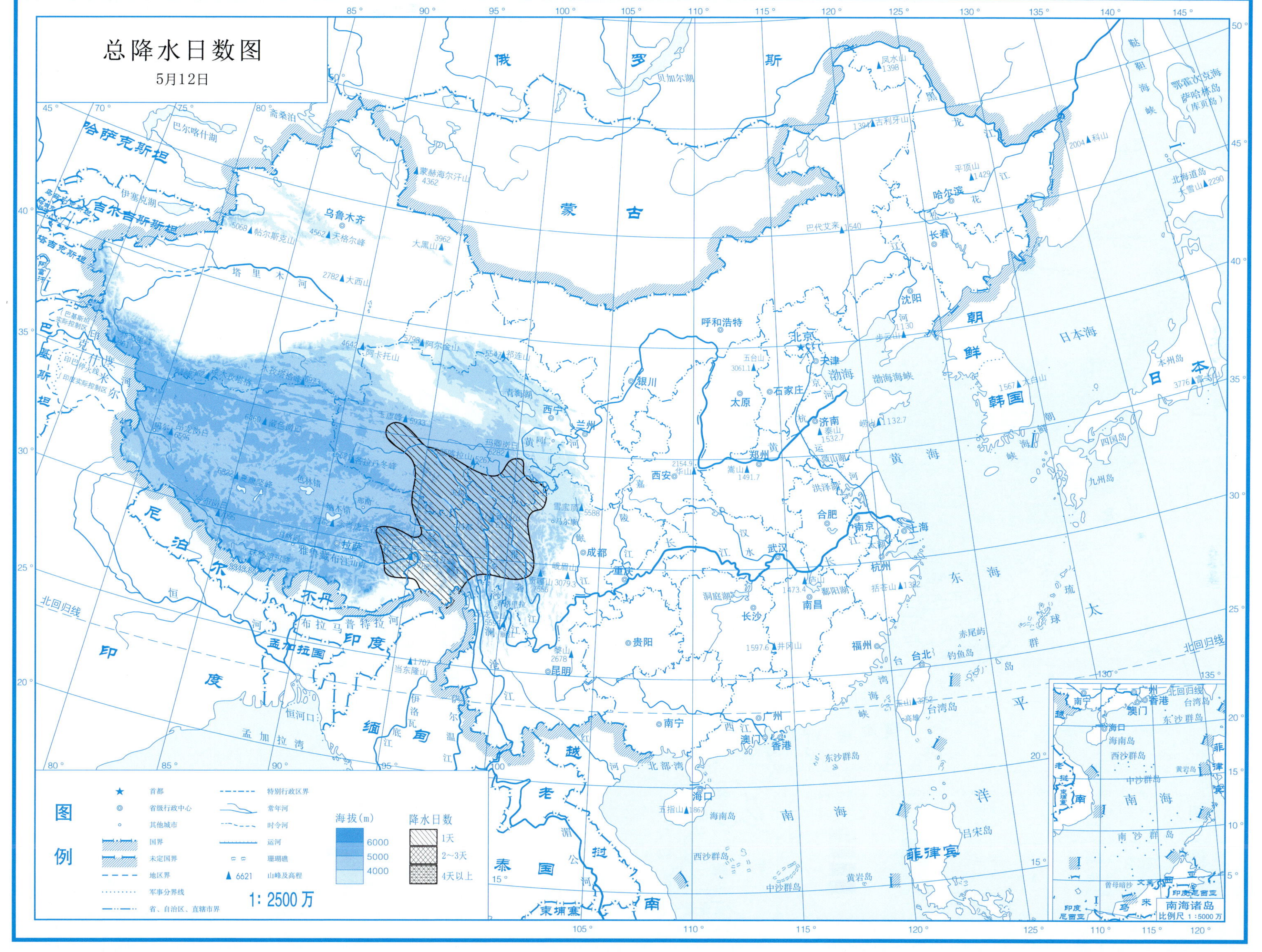

总降水日数图
5月12日
图例
首都
省级行政中心
其他城市
国界
未定国界
地区界
军事分界线
省、自治区、直辖市界
特别行政区界
常年河
时令河
运河
珊瑚礁
6621 山峰及高程
海拔（m）
6000
5000
4000
降水日数
1天
2～3天
4天以上
1: 2500 万
俄
罗
斯
蒙
古
哈萨克斯坦
吉尔吉斯斯坦
塔吉克斯坦
巴基斯坦
尼
泊
尔
不丹
印
度
孟加拉国
缅
甸
老
挝
越
南
泰
国
柬埔寨
朝
鲜
韩国
日
本
菲律宾
贝加尔湖
巴尔喀什湖
斋桑泊
伊塞克湖
乌鲁木齐
呼和浩特
北京
天津
石家庄
太原
济南
郑州
西安
银川
西宁
兰州
成都
重庆
武汉
合肥
南京
上海
杭州
南昌
长沙
贵阳
昆明
南宁
广州
香港
澳门
海口
福州
台北
拉萨
哈尔滨
长春
沈阳
日本海
渤海
黄
海
东
海
南
海
太
平
洋
北回归线
南海诸岛
比例尺 1:5000 万

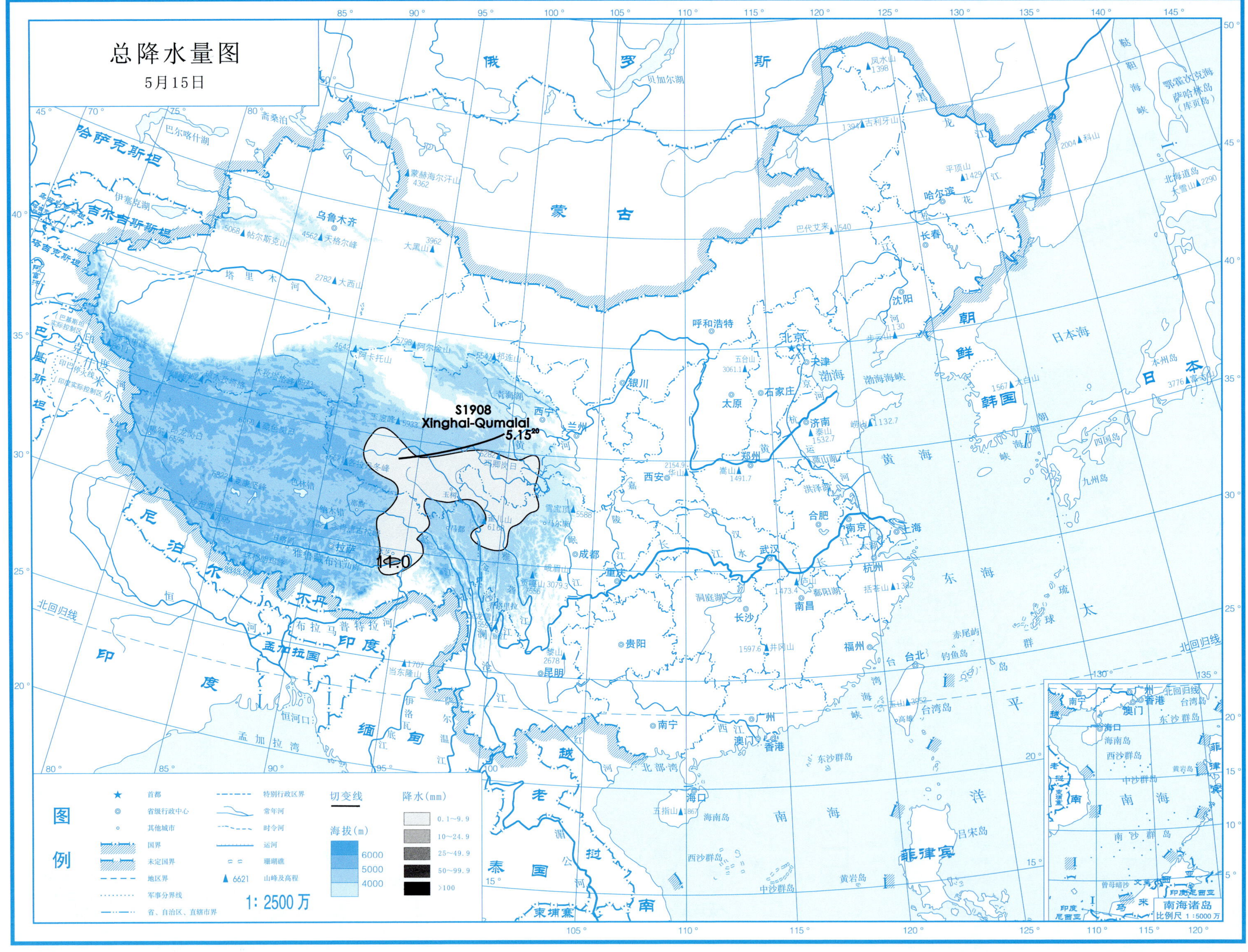
总降水量图
5月15日
S1908
Xinghai-Qumalai
5.15[20]
11.0
图例
首都
省级行政中心
其他城市
国界
未定国界
地区界
军事分界线
省、自治区、直辖市界
特别行政区界
常年河
时令河
运河
珊瑚礁
6621 山峰及高程
1: 2500 万
切变线
海拔(m)
6000
5000
4000
降水(mm)
0.1~9.9
10~24.9
25~49.9
50~99.9
>100
南海诸岛
比例尺 1:5000 万

总降水日数图

5月15日

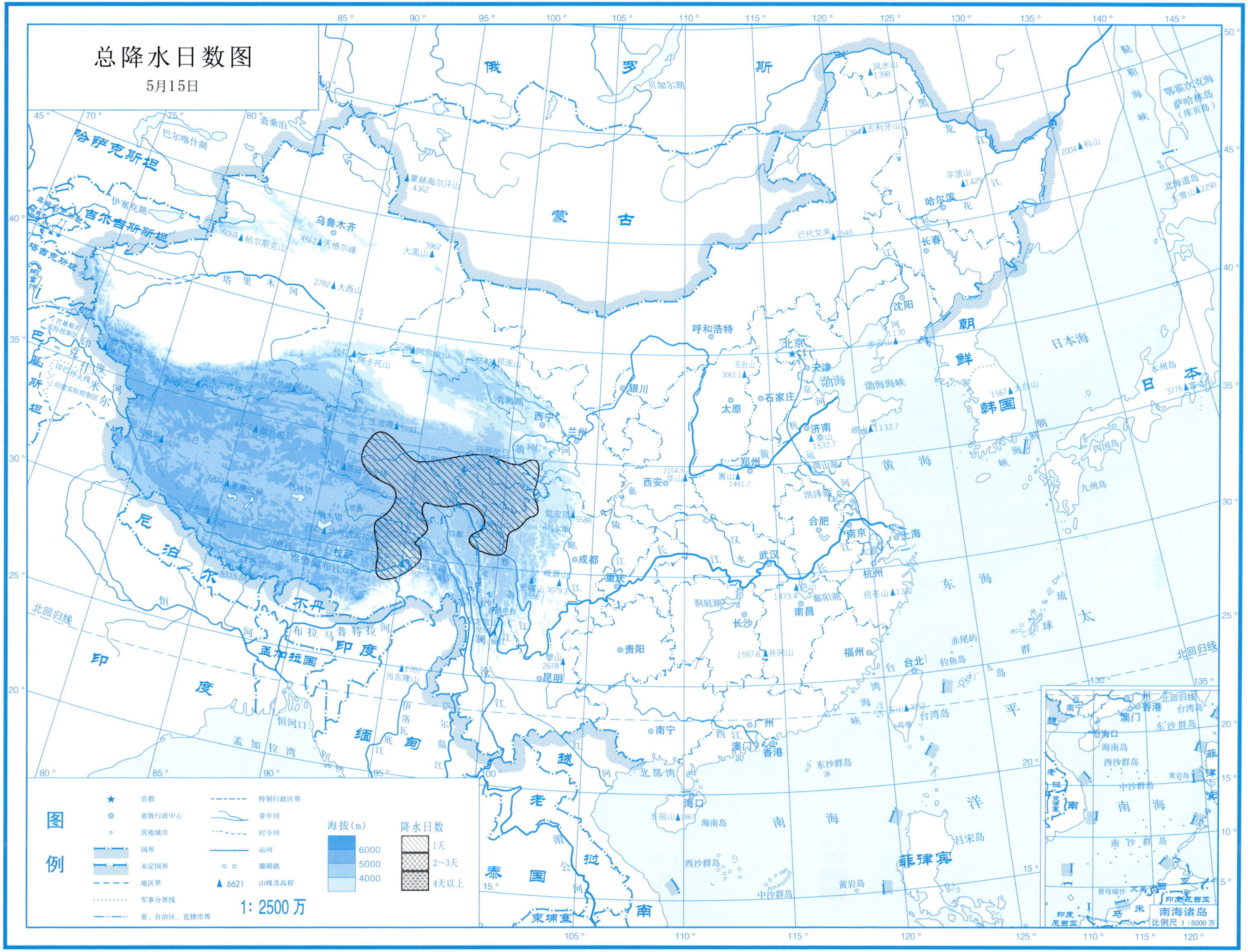

图例

符号	说明	符号	说明
★	首都		特别行政区界
◎	省级行政中心		常年河
○	其他城市		时令河
	国界		运河
	未定国界		珊瑚礁
	地区界	▲ 6621	山峰及高程
	军事分界线		
	省、自治区、直辖市界		

海拔(m)：6000、5000、4000

降水日数：1天、2~3天、4天以上

1：2500万

南海诸岛 比例尺 1：5000万

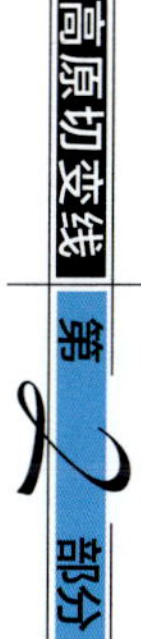

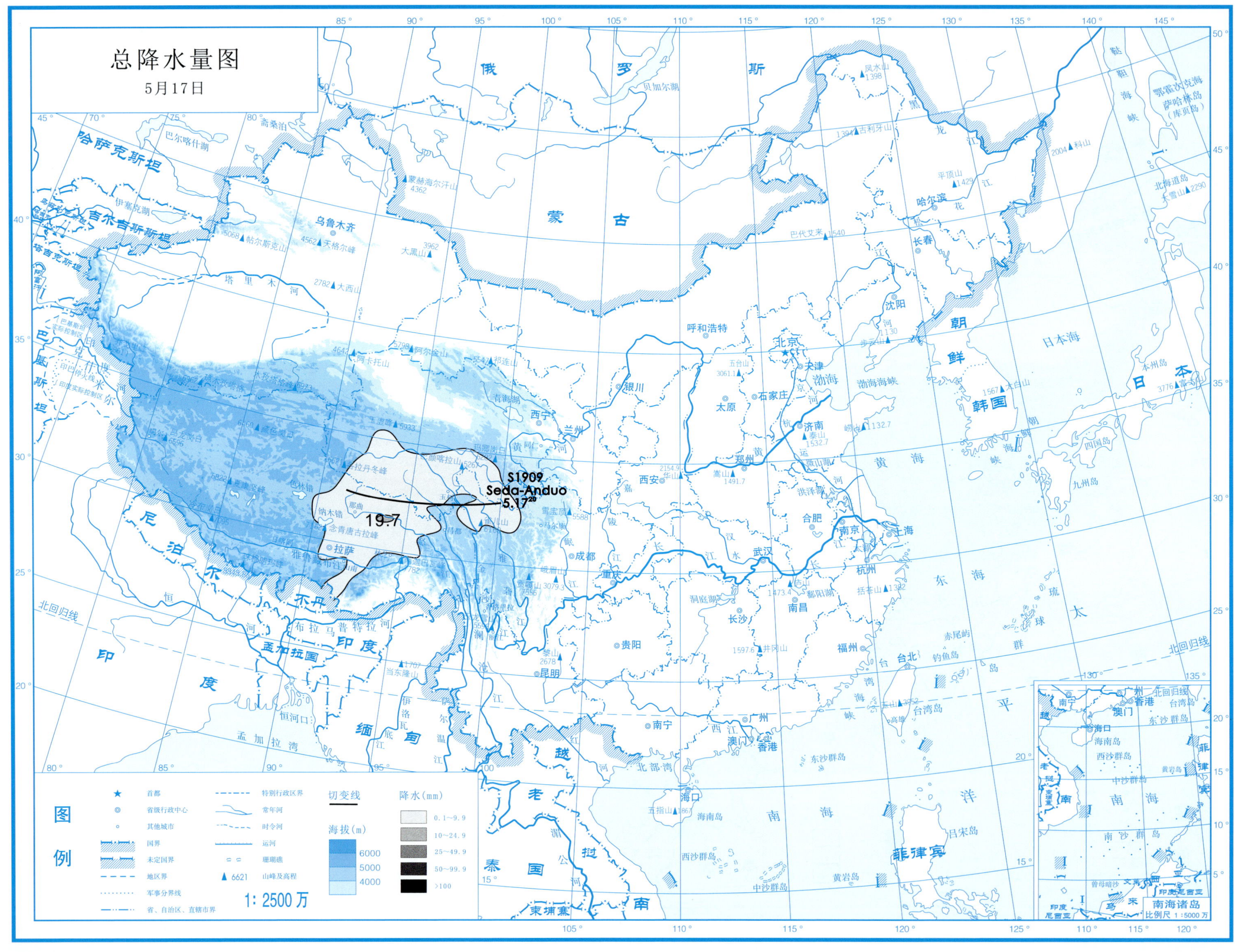

总降水量图
5月17日
S1909
Seda-Anduo
5.17[20]
19.7
图例
首都
省级行政中心
其他城市
国界
未定国界
地区界
军事分界线
省、自治区、直辖市界
特别行政区界
常年河
时令河
运河
珊瑚礁
6621 山峰及高程
1: 2500 万
切变线
海拔(m)
6000
5000
4000
降水(mm)
0.1~9.9
10~24.9
25~49.9
50~99.9
>100
南海诸岛
比例尺 1:5000 万

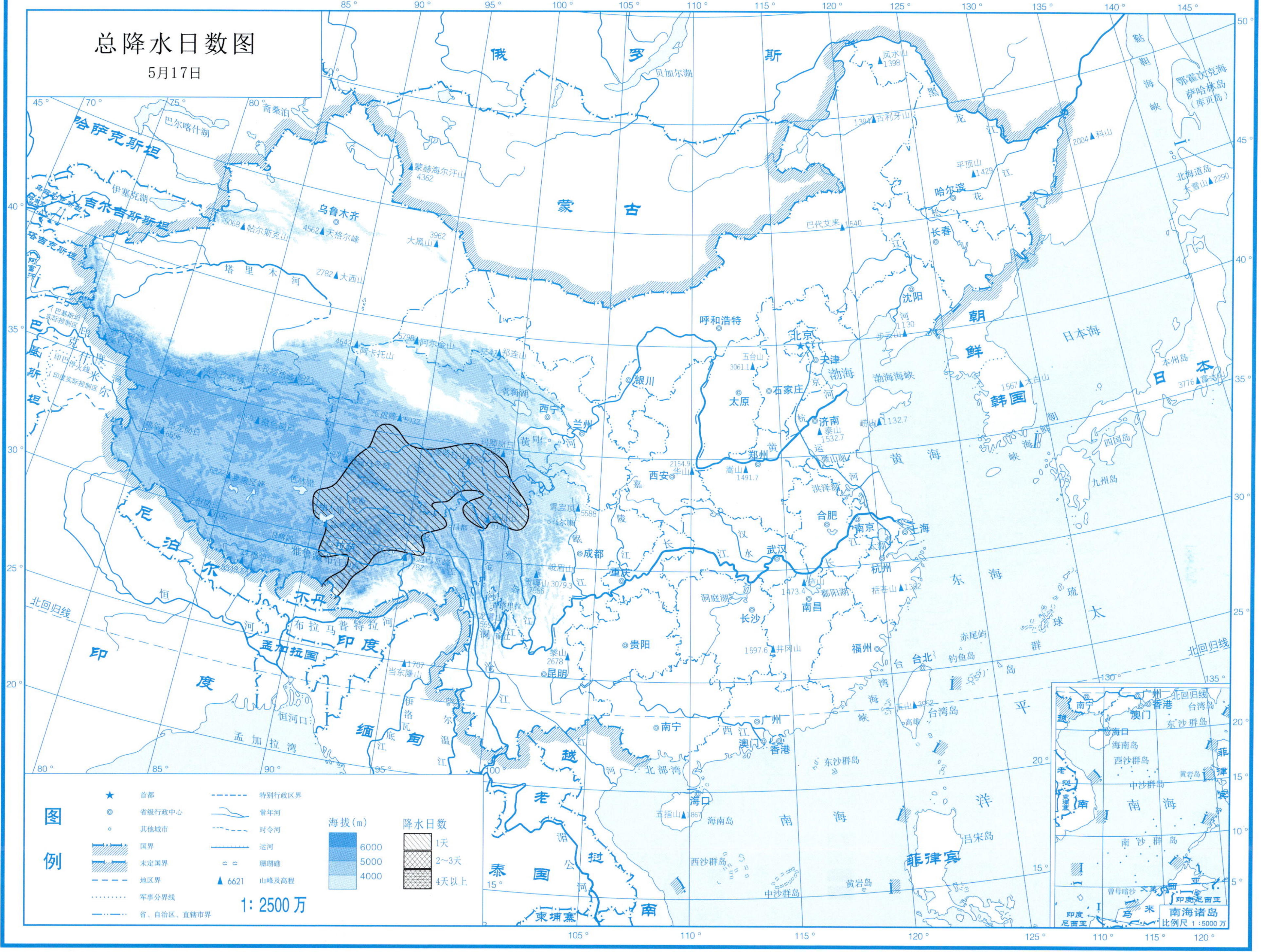
总降水日数图
5月17日
图例
首都
省级行政中心
其他城市
国界
未定国界
地区界
军事分界线
省、自治区、直辖市界
特别行政区界
常年河
时令河
运河
珊瑚礁
▲ 6621 山峰及高程
海拔(m)
6000
5000
4000
降水日数
1天
2~3天
4天以上
1:2500万
南海诸岛
比例尺 1:5000万

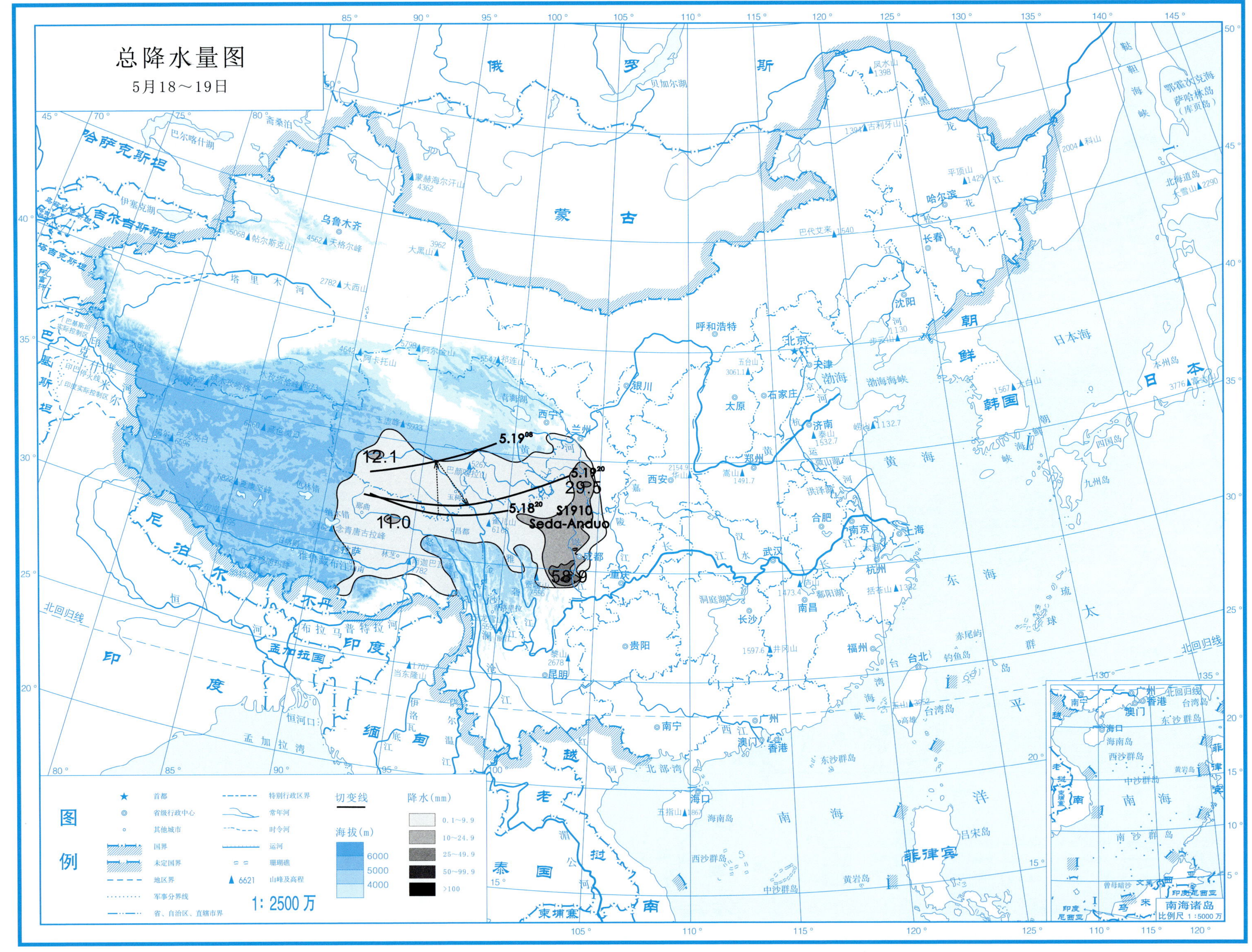

总降水量图
5月18～19日
12.1
11.0
29.5
58.9
5.19[08]
5.19[20]
5.18[20]
S1910
Seda-Anduo
图例
首都
省级行政中心
其他城市
国界
未定国界
地区界
军事分界线
省、自治区、直辖市界
特别行政区界
常年河
时令河
运河
珊瑚礁
山峰及高程
切变线
海拔(m)
6000
5000
4000
降水(mm)
0.1～9.9
10～24.9
25～49.9
50～99.9
>100
1: 2500万
南海诸岛
比例尺 1:5000万

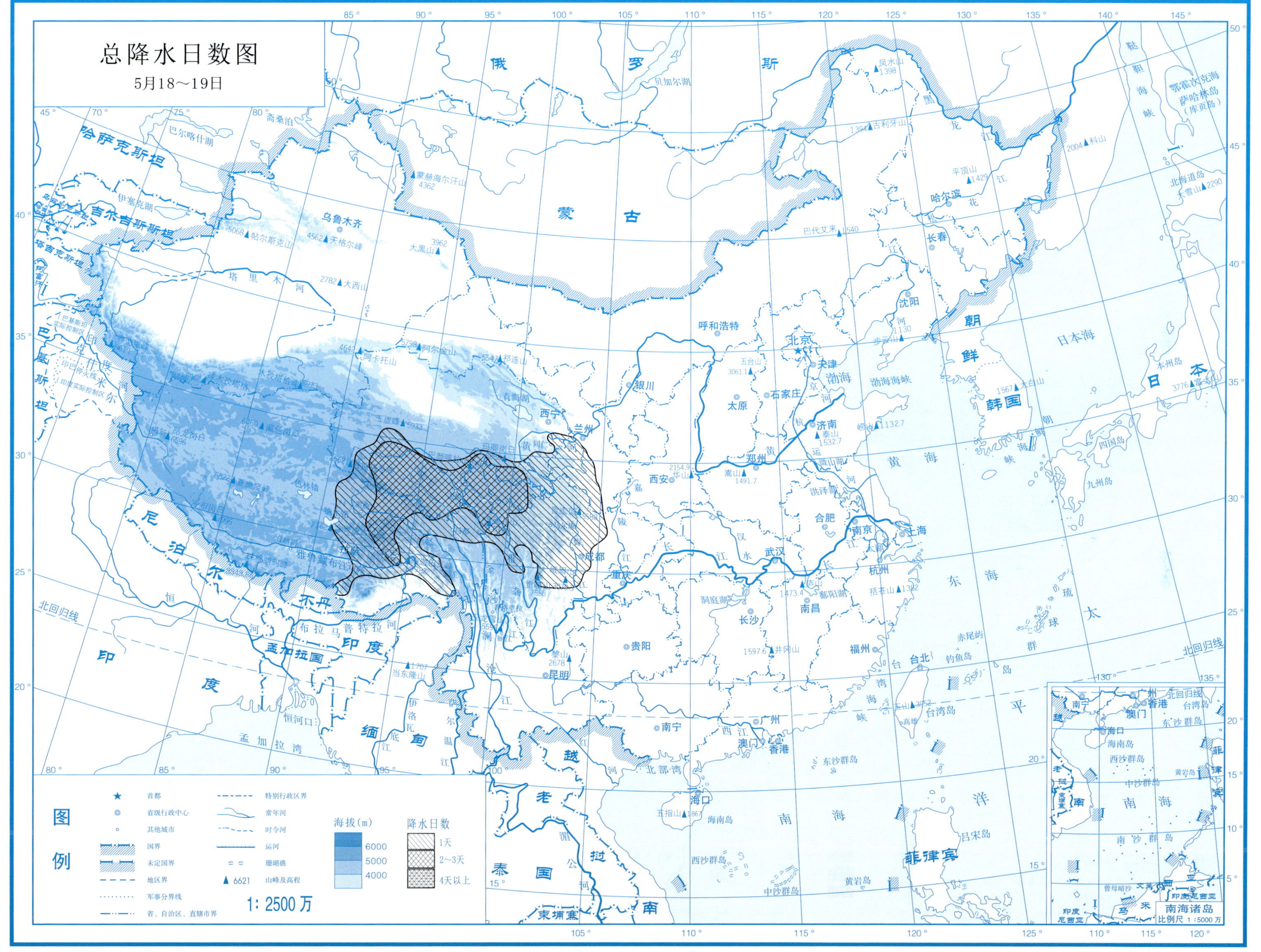
总降水日数图
5月18～19日
图例
首都
省级行政中心
其他城市
国界
未定国界
地区界
军事分界线
省、自治区、直辖市界
特别行政区界
常年河
时令河
运河
珊瑚礁
6621 山峰及高程
海拔(m)
6000
5000
4000
降水日数
1天
2~3天
4天以上
1: 2500万
南海诸岛
比例尺 1:5000万

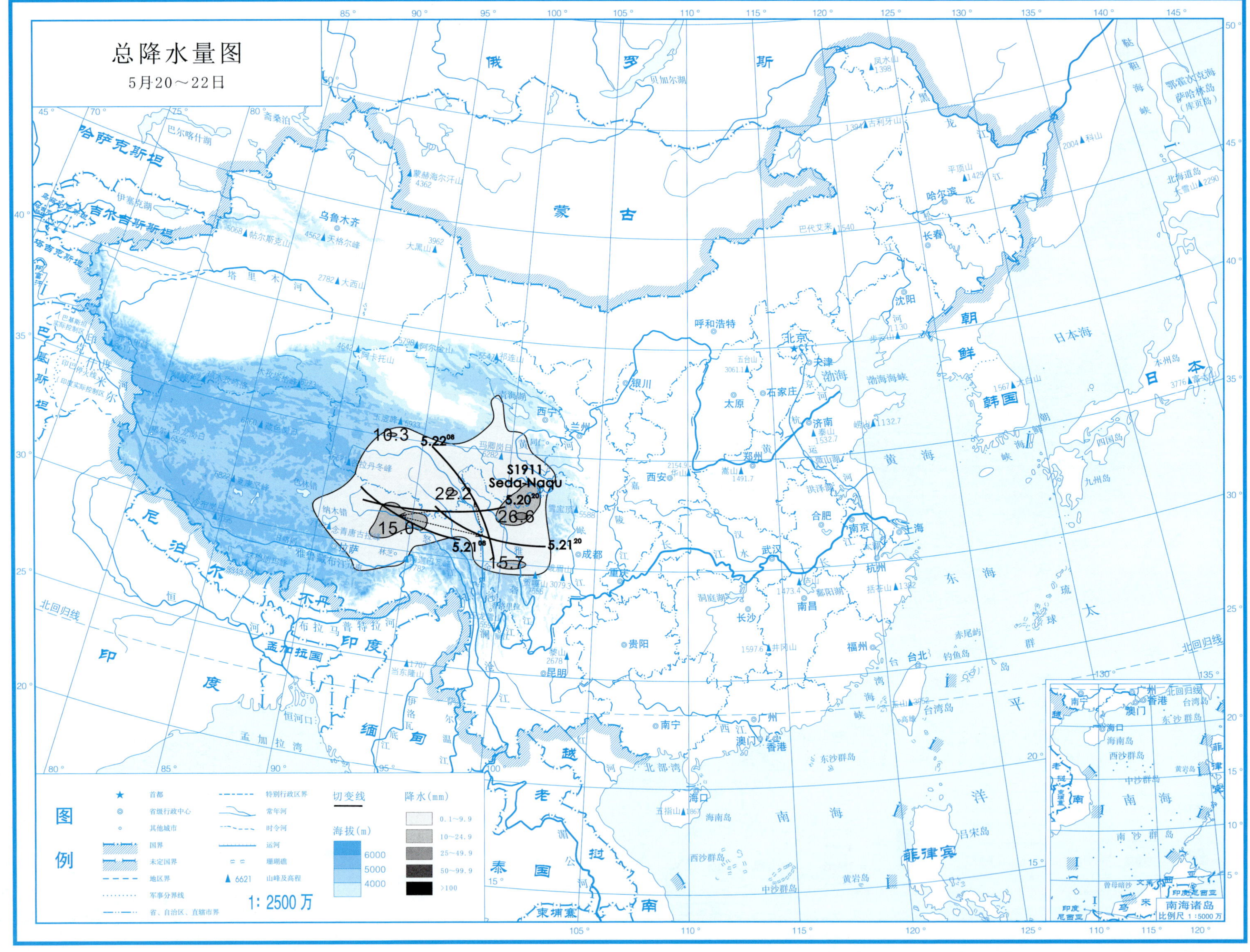
总降水量图
5月20～22日
10.3
5.22[08]
22.2
S1911
Seda-Nagu
5.20[20]
26.6
15.0
5.21[08]
5.21[20]
15.7
图例
切变线
降水(mm)
0.1～9.9
10～24.9
25～49.9
50～99.9
>100
海拔(m)
6000
5000
4000
1: 2500 万
南海诸岛
比例尺 1 :5000 万

总降水日数图

5月20～22日

图例

- ★ 首都
- ◎ 省级行政中心
- ○ 其他城市
- 国界
- 未定国界
- 地区界
- 军事分界线
- 省、自治区、直辖市界
- 特别行政区界
- 常年河
- 时令河
- 运河
- 珊瑚礁
- ▲6621 山峰及高程

海拔(m)：6000　5000　4000

降水日数：1天　2～3天　4天以上

1：2500万

南海诸岛　比例尺 1：5000万

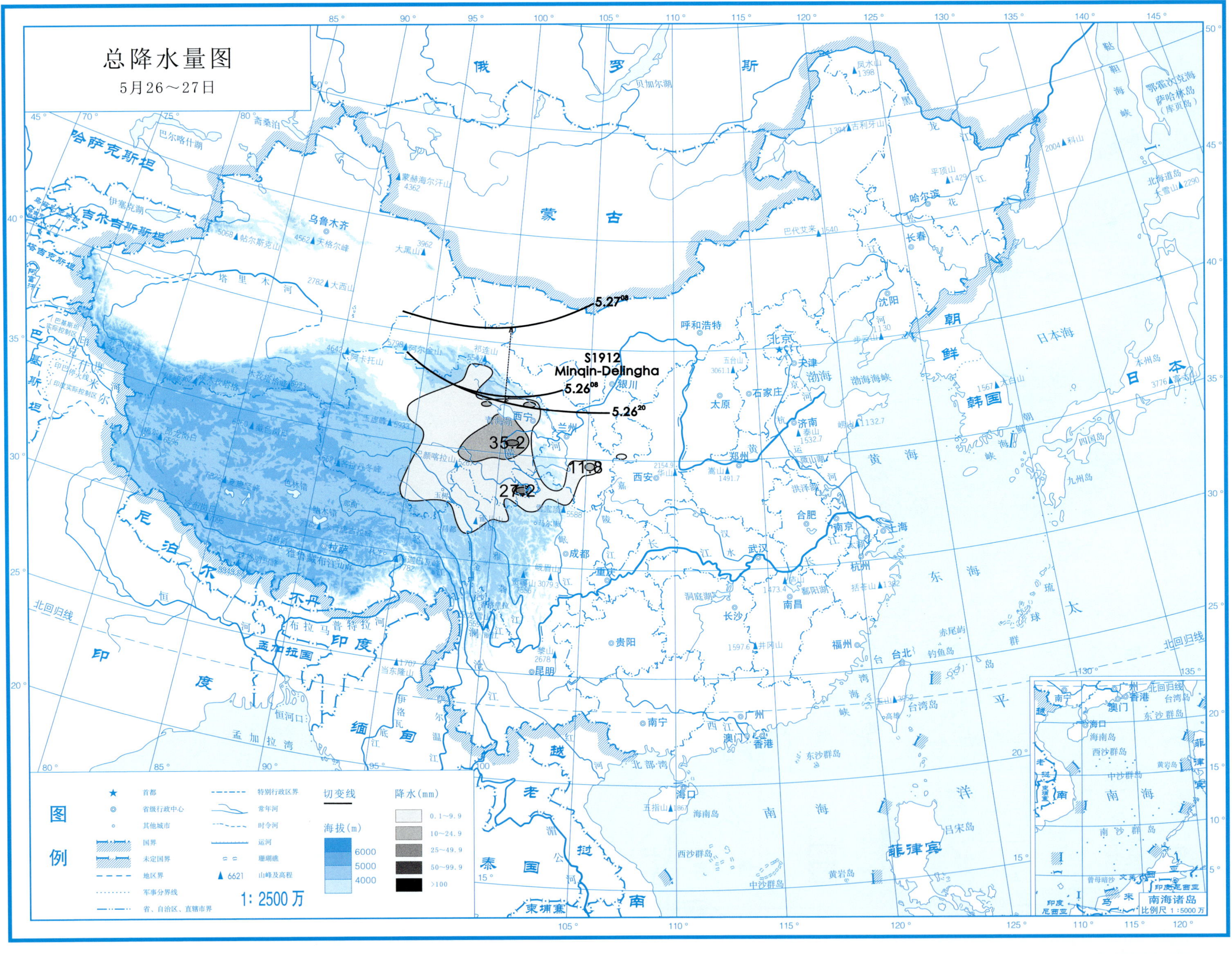

总降水量图
5月26～27日
5.27^08
S1912
Minqin-Delingha
5.26^08
5.26^20
35.2
11.8
27.2
图例
首都
省级行政中心
其他城市
国界
未定国界
地区界
军事分界线
省、自治区、直辖市界
特别行政区界
常年河
时令河
运河
珊瑚礁
山峰及高程
切变线
降水(mm)
0.1～9.9
10～24.9
25～49.9
50～99.9
>100
海拔(m)
6000
5000
4000
1:2500万
南海诸岛
比例尺 1:5000万

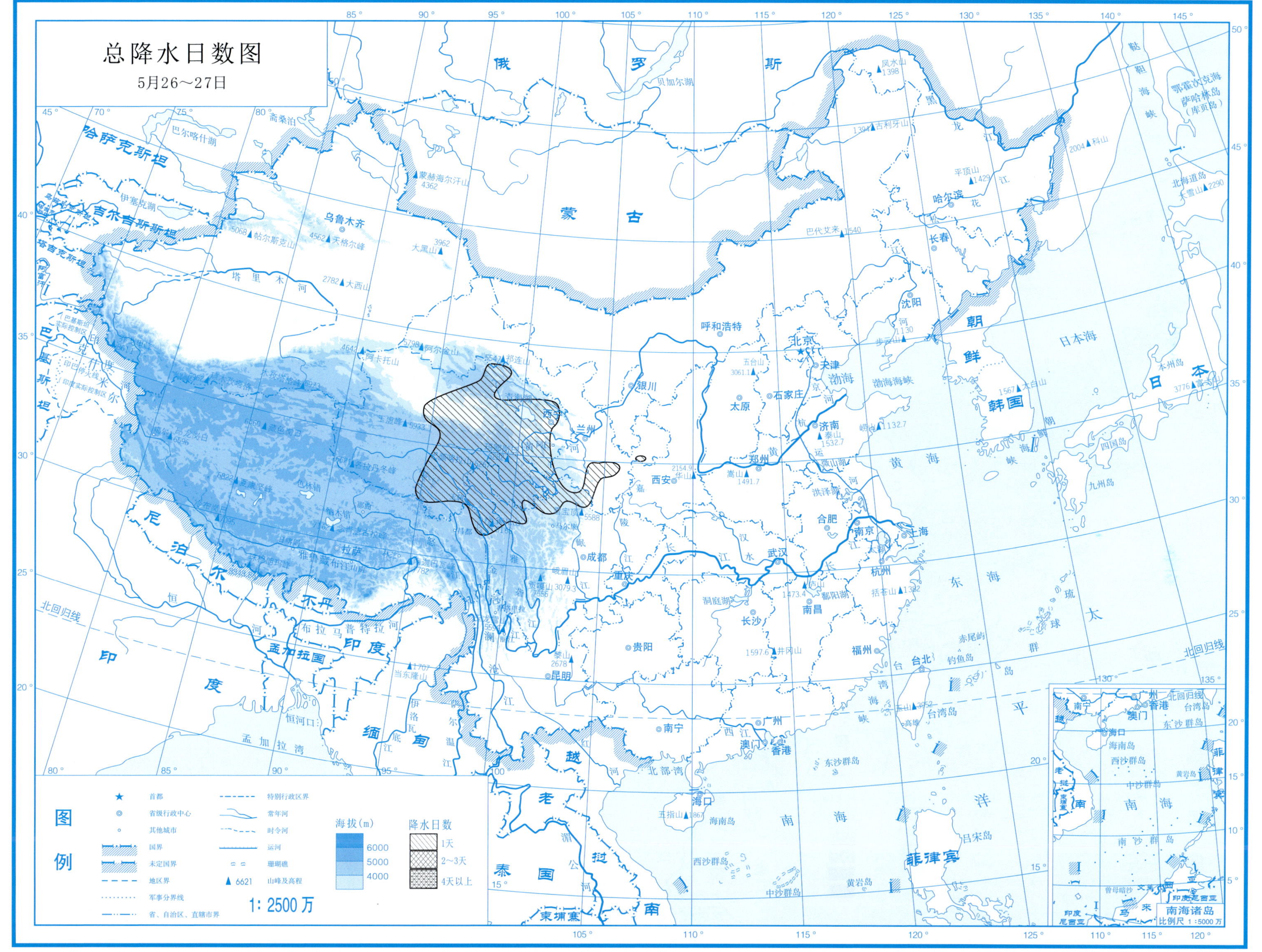
总降水日数图
5月26～27日
图例
首都
省级行政中心
其他城市
国界
未定国界
地区界
军事分界线
省、自治区、直辖市界
特别行政区界
常年河
时令河
运河
珊瑚礁
6621 山峰及高程
海拔(m)
6000
5000
4000
降水日数
1天
2～3天
4天以上
1: 2500万
南海诸岛
比例尺 1：5000万

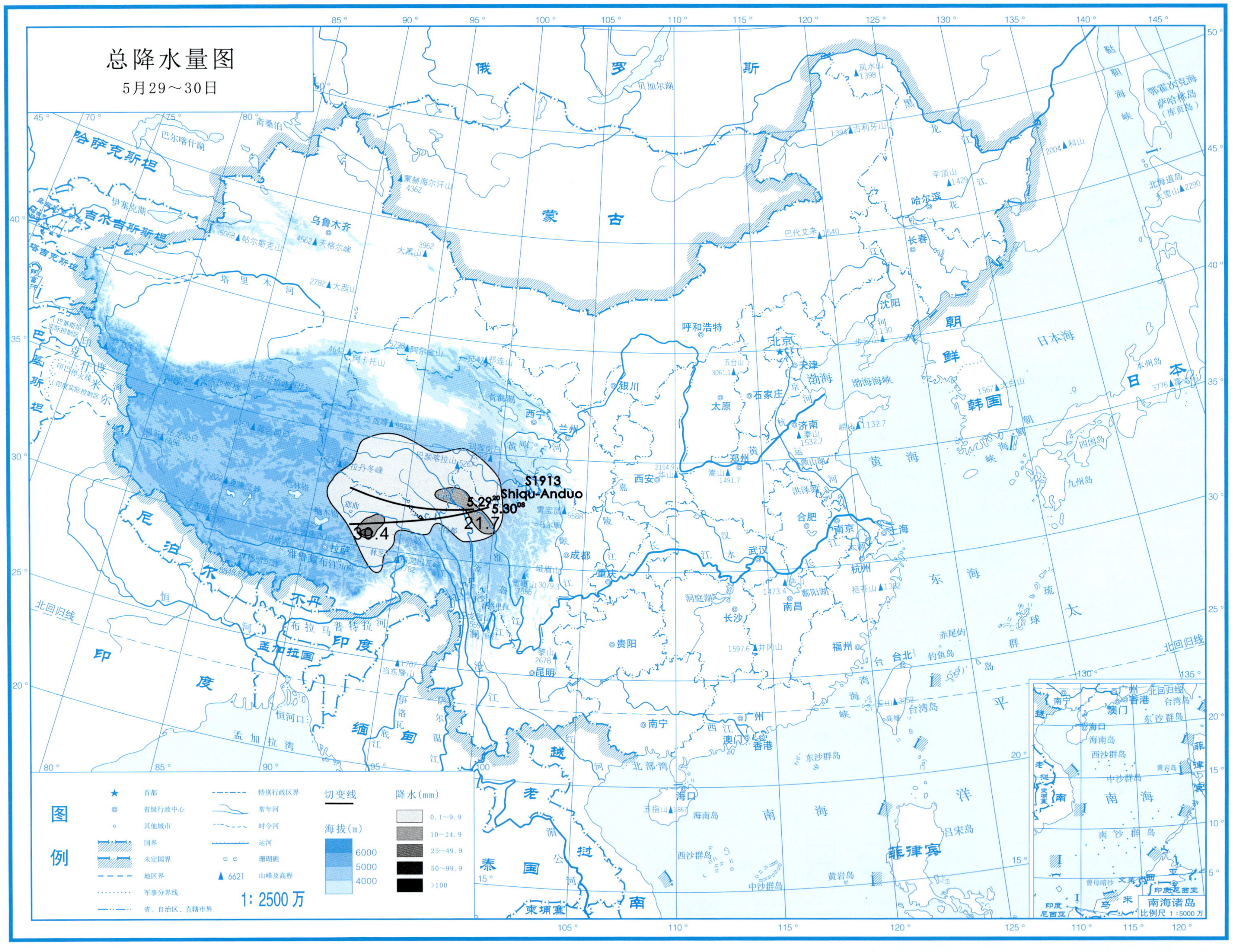
总降水量图
5月29～30日
S1913
Shiqu-Anduo
30.4
21.7
图例
首都
省级行政中心
其他城市
国界
未定国界
地区界
军事分界线
省、自治区、直辖市界
特别行政区界
常年河
时令河
运河
珊瑚礁
山峰及高程
切变线
海拔(m)
6000
5000
4000
降水(mm)
0.1～9.9
10～24.9
25～49.9
50～99.9
>100
1: 2500 万
南海诸岛
比例尺 1：5000 万

总降水日数图

5月29～30日

图例

符号	说明	符号	说明
★	首都		特别行政区界
◎	省级行政中心		常年河
○	其他城市		时令河
	国界		运河
	未定国界		珊瑚礁
	地区界	▲ 6621	山峰及高程
	军事分界线		
	省、自治区、直辖市界		

1：2500万

海拔(m)：6000、5000、4000

降水日数：1天、2~3天、4天以上

南海诸岛

比例尺 1：5000万

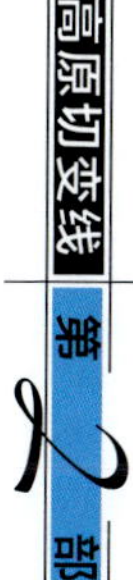

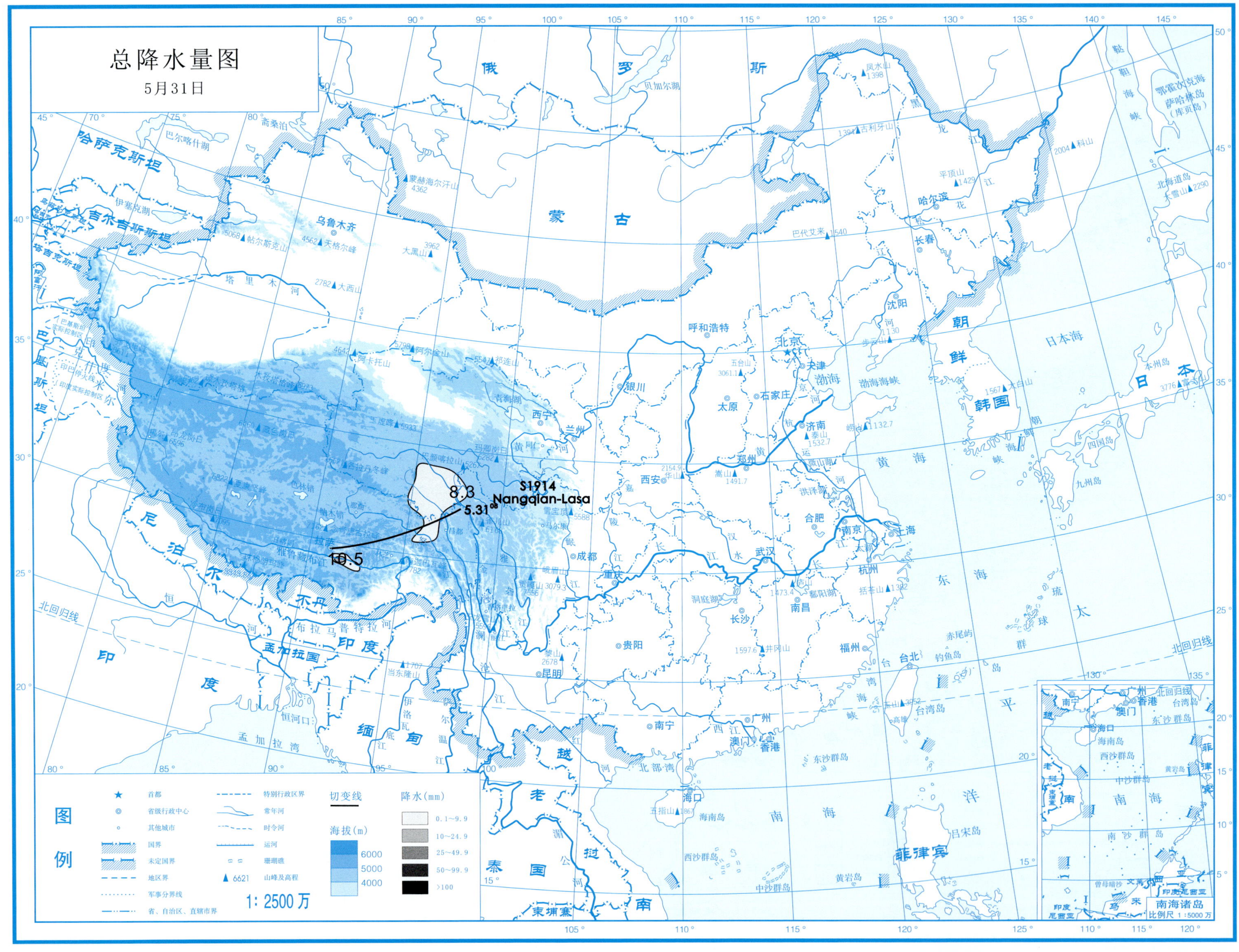
总降水量图
5月31日
S1914
Nangqian-Lasa
8.3
5.31
10.5
图例
首都
省级行政中心
其他城市
国界
未定国界
地区界
军事分界线
省、自治区、直辖市界
特别行政区界
常年河
时令河
运河
珊瑚礁
6621 山峰及高程
切变线
海拔(m)
6000
5000
4000
1:2500万
降水(mm)
0.1~9.9
10~24.9
25~49.9
50~99.9
>100
南海诸岛
比例尺 1:5000万

总降水日数图

5月31日

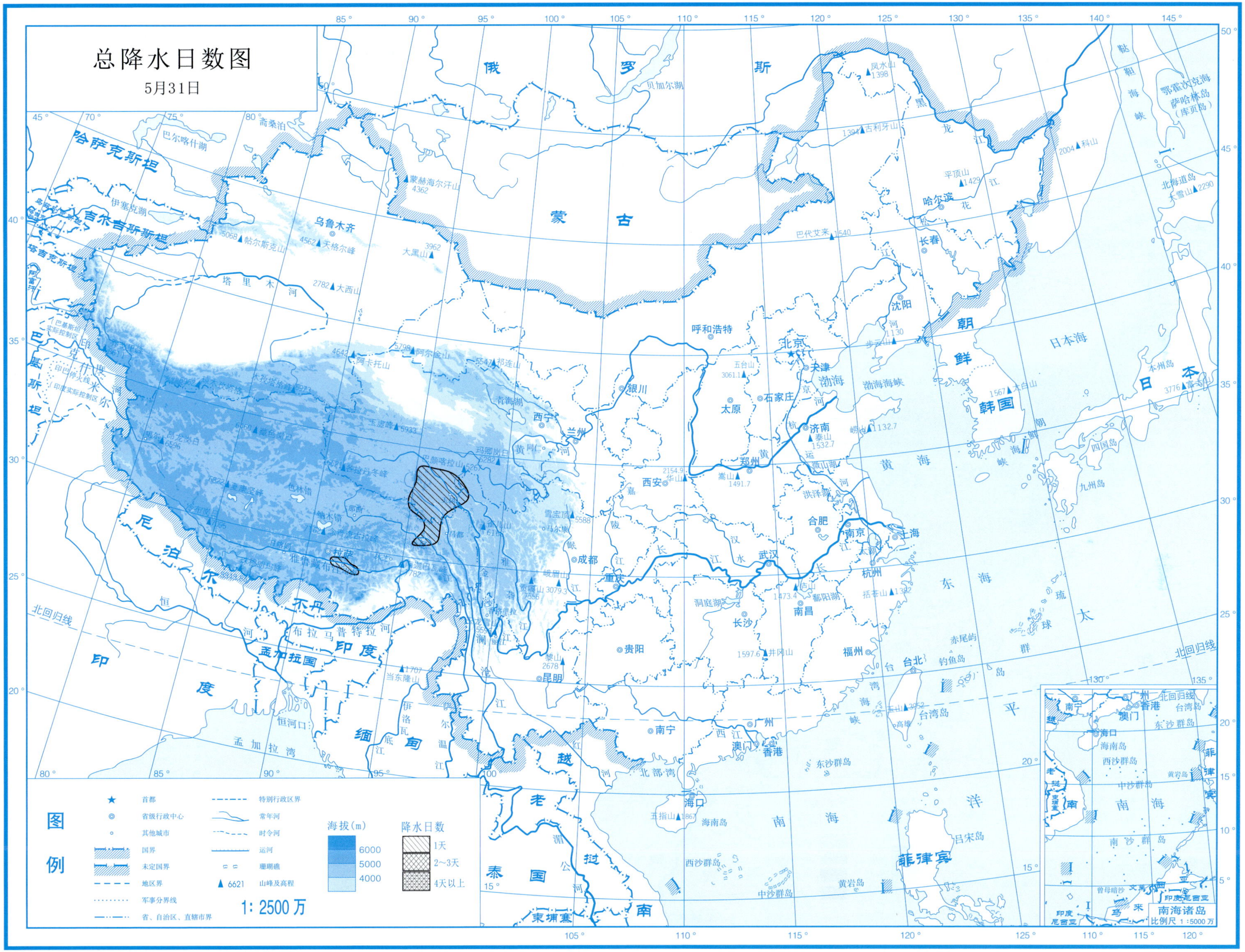

图例

- ★ 首都
- ◎ 省级行政中心
- ○ 其他城市
- 国界
- 未定国界
- 地区界
- 军事分界线
- 省、自治区、直辖市界
- 特别行政区界
- 常年河
- 时令河
- 运河
- 珊瑚礁
- ▲ 6621 山峰及高程

海拔(m)

- 6000
- 5000
- 4000

降水日数

- 1天
- 2~3天
- 4天以上

1:2500万

南海诸岛

比例尺 1:5000万

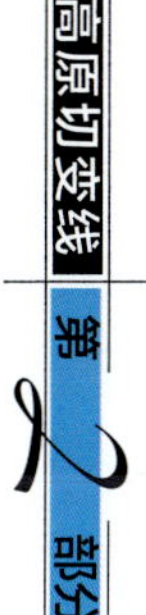

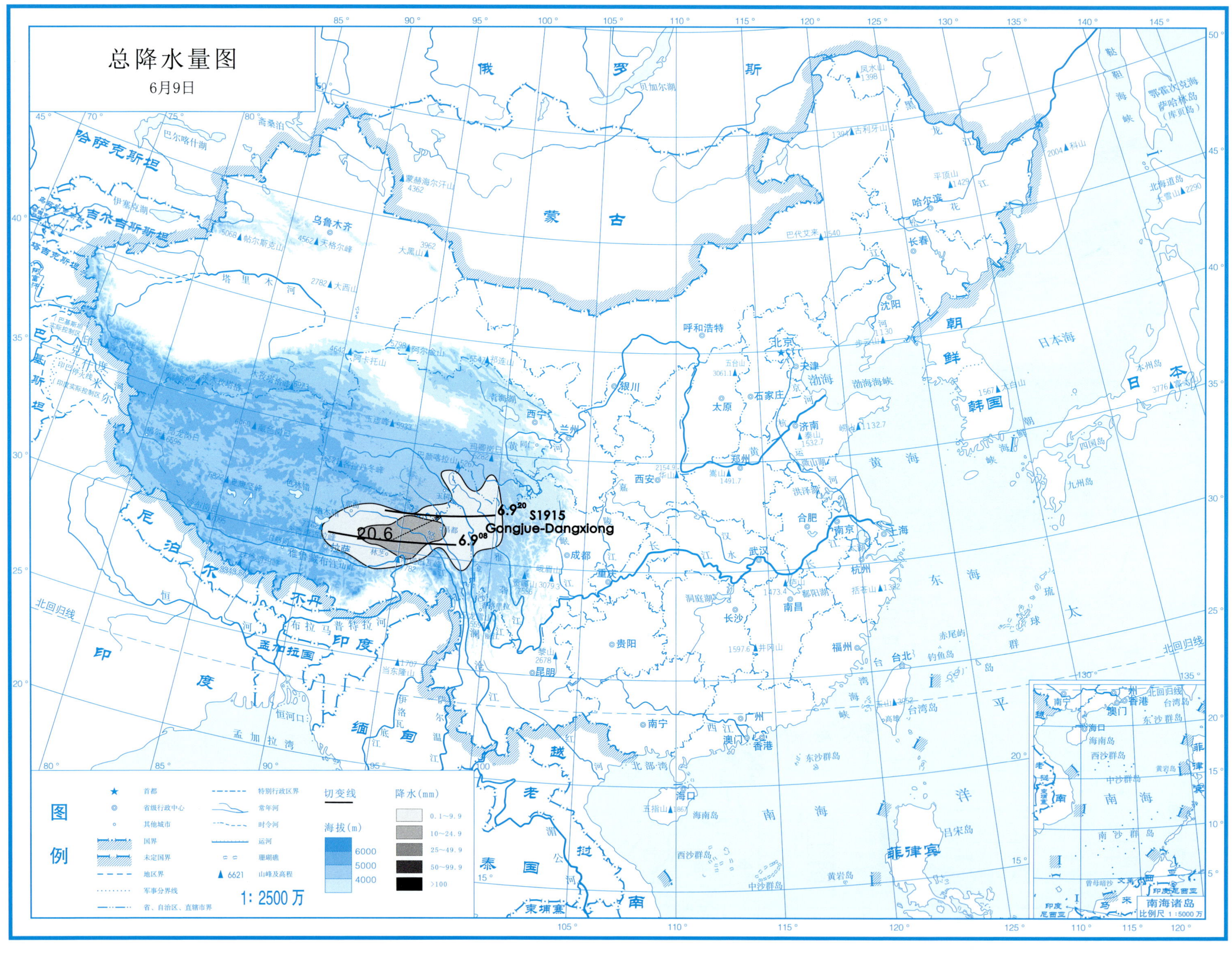
总降水量图
6月9日
20.6
6.9^20
6.9^08
S1915
Gongjue-Dangxiong
图例
首都
省级行政中心
其他城市
国界
未定国界
地区界
军事分界线
省、自治区、直辖市界
特别行政区界
常年河
时令河
运河
珊瑚礁
6621 山峰及高程
切变线
海拔(m)
6000
5000
4000
降水(mm)
0.1~9.9
10~24.9
25~49.9
50~99.9
>100
1: 2500 万
南海诸岛
比例尺 1:5000 万

总降水日数图

6月9日

图例

符号	说明	符号	说明
★	首都		特别行政区界
◎	省级行政中心		常年河
○	其他城市		时令河
	国界		运河
	未定国界		珊瑚礁
	地区界	▲ 6621	山峰及高程
	军事分界线		
	省、自治区、直辖市界		

海拔(m)

- 6000
- 5000
- 4000

降水日数

- 1天
- 2~3天
- 4天以上

1：2500万

南海诸岛

比例尺 1：5000万

高原切变线

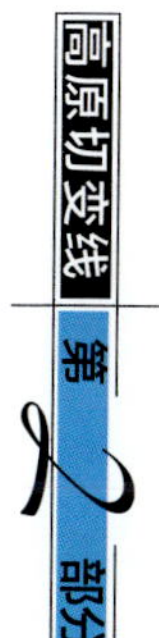

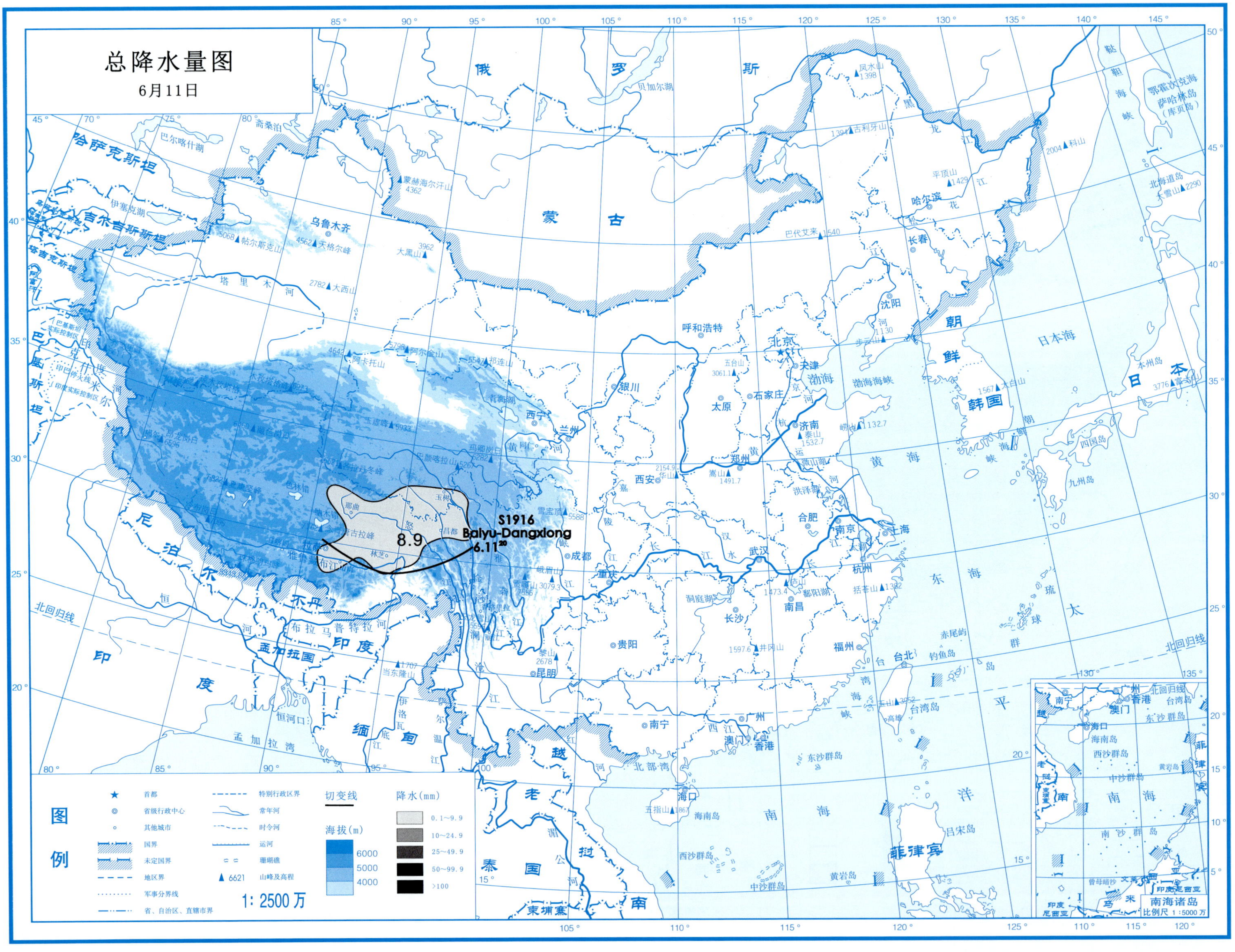
总降水量图
6月11日
8.9
S1916
Baiyu-Dangxiong
6.11[20]
图例
首都
省级行政中心
其他城市
国界
未定国界
地区界
军事分界线
省、自治区、直辖市界
特别行政区界
常年河
时令河
运河
珊瑚礁
6621 山峰及高程
切变线
海拔(m)
6000
5000
4000
降水(mm)
0.1~9.9
10~24.9
25~49.9
50~99.9
>100
1:2500万
南海诸岛
比例尺 1:5000万

总降水日数图

6月11日

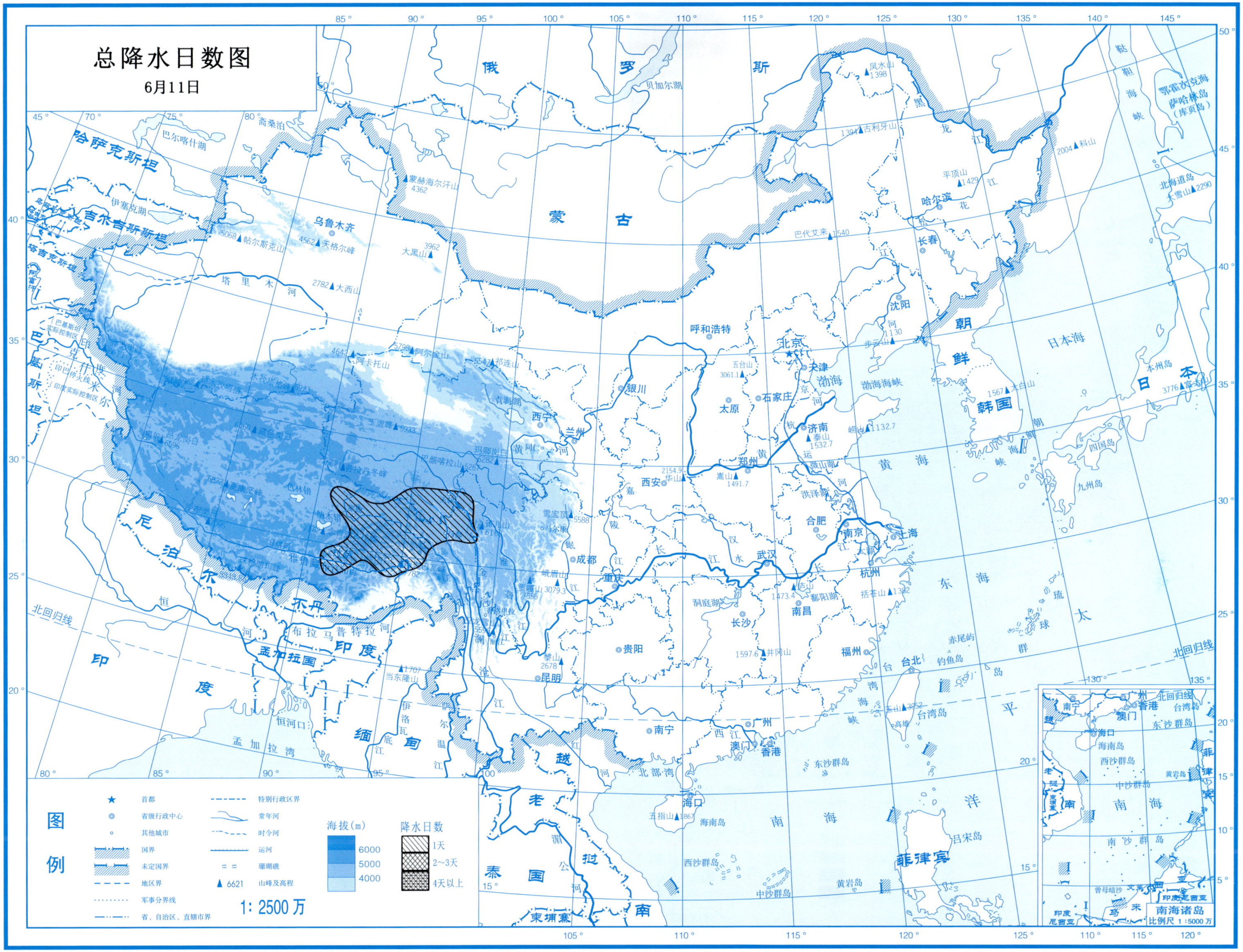

图例

- ★ 首都
- ◎ 省级行政中心
- ○ 其他城市
- 国界
- 未定国界
- 地区界
- 军事分界线
- 省、自治区、直辖市界
- 特别行政区界
- 常年河
- 时令河
- 运河
- 珊瑚礁
- ▲ 6621 山峰及高程

海拔(m)

- 6000
- 5000
- 4000

降水日数

- 1天
- 2~3天
- 4天以上

1: 2500 万

南海诸岛

比例尺 1 :5000 万

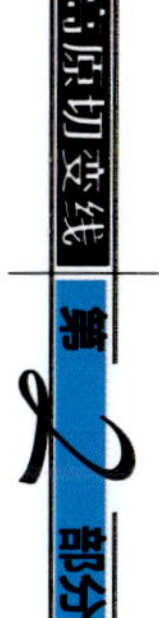

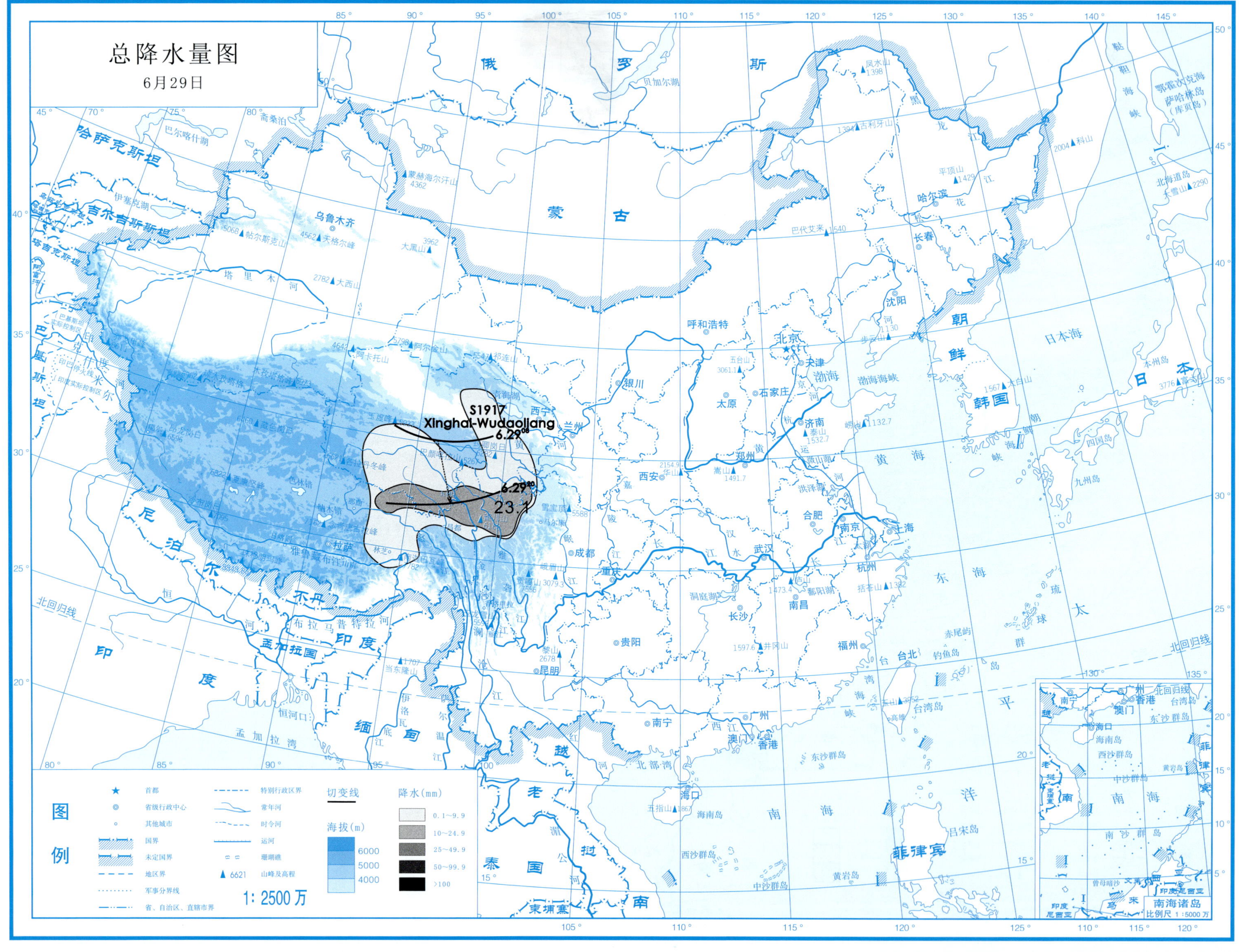
总降水量图
6月29日
S1917
Xinghai-Wudaojiang
6.29^08
6.29^20
23.1
图例
首都
省级行政中心
其他城市
国界
未定国界
地区界
军事分界线
省、自治区、直辖市界
特别行政区界
常年河
时令河
运河
珊瑚礁
6621 山峰及高程
1: 2500 万
切变线
海拔(m)
6000
5000
4000
降水(mm)
0.1~9.9
10~24.9
25~49.9
50~99.9
>100
南海诸岛
比例尺 1:5000 万

总降水日数图

6月29日

图例

- ★ 首都
- ◎ 省级行政中心
- ○ 其他城市
- 国界
- 未定国界
- 地区界
- 军事分界线
- 省、自治区、直辖市界
- 特别行政区界
- 常年河
- 时令河
- 运河
- 珊瑚礁
- ▲ 6621 山峰及高程

海拔（m）：6000、5000、4000

降水日数：1天；2～3天；4天以上

1：2500万

南海诸岛 比例尺 1：5000万

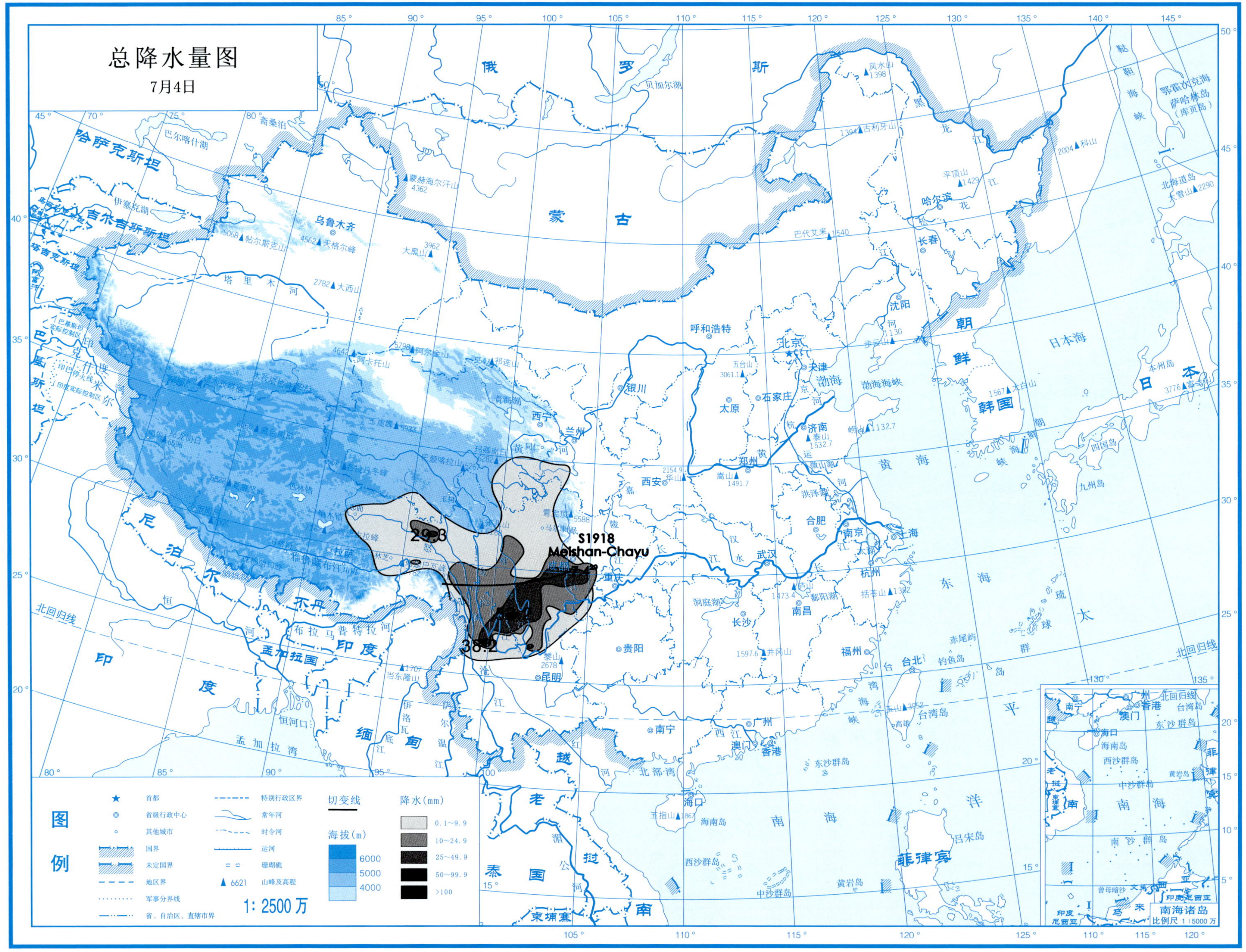

总降水量图
7月4日
S1918
Meishan-Chayu
29.3
38.2
图例
首都
省级行政中心
其他城市
国界
未定国界
地区界
军事分界线
省、自治区、直辖市界
特别行政区界
常年河
时令河
运河
珊瑚礁
6621 山峰及高程
切变线
海拔(m)
6000
5000
4000
1: 2500万
降水(mm)
0.1~9.9
10~24.9
25~49.9
50~99.9
>100
南海诸岛
比例尺 1:5000万

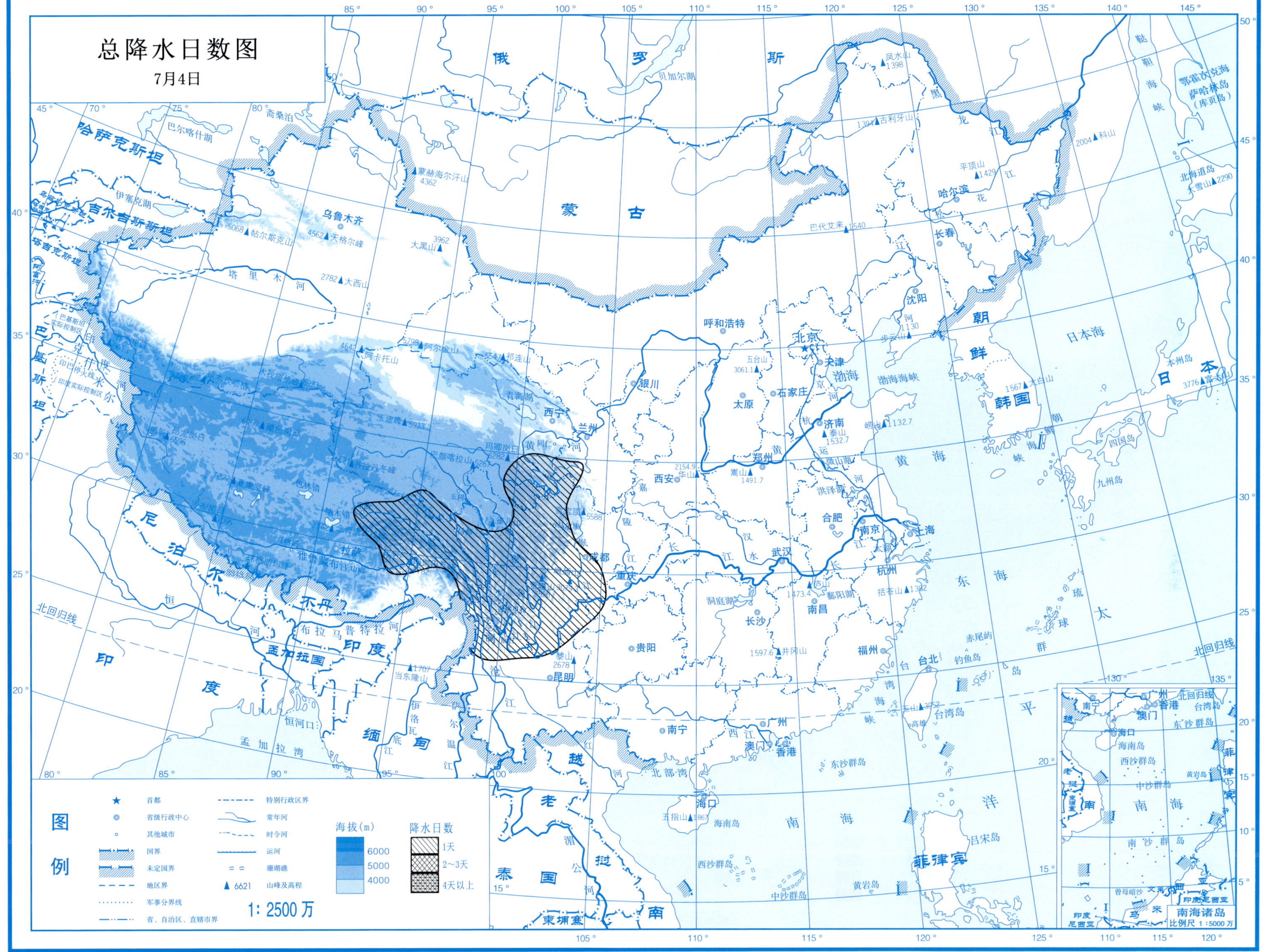
总降水日数图
7月4日
图例
首都
省级行政中心
其他城市
国界
未定国界
地区界
军事分界线
省、自治区、直辖市界
特别行政区界
常年河
时令河
运河
珊瑚礁
6621 山峰及高程
1: 2500 万
海拔(m)
6000
5000
4000
降水日数
1天
2~3天
4天以上
南海诸岛
比例尺 1:5000 万

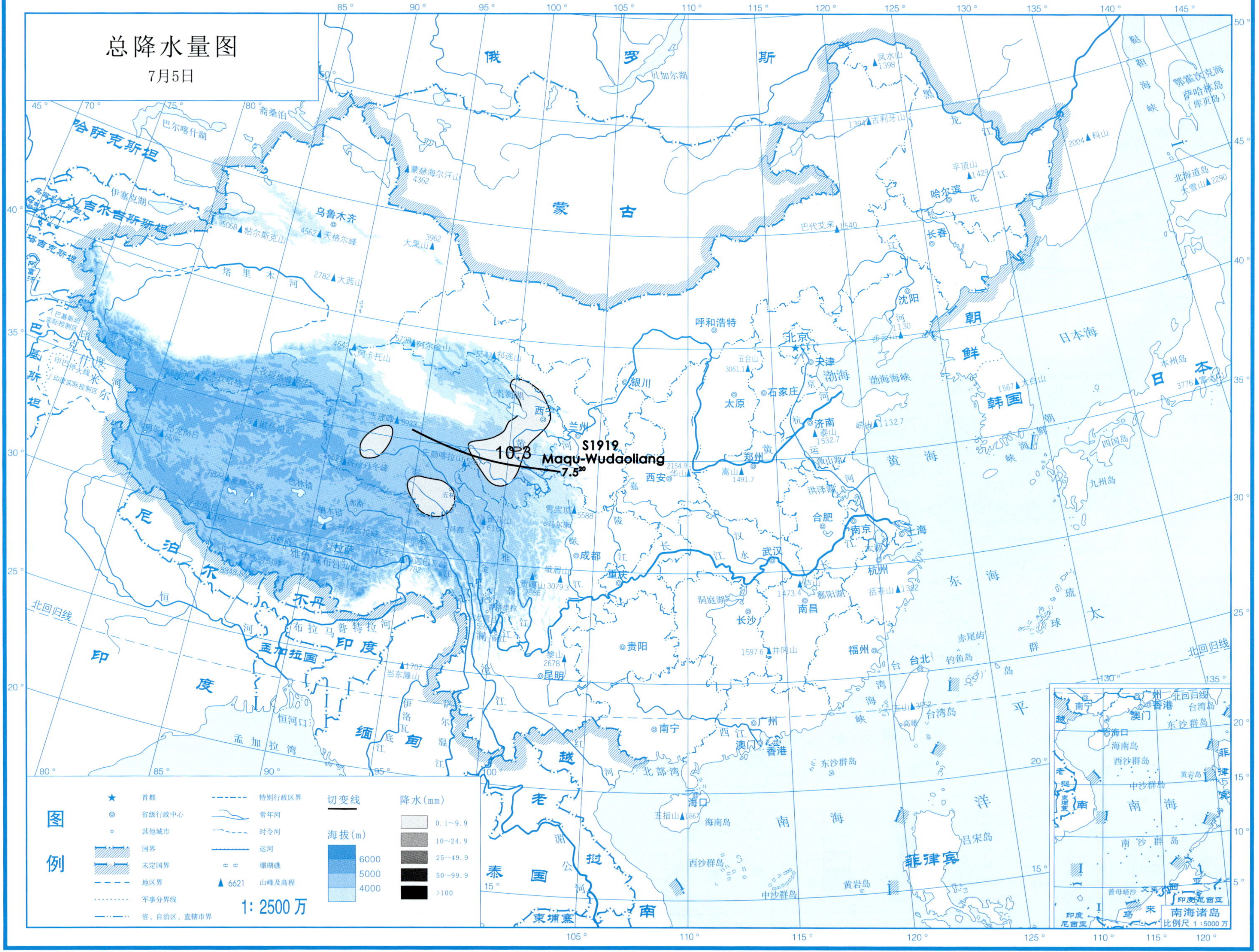
总降水量图
7月5日
S1919
Maqu-Wudaoliang
10.3
7.5
图例
首都
省级行政中心
其他城市
国界
未定国界
地区界
军事分界线
省、自治区、直辖市界
特别行政区界
常年河
时令河
运河
珊瑚礁
6621 山峰及高程
切变线
海拔(m)
6000
5000
4000
降水(mm)
0.1~9.9
10~24.9
25~49.9
50~99.9
>100
1:2500万
南海诸岛
比例尺 1:5000万

总降水日数图

7月5日

图例

- ★ 首都
- ◎ 省级行政中心
- ○ 其他城市
- 国界
- 未定国界
- 地区界
- 军事分界线
- 省、自治区、直辖市界
- 特别行政区界
- 常年河
- 时令河
- 运河
- 珊瑚礁
- ▲ 6621 山峰及高程

海拔(m)：6000、5000、4000

降水日数：1天、2~3天、4天以上

1: 2500 万

南海诸岛 比例尺 1 : 5000 万

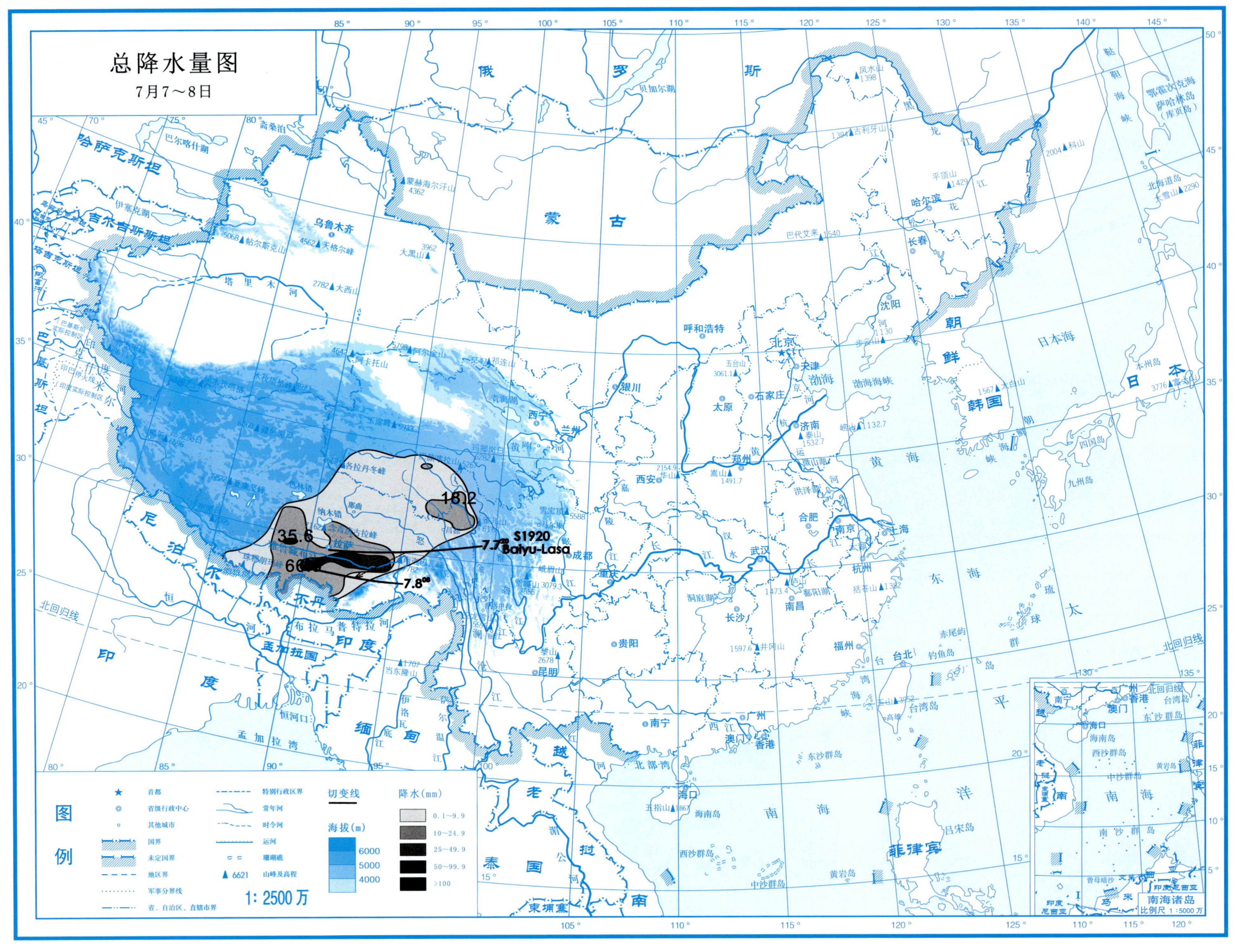
总降水量图
7月7～8日
35.6
18.2
S1920
Baiyu-Lasa
7.7
7.8
图例
首都
省级行政中心
其他城市
国界
未定国界
地区界
军事分界线
省、自治区、直辖市界
特别行政区界
常年河
时令河
运河
珊瑚礁
6621 山峰及高程
切变线
海拔(m)
6000
5000
4000
1: 2500 万
降水(mm)
0.1～9.9
10～24.9
25～49.9
50～99.9
>100
南海诸岛
比例尺 1:5000 万

总降水日数图

7月7～8日

图例

符号	说明	符号	说明
★	首都		特别行政区界
◎	省级行政中心		常年河
○	其他城市		时令河
	国界		运河
	未定国界		珊瑚礁
	地区界	▲ 6621	山峰及高程
	军事分界线		
	省、自治区、直辖市界		

海拔(m)：6000、5000、4000

降水日数：1天、2～3天、4天以上

1：2500万

南海诸岛 比例尺 1：5000万

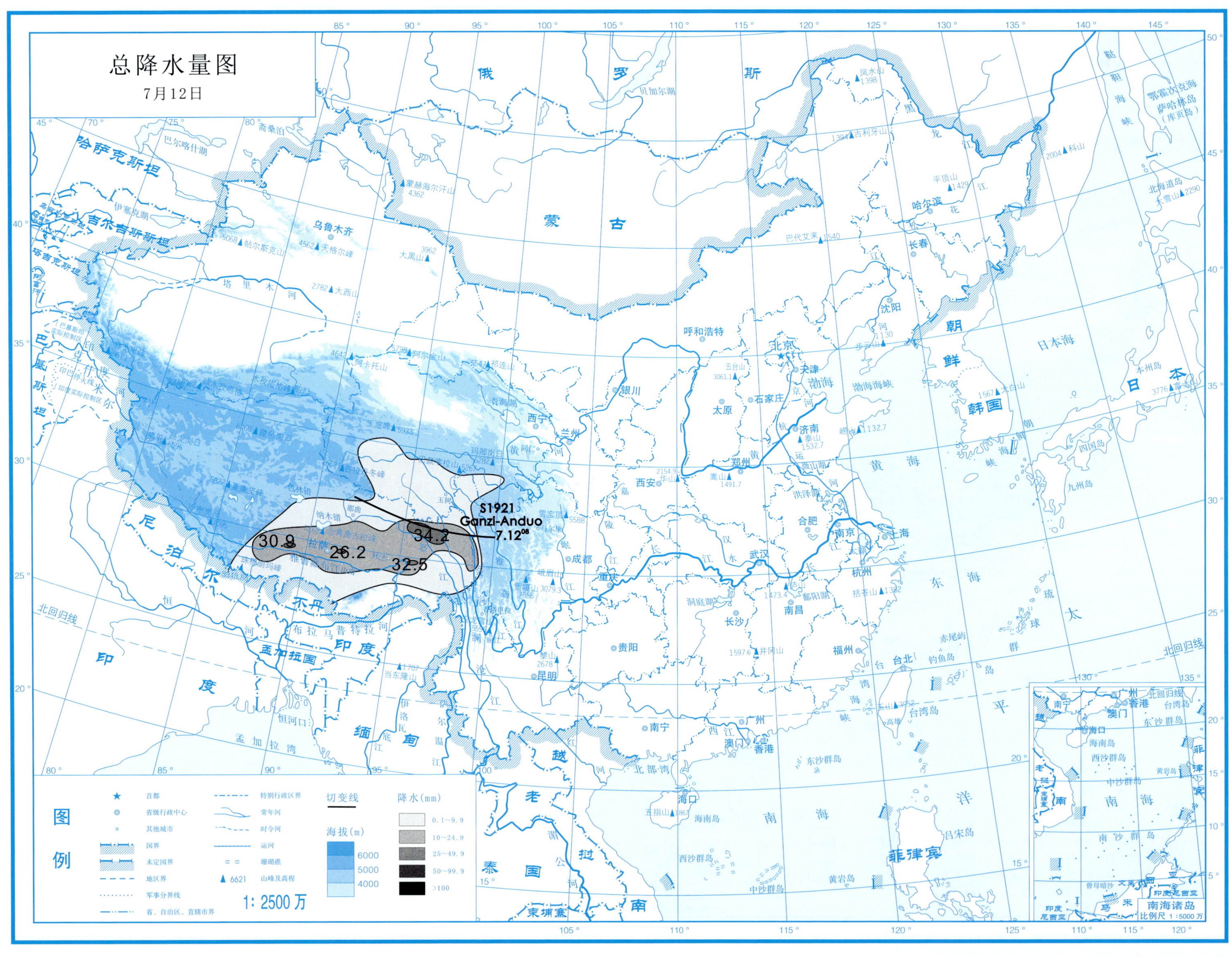
总降水量图
7月12日
S1921
Ganzi-Anduo
7.12[08]
30.9
26.2
34.2
32.5
图例
首都
省级行政中心
其他城市
国界
未定国界
地区界
军事分界线
省、自治区、直辖市界
特别行政区界
常年河
时令河
运河
珊瑚礁
6621 山峰及高程
切变线
海拔(m)
6000
5000
4000
降水(mm)
0.1~9.9
10~24.9
25~49.9
50~99.9
>100
1: 2500 万
南海诸岛
比例尺 1:5000 万
俄罗斯
蒙古
哈萨克斯坦
吉尔吉斯斯坦
塔吉克斯坦
尼泊尔
不丹
印度
孟加拉国
缅甸
老挝
泰国
越南
柬埔寨
菲律宾
朝鲜
韩国
日本
乌鲁木齐
拉萨
西宁
兰州
成都
重庆
昆明
贵阳
西安
银川
呼和浩特
北京
天津
石家庄
太原
济南
郑州
武汉
长沙
南昌
合肥
南京
上海
杭州
福州
台北
广州
香港
澳门
南宁
海口
哈尔滨
长春
沈阳
日本海
渤海
黄海
东海
南海
太平洋
北回归线

总降水日数图

7月12日

图例

符号	说明	符号	说明
★	首都		特别行政区界
◎	省级行政中心		常年河
○	其他城市		时令河
	国界		运河
	未定国界		珊瑚礁
	地区界	▲ 6621	山峰及高程
	军事分界线		
	省、自治区、直辖市界		

海拔(m)：6000、5000、4000

降水日数：1天、2~3天、4天以上

1：2500 万

南海诸岛 比例尺 1：5000 万

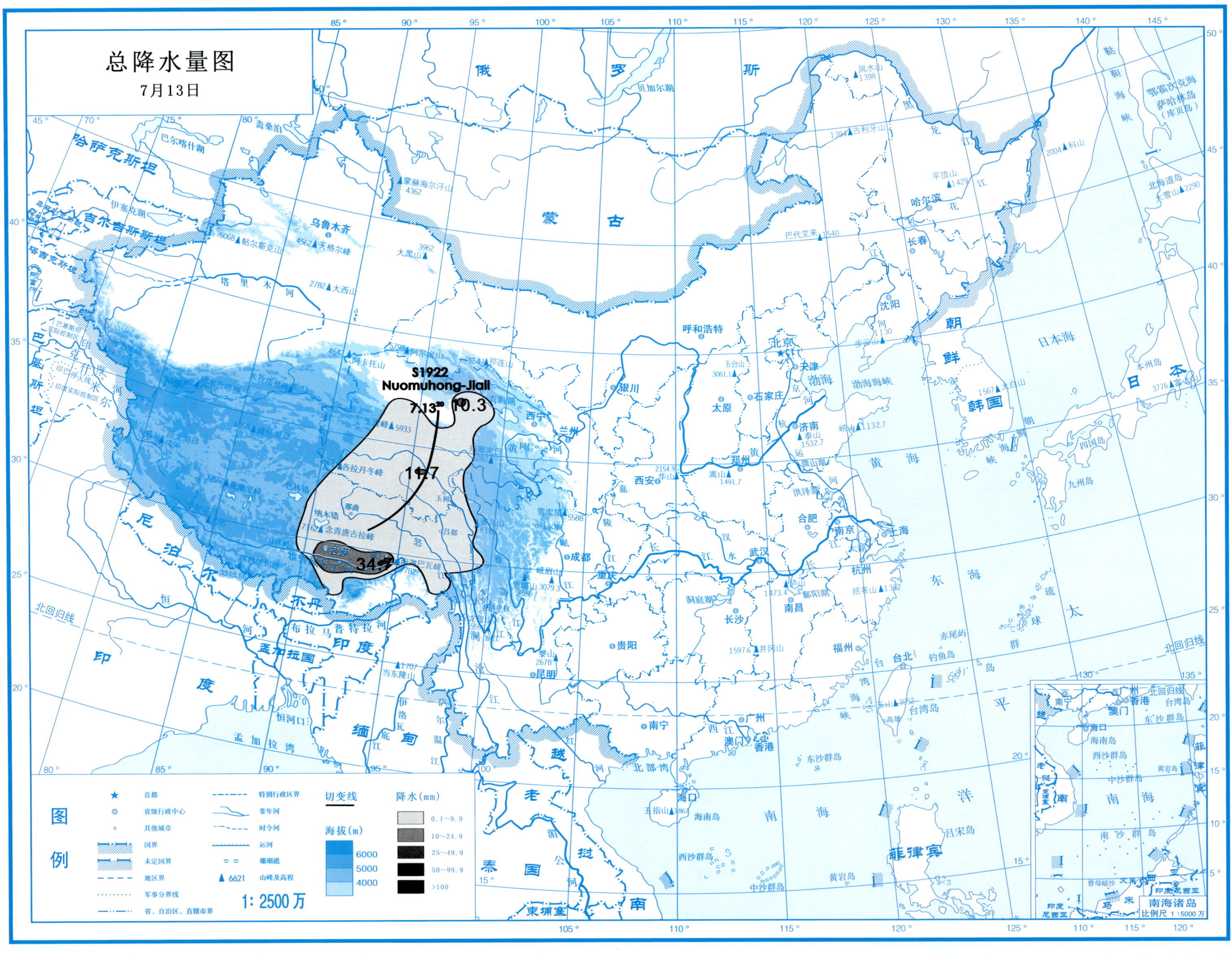
总降水量图
7月13日
S1922
Nuomuhong-Jiali
7.13[20]
10.3
11.7
34.7
图例
首都
省级行政中心
其他城市
国界
未定国界
地区界
军事分界线
省、自治区、直辖市界
特别行政区界
常年河
时令河
运河
珊瑚礁
6621 山峰及高程
切变线
海拔(m)
6000
5000
4000
1: 2500万
降水(mm)
0.1~9.9
10~24.9
25~49.9
50~99.9
>100
南海诸岛
比例尺 1:5000万

总降水日数图

7月13日

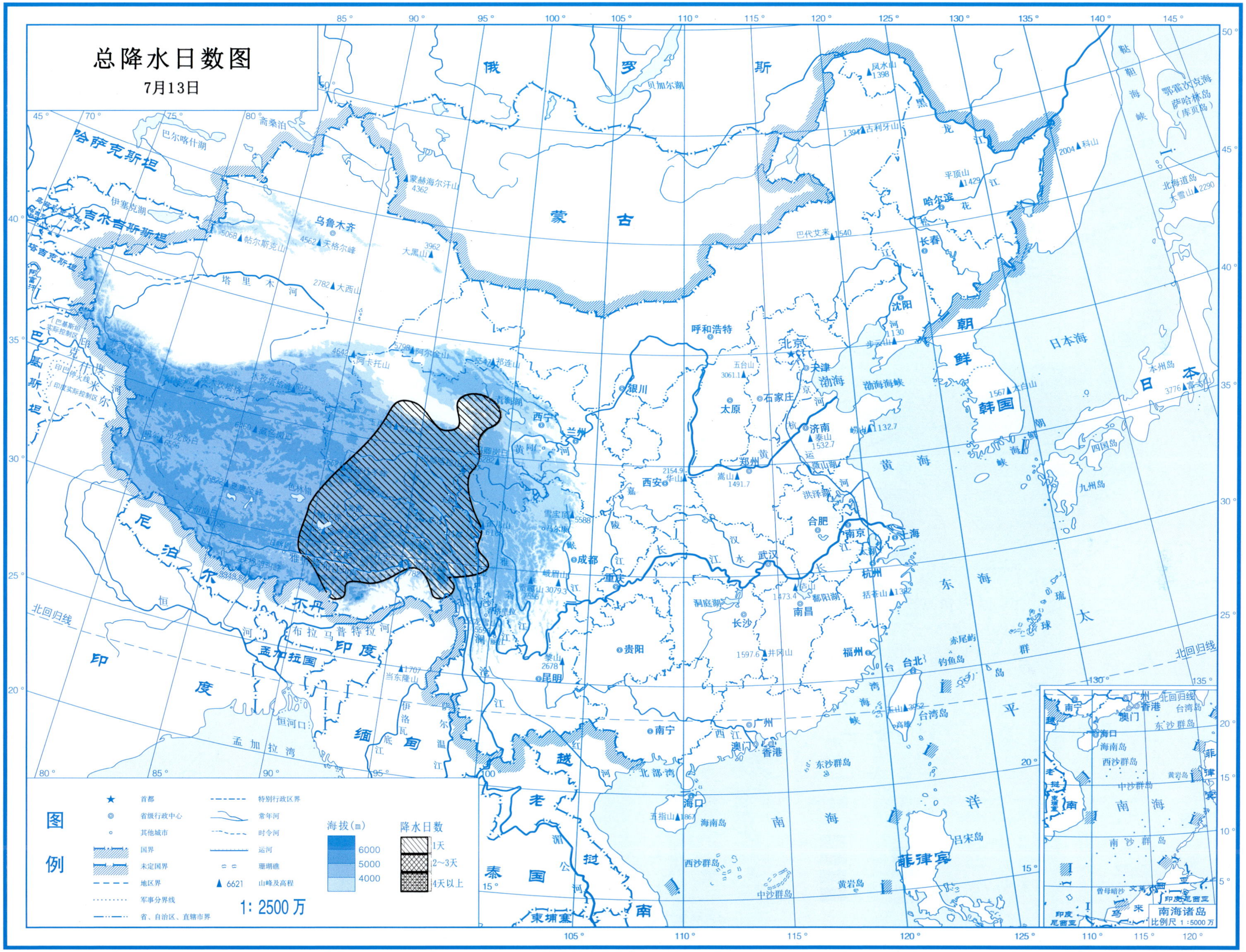

图例

★ 首都
◎ 省级行政中心
○ 其他城市
国界
未定国界
地区界
军事分界线
省、自治区、直辖市界
特别行政区界
常年河
时令河
运河
珊瑚礁
▲6621 山峰及高程

海拔(m)
6000
5000
4000

降水日数
1天
2~3天
4天以上

1: 2500 万

南海诸岛
比例尺 1 : 5000 万

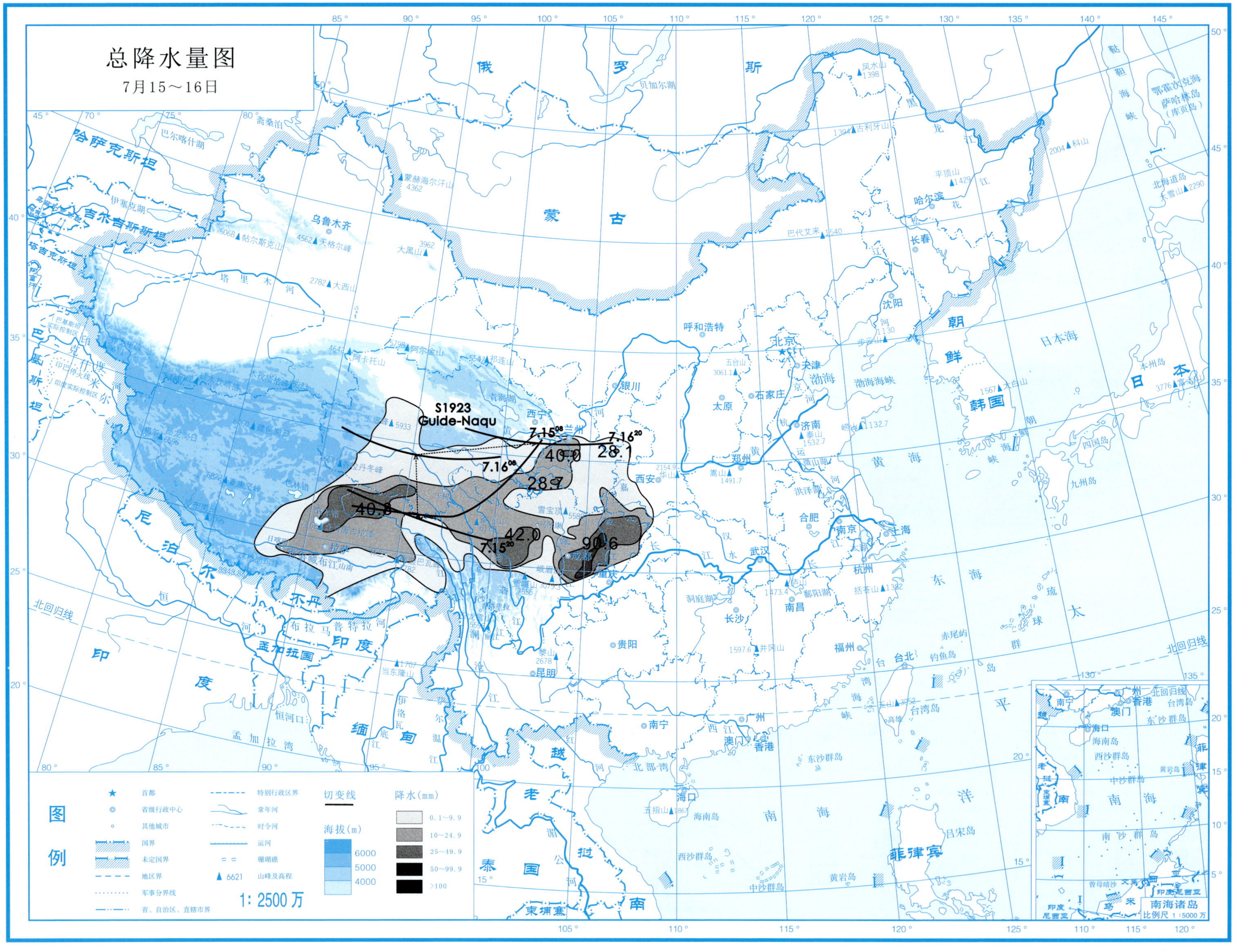

总降水量图
7月15～16日
S1923
Guide-Naqu
7.15⁰⁸
7.16²⁰
7.16⁰⁸
7.15²⁰
40.0
28.1
28.7
40.8
42.0
90.6
图例
首都
省级行政中心
其他城市
国界
未定国界
地区界
军事分界线
特别行政区界
常年河
时令河
运河
珊瑚礁
山峰及高程
省、自治区、直辖市界
切变线
海拔(m)
6000
5000
4000
降水(mm)
0.1～9.9
10～24.9
25～49.9
50～99.9
>100
1: 2500 万
南海诸岛
比例尺 1:5000 万

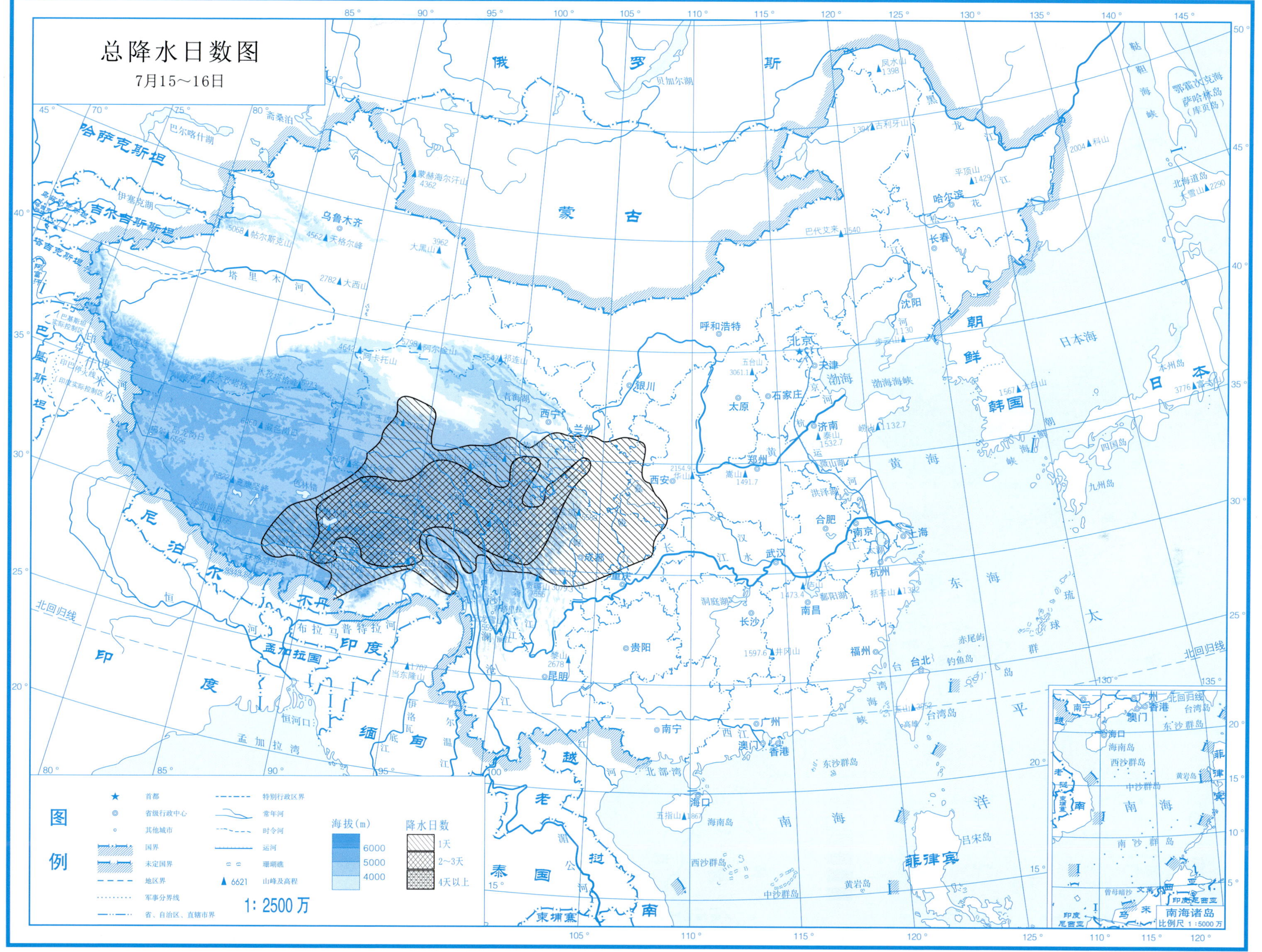
总降水日数图
7月15～16日
图例
首都
省级行政中心
其他城市
国界
未定国界
地区界
军事分界线
省、自治区、直辖市界
特别行政区界
常年河
时令河
运河
珊瑚礁
6621 山峰及高程
海拔(m)
6000
5000
4000
降水日数
1天
2~3天
4天以上
1: 2500万
南海诸岛
比例尺 1:5000万
俄罗斯
蒙古
哈萨克斯坦
吉尔吉斯斯坦
塔吉克斯坦
巴基斯坦
尼泊尔
不丹
印度
孟加拉国
缅甸
老挝
泰国
柬埔寨
越南
朝鲜
韩国
日本
菲律宾
乌鲁木齐
呼和浩特
北京
天津
石家庄
太原
济南
银川
西宁
兰州
西安
郑州
合肥
南京
上海
杭州
武汉
成都
重庆
长沙
南昌
福州
台北
贵阳
昆明
南宁
广州
澳门
香港
海口
沈阳
长春
哈尔滨
日本海
渤海
黄海
东海
南海
太平洋
北回归线

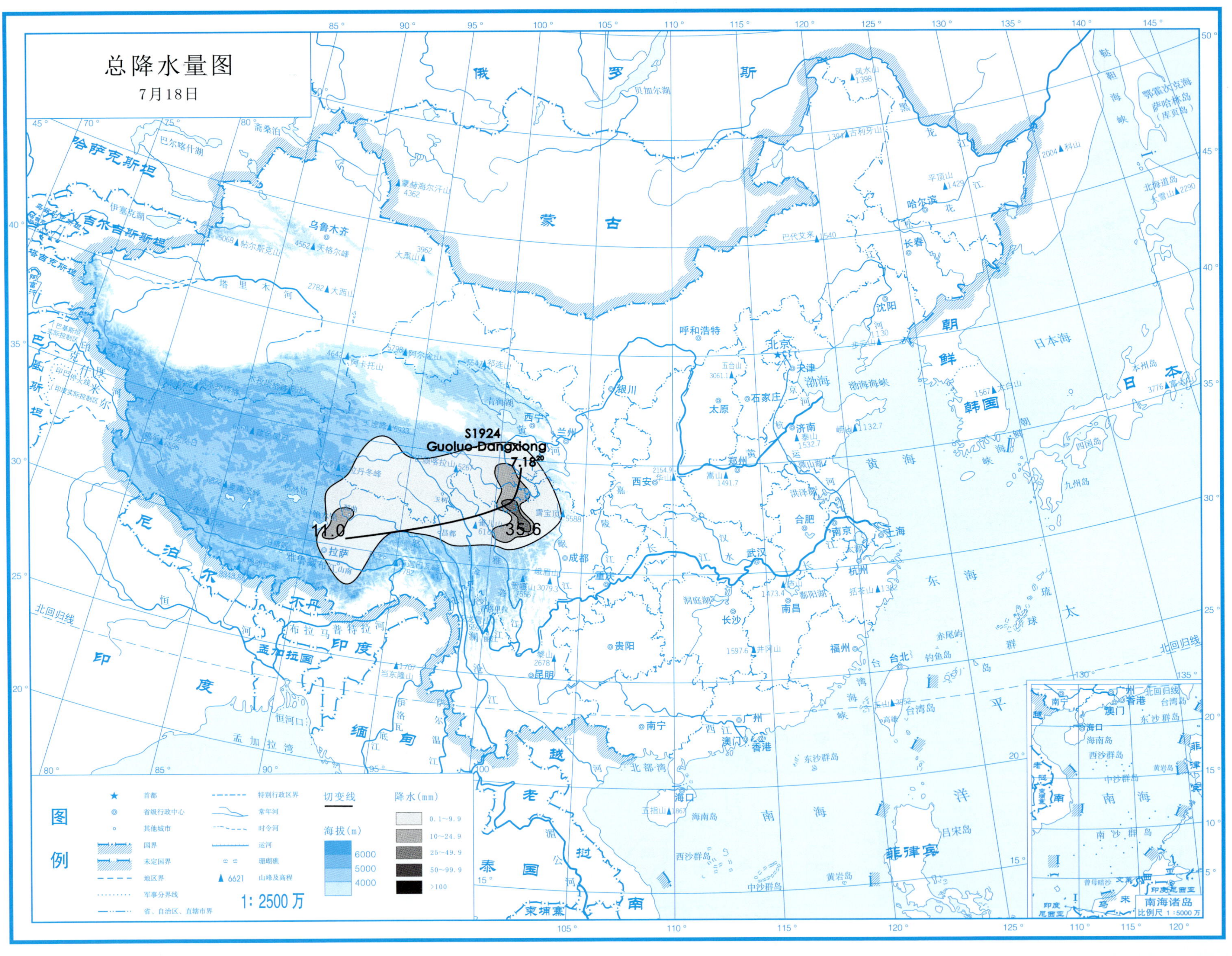

总降水量图
7月18日
S1924
Guoluo-Dangxiong
7.18[20]
11.0
35.6
图例
首都
省级行政中心
其他城市
国界
未定国界
地区界
军事分界线
省、自治区、直辖市界
特别行政区界
常年河
时令河
运河
珊瑚礁
6621 山峰及高程
切变线
海拔(m)
6000
5000
4000
降水(mm)
0.1~9.9
10~24.9
25~49.9
50~99.9
>100
1:2500万
南海诸岛
比例尺 1:5000万

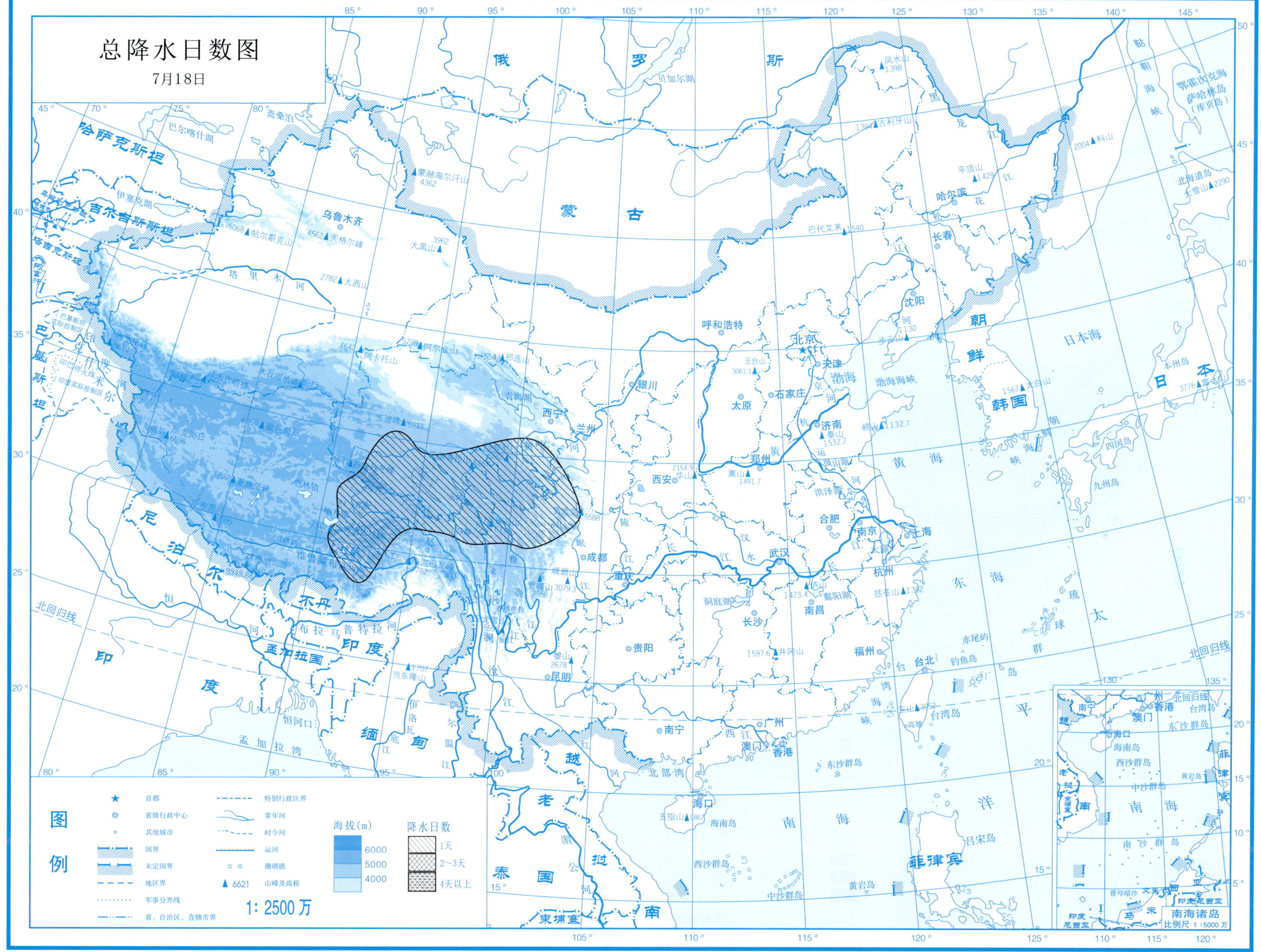
总降水日数图
7月18日
图例
首都
省级行政中心
其他城市
国界
未定国界
地区界
军事分界线
省、自治区、直辖市界
特别行政区界
常年河
时令河
运河
珊瑚礁
山峰及高程
海拔(m)
6000
5000
4000
降水日数
1天
2~3天
4天以上
1:2500万
南海诸岛
比例尺 1:5000万

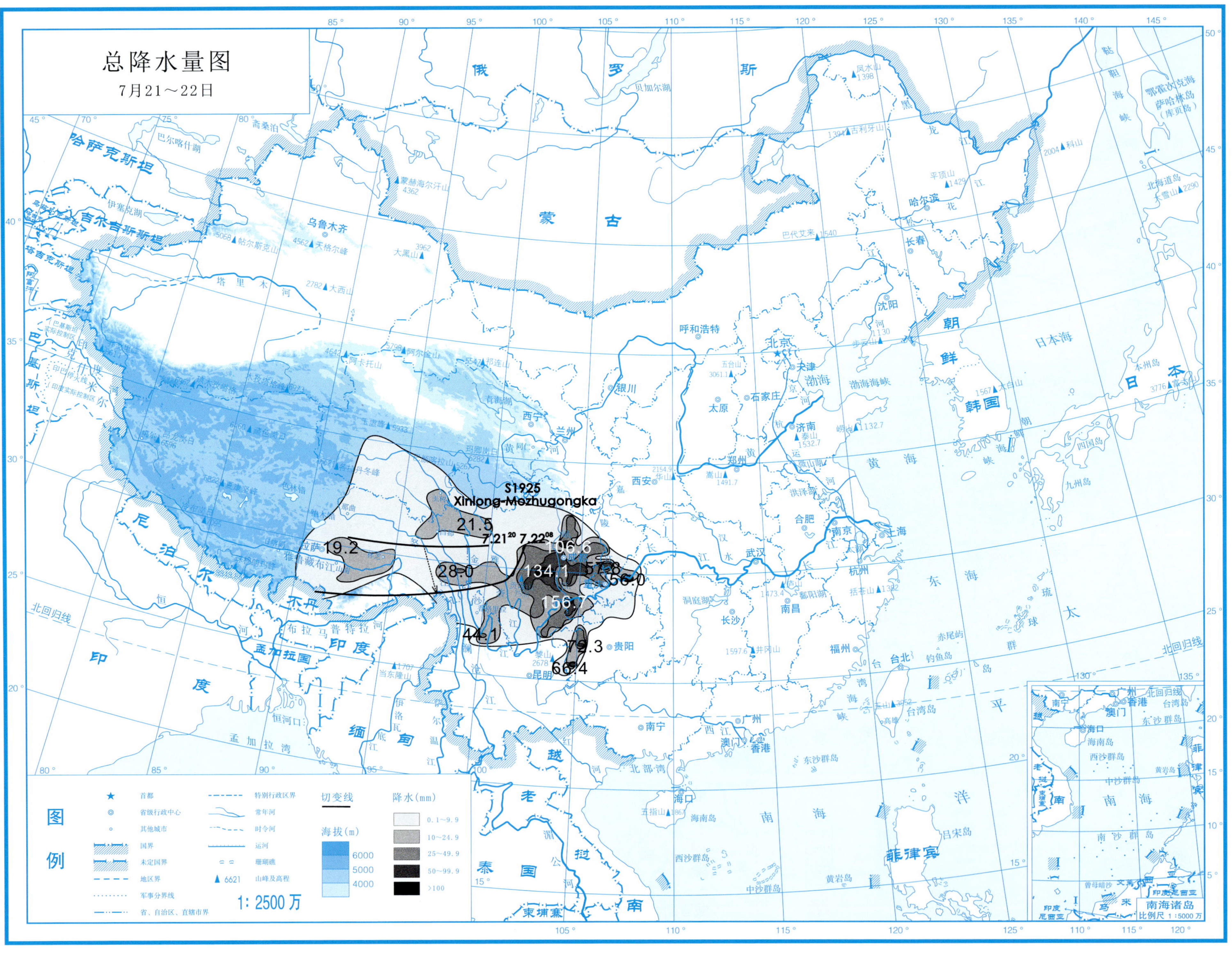
总降水量图
7月21～22日
S1925
Xinlong-Mozhugongka
7.21[20] 7.22[08]
21.5
19.2
28.0
106.6
134.1
57.8
56.0
156.7
44.1
79.3
66.4
图例
首都
省级行政中心
其他城市
国界
未定国界
地区界
军事分界线
省、自治区、直辖市界
特别行政区界
常年河
时令河
运河
珊瑚礁
6621 山峰及高程
切变线
海拔(m)
6000
5000
4000
降水(mm)
0.1～9.9
10～24.9
25～49.9
50～99.9
>100
1:2500万
南海诸岛
比例尺 1:5000万

总降水日数图

7月21～22日

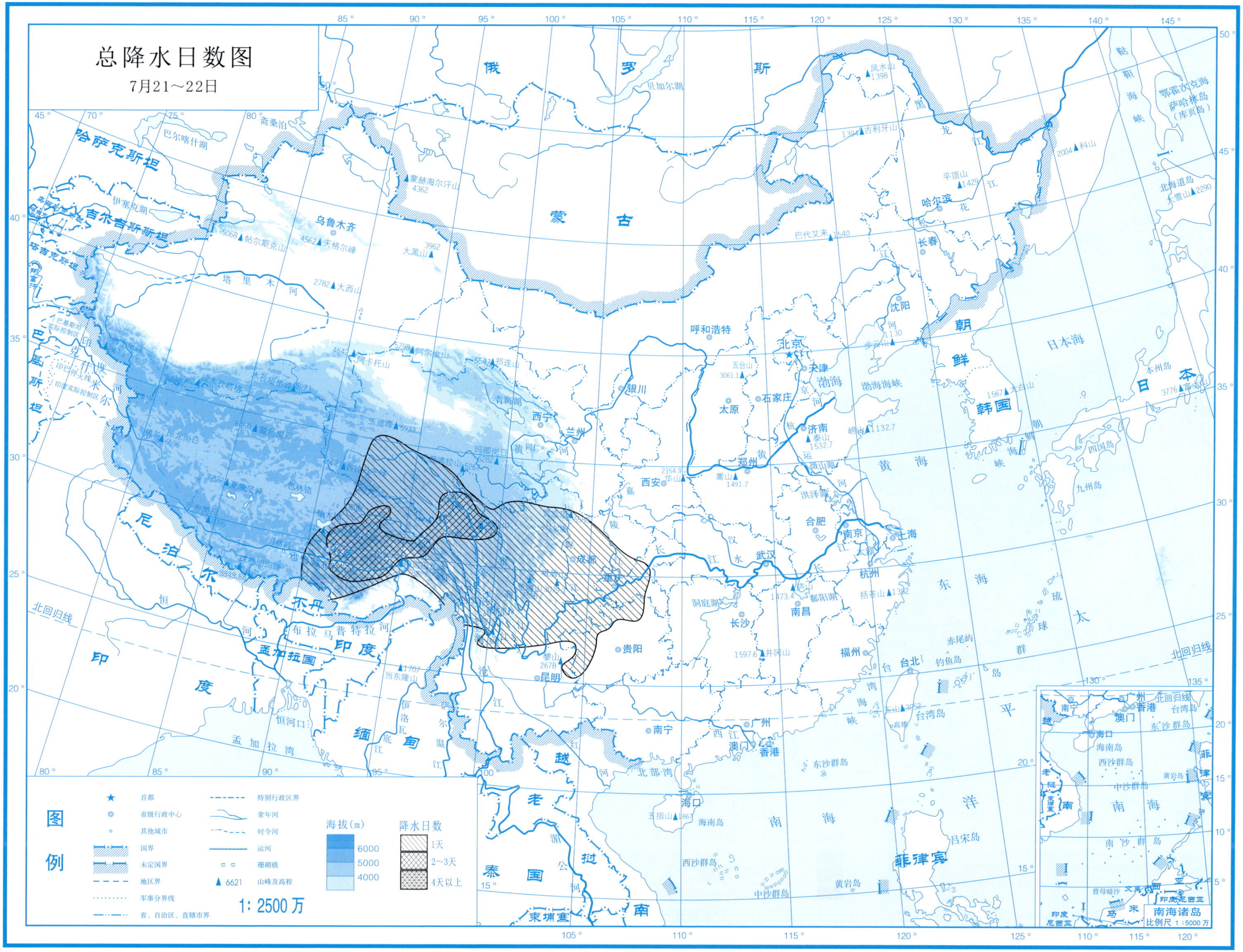

图例

符号	说明	符号	说明
★	首都		特别行政区界
◎	省级行政中心		常年河
○	其他城市		时令河
	国界		运河
	未定国界		珊瑚礁
	地区界	▲ 6621	山峰及高程
	军事分界线		
	省、自治区、直辖市界		

海拔（m）：6000、5000、4000

降水日数：1天、2～3天、4天以上

1：2500万

南海诸岛 比例尺 1：5000万

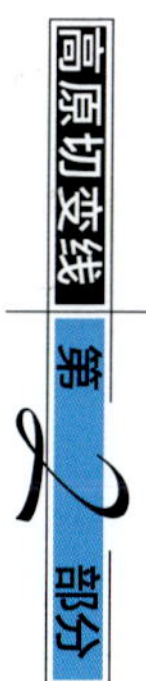

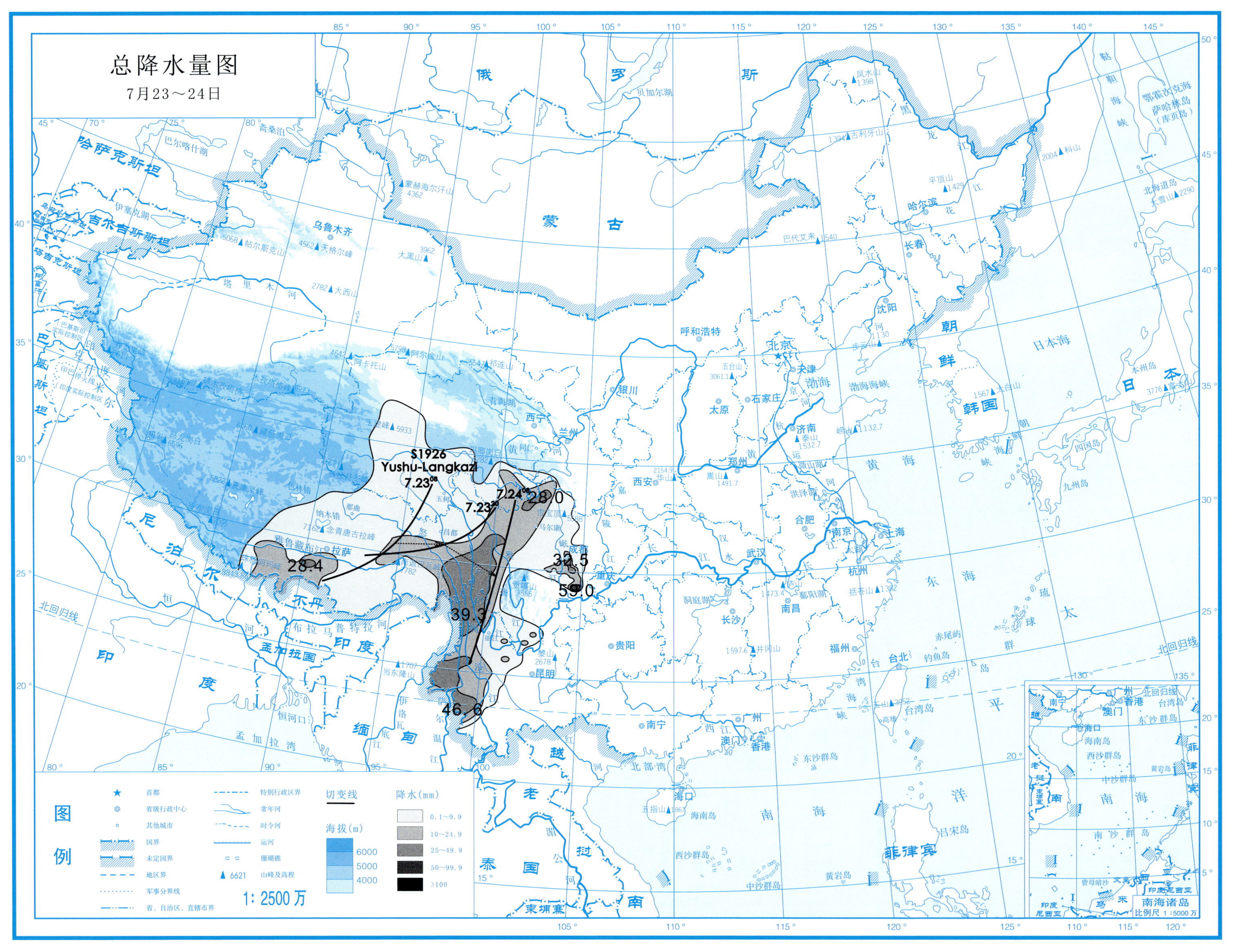
总降水量图
7月23～24日
S1926
Yushu-Langkazi
7.23⁰⁸
7.23²⁰
7.24⁰⁸
28.4
28.0
32.5
55.0
39.3
46.6
图例
首都
省级行政中心
其他城市
国界
未定国界
地区界
军事分界线
省、自治区、直辖市界
特别行政区界
常年河
时令河
运河
珊瑚礁
6621 山峰及高程
1: 2500 万
切变线
海拔(m)
6000
5000
4000
降水(mm)
0.1～9.9
10～24.9
25～49.9
50～99.9
>100
南海诸岛
比例尺 1:5000 万

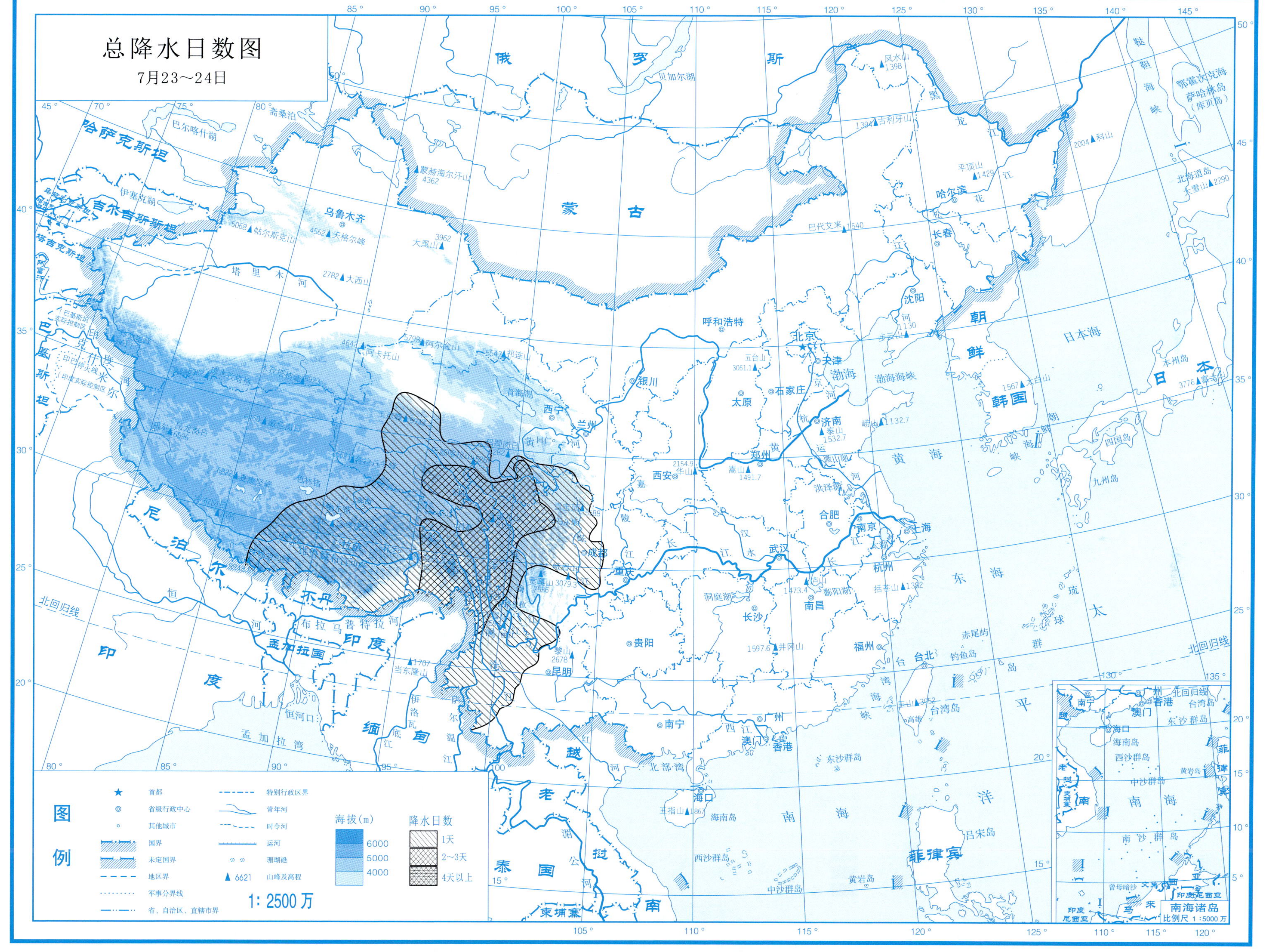

总降水日数图
7月23～24日
图例
首都
省级行政中心
其他城市
国界
未定国界
地区界
军事分界线
省、自治区、直辖市界
特别行政区界
常年河
时令河
运河
珊瑚礁
6621 山峰及高程
海拔(m)
6000
5000
4000
降水日数
1天
2~3天
4天以上
1: 2500万
南海诸岛
比例尺 1:5000万
俄罗斯
蒙古
哈萨克斯坦
吉尔吉斯斯坦
塔吉克斯坦
阿富汗
巴基斯坦
印度
尼泊尔
不丹
孟加拉国
缅甸
老挝
越南
泰国
柬埔寨
朝鲜
韩国
日本
菲律宾
马来西亚
文莱
印度尼西亚
北京
天津
上海
重庆
香港
澳门
台北
乌鲁木齐
拉萨
西宁
兰州
银川
呼和浩特
哈尔滨
长春
沈阳
石家庄
太原
济南
郑州
西安
成都
贵阳
昆明
南宁
广州
海口
长沙
武汉
南昌
合肥
南京
杭州
福州
渤海
黄海
东海
南海
日本海
太平洋
北回归线

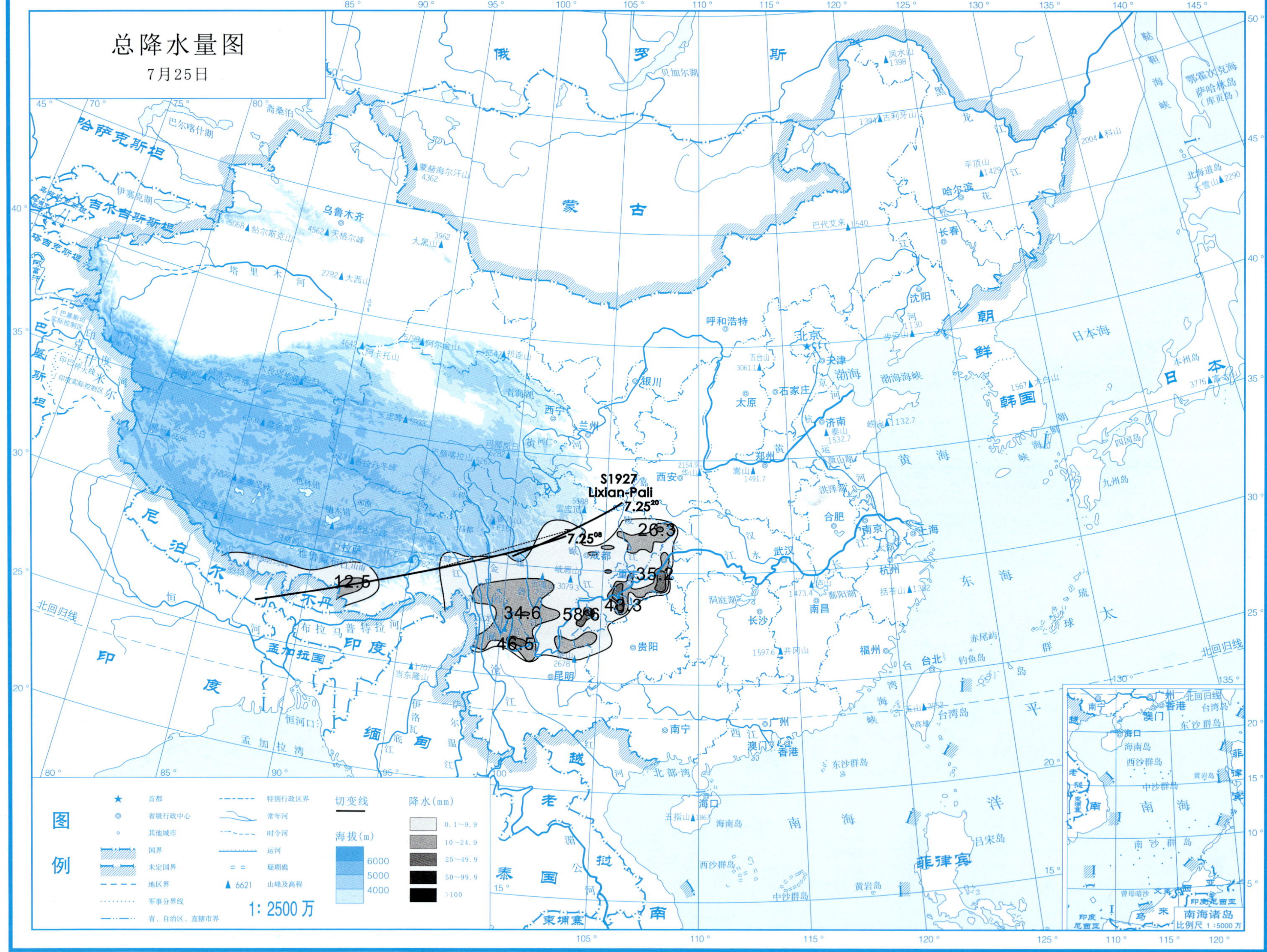
总降水量图
7月25日
S1927
Lixian-Pali
7.25²⁰
7.25⁰⁸
26.3
35.2
12.5
34.6
58.6
48.3
46.5
图例
首都
省级行政中心
其他城市
国界
未定国界
地区界
军事分界线
省、自治区、直辖市界
特别行政区界
常年河
时令河
运河
珊瑚礁
山峰及高程
切变线
海拔(m)
6000
5000
4000
降水(mm)
0.1~9.9
10~24.9
25~49.9
50~99.9
>100
1: 2500 万
南海诸岛
比例尺 1:5000 万

总降水日数图

7月25日

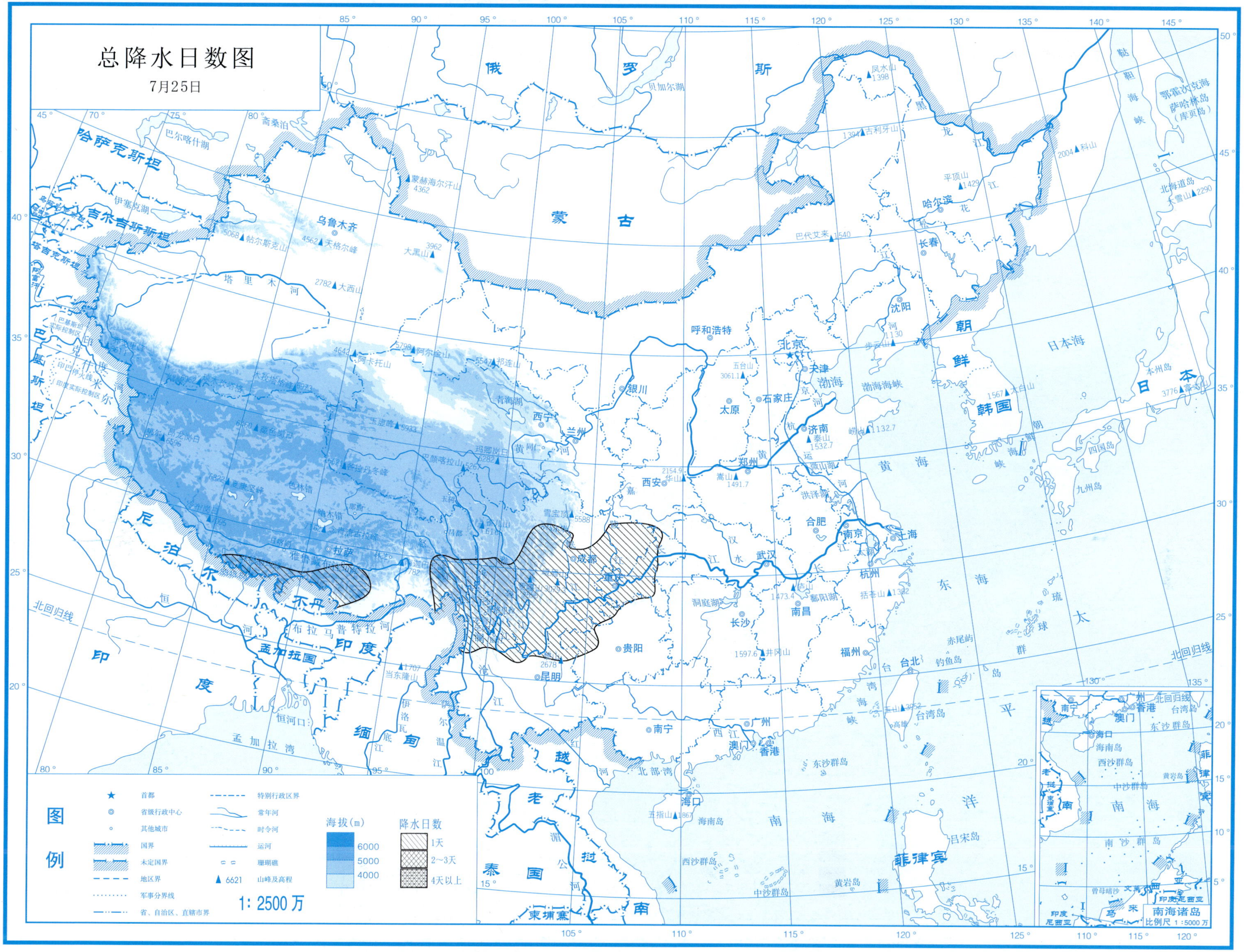

图例

符号	说明	符号	说明
★	首都		特别行政区界
◎	省级行政中心		常年河
○	其他城市		时令河
	国界		运河
	未定国界		珊瑚礁
	地区界	▲ 6621	山峰及高程
	军事分界线		
	省、自治区、直辖市界		

海拔(m)

- 6000
- 5000
- 4000

降水日数

- 1天
- 2~3天
- 4天以上

1: 2500万

南海诸岛

比例尺 1 :5000万

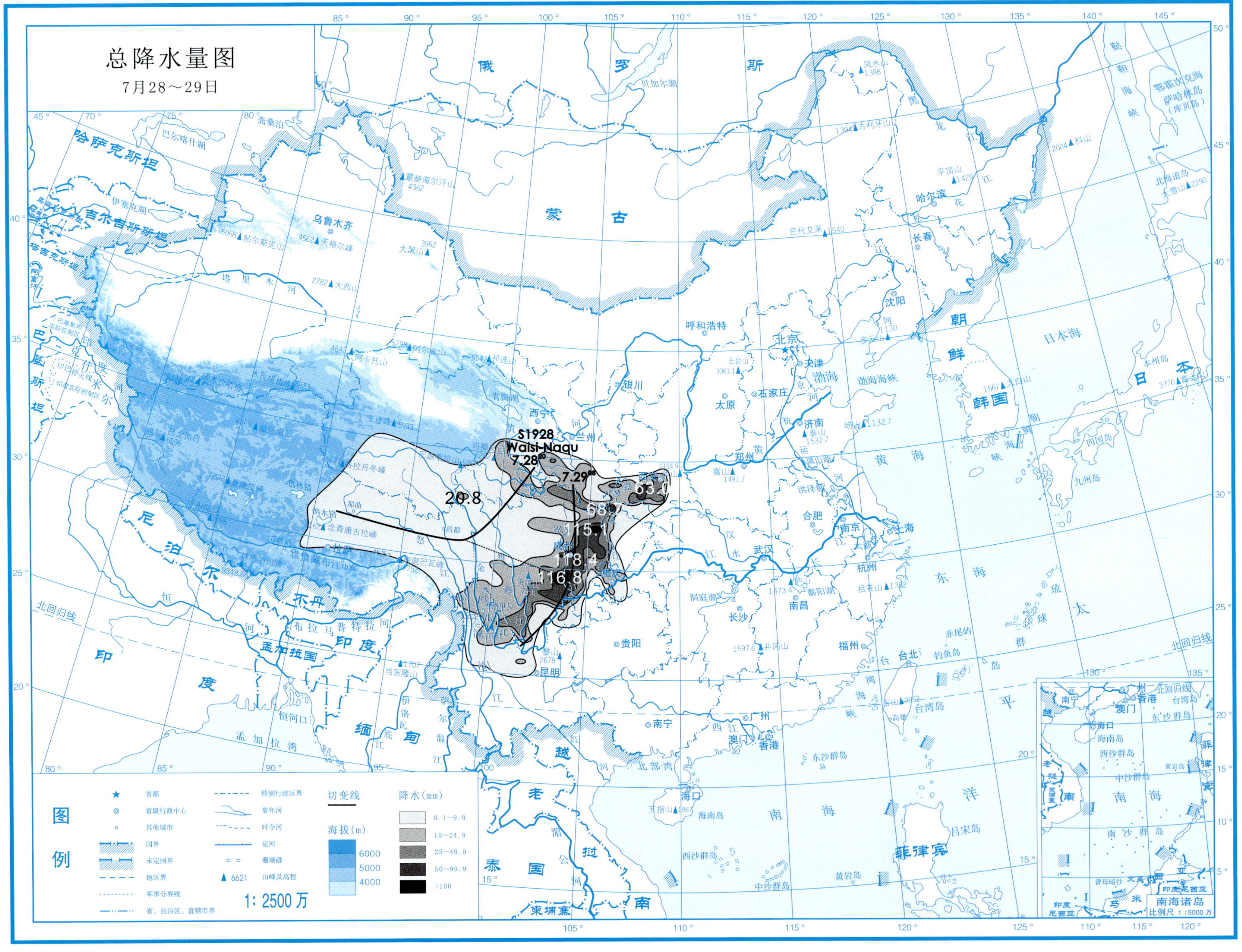
总降水量图
7月28～29日
S1928
Waisi-Naqu
7.28⁰⁸
7.29⁰⁸
20.8
63.0
68.7
115.1
118.4
116.8
图例
首都
省级行政中心
其他城市
国界
未定国界
地区界
军事分界线
省、自治区、直辖市界
特别行政区界
常年河
时令河
运河
珊瑚礁
6621 山峰及高程
切变线
海拔(m)
6000
5000
4000
降水(mm)
0.1～9.9
10～24.9
25～49.9
50～99.9
>100
1: 2500万
南海诸岛
比例尺 1:5000万

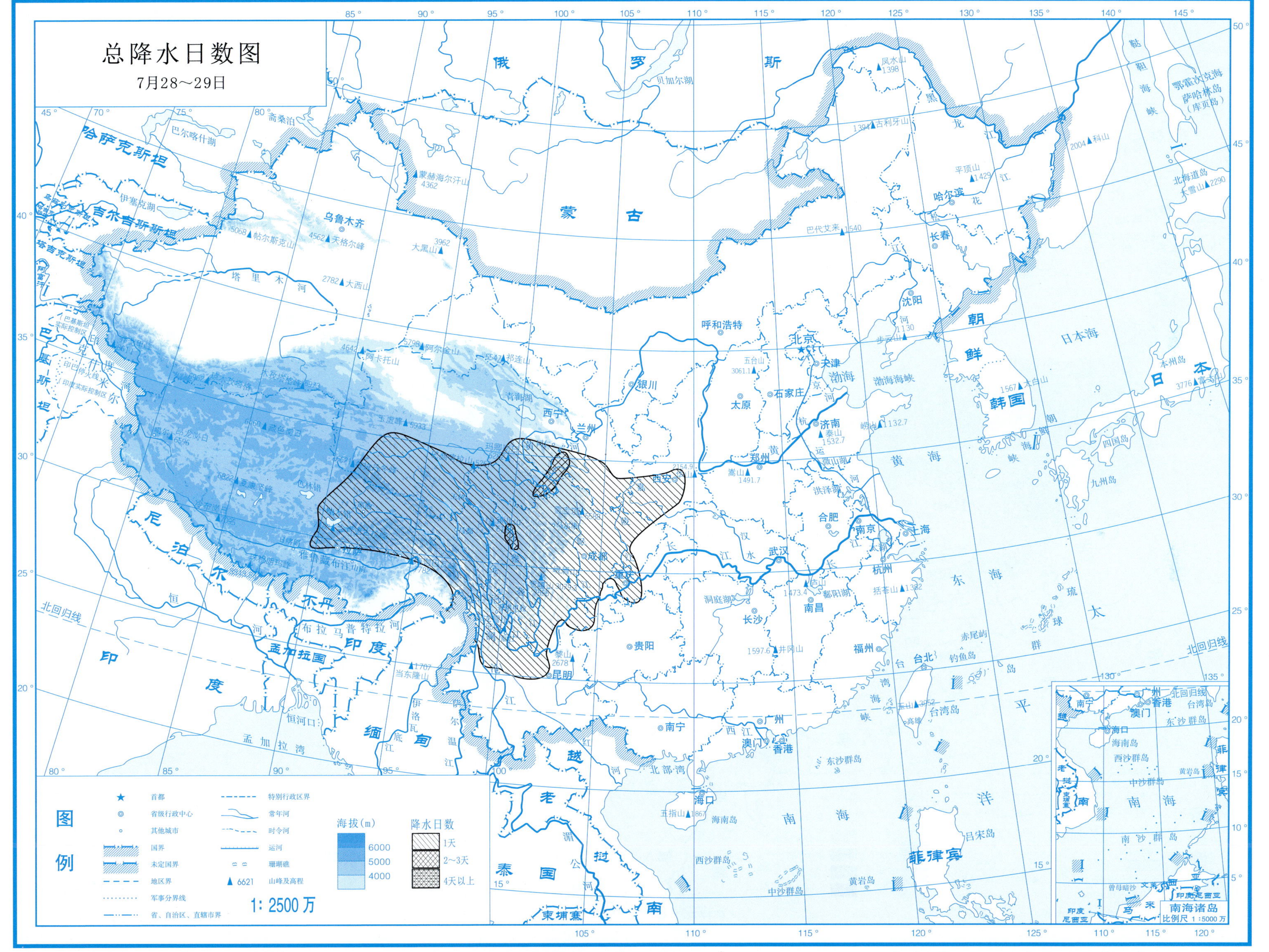
总降水日数图
7月28～29日
图例
首都
省级行政中心
其他城市
国界
未定国界
地区界
军事分界线
省、自治区、直辖市界
特别行政区界
常年河
时令河
运河
珊瑚礁
6621 山峰及高程
海拔(m)
6000
5000
4000
降水日数
1天
2~3天
4天以上
1: 2500 万
南海诸岛
比例尺 1:5000 万

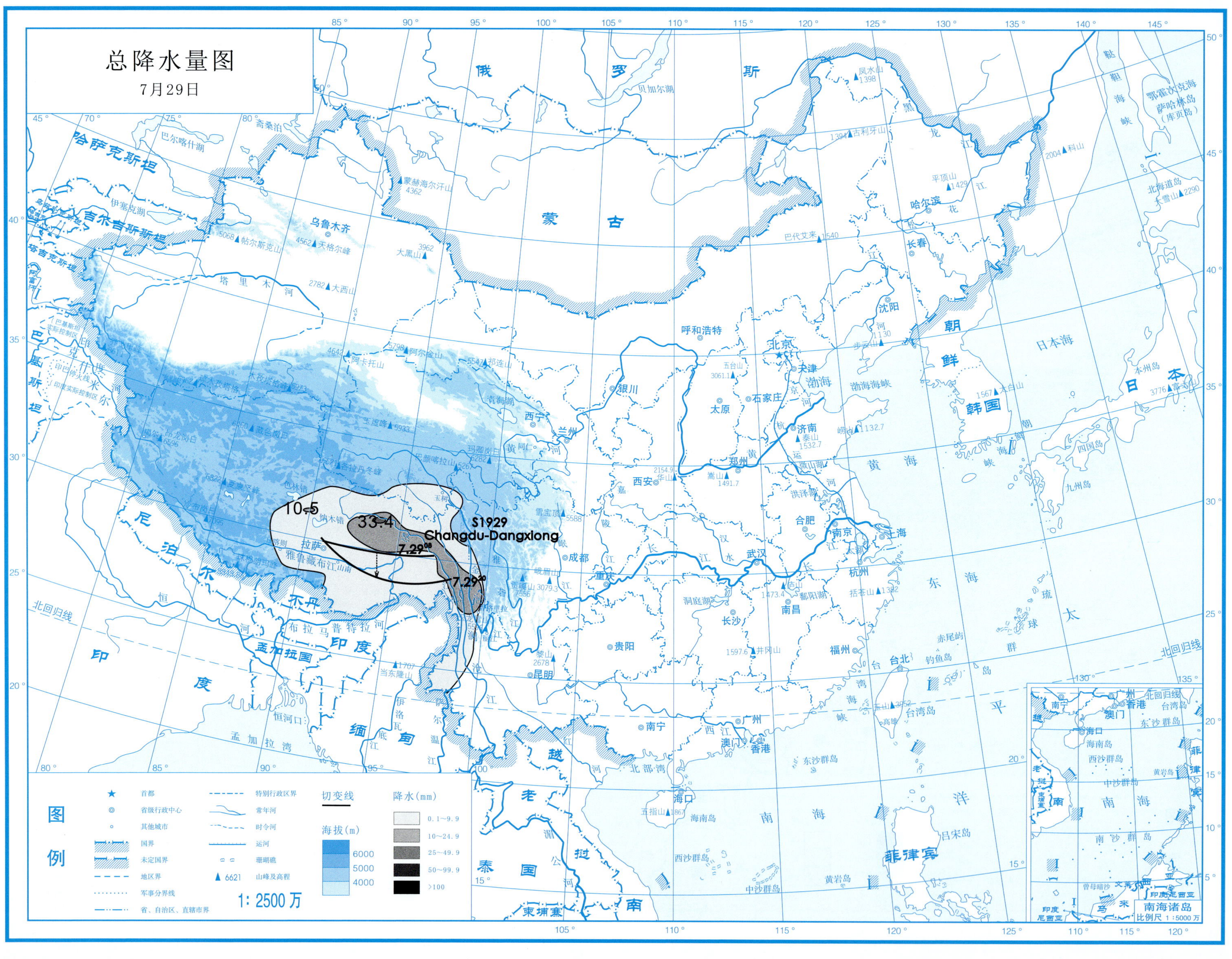

总降水量图
7月29日
10.5
33.4
S1929
Changdu-Dangxiong
7.29⁰⁰
7.29⁰⁰
图例
首都
省级行政中心
其他城市
国界
未定国界
地区界
军事分界线
省、自治区、直辖市界
特别行政区界
常年河
时令河
运河
珊瑚礁
6621 山峰及高程
切变线
海拔(m)
6000
5000
4000
1：2500万
降水(mm)
0.1～9.9
10～24.9
25～49.9
50～99.9
>100
南海诸岛
比例尺 1：5000万

总降水日数图

7月29日

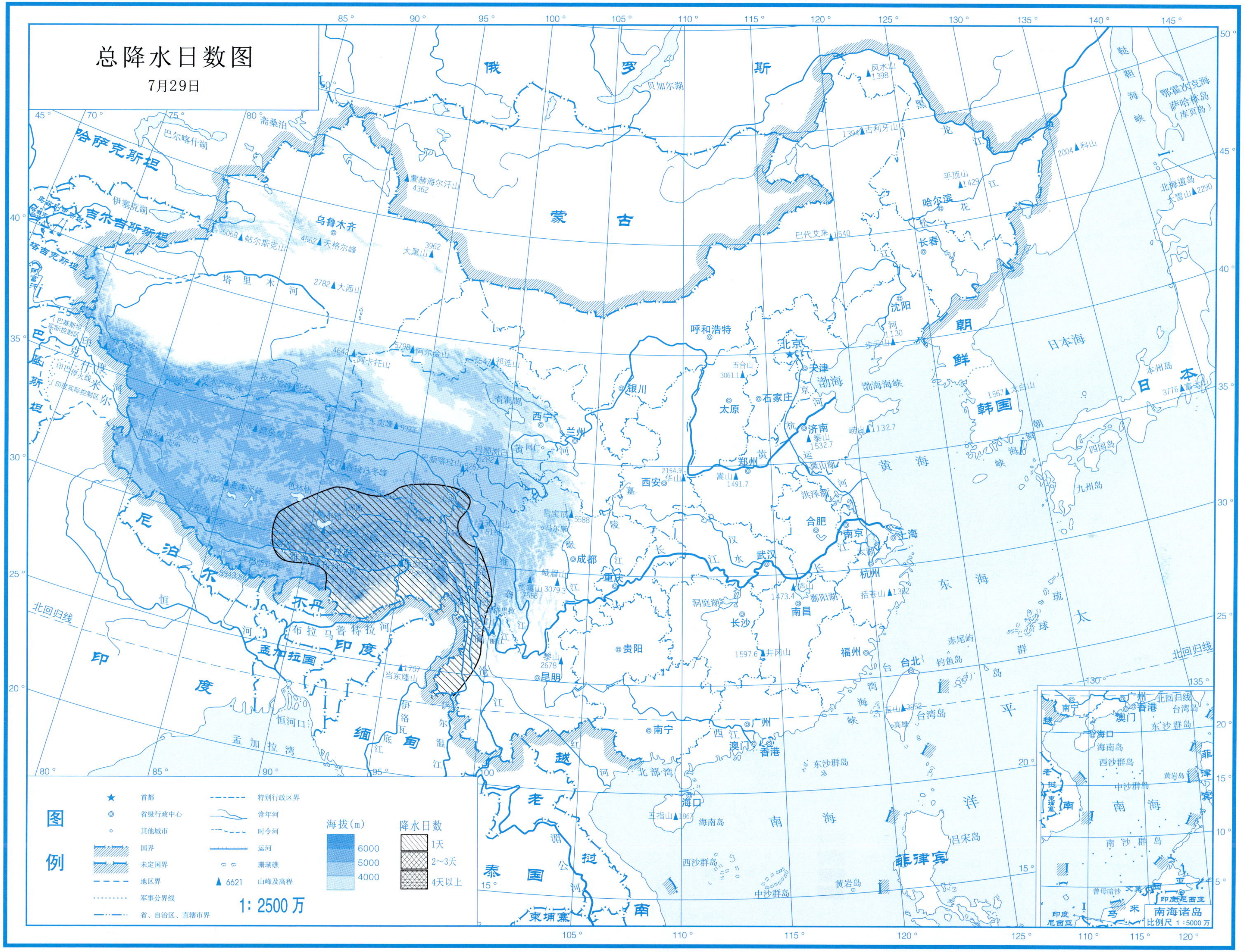

图例

★	首都		特别行政区界
◎	省级行政中心		常年河
○	其他城市		时令河
	国界		运河
	未定国界		珊瑚礁
	地区界	▲ 6621	山峰及高程
	军事分界线		
	省、自治区、直辖市界		

海拔(m)：6000　5000　4000

降水日数：1天　2~3天　4天以上

1: 2500万

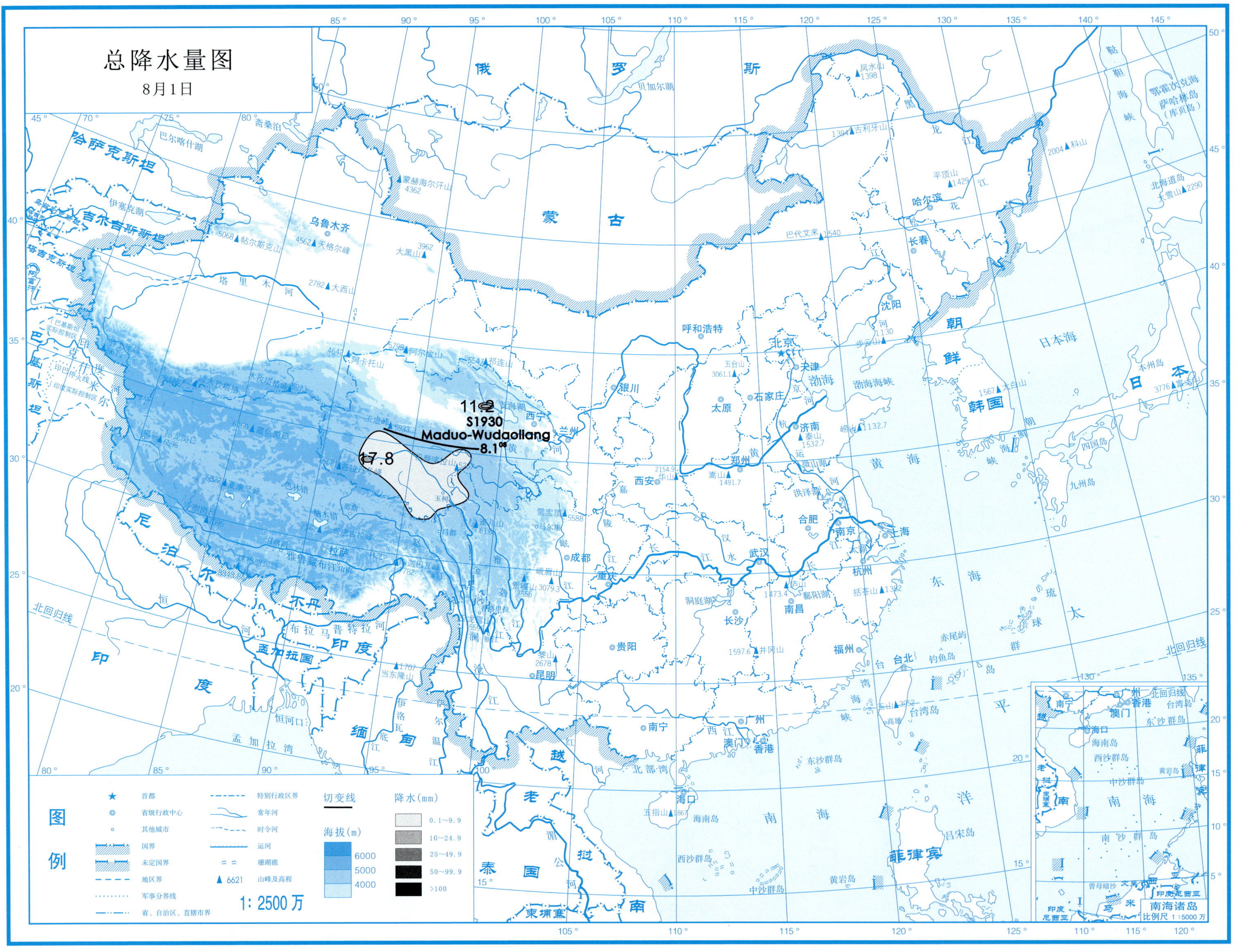
总降水量图
8月1日
11.2
S1930
Maduo-Wudaoliang
8.1[08]
17.8
图例
首都
省级行政中心
其他城市
国界
未定国界
地区界
军事分界线
省、自治区、直辖市界
特别行政区界
常年河
时令河
运河
珊瑚礁
6621 山峰及高程
切变线
海拔(m)
6000
5000
4000
1: 2500万
降水(mm)
0.1~9.9
10~24.9
25~49.9
50~99.9
>100
南海诸岛
比例尺 1:5000万

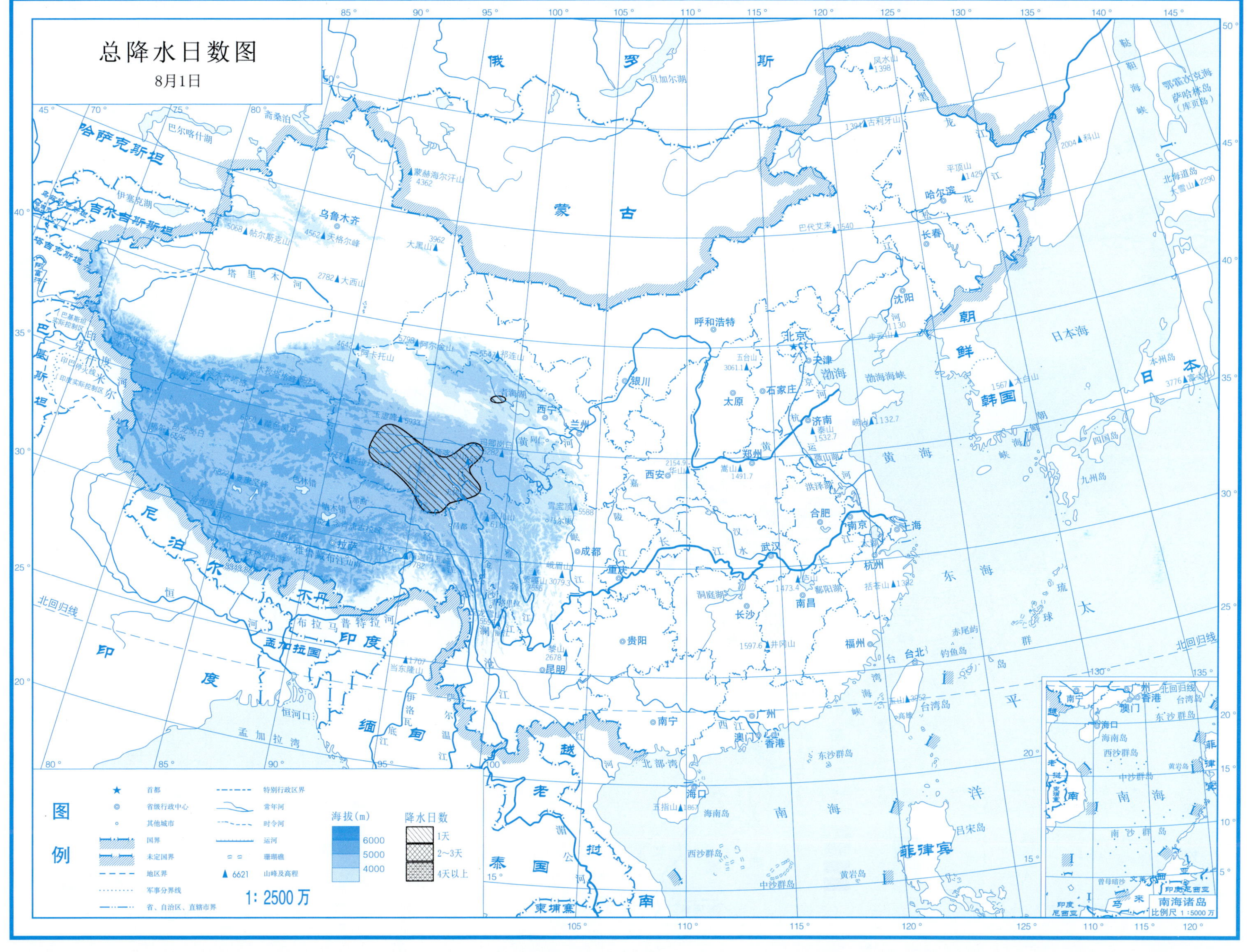

Page...248

高原切变线

第2部分

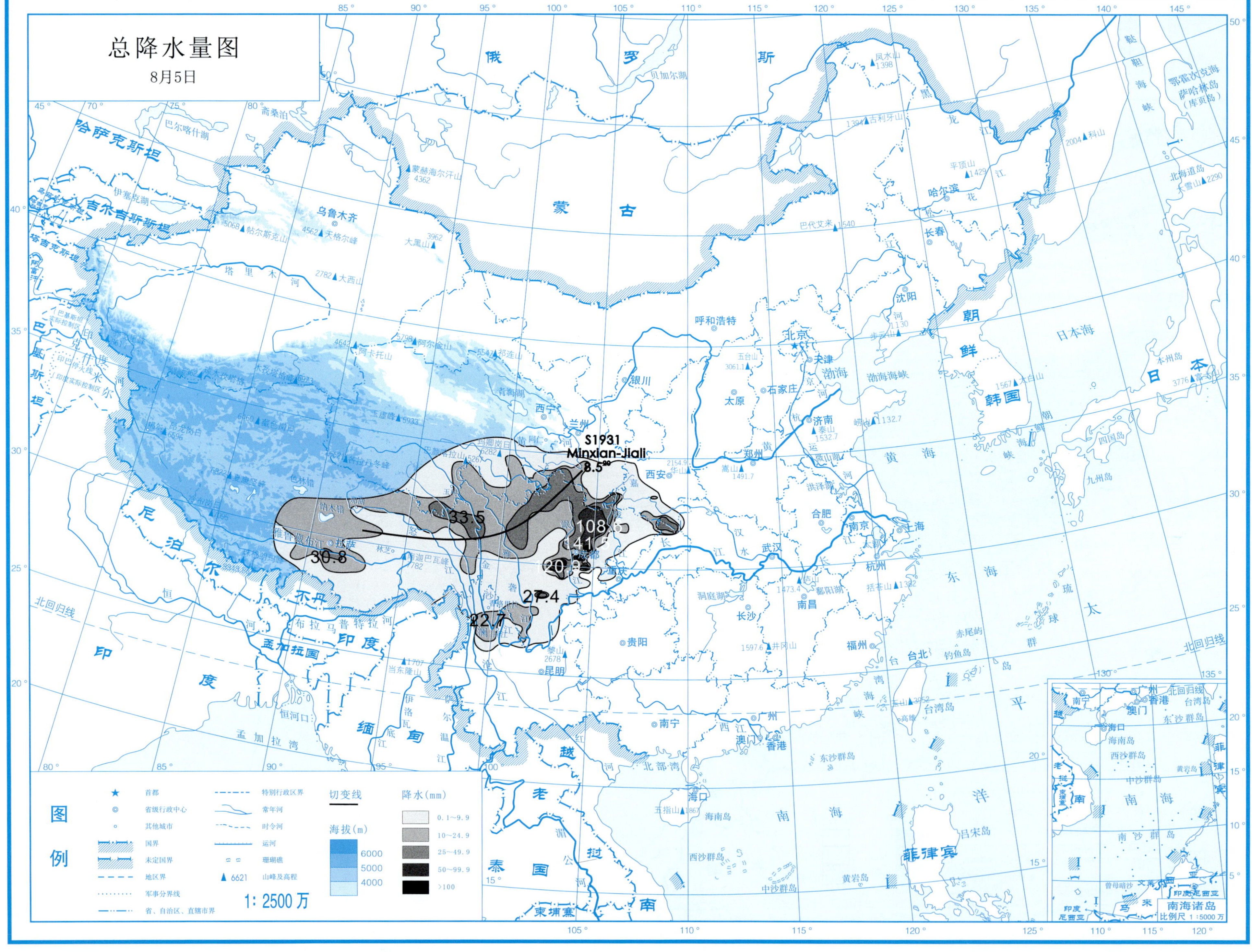
总降水量图
8月5日
S1931
Minxian-Jiali
8.5
33.5
30.8
108.6
141.5
20.9
27.4
22.7
图例
首都
省级行政中心
其他城市
国界
未定国界
地区界
军事分界线
省、自治区、直辖市界
特别行政区界
常年河
时令河
运河
珊瑚礁
山峰及高程
切变线
海拔(m)
6000
5000
4000
降水(mm)
0.1~9.9
10~24.9
25~49.9
50~99.9
>100
1：2500万
南海诸岛
比例尺 1：5000万

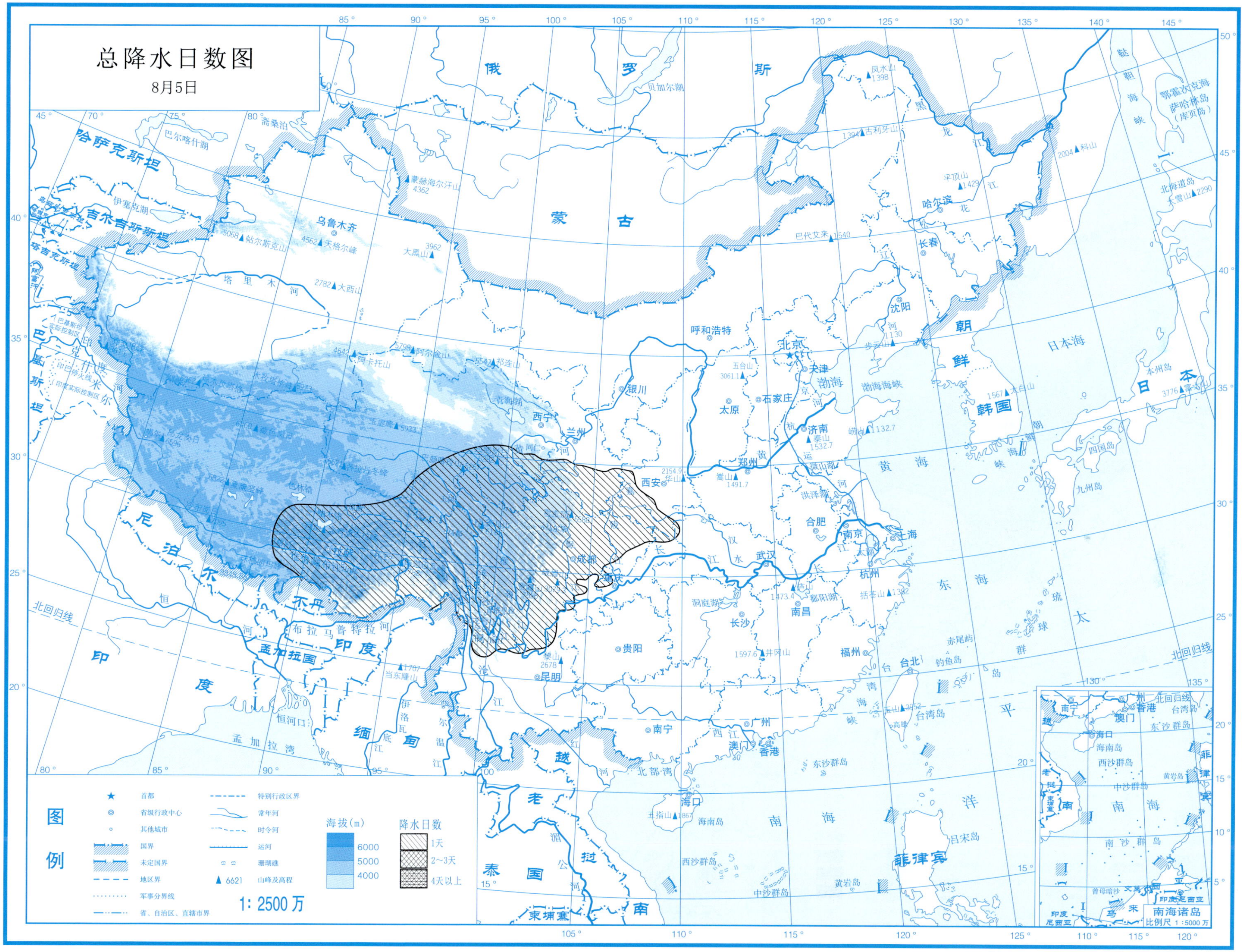

总降水日数图

8月5日

图例

★ 首都
◎ 省级行政中心
○ 其他城市
国界
未定国界
地区界
军事分界线
省、自治区、直辖市界
特别行政区界
常年河
时令河
运河
珊瑚礁
▲6621 山峰及高程

海拔(m)
6000
5000
4000

降水日数
1天
2~3天
4天以上

1: 2500 万

南海诸岛
比例尺 1 : 5000 万

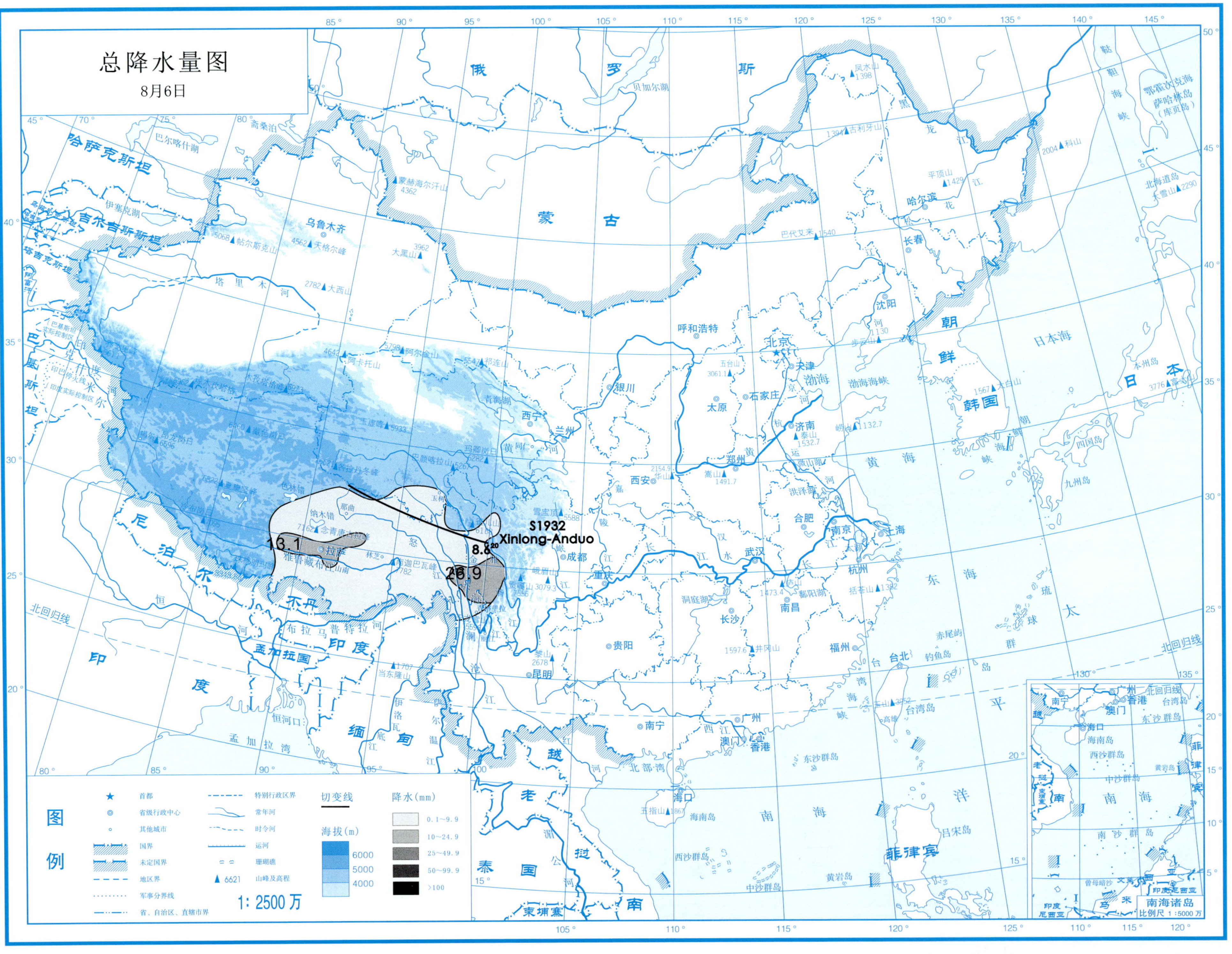
总降水量图
8月6日
S1932
Xinlong-Anduo
13.1
8.8
26.9
图例
首都
省级行政中心
其他城市
国界
未定国界
地区界
军事分界线
省、自治区、直辖市界
特别行政区界
常年河
时令河
运河
珊瑚礁
山峰及高程
切变线
海拔(m)
6000
5000
4000
降水(mm)
0.1~9.9
10~24.9
25~49.9
50~99.9
>100
1: 2500 万
南海诸岛
比例尺 1:5000 万

总降水日数图
8月6日
图例
首都
省级行政中心
其他城市
国界
未定国界
地区界
军事分界线
省、自治区、直辖市界
特别行政区界
常年河
时令河
运河
珊瑚礁
6621 山峰及高程
海拔(m)
6000
5000
4000
降水日数
1天
2~3天
4天以上
1: 2500万
南海诸岛
比例尺 1:5000万

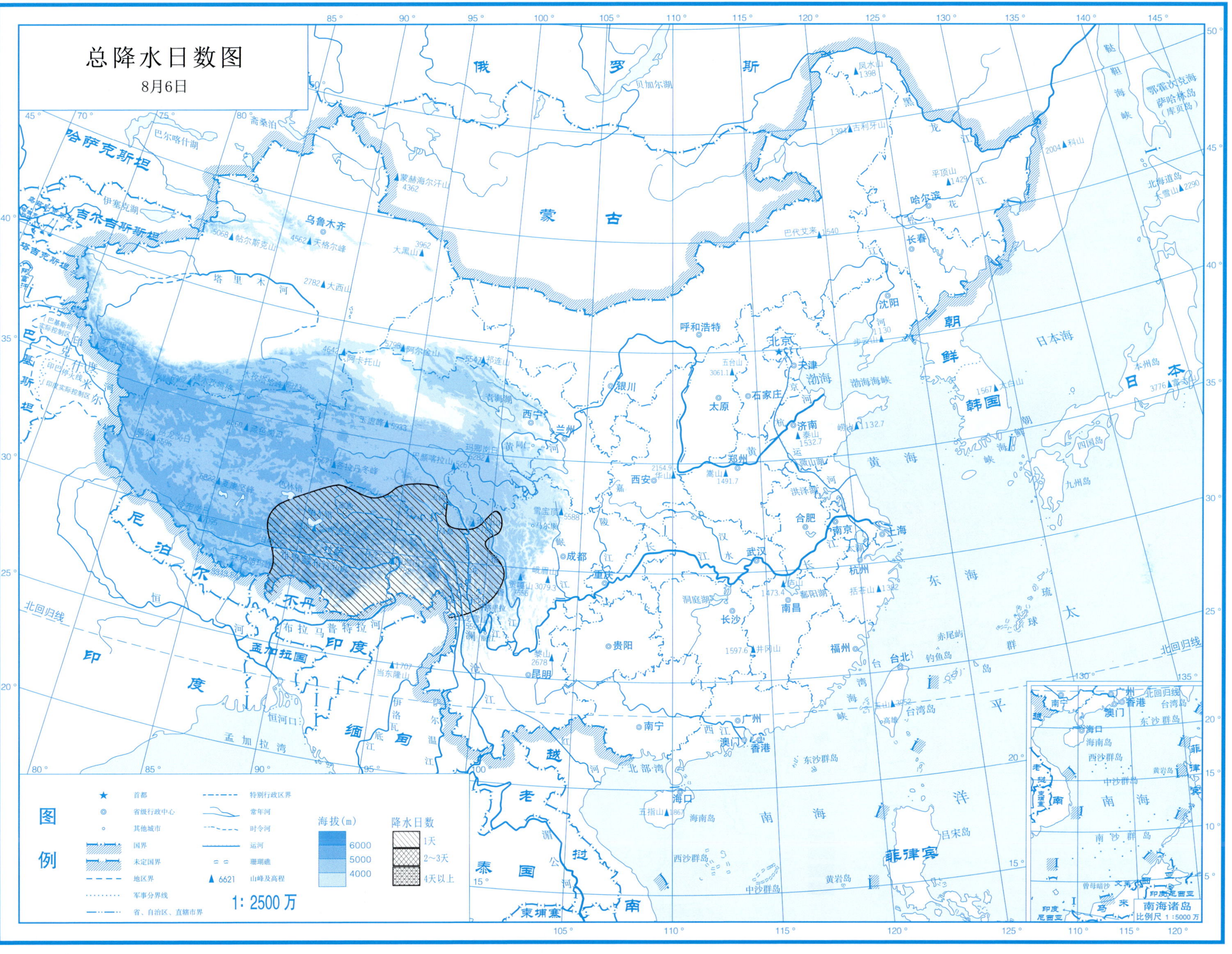

高原切变线

第2部分

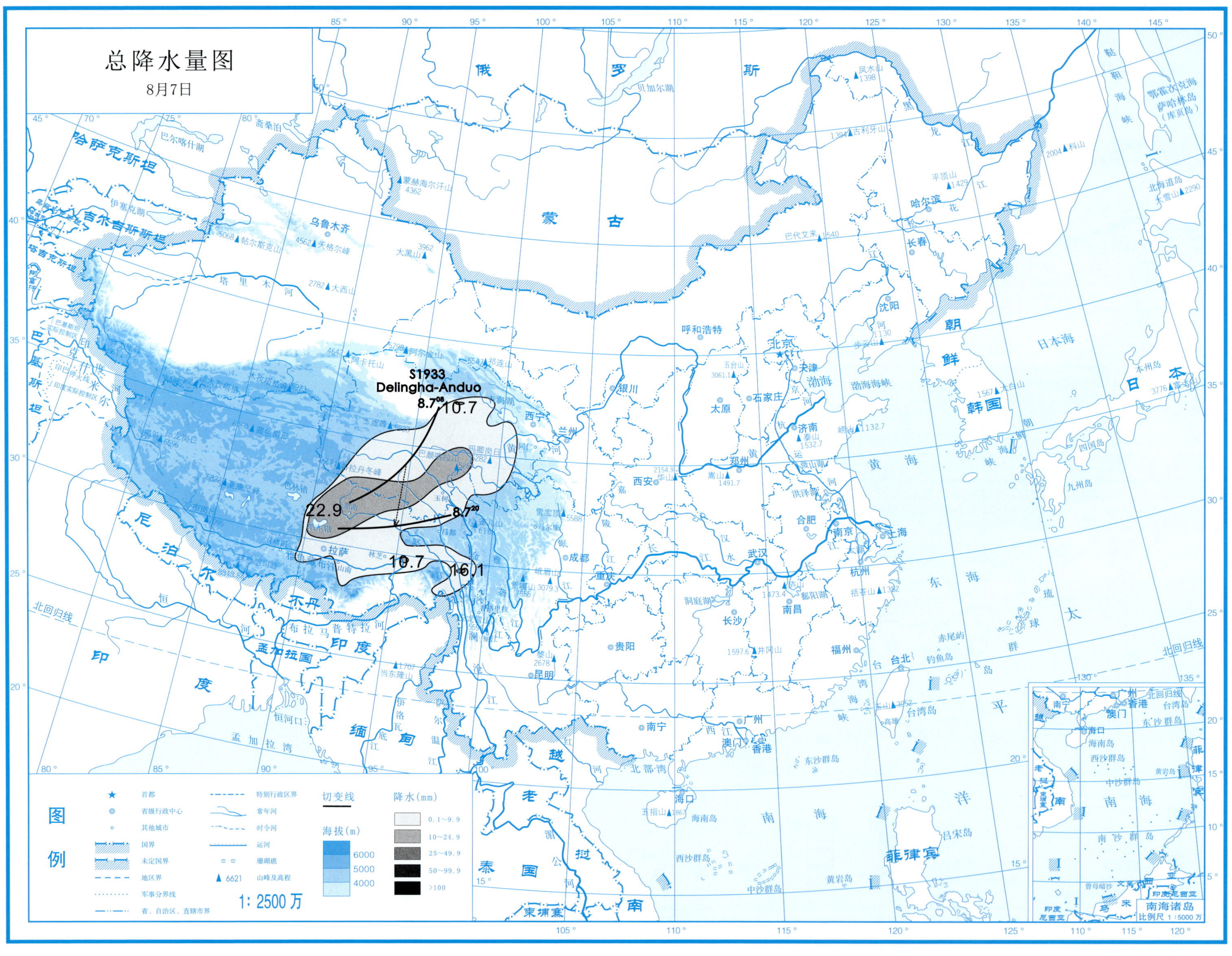
总降水量图
8月7日
S1933
Delingha-Anduo
8.7⁰⁸
10.7
22.9
8.7²⁰
10.7
16.1
图例
首都
省级行政中心
其他城市
国界
未定国界
地区界
军事分界线
特别行政区界
常年河
时令河
运河
珊瑚礁
6621 山峰及高程
省、自治区、直辖市界
切变线
海拔(m)
6000
5000
4000
降水(mm)
0.1~9.9
10~24.9
25~49.9
50~99.9
>100
1: 2500 万
南海诸岛
比例尺 1:5000 万

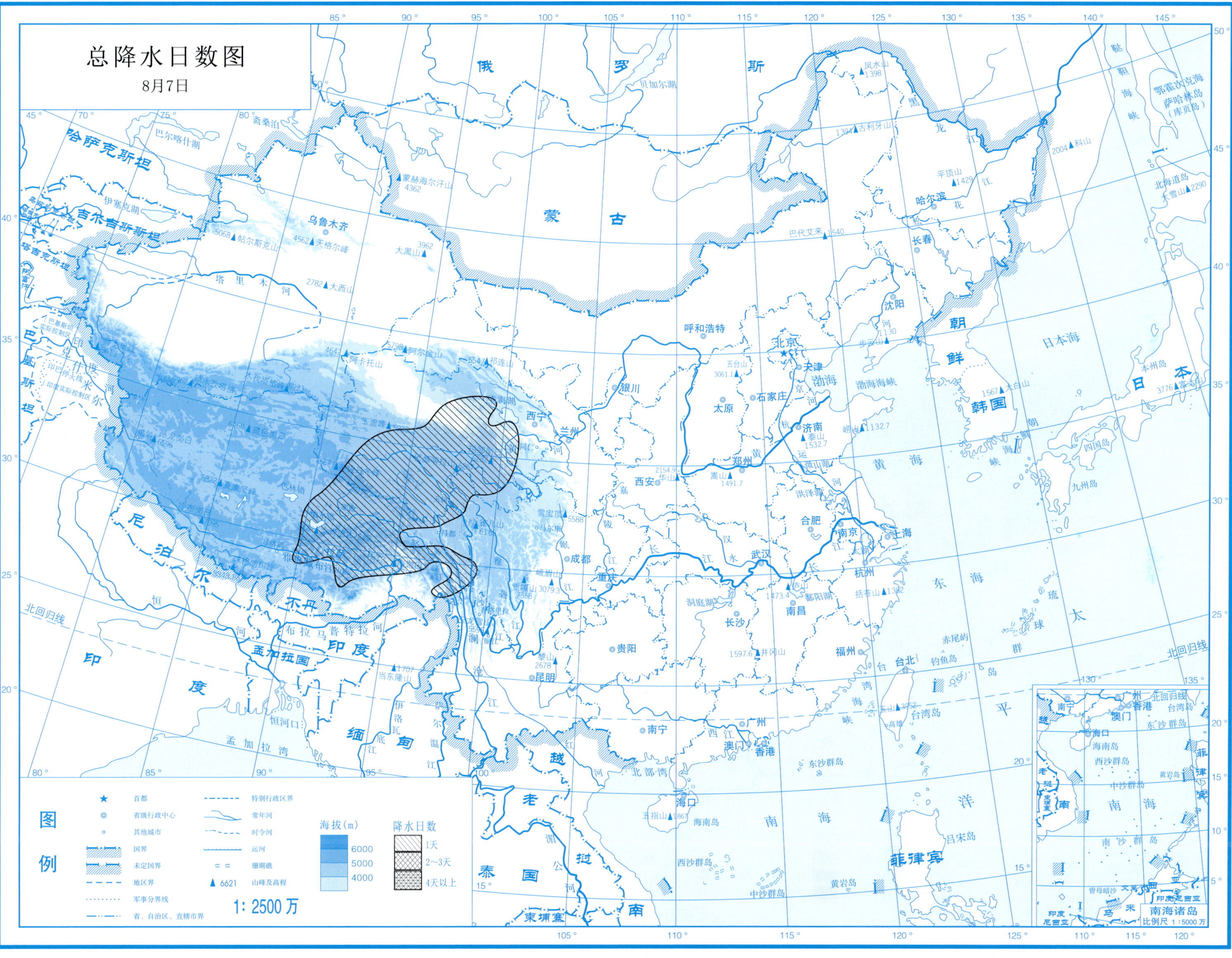
总降水日数图
8月7日
图例
首都
省级行政中心
其他城市
国界
未定国界
地区界
军事分界线
省、自治区、直辖市界
特别行政区界
常年河
时令河
运河
珊瑚礁
6621 山峰及高程
海拔(m)
6000
5000
4000
降水日数
1天
2~3天
4天以上
1: 2500万
南海诸岛
比例尺 1 : 5000 万

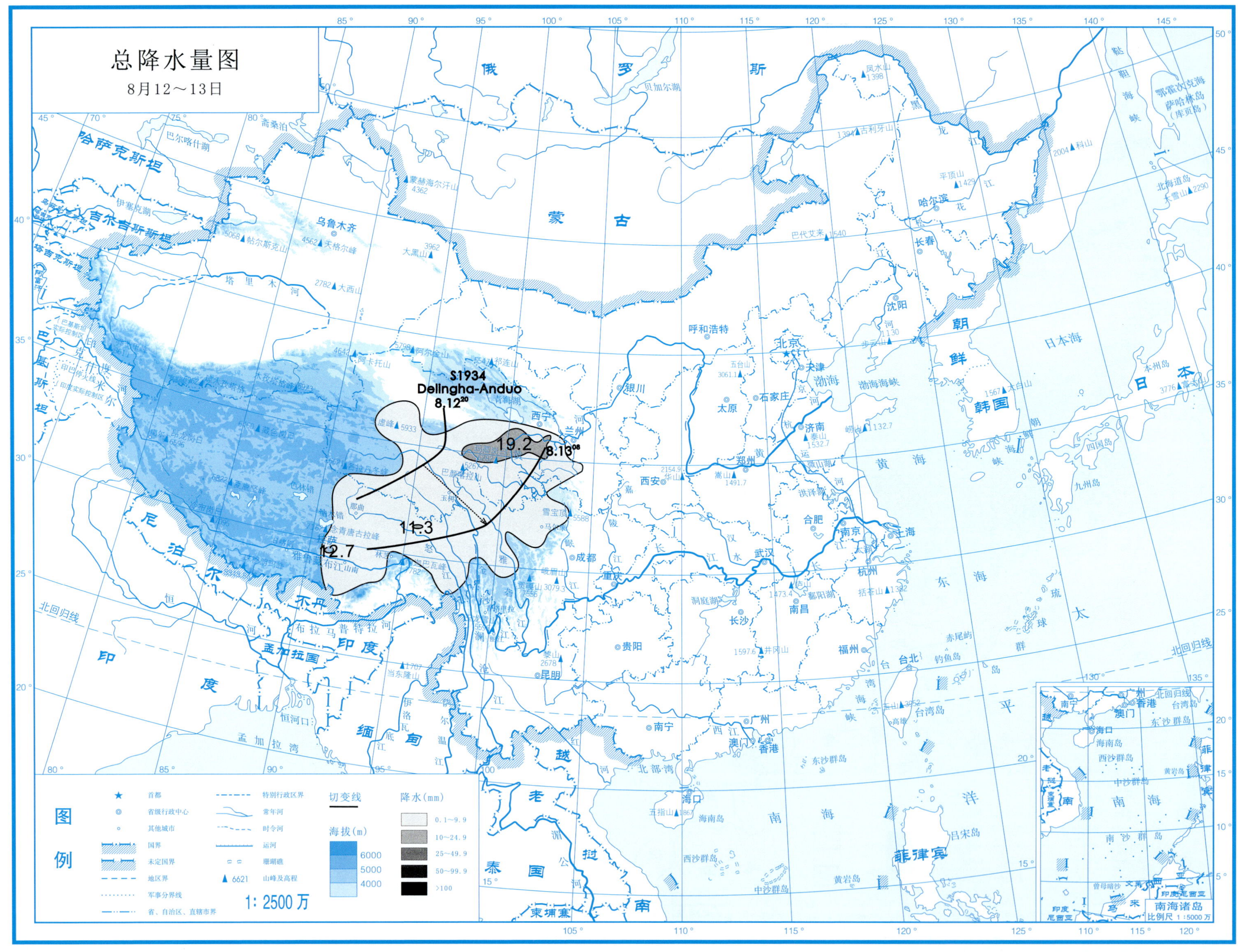
总降水量图
8月12～13日
S1934
Delingha-Anduo
8.12[20]
19.2
8.13[08]
11.3
12.7
图例
首都
省级行政中心
其他城市
国界
未定国界
地区界
军事分界线
省、自治区、直辖市界
特别行政区界
常年河
时令河
运河
珊瑚礁
6621 山峰及高程
切变线
海拔(m)
6000
5000
4000
降水(mm)
0.1～9.9
10～24.9
25～49.9
50～99.9
>100
1：2500万
南海诸岛
比例尺 1：5000万

总降水日数图

8月12～13日

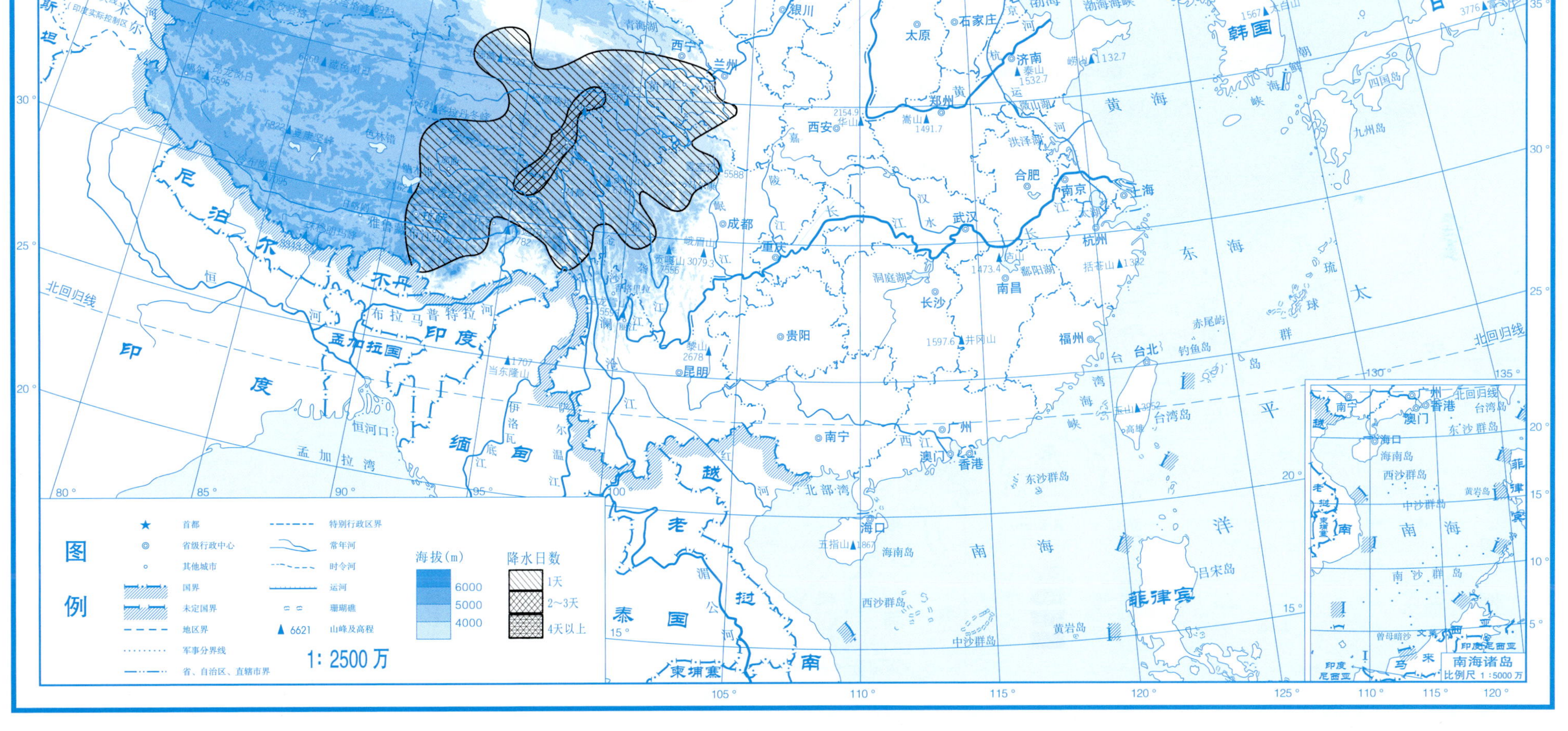

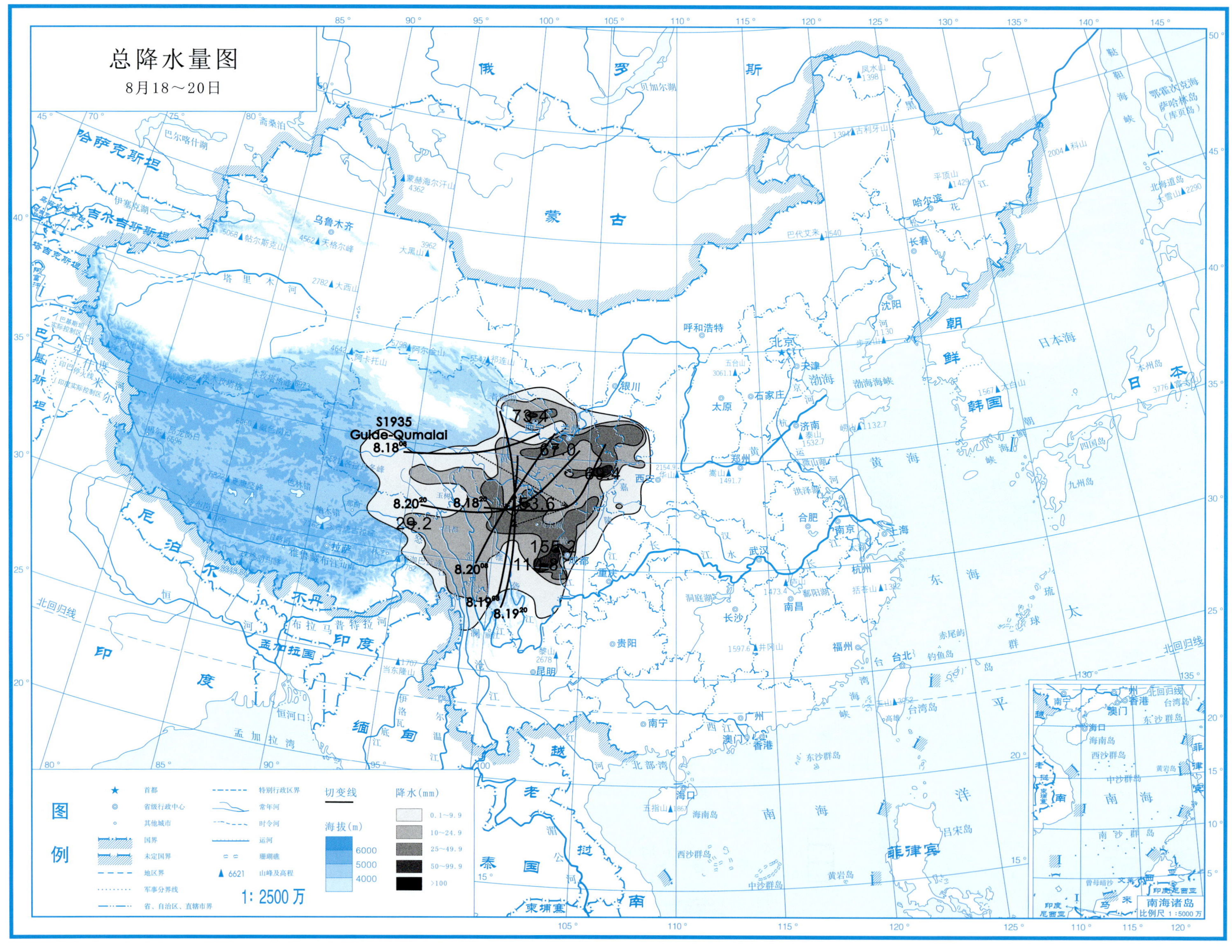

总降水量图
8月18～20日
S1935
Gulde-Qumalai
8.18⁰⁸
8.20²⁰
8.18²⁰
8.20⁰⁸
8.19⁰⁸
8.19²⁰
73.4
67.0
60.4
153.6
29.2
155.2
114.8
图例
首都
省级行政中心
其他城市
国界
未定国界
地区界
军事分界线
省、自治区、直辖市界
特别行政区界
常年河
时令河
运河
珊瑚礁
6621 山峰及高程
切变线
海拔(m)
6000
5000
4000
降水(mm)
0.1～9.9
10～24.9
25～49.9
50～99.9
>100
1: 2500 万
南海诸岛
比例尺 1：5000 万
俄罗斯
蒙古
哈萨克斯坦
吉尔吉斯斯坦
塔吉克斯坦
尼泊尔
不丹
印度
孟加拉国
缅甸
老挝
越南
泰国
柬埔寨
菲律宾
朝鲜
韩国
日本
北京
乌鲁木齐
银川
西安
成都
重庆
武汉
贵阳
昆明
南宁
长沙
南昌
福州
台北
杭州
南京
上海
合肥
济南
郑州
太原
石家庄
天津
呼和浩特
沈阳
长春
哈尔滨
海口
香港
澳门
日本海
黄海
东海
南海
渤海
太平洋

总降水日数图

8月18～20日

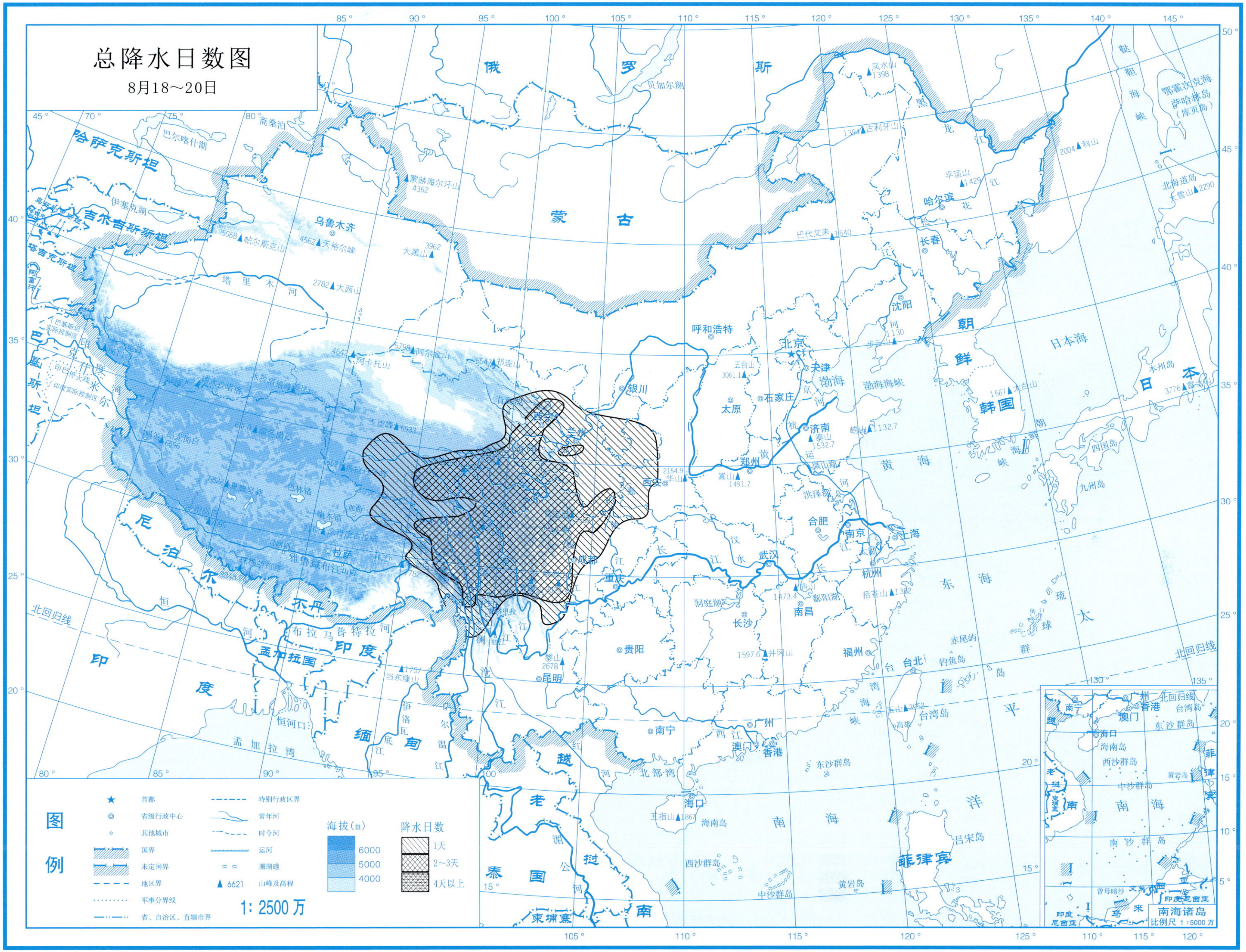

图例

★ 首都
◎ 省级行政中心
○ 其他城市
国界
未定国界
地区界
军事分界线
省、自治区、直辖市界
特别行政区界
常年河
时令河
运河
珊瑚礁
▲ 6621 山峰及高程

海拔(m)
6000
5000
4000

降水日数
1天
2～3天
4天以上

1：2500 万

南海诸岛
比例尺 1：5000 万

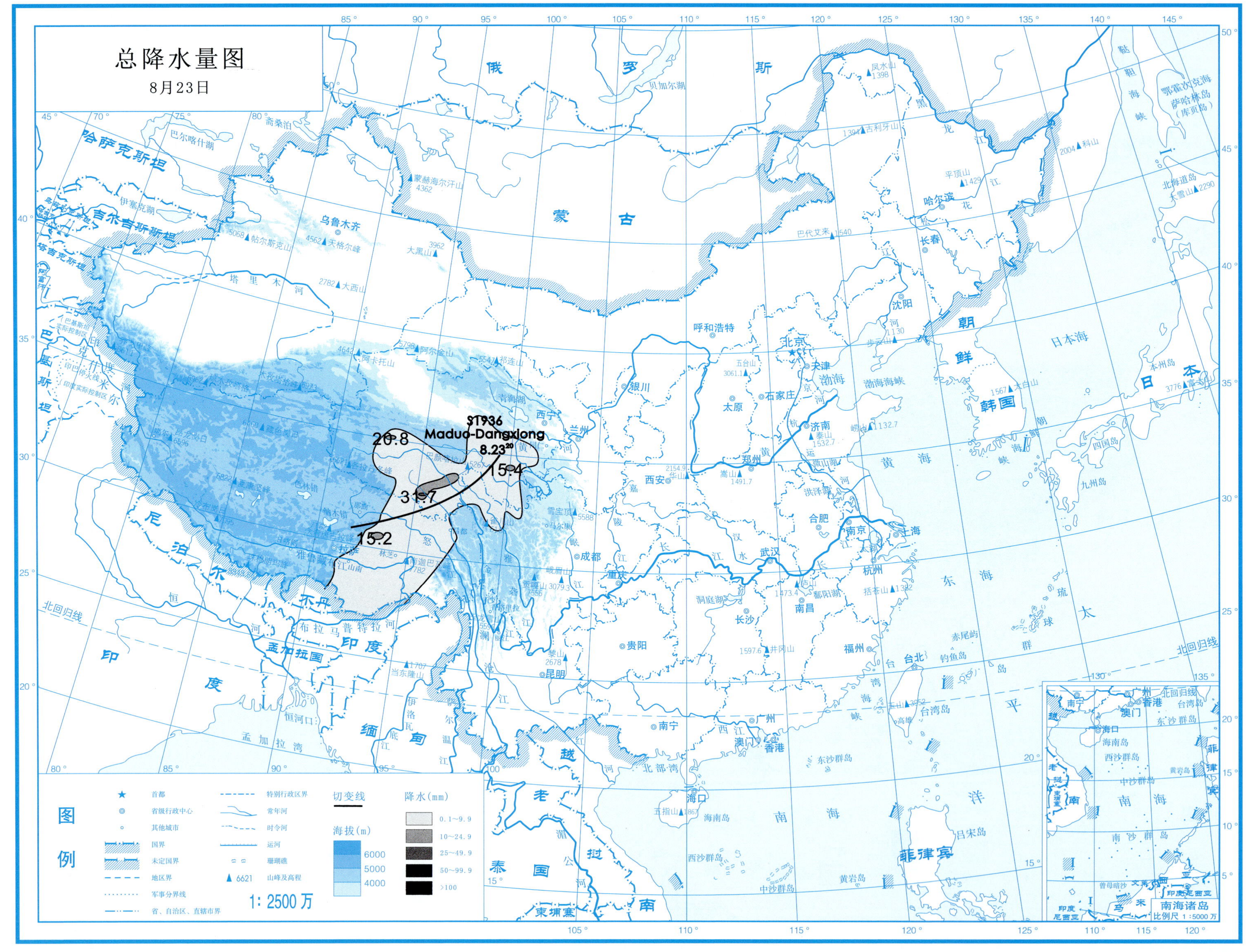
总降水量图
8月23日
S1936
Maduo-Dangxiong
8.23[20]
20.8
15.4
31.7
15.2
图例
首都
省级行政中心
其他城市
国界
未定国界
地区界
军事分界线
省、自治区、直辖市界
特别行政区界
常年河
时令河
运河
珊瑚礁
6621 山峰及高程
1: 2500万
切变线
海拔(m)
6000
5000
4000
降水(mm)
0.1~9.9
10~24.9
25~49.9
50~99.9
>100
南海诸岛
比例尺 1:5000万

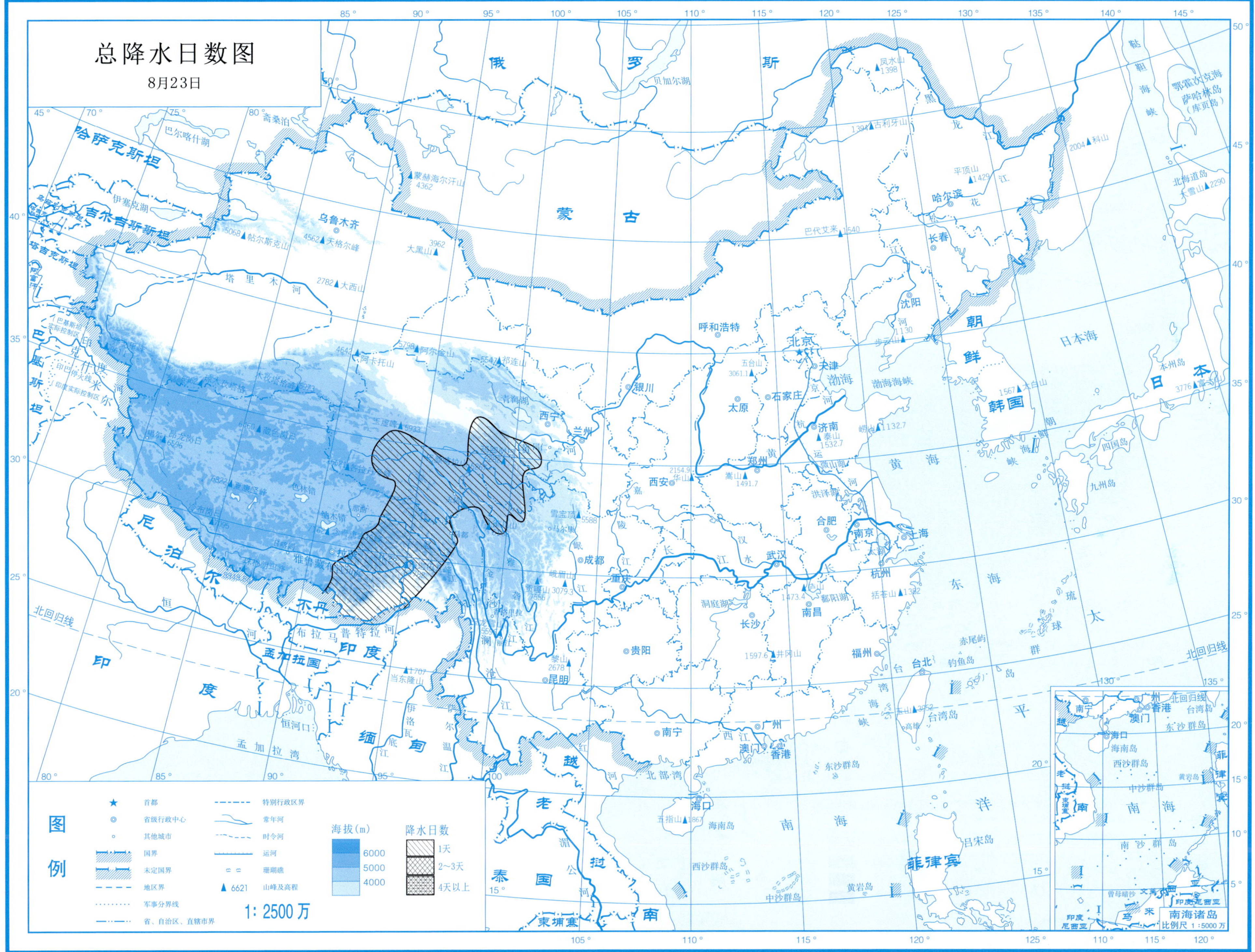

总降水日数图
8月23日
图例
首都
省级行政中心
其他城市
国界
未定国界
地区界
军事分界线
省、自治区、直辖市界
特别行政区界
常年河
时令河
运河
珊瑚礁
6621 山峰及高程
1: 2500 万
海拔(m)
6000
5000
4000
降水日数
1天
2~3天
4天以上
南海诸岛
比例尺 1:5000 万

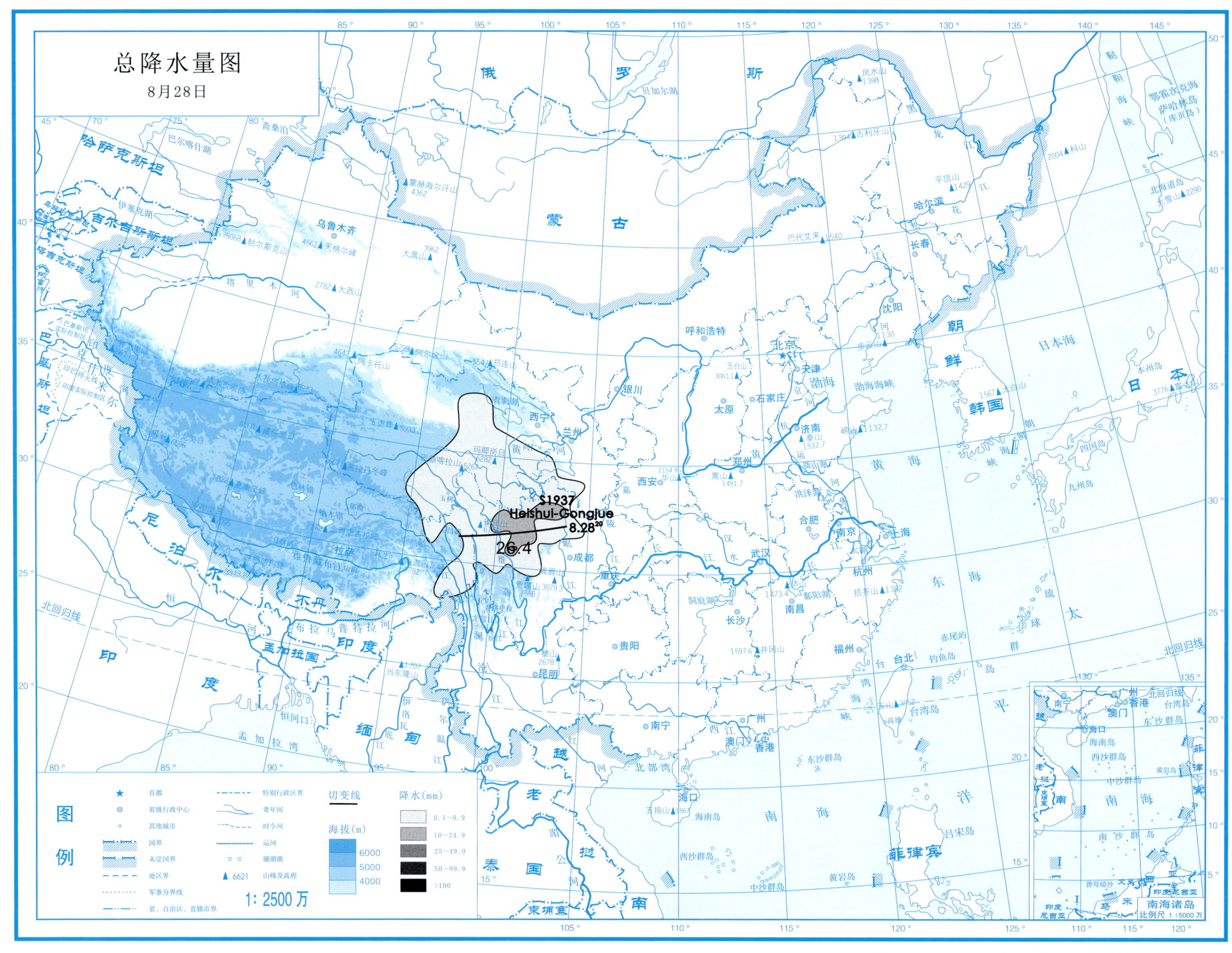

总降水量图
8月28日
S1937
Heishui-Gongjue
8.28[20]
26.4
图例
首都
省级行政中心
其他城市
国界
未定国界
地区界
军事分界线
省、自治区、直辖市界
特别行政区界
常年河
时令河
运河
珊瑚礁
6621 山峰及高程
切变线
海拔(m)
6000
5000
4000
降水(mm)
0.1~9.9
10~24.9
25~49.9
50~99.9
>100
1: 2500万
南海诸岛
比例尺 1:5000万

总降水日数图

8月28日

图例

- ★ 首都
- ◎ 省级行政中心
- ○ 其他城市
- 国界
- 未定国界
- 地区界
- 军事分界线
- 省、自治区、直辖市界
- 特别行政区界
- 常年河
- 时令河
- 运河
- 珊瑚礁
- ▲ 6621 山峰及高程

海拔(m)：6000、5000、4000

降水日数：1天、2~3天、4天以上

1：2500 万

南海诸岛 比例尺 1：5000 万

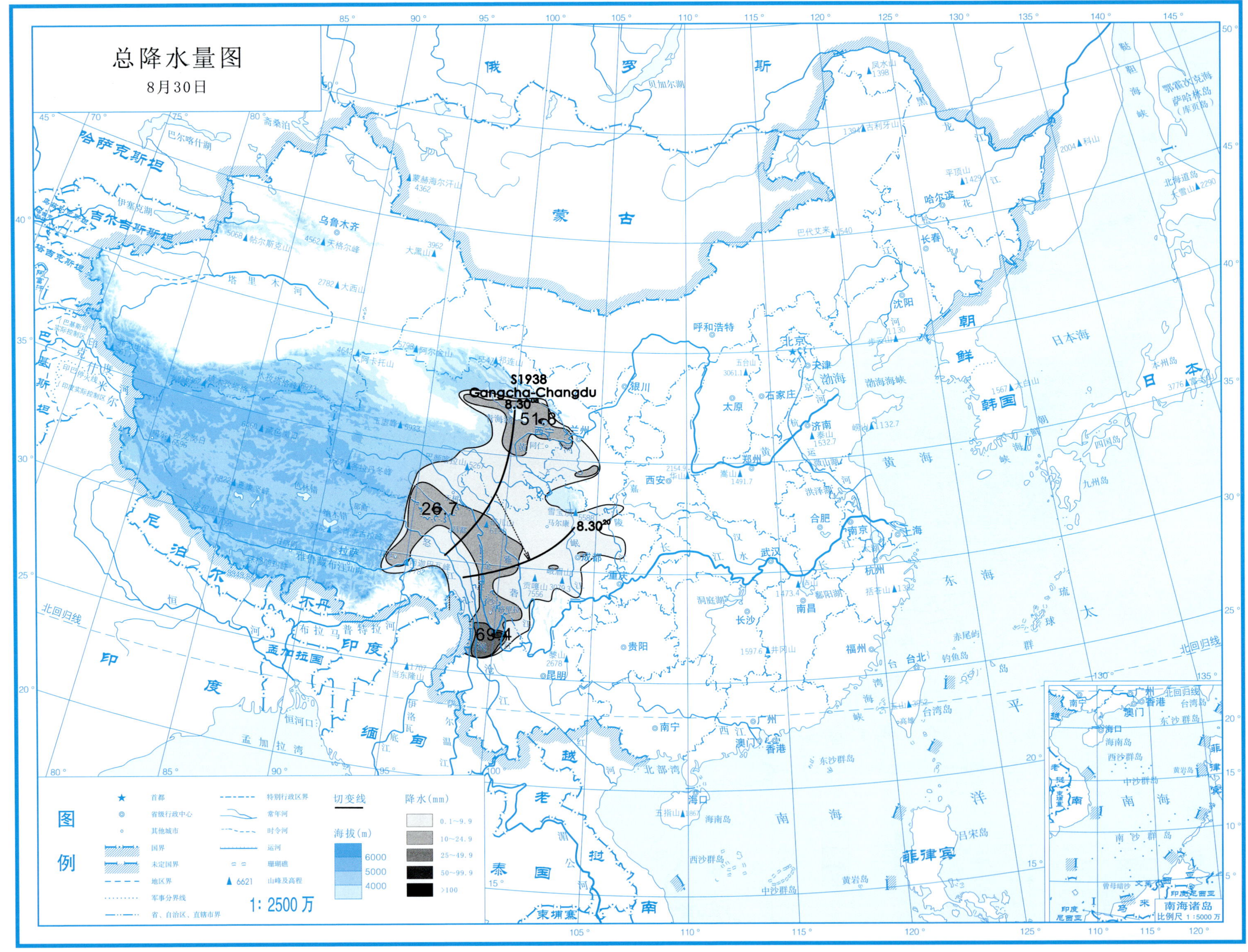
总降水量图
8月30日
S1938
Gangcha-Changdu
8.30[08]
8.30[20]
51.8
26.7
69.4
图例
首都
省级行政中心
其他城市
国界
未定国界
地区界
军事分界线
省、自治区、直辖市界
特别行政区界
常年河
时令河
运河
珊瑚礁
6621 山峰及高程
切变线
海拔(m)
6000
5000
4000
降水(mm)
0.1~9.9
10~24.9
25~49.9
50~99.9
>100
1: 2500 万
南海诸岛
比例尺 1:5000 万

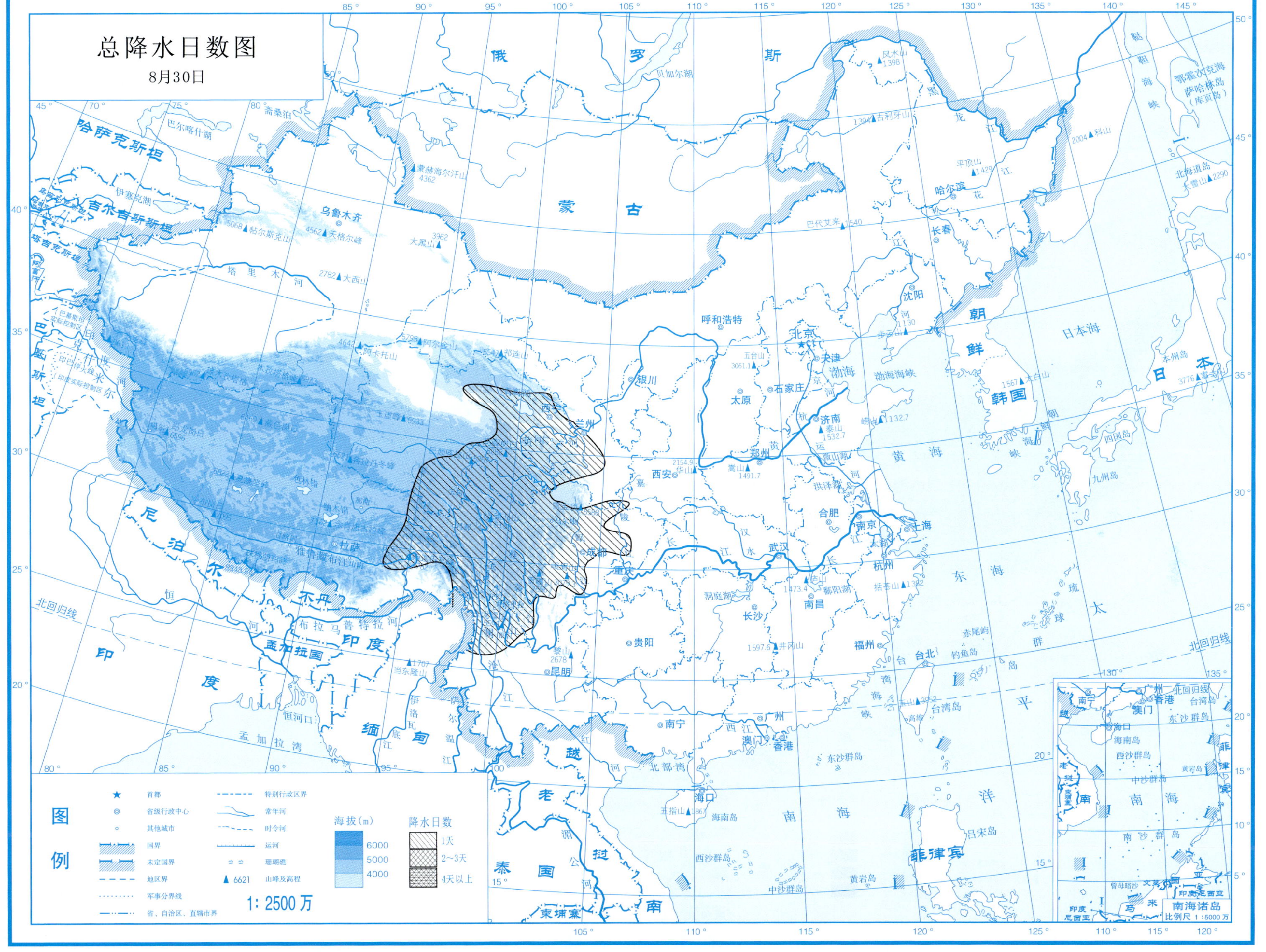

总降水日数图
8月30日
图例
首都
省级行政中心
其他城市
国界
未定国界
地区界
军事分界线
省、自治区、直辖市界
特别行政区界
常年河
时令河
运河
珊瑚礁
6621 山峰及高程
海拔(m)
6000
5000
4000
降水日数
1天
2~3天
4天以上
1: 2500万
俄罗斯
蒙古
哈萨克斯坦
吉尔吉斯斯坦
塔吉克斯坦
巴基斯坦
尼泊尔
不丹
孟加拉国
印度
缅甸
老挝
越南
泰国
柬埔寨
菲律宾
朝鲜
韩国
日本
乌鲁木齐
拉萨
西宁
兰州
银川
呼和浩特
北京
天津
石家庄
太原
济南
郑州
西安
成都
重庆
武汉
合肥
南京
上海
杭州
南昌
长沙
贵阳
昆明
南宁
广州
福州
台北
海口
香港
澳门
沈阳
长春
哈尔滨
渤海
黄海
东海
南海
日本海
太平洋
北回归线
南海诸岛
比例尺 1：5000万

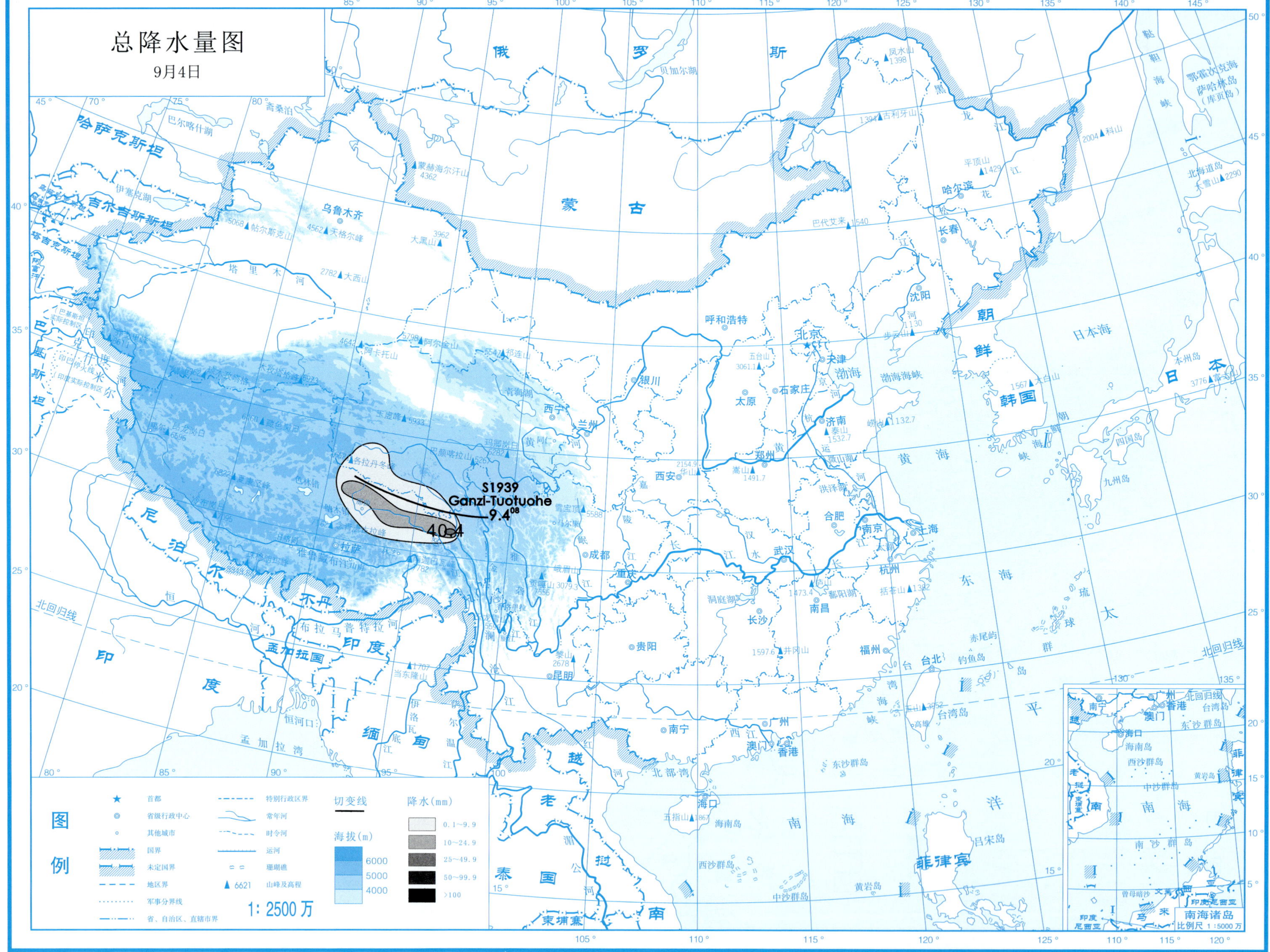
总降水量图
9月4日
S1939
Ganzi-Tuotuohe
9.4[08]
40.4
图例
首都
省级行政中心
其他城市
国界
未定国界
地区界
军事分界线
省、自治区、直辖市界
特别行政区界
常年河
时令河
运河
珊瑚礁
6621 山峰及高程
切变线
海拔(m)
6000
5000
4000
降水(mm)
0.1~9.9
10~24.9
25~49.9
50~99.9
>100
1:2500万
南海诸岛
比例尺 1:5000万

总降水日数图

9月4日

图例

符号	说明	符号	说明
★	首都		特别行政区界
◎	省级行政中心		常年河
○	其他城市		时令河
	国界		运河
	未定国界		珊瑚礁
	地区界	▲ 6621	山峰及高程
	军事分界线		
	省、自治区、直辖市界		

海拔(m)：6000、5000、4000

降水日数：1天、2~3天、4天以上

1∶2500万

南海诸岛 比例尺 1∶5000万

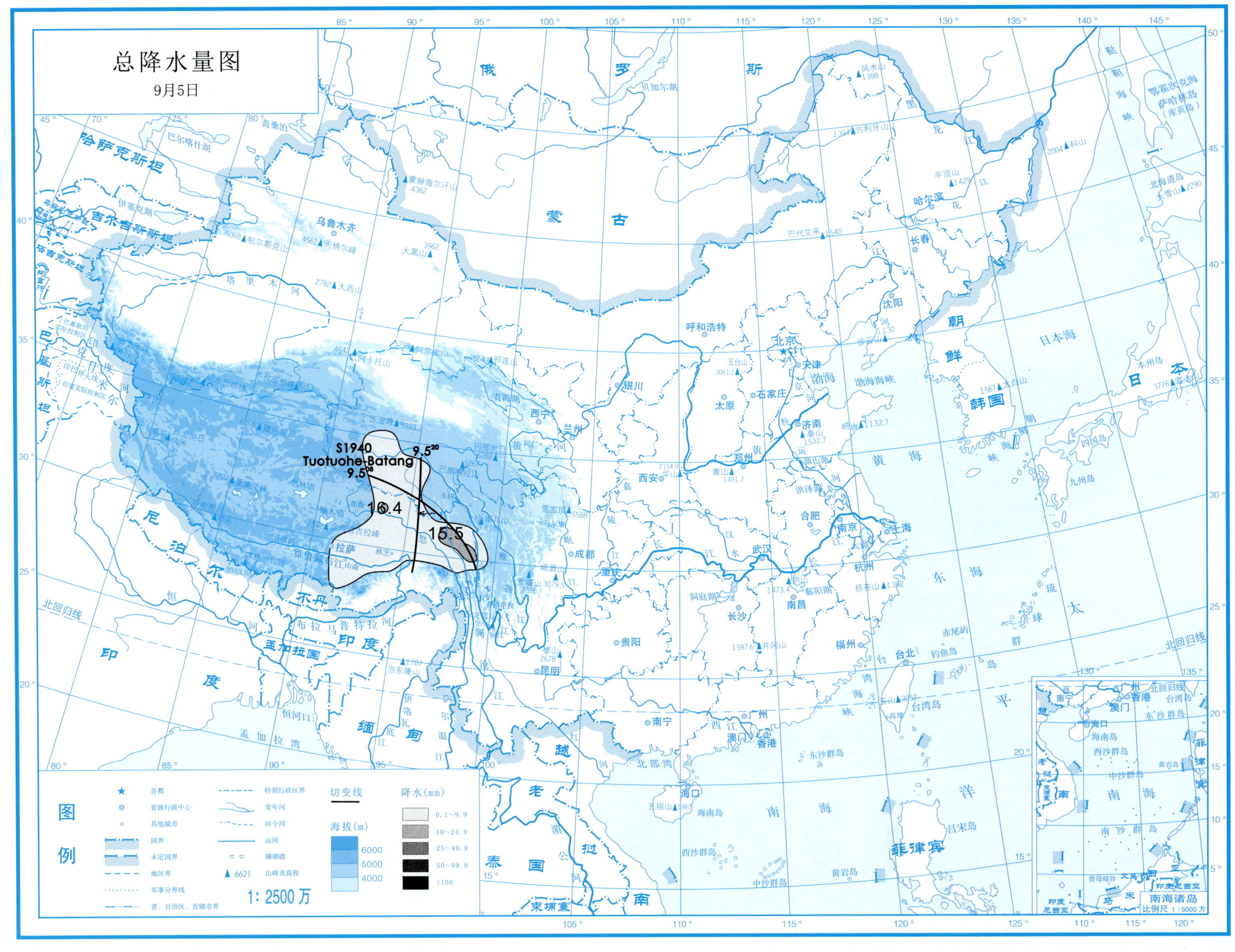
总降水量图
9月5日
S1940
Tuotuohe-Batang
9.5²⁰
9.5⁰⁸
16.4
15.5
图例
首都
省级行政中心
其他城市
国界
未定国界
地区界
军事分界线
省、自治区、直辖市界
特别行政区界
常年河
时令河
运河
珊瑚礁
6621 山峰及高程
切变线
海拔(m)
6000
5000
4000
降水(mm)
0.1~9.9
10~24.9
25~49.9
50~99.9
>100
1: 2500 万
南海诸岛
比例尺 1:5000 万

总降水日数图

9月5日

图例

- ★ 首都
- 省级行政中心
- 其他城市
- 国界
- 未定国界
- 地区界
- 军事分界线
- 省、自治区、直辖市界
- 特别行政区界
- 常年河
- 时令河
- 运河
- 珊瑚礁
- ▲ 6621 山峰及高程

海拔(m)

- 6000
- 5000
- 4000

降水日数

- 1天
- 2~3天
- 4天以上

1: 2500 万

南海诸岛
比例尺 1 : 5000 万

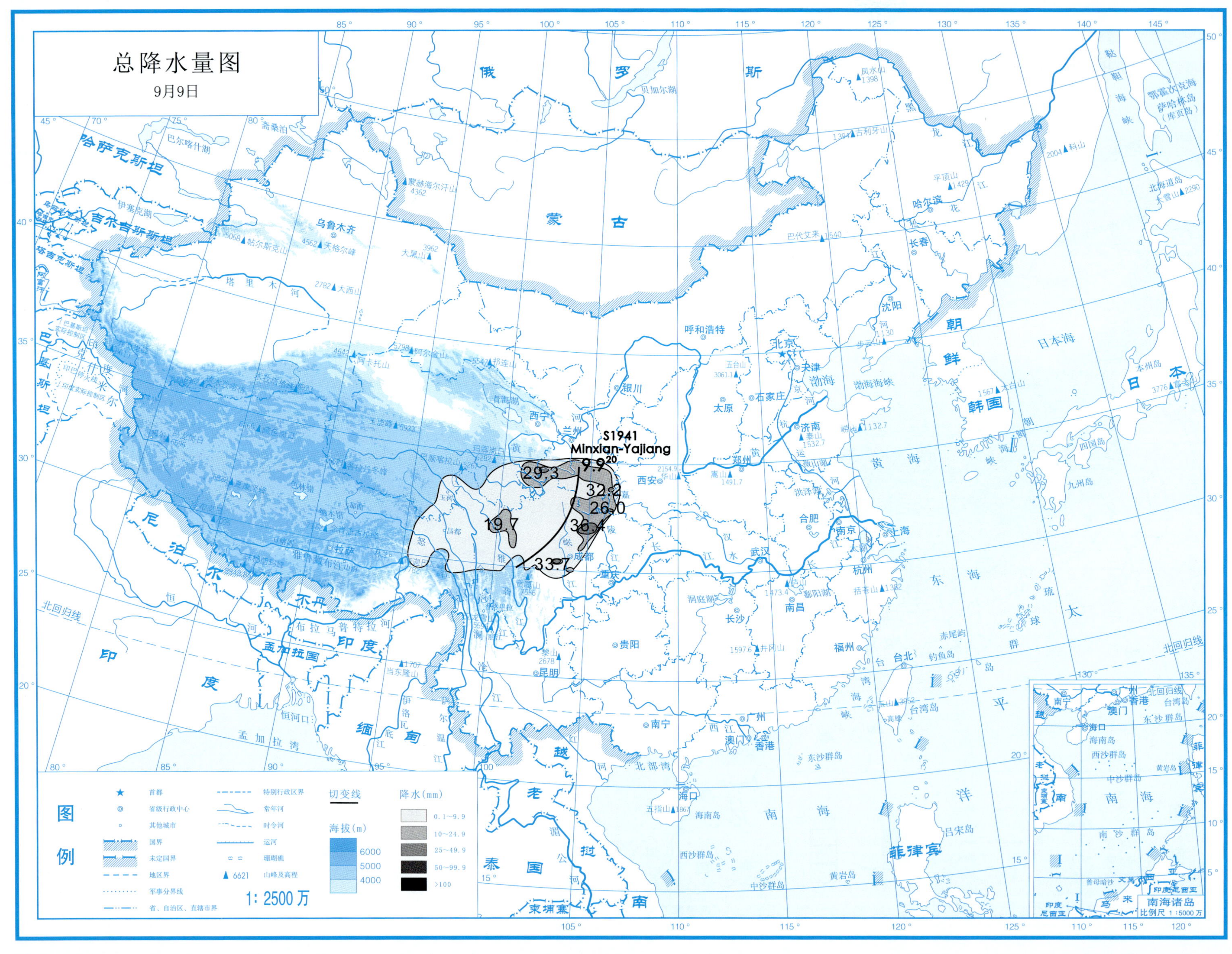
总降水量图
9月9日
S1941
Minxian-Yajiang
29.3
9.9
20
32.2
26.0
19.7
36.4
33.7
图例
首都
省级行政中心
其他城市
国界
未定国界
地区界
军事分界线
省、自治区、直辖市界
特别行政区界
常年河
时令河
运河
珊瑚礁
山峰及高程
切变线
海拔(m)
6000
5000
4000
降水(mm)
0.1~9.9
10~24.9
25~49.9
50~99.9
>100
1: 2500万
南海诸岛
比例尺 1:5000万

总降水日数图

9月9日

图例

符号	说明	符号	说明
★	首都		特别行政区界
◎	省级行政中心		常年河
○	其他城市		时令河
	国界		运河
	未定国界		珊瑚礁
	地区界	▲ 6621	山峰及高程
	军事分界线		
	省、自治区、直辖市界		

海拔(m)：6000　5000　4000

降水日数：1天　2~3天　4天以上

1:2500万

南海诸岛 比例尺 1:5000万

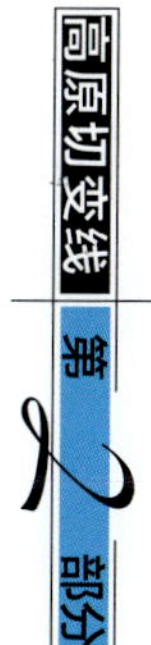

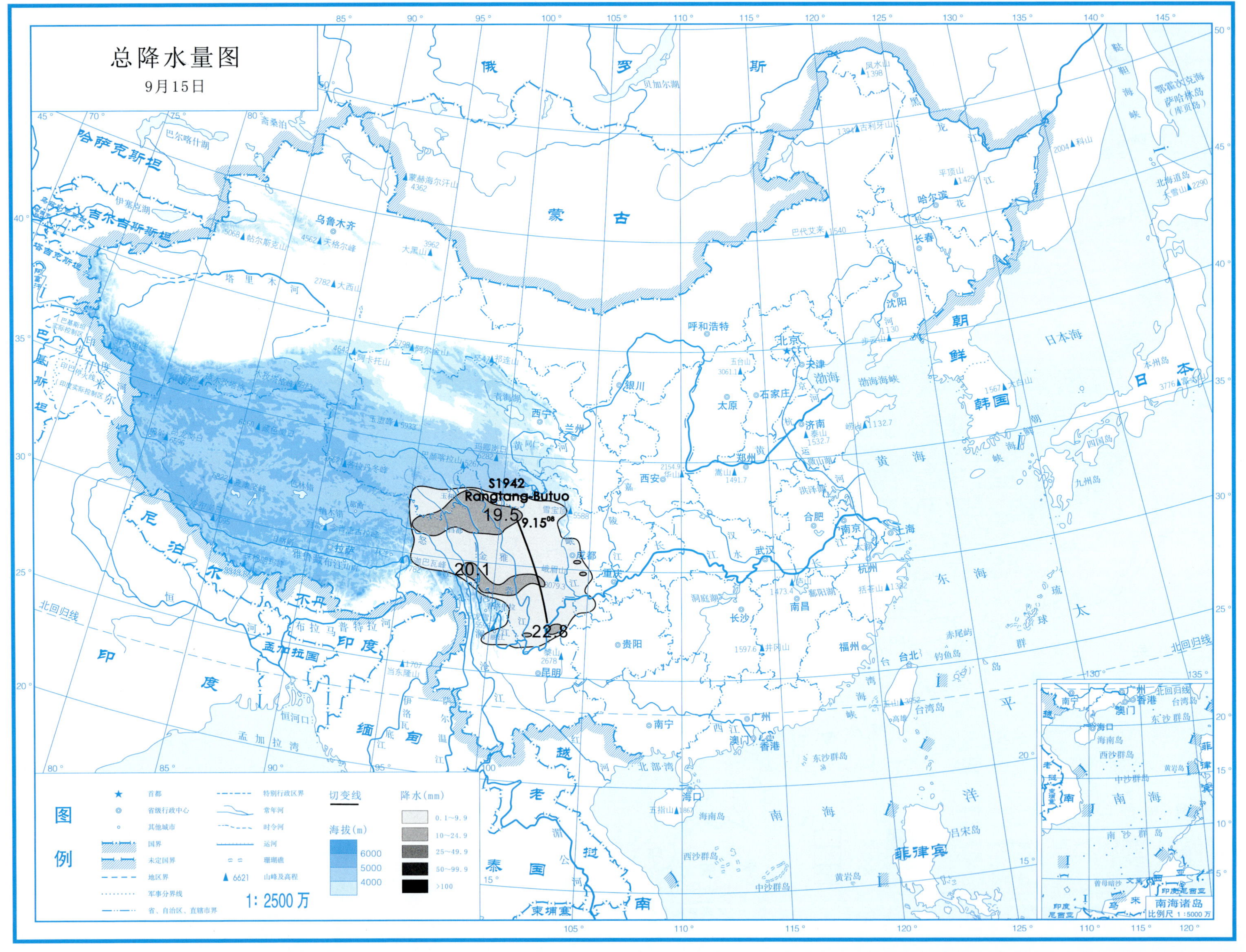

总降水量图
9月15日
S1942
Rangtang-Butuo
19.5
9.15^08
20.1
22.8
图例
首都
省级行政中心
其他城市
国界
未定国界
地区界
军事分界线
省、自治区、直辖市界
特别行政区界
常年河
时令河
运河
珊瑚礁
6621 山峰及高程
切变线
海拔(m)
6000
5000
4000
降水(mm)
0.1~9.9
10~24.9
25~49.9
50~99.9
>100
1: 2500万
南海诸岛
比例尺 1 : 5000 万

总降水日数图

9月15日

图例

符号	说明	符号	说明
★	首都		特别行政区界
◎	省级行政中心		常年河
○	其他城市		时令河
	国界		运河
	未定国界		珊瑚礁
	地区界	▲ 6621	山峰及高程
	军事分界线		
	省、自治区、直辖市界		

海拔(m)：6000、5000、4000

降水日数：1天、2～3天、4天以上

1:2500万

南海诸岛 比例尺 1:5000万

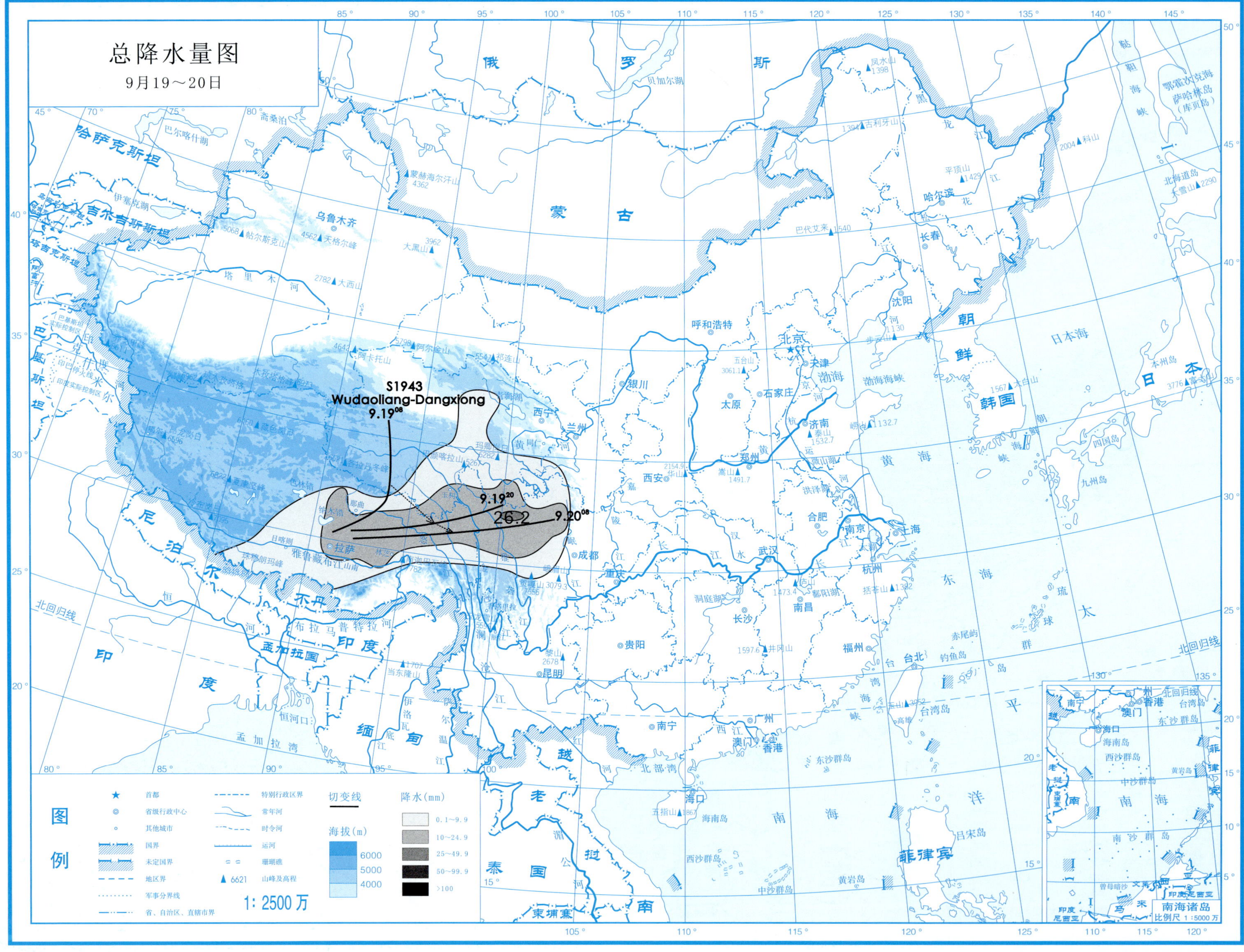
总降水量图
9月19～20日
S1943
Wudaoliang-Dangxiong
9.19 08
9.19 20
9.20 08
26.2
图例
1:2500万
降水(mm)
0.1～9.9
10～24.9
25～49.9
50～99.9
>100
海拔(m)
6000
5000
4000
切变线
南海诸岛
比例尺 1:5000万

总降水日数图

9月19～20日

图例

符号	含义	符号	含义
★	首都		特别行政区界
◎	省级行政中心		常年河
∘	其他城市		时令河
	国界		运河
	未定国界		珊瑚礁
	地区界	▲ 6621	山峰及高程
	军事分界线		
	省、自治区、直辖市界		

海拔(m)：6000，5000，4000

降水日数：1天，2～3天，4天以上

1：2500万

南海诸岛 比例尺 1：5000万

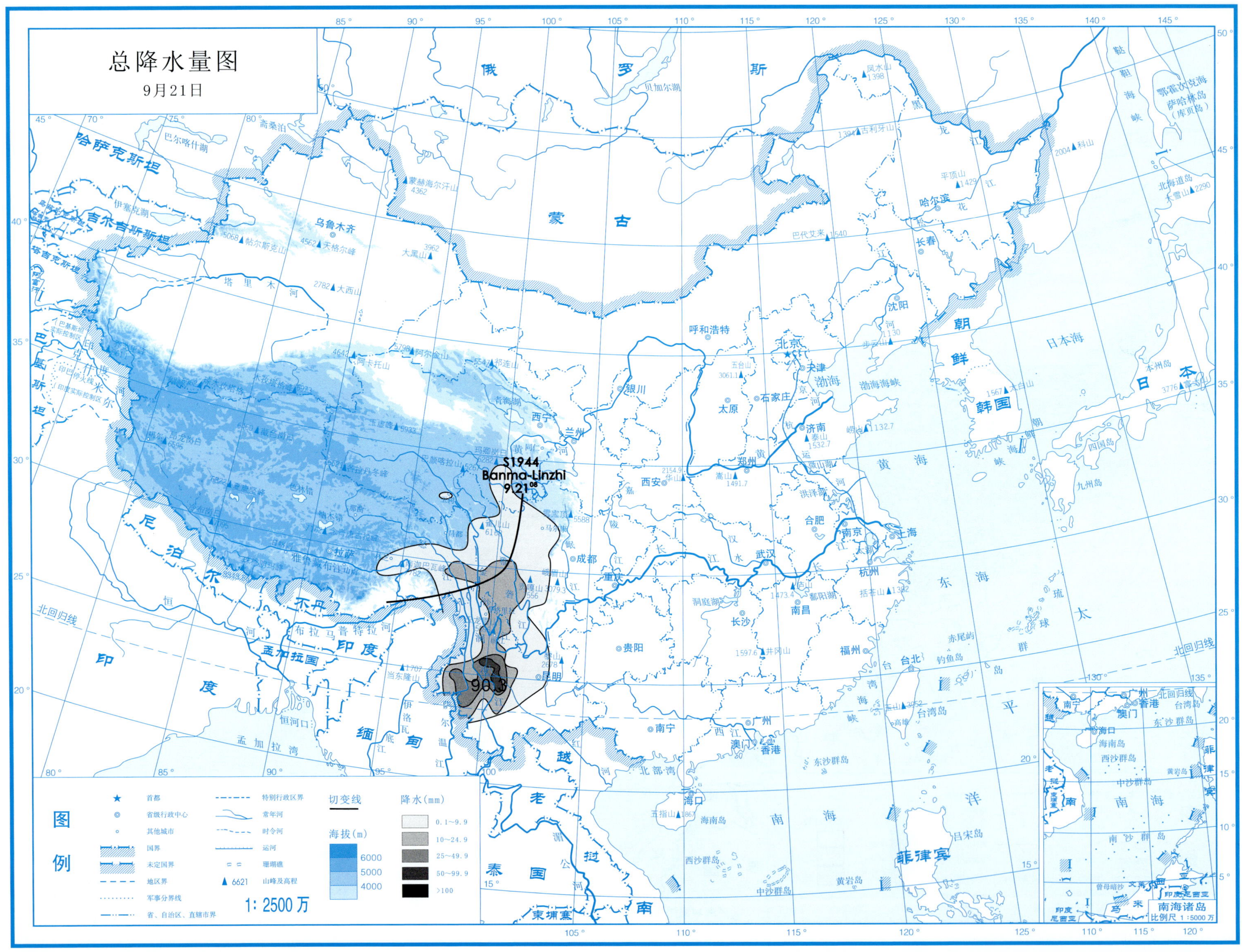
总降水量图
9月21日
S1944
Banma-Linzhi
9.21[08]
90.3
图例
首都
省级行政中心
其他城市
国界
未定国界
地区界
军事分界线
省、自治区、直辖市界
特别行政区界
常年河
时令河
运河
珊瑚礁
6621 山峰及高程
1: 2500 万
切变线
海拔(m)
6000
5000
4000
降水(mm)
0.1~9.9
10~24.9
25~49.9
50~99.9
>100
南海诸岛
比例尺 1:5000 万

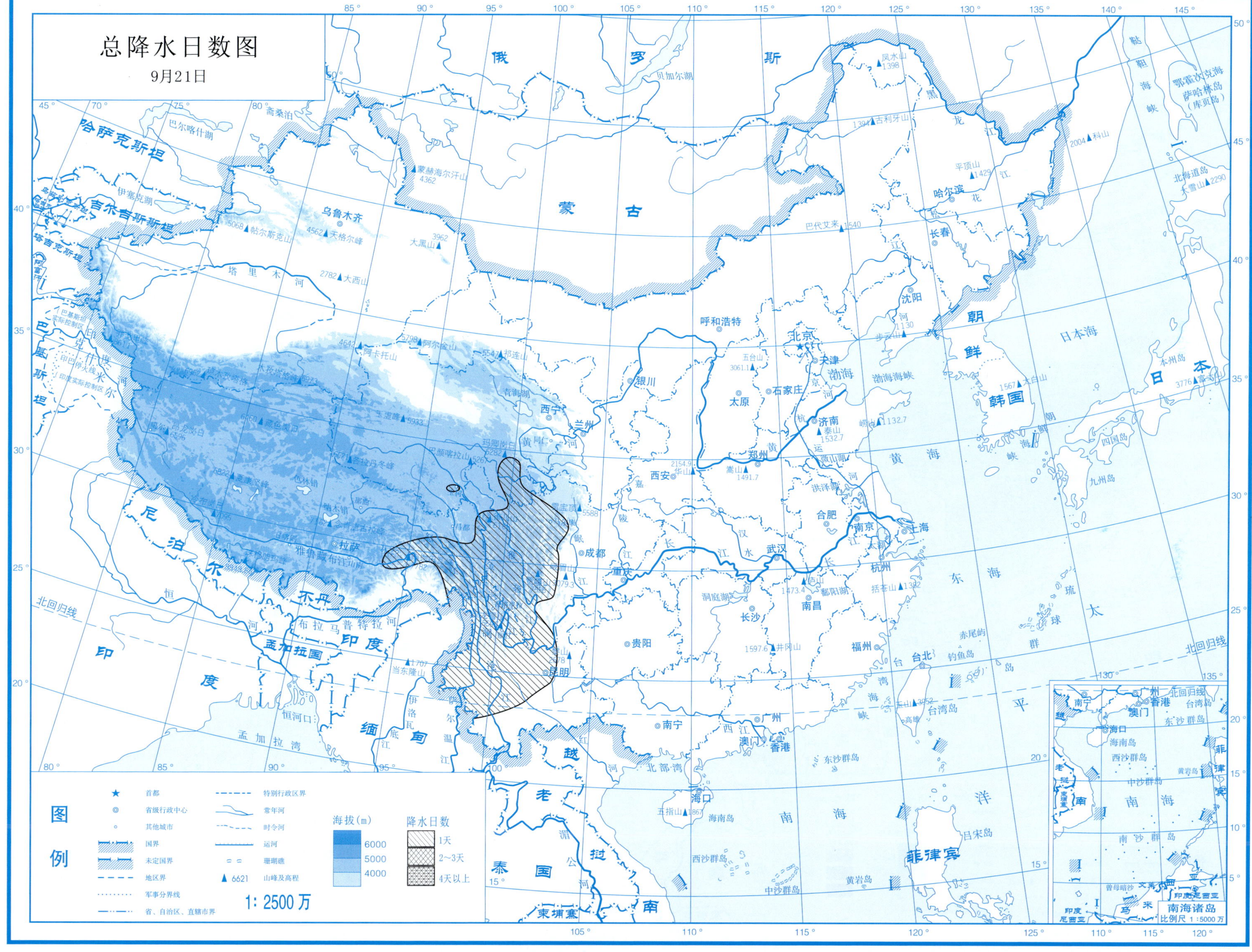
总降水日数图
9月21日
图例
首都
省级行政中心
其他城市
国界
未定国界
地区界
军事分界线
省、自治区、直辖市界
特别行政区界
常年河
时令河
运河
珊瑚礁
6621 山峰及高程
海拔(m)
6000
5000
4000
降水日数
1天
2~3天
4天以上
1: 2500万
南海诸岛
比例尺 1:5000万

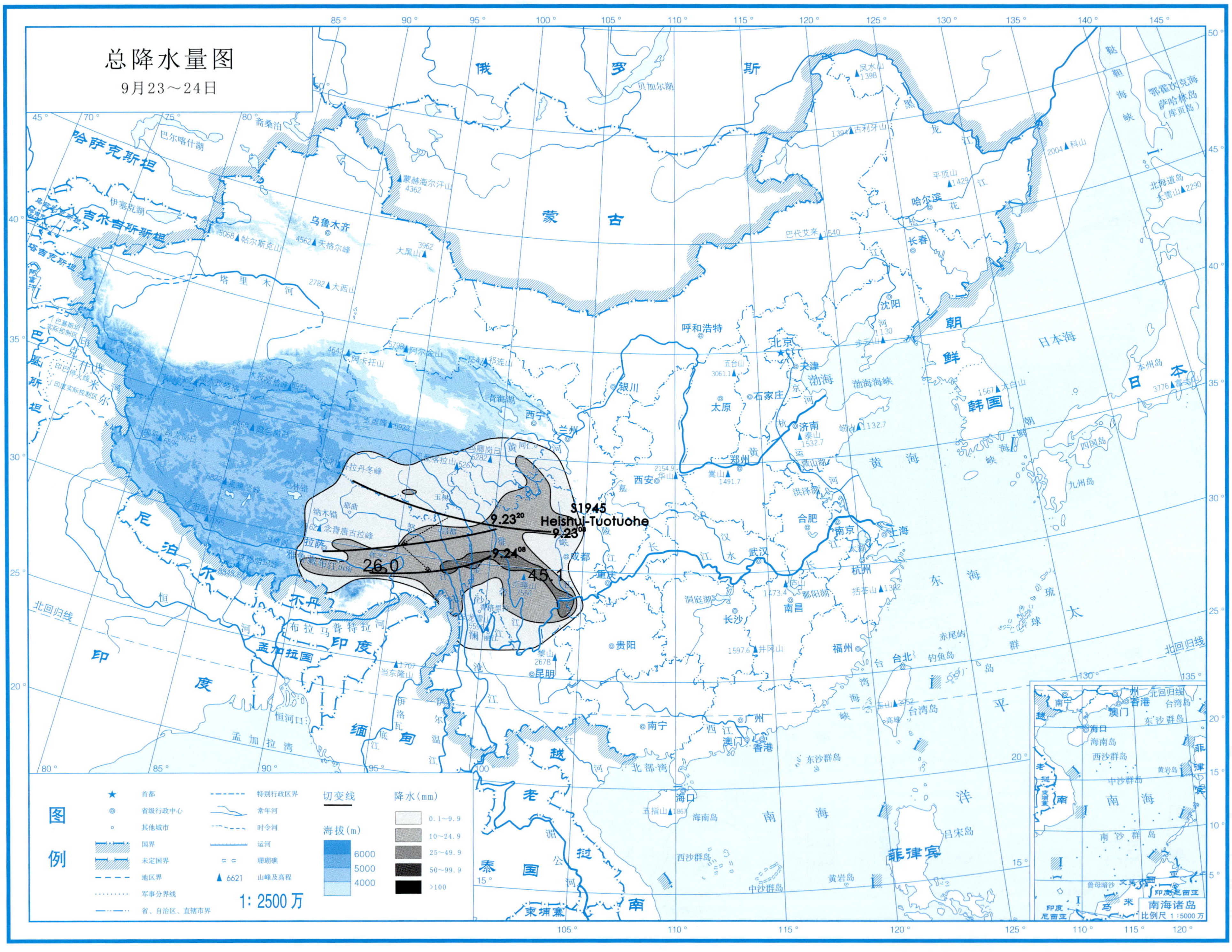
总降水量图
9月23～24日
S1945
Heishui-Tuotuohe
9.23^20
9.23^08
9.24^08
26.0
45.1
图例
首都
省级行政中心
其他城市
国界
未定国界
地区界
军事分界线
省、自治区、直辖市界
特别行政区界
常年河
时令河
运河
珊瑚礁
6621 山峰及高程
切变线
海拔(m)
6000
5000
4000
降水(mm)
0.1～9.9
10～24.9
25～49.9
50～99.9
>100
1:2500万
南海诸岛
比例尺 1:5000万

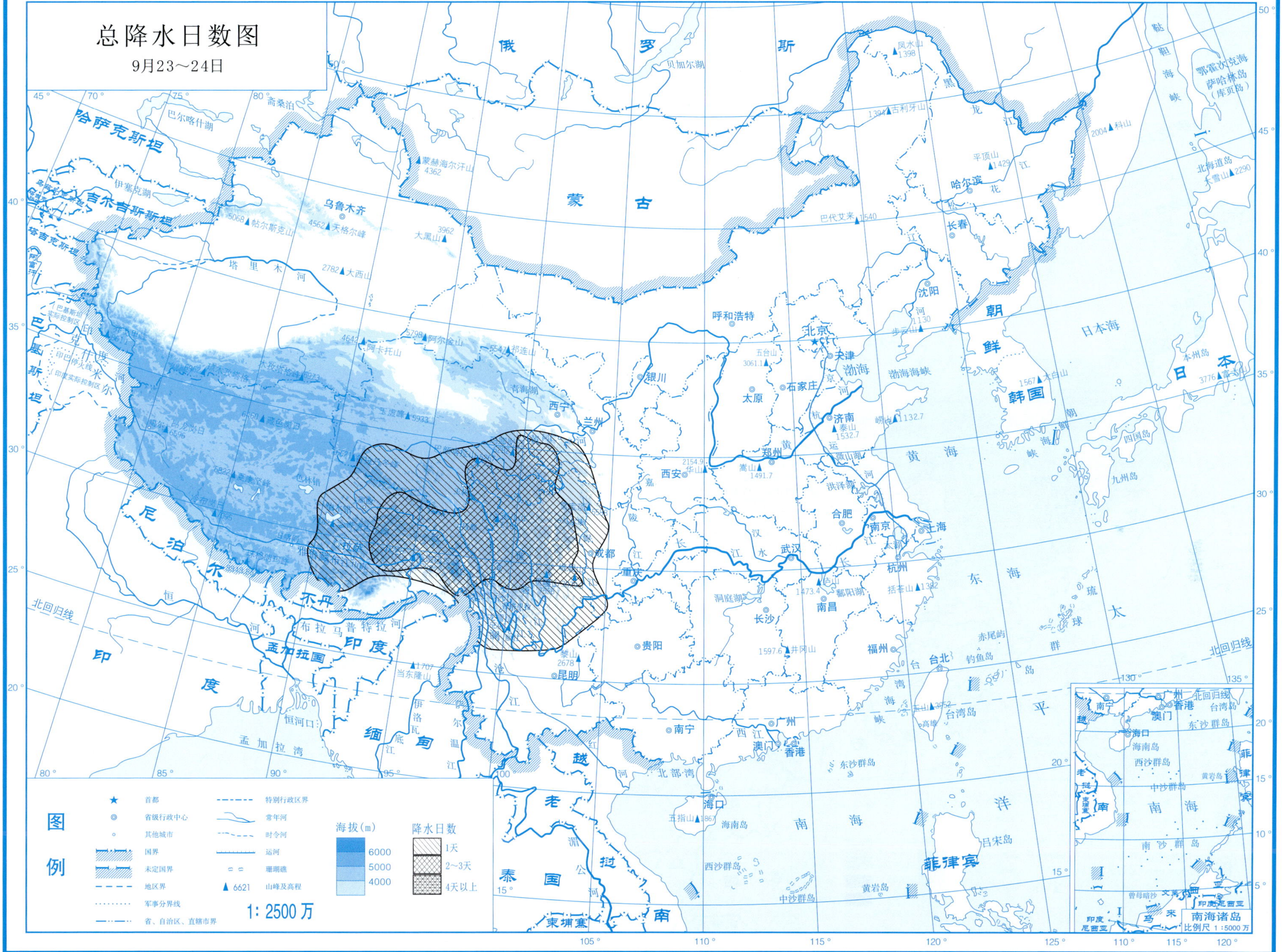

总降水日数图
9月23～24日
图例
首都
省级行政中心
其他城市
国界
未定国界
地区界
军事分界线
省、自治区、直辖市界
特别行政区界
常年河
时令河
运河
珊瑚礁
6621 山峰及高程
海拔(m)
6000
5000
4000
降水日数
1天
2～3天
4天以上
1: 2500 万
南海诸岛
比例尺 1 :5000 万

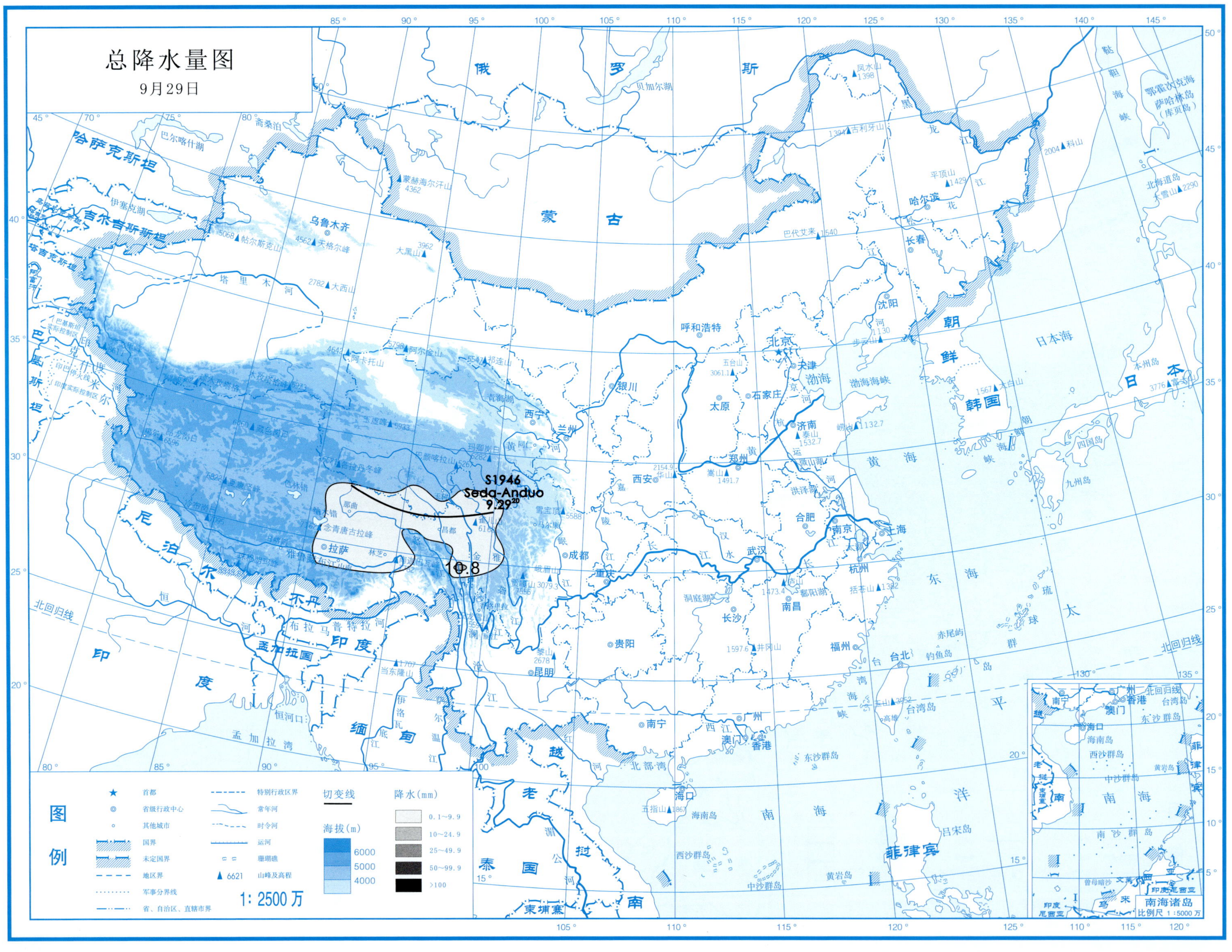
总降水量图
9月29日
S1946
Seda-Anduo
9.29
10.8
图例
首都
省级行政中心
其他城市
国界
未定国界
地区界
军事分界线
省、自治区、直辖市界
特别行政区界
常年河
时令河
运河
珊瑚礁
6621 山峰及高程
1: 2500万
切变线
海拔(m)
6000
5000
4000
降水(mm)
0.1~9.9
10~24.9
25~49.9
50~99.9
>100
南海诸岛
比例尺 1:5000万

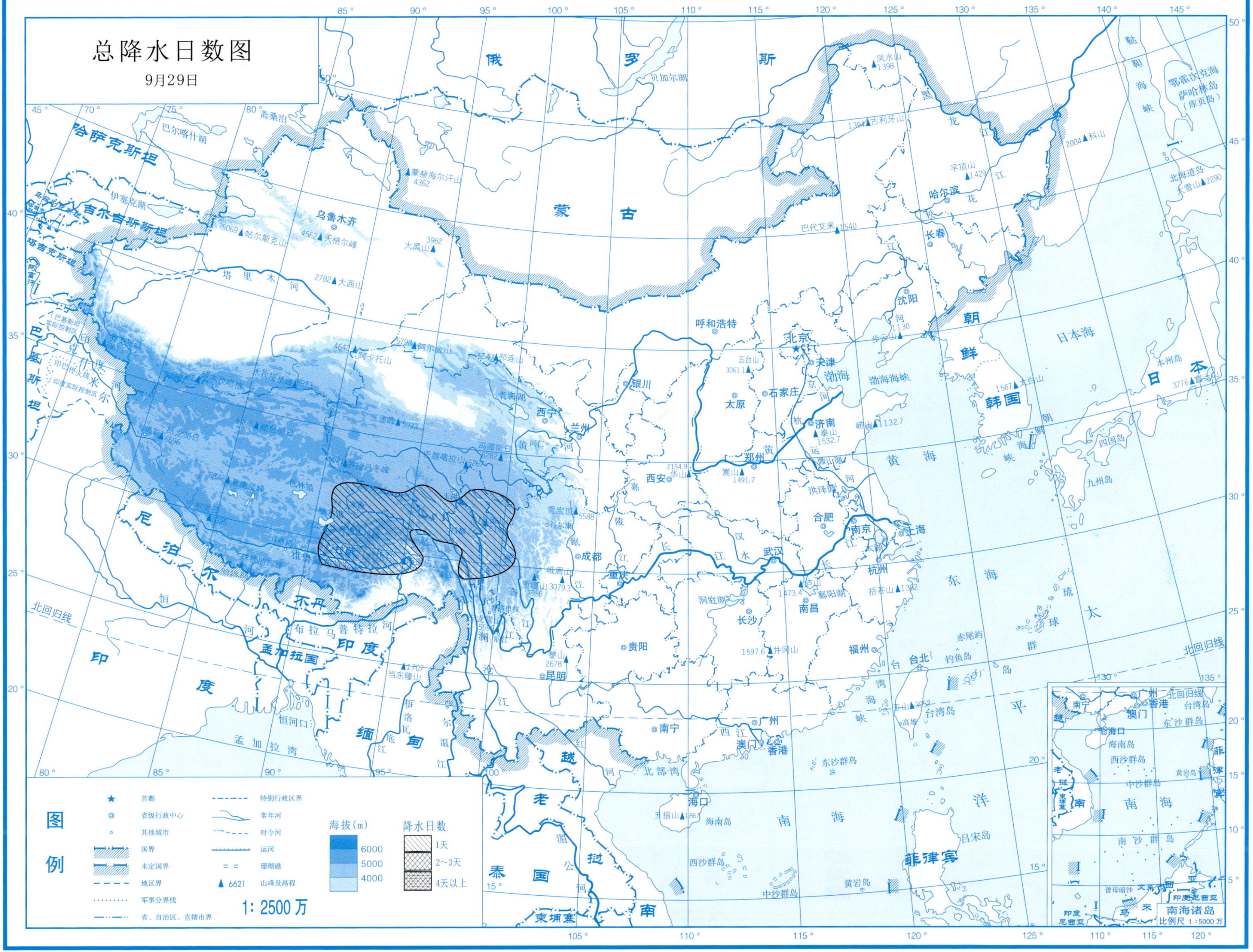
总降水日数图
9月29日
图例
首都
省级行政中心
其他城市
国界
未定国界
地区界
军事分界线
省、自治区、直辖市界
特别行政区界
常年河
时令河
运河
珊瑚礁
6621 山峰及高程
海拔(m)
6000
5000
4000
降水日数
1天
2~3天
4天以上
1: 2500 万
南海诸岛
比例尺 1:5000 万

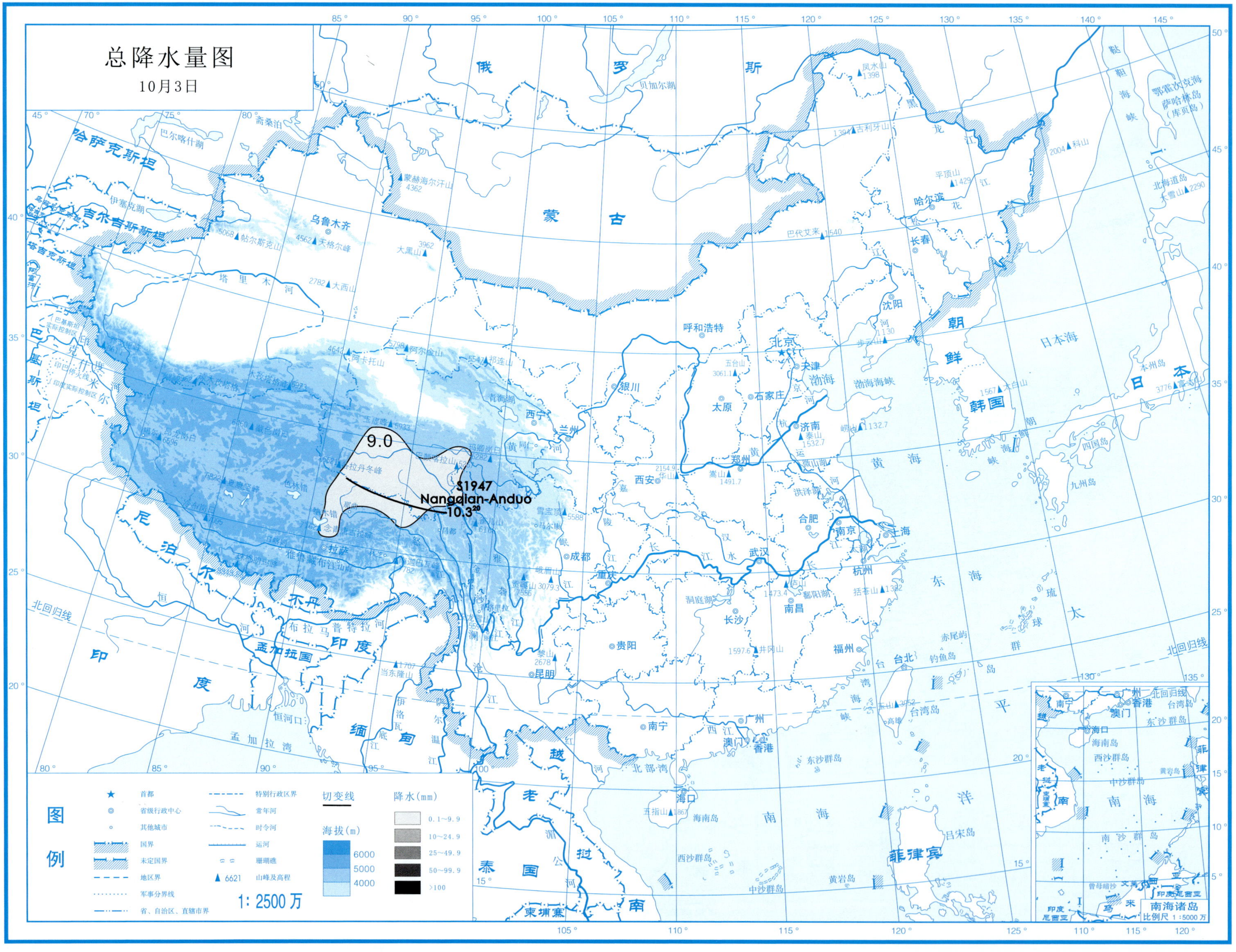
总降水量图
10月3日
9.0
S1947
Nangqian-Anduo
10.3[20]
图例
首都
省级行政中心
其他城市
国界
未定国界
地区界
军事分界线
省、自治区、直辖市界
特别行政区界
常年河
时令河
运河
珊瑚礁
6621 山峰及高程
1: 2500万
切变线
海拔(m)
6000
5000
4000
降水(mm)
0.1~9.9
10~24.9
25~49.9
50~99.9
>100
南海诸岛
比例尺 1:5000万

总降水日数图

10月3日

图例

- ★ 首都
- ◎ 省级行政中心
- ○ 其他城市
- 国界
- 未定国界
- 地区界
- 军事分界线
- 省、自治区、直辖市界
- 特别行政区界
- 常年河
- 时令河
- 运河
- 珊瑚礁
- ▲6621 山峰及高程

海拔（m）

- 6000
- 5000
- 4000

降水日数

- 1天
- 2～3天
- 4天以上

1∶2500万

南海诸岛
比例尺 1∶5000万

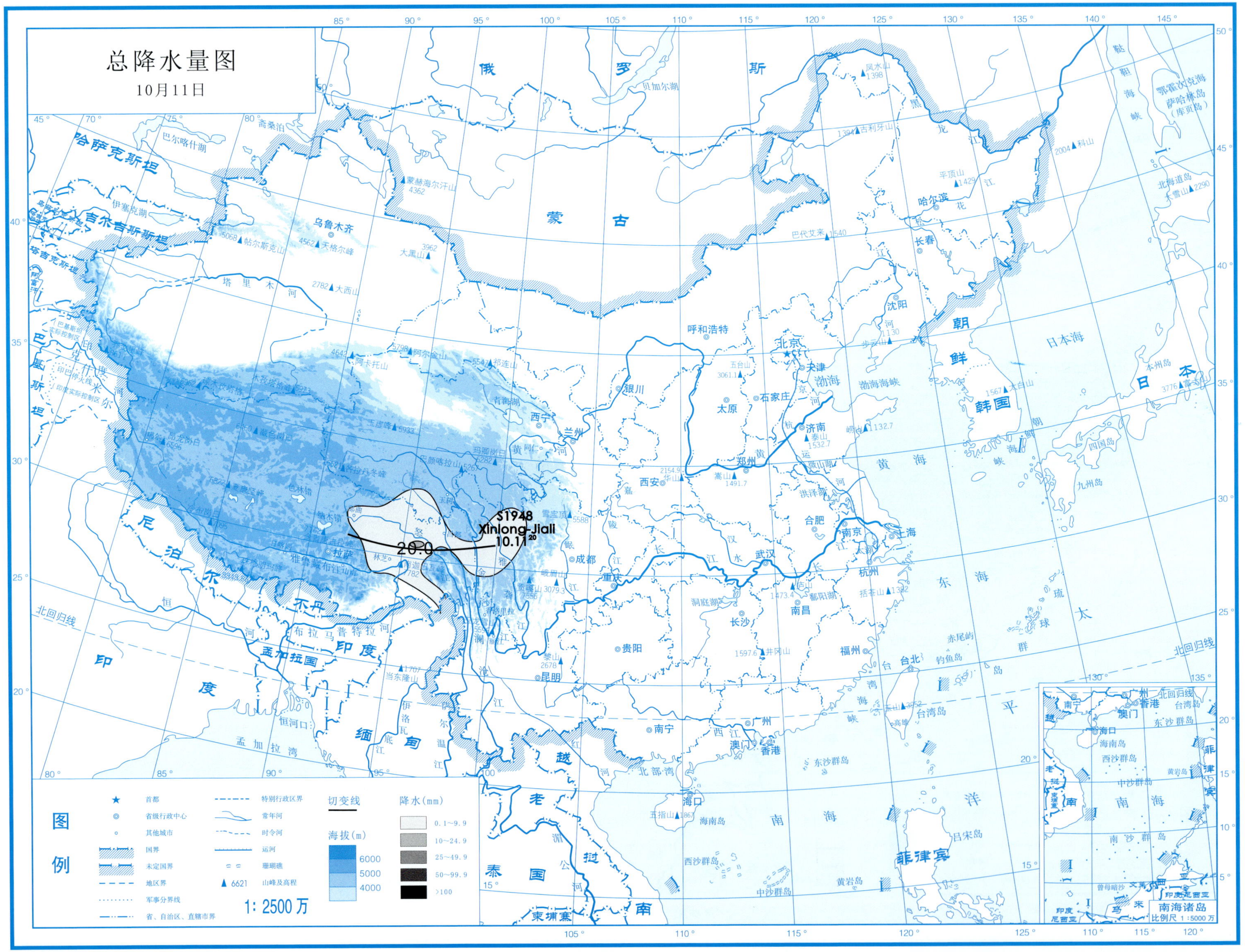
总降水量图
10月11日
S1948
Xinlong-Jiali
10.11
20.0
图例
1: 2500 万
切变线
降水(mm)
0.1~9.9
10~24.9
25~49.9
50~99.9
>100
海拔(m)
6000
5000
4000

总降水日数图

10月11日

图例

符号	说明	符号	说明
★	首都		特别行政区界
◎	省级行政中心		常年河
∘	其他城市		时令河
	国界		运河
	未定国界		珊瑚礁
	地区界	▲ 6621	山峰及高程
	军事分界线		
	省、自治区、直辖市界		

海拔(m)：6000、5000、4000

降水日数：1天、2~3天、4天以上

1∶2500万

南海诸岛 比例尺 1∶5000万

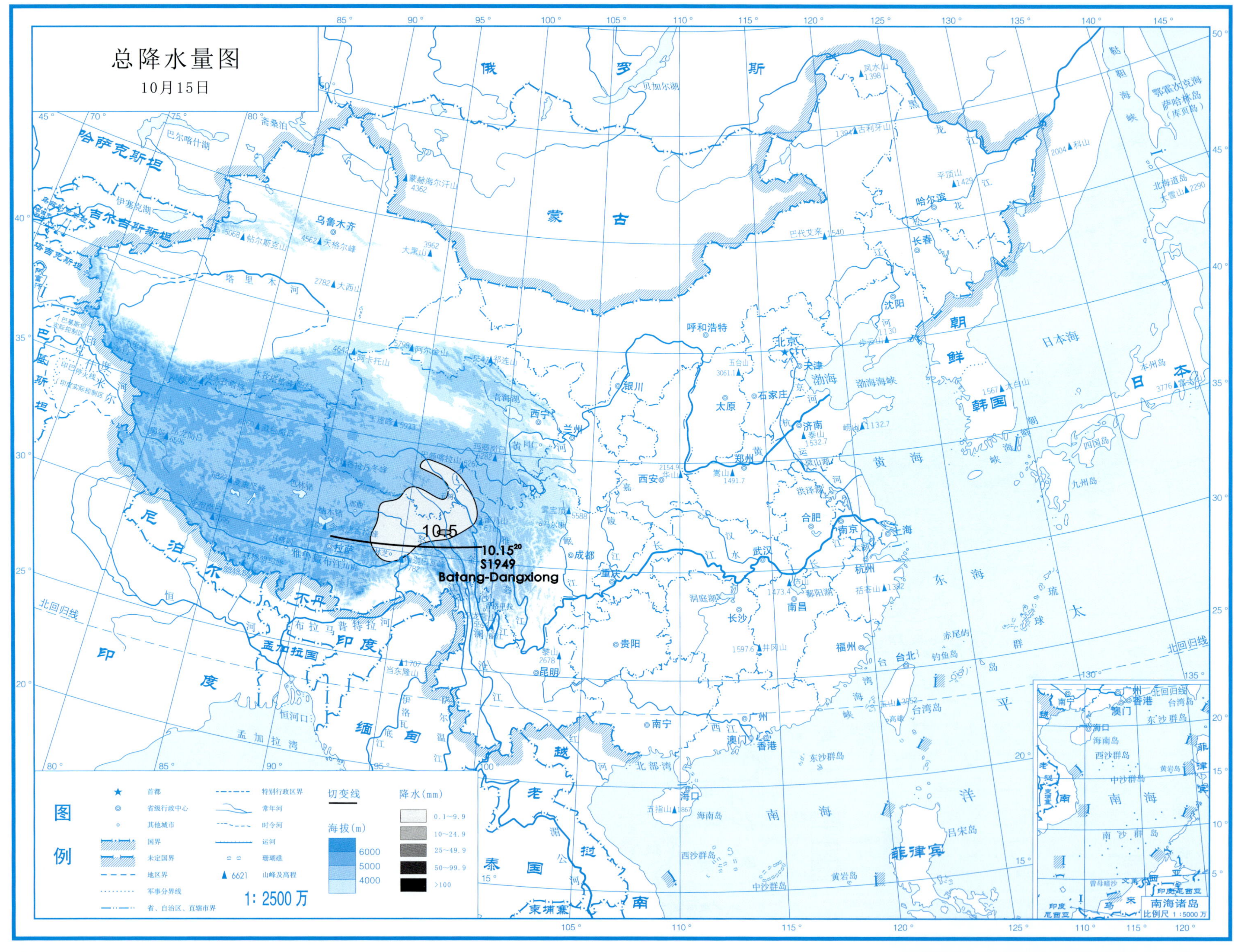
总降水量图
10月15日
10.5
10.15[20]
S1949
Batang-Dangxiong
图例
首都
省级行政中心
其他城市
国界
未定国界
地区界
军事分界线
省、自治区、直辖市界
特别行政区界
常年河
时令河
运河
珊瑚礁
6621 山峰及高程
1: 2500 万
切变线
海拔(m)
6000
5000
4000
降水(mm)
0.1~9.9
10~24.9
25~49.9
50~99.9
>100
南海诸岛
比例尺 1:5000 万

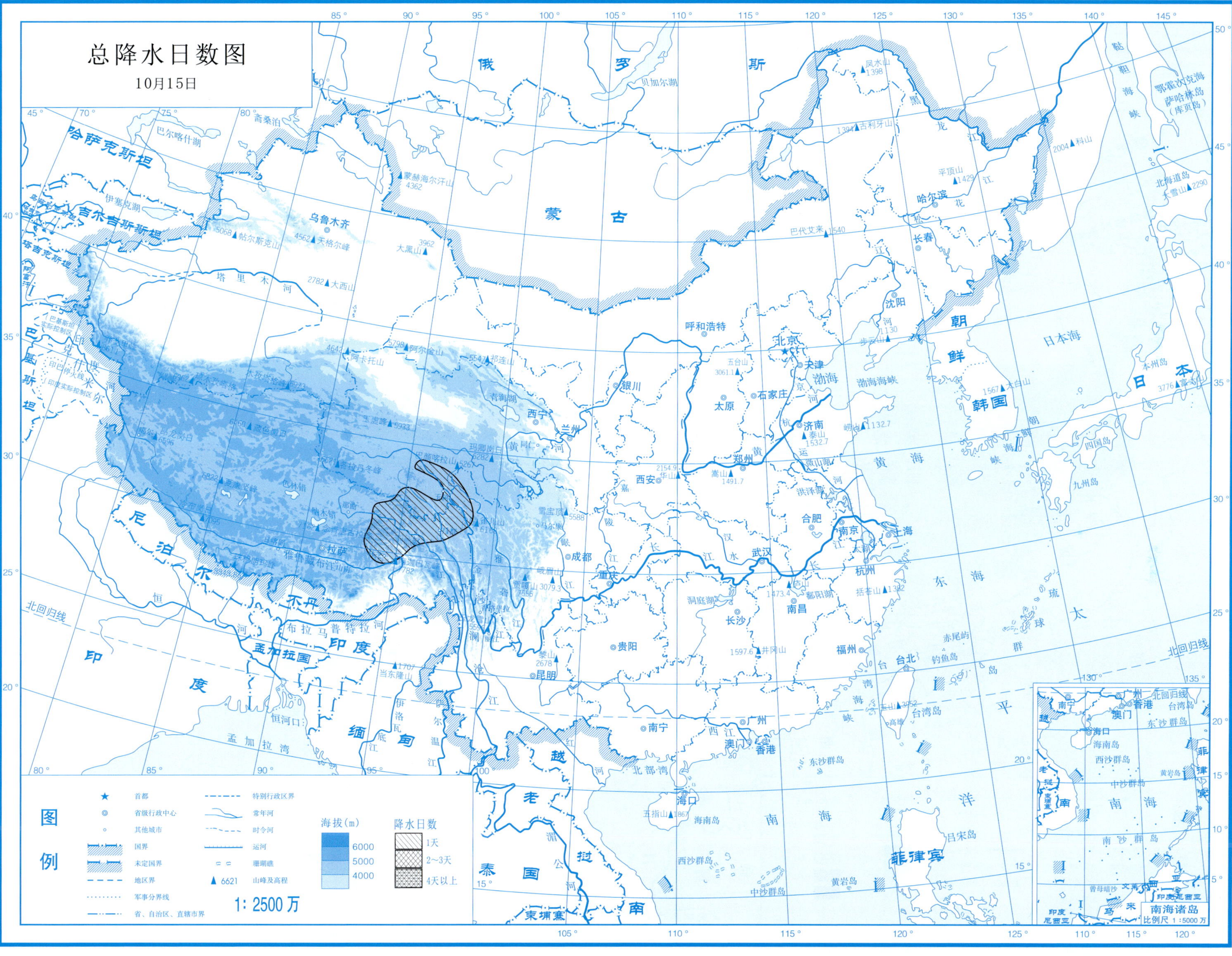
总降水日数图
10月15日
图例
首都
省级行政中心
其他城市
国界
未定国界
地区界
军事分界线
省、自治区、直辖市界
特别行政区界
常年河
时令河
运河
珊瑚礁
6621 山峰及高程
海拔(m)
6000
5000
4000
降水日数
1天
2~3天
4天以上
1: 2500万
南海诸岛
比例尺 1:5000万

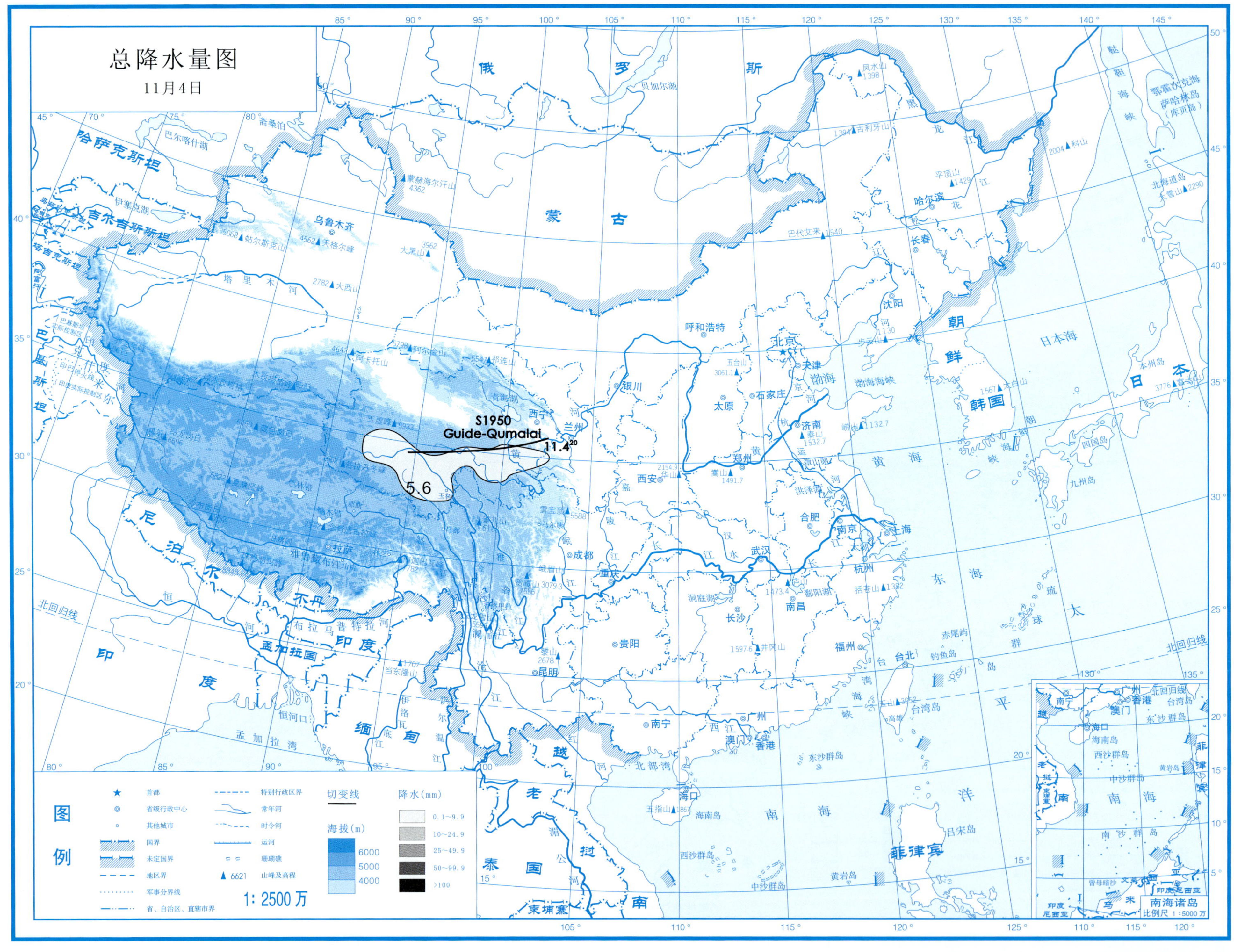
总降水量图
11月4日
S1950
Guide-Qumalai
11.4
5.6
图例
首都
省级行政中心
其他城市
国界
未定国界
地区界
军事分界线
省、自治区、直辖市界
特别行政区界
常年河
时令河
运河
珊瑚礁
山峰及高程
切变线
海拔(m)
6000
5000
4000
降水(mm)
0.1~9.9
10~24.9
25~49.9
50~99.9
>100
1: 2500 万
南海诸岛
比例尺 1:5000 万

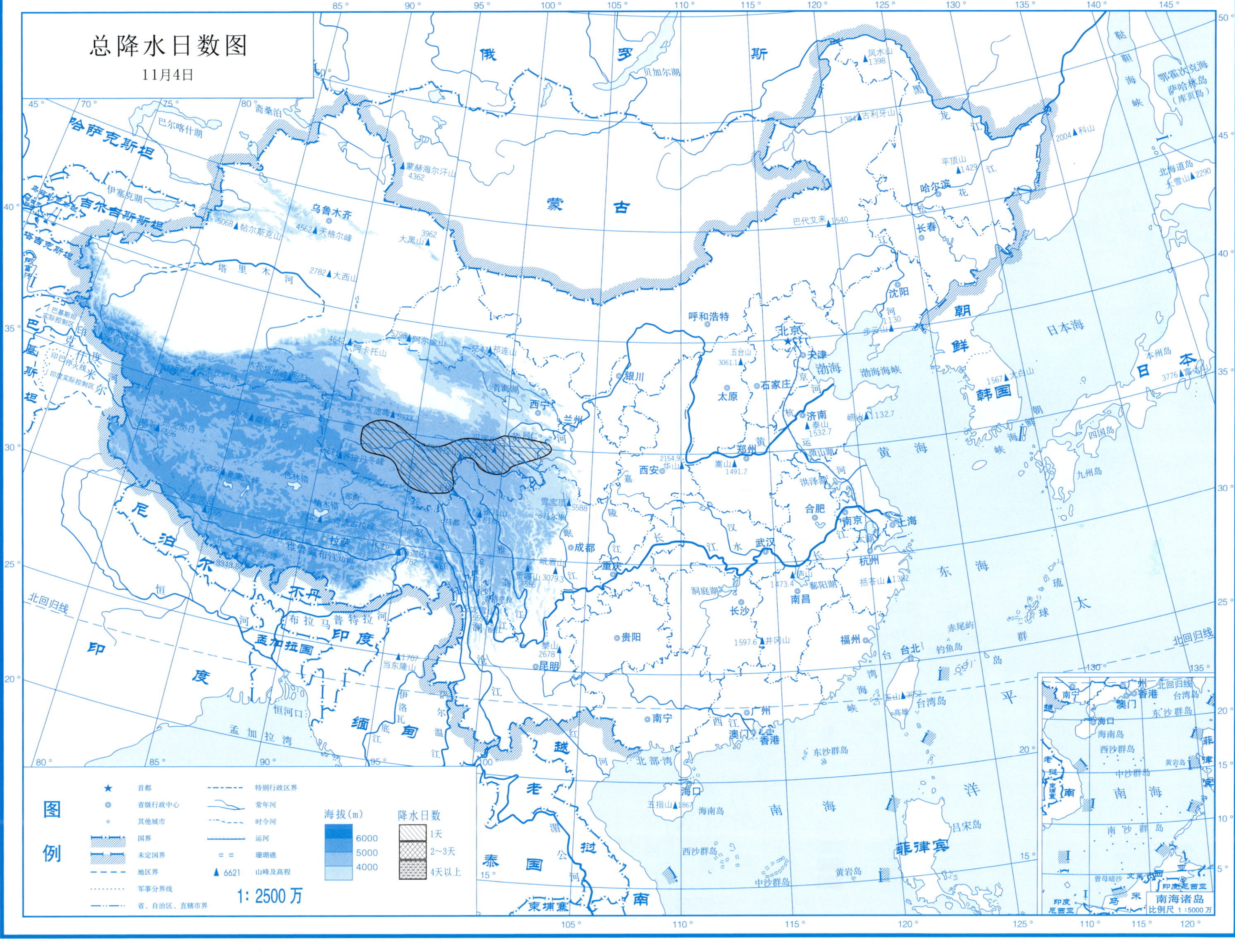
总降水日数图
11月4日
图例
首都
省级行政中心
其他城市
国界
未定国界
地区界
军事分界线
省、自治区、直辖市界
特别行政区界
常年河
时令河
运河
珊瑚礁
6621 山峰及高程
海拔(m)
6000
5000
4000
降水日数
1天
2~3天
4天以上
1: 2500 万
南海诸岛
比例尺 1:5000 万

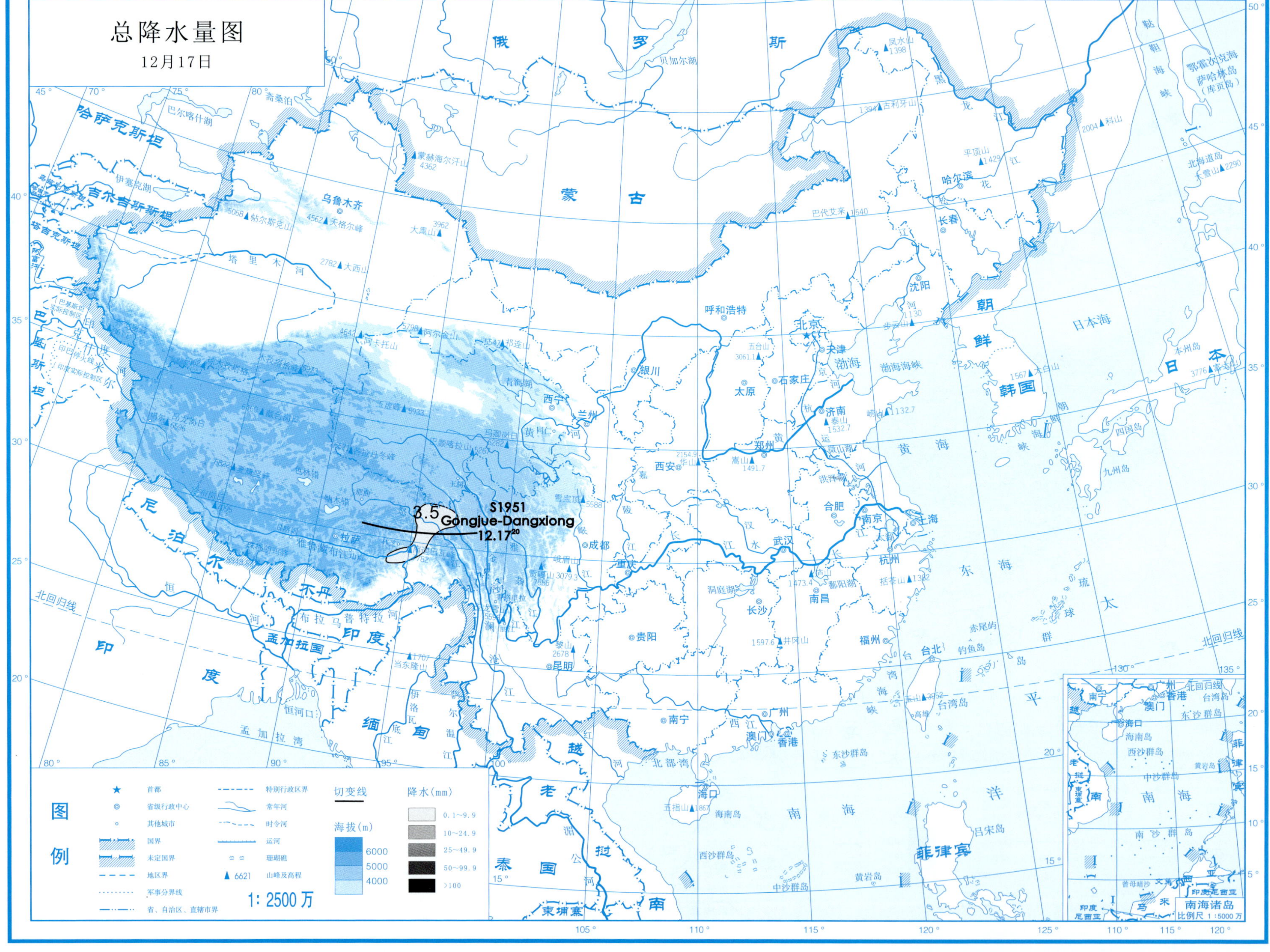
总降水量图
12月17日
S1951
3.5
Gongjue-Dangxiong
12.17 20
图例
首都
省级行政中心
其他城市
国界
未定国界
地区界
军事分界线
省、自治区、直辖市界
特别行政区界
常年河
时令河
运河
珊瑚礁
6621 山峰及高程
切变线
海拔(m)
6000
5000
4000
降水(mm)
0.1~9.9
10~24.9
25~49.9
50~99.9
>100
1:2500万
南海诸岛
比例尺 1:5000万

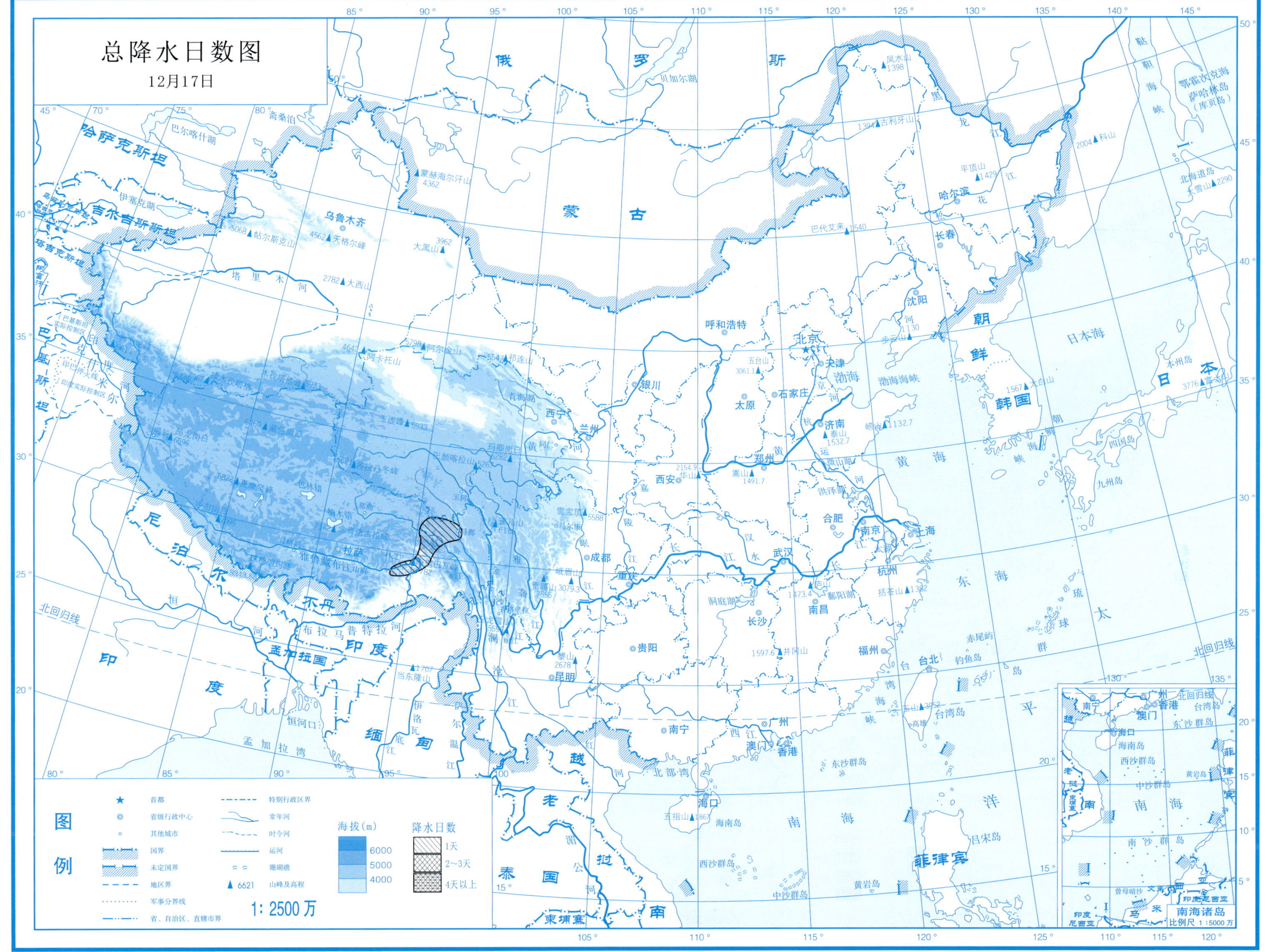

Page...285

高原切变线 第2部分

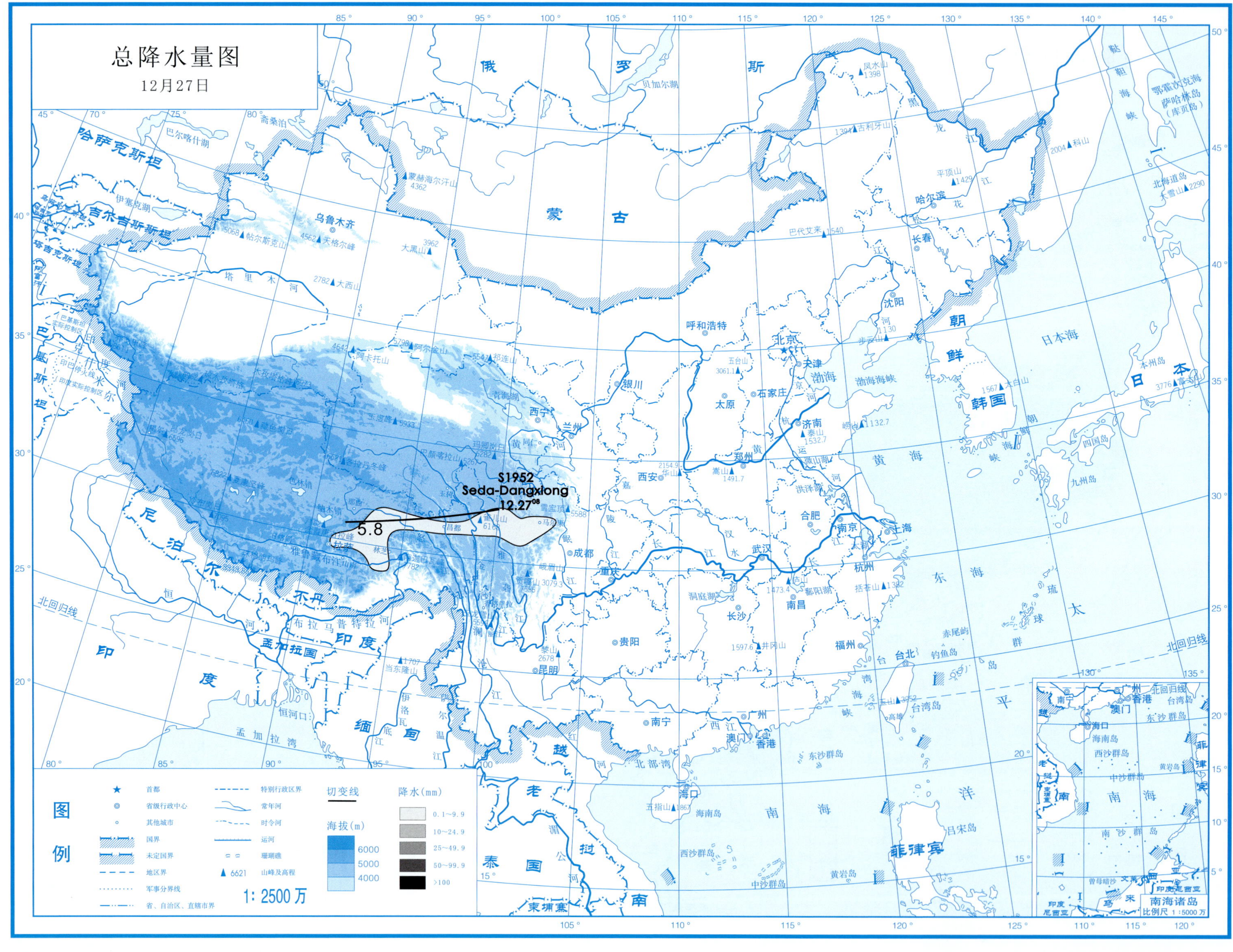
总降水量图
12月27日
S1952
Seda-Dangxiong
12.27⁰⁸
5.8
图例
首都
省级行政中心
其他城市
国界
未定国界
地区界
军事分界线
省、自治区、直辖市界
特别行政区界
常年河
时令河
运河
珊瑚礁
6621 山峰及高程
切变线
海拔(m)
6000
5000
4000
1: 2500万
降水(mm)
0.1~9.9
10~24.9
25~49.9
50~99.9
>100
南海诸岛
比例尺 1:5000万

总降水日数图

12月27日

图例

★ 首都
◎ 省级行政中心
○ 其他城市
国界
未定国界
地区界
军事分界线
省、自治区、直辖市界
特别行政区界
常年河
时令河
运河
珊瑚礁
▲ 6621 山峰及高程

海拔(m)
6000
5000
4000

降水日数
1天
2~3天
4天以上

1:2500万

南海诸岛
比例尺 1:5000万

高原切变线位置资料表

月	日	时	起点位置		中点位置		拐点位置		终点位置		切变线两侧最大风速	
			东经/(°)	北纬/(°)	东经/(°)	北纬/(°)	东经/(°)	北纬/(°)	东经/(°)	北纬/(°)	北侧 / (m/s)	南侧 / (m/s)
①3月5日												
(S1901)民勤–五道梁，Minqin–Wudaoliang												
3	5	08	102.9	38.2	98.8	35.6			92.2	35.4	8	10
		20	109.1	34.0	103.6	34.8			99.0	37.8	10	10
消失												
②3月31日												
(S1902)黑水–囊谦，Heishui–Nangqian												
3	31	08	103.0	32.1	99.9	32.0			97.0	32.0	8	12
消失												
③4月2日												
(S1903)玛曲–囊谦，Maqu–Nangqian												
4	2	08	103.2	34.1	100.4	33.0			97.0	32.4	12	12
消失												
④4月18～19日												
(S1904)乌图美仁–狮泉河，Wutumeiren–Shiquanhe												
4	18	08	92.1	37.0	86.6	35.1			80.0	33.8	10	6
		20	100.0	39.9	94.8	37.5			87.7	35.6	8	12
	19	08	98.9	38.5	94.0	37.7			88.3	37.0	8	14
消失												

高原切变线位置资料表(续-1)

月	日	时	起点位置		中点位置		拐点位置		终点位置		切变线两侧最大风速	
			东经/(°)	北纬/(°)	东经/(°)	北纬/(°)	东经/(°)	北纬/(°)	东经/(°)	北纬/(°)	北侧/(m/s)	南侧/(m/s)
⑤4月21日												
(S1905)巴塘-南木林，Batang-Nanmulin												
4	21	20	98.0	30.2	92.8	29.8			88.0	30.1	6	12
消失												
⑥4月22日												
(S1906)巴塘-当雄，Batang-Dangxiong												
4	22	20	98.4	30.8	94.8	30.3			91.1	30.4	8	8
消失												
⑦5月12日												
(S1907)石渠-那曲，Shiqu-Naqu												
5	12	20	98.0	32.4	94.7	32.2			91.7	32.2	10	18
消失												
⑧5月15日												
(S1908)兴海-曲麻莱，Xinghai-Qumalai												
5	15	20	99.7	35.8	96.8	34.8			94.0	34.1	6	14
消失												
⑨5月17日												
(S1909)色达-安多，Seda-Anduo												
5	17	20	100.0	32.8	95.8	32.4			91.5	32.5	14	12
消失												

高原切变线位置资料表(续-2)

月	日	时	起点位置		中点位置		拐点位置		终点位置		切变线两侧最大风速	
			东经/(°)	北纬/(°)	东经/(°)	北纬/(°)	东经/(°)	北纬/(°)	东经/(°)	北纬/(°)	北侧/(m/s)	南侧/(m/s)
⑩ 5月18～19日												
(S1910)色达–安多，Seda–Anduo												
5	18	20	100.0	32.5	96.2	32.0			92.3	32.4	10	8
	19	08	99.0	35.5	95.7	34.3			92.1	33.4	6	14
		20	103.3	34.3	97.7	32.6			92.1	32.4	8	14
消失												
⑪ 5月20～22日												
(S1911)色达–那曲，Seda–Naqu												
5	20	20	100.0	32.6	96.0	32.1			92.2	32.0	14	12
	21	08	97.7	30.9	94.3	31.6			92.0	32.6	8	8
		20	102.3	31.0	98.9	31.2			96.2	32.2	10	14
	22	08	95.5	34.9	98.2	32.7			99.6	30.2	8	10
消失												
⑫ 5月26～27日												
(S1912)民勤–德令哈，Minqin–Delingha												
5	26	08	103.4	38.2	100.3	37.7			97.2	37.9	14	16
		20	106.2	37.2	100.0	37.4			93.8	39.2	16	12
	27	08	105.0	42.2	100.0	40.8			93.2	40.9	8	12
消失												

高原切变线位置资料表(续-3)

月	日	时	起点位置		中点位置		拐点位置		终点位置		切变线两侧最大风速	
			东经/(°)	北纬/(°)	东经/(°)	北纬/(°)	东经/(°)	北纬/(°)	东经/(°)	北纬/(°)	北侧 / (m/s)	南侧 / (m/s)
⑬ 5月29～30日 (S1913)石渠–安多，Shiqu–Anduo												
5	29	20	98.8	32.4	95.1	32.2			91.9	32.6	6	8
	30	08	99.7	32.6	96.1	31.7			92.2	30.9	6	12
消失												
⑭ 5月31日 (S1914)囊谦–拉萨，Nangqian–Lasa												
5	31	08	97.8	32.4	94.6	30.8			91.1	29.7	12	14
消失												
⑮ 6月9日 (S1915)贡觉–当雄，Gongjue–Dangxiong												
6	9	08	98.0	30.7	94.5	30.5			91.1	30.4	2	10
		20	100.0	32.2	97.1	32.0			94.0	31.8	12	14
消失												
⑯ 6月11日 (S1916)白玉–当雄，Baiyu–Dangxiong												
6	11	20	99.0	30.8	95.5	29.2	94.2	29.1	90.9	30.1	6	4
消失												

高原切变线位置资料表(续-4)

月	日	时	起点位置		中点位置		拐点位置		终点位置		切变线两侧最大风速	
			东经/(°)	北纬/(°)	东经/(°)	北纬/(°)	东经/(°)	北纬/(°)	东经/(°)	北纬/(°)	北侧 / (m/s)	南侧 / (m/s)
⑰ 6月29日 (S1917)兴海–五道梁，Xinghai–Wudaoliang												
6	29	08	99.3	35.7	96.2	35.2			93.6	35.5	4	10
		20	100.0	33.2	97.3	32.4			93.8	32.0	8	4
消失												
⑱ 7月4日 (S1918)眉山–察隅，Meishan–Chayu												
7	4	20	104.0	30.1	100.6	29.3			97.4	29.0	6	8
消失												
⑲ 7月5日 (S1919)玛曲–五道梁，Maqu–Wudaoliang												
7	5	20	103.0	34.4	98.8	34.6			94.5	35.5	6	6
消失												
⑳ 7月7~8日 (S1920)白玉–拉萨，Baiyu–Lasa												
7	7	20	99.3	30.8	95.3	30.1			91.2	29.6	12	10
	8	08	95.3	28.6	92.8	28.6			90.2	28.6	4	10
消失												

高原切变线位置资料表(续-5)

月	日	时	起点位置		中点位置		拐点位置		终点位置		切变线两侧最大风速	
			东经/(°)	北纬/(°)	东经/(°)	北纬/(°)	东经/(°)	北纬/(°)	东经/(°)	北纬/(°)	北侧 / (m/s)	南侧 / (m/s)
㉑7月12日 (S1921)甘孜–安多，Ganzi–Anduo												
7	12	08	100.0	31.4	96.0	31.6			92.0	32.4	4	12
消失												
㉒7月13日 (S1922)诺木洪–嘉黎，Nuomuhong–Jiali												
7	13	20	96.1	36.8	95.8	33.5			93.2	30.9	10	14
消失												
㉓7月15~16日 (S1923)贵德–那曲，Guide–Naqu												
7	15	08	102.2	35.9	97.8	32.0	97.8	32.0	92.1	31.8	6	22
		20	100.0	31.1	95.8	31.8			91.7	32.5	12	12
	16	08	100.0	35.0	95.2	34.6			90.8	35.2	12	16
		20	106.2	35.9	102.0	35.7			97.8	36.0	6	10
消失												
㉔7月18日 (S1924)果洛–当雄，Guoluo–Dangxiong												
7	18	20	101.3	34.7	98.1	32.0	100.8	33.0	92.2	30.5	4	6
消失												

高原切变线位置资料表(续-6)

月	日	时	起点位置		中点位置		拐点位置		终点位置		切变线两侧最大风速	
			东经/(°)	北纬/(°)	东经/(°)	北纬/(°)	东经/(°)	北纬/(°)	东经/(°)	北纬/(°)	北侧 /(m/s)	南侧 /(m/s)
㉕7月21～22日												
(S1925)新龙–墨竹工卡，Xinlong–Mozhugongka												
7	21	20	100.0	31.0	96.5	30.6			92.4	30.5	10	6
	22	08	102.0	31.2	97.5	28.5	101.1	29.5	91.2	27.7	8	10
消失												
㉖7月23～24日												
(S1926)玉树–浪卡子，Yushu–Langkazi												
7	23	08	96.2	33.4	94.7	30.5			91.2	28.2	8	6
		20	100.0	32.7	97.4	30.7			93.2	29.7	4	4
	24	08	101.2	33.1	100.3	29.6			99.5	25.2	8	8
消失												
㉗7月25日												
(S1927)理县–帕里，Lixian–Pali												
7	25	08	103.0	31.5	96.1	29.4			87.6	26.7	8	6
		20	105.9	33.1	103.2	31.8			100.3	30.4	6	8
消失												
㉘7月28～29日												
(S1928)外斯–那曲，Waisi–Naqu												
7	28	20	101.8	34.6	98.3	31.0	98.3	31.0	91.3	31.4	12	10
	29	08	104.0	33.9	104.1	29.6			101.8	26.4	10	10
消失												

高原切变线位置资料表(续-7)

月	日	时	起点位置		中点位置		拐点位置		终点位置		切变线两侧最大风速	
			东经/(°)	北纬/(°)	东经/(°)	北纬/(°)	东经/(°)	北纬/(°)	东经/(°)	北纬/(°)	北侧/(m/s)	南侧/(m/s)
㉙7月29日 (S1929)昌都-当雄，Changdu-Dangxiong												
7	29	08	97.0	30.2	94.0	30.0			91.0	30.1	8	6
		20	98.1	29.2	94.2	28.8			90.9	30.2	8	6
消失												
㉚8月1日 (S1930)玛多-五道梁，Maduo-Wudaoliang												
8	1	08	98.8	35.3	95.9	35.4			93.2	35.6	12	8
消失												
㉛8月5日 (S1931)岷县-嘉黎，Minxian-Jiali												
8	5	20	104.2	34.4	99.6	31.2	99.6	31.2	92.7	30.5	12	14
消失												
㉜8月6日 (S1932)新龙-安多，Xinlong-Anduo												
8	6	20	100.0	31.1	95.8	31.9			92.1	32.8	10	10
消失												
㉝8月7日 (S1933)德令哈-安多，Delingha-Anduo												
8	7	08	96.2	37.0	94.8	34.2			92.0	32.0	8	14
		20	97.7	32.1	94.7	31.4			91.7	30.8	10	8
消失												

高原切变线位置资料表(续-8)

月	日	时	起点位置		中点位置		拐点位置		终点位置		切变线两侧最大风速	
			东经/(°)	北纬/(°)	东经/(°)	北纬/(°)	东经/(°)	北纬/(°)	东经/(°)	北纬/(°)	北侧/(m/s)	南侧/(m/s)
㉞ 8月12～13日												
(S1934)德令哈–安多，Delingha–Anduo												
8	12	20	96.1	36.9	95.4	34.2	96.4	35.1	92.1	32.2	10	4
	13	08	102.2	35.6	99.3	31.9	99.3	31.9	93.1	30.0	14	12
消失												
㉟ 8月18～20日												
(S1935)贵德–曲麻莱，Guide–Qumalai												
8	18	08	102.1	36.2	98.4	35.0			94.4	34.6	4	14
		20	105.9	35.9	104.0	32.9			99.4	32.5	6	8
	19	08	100.9	35.0	100.8	31.8			100.6	28.6	10	12
		20	99.6	37.0	101.1	32.2			100.7	28.0	8	12
	20	08	103.0	36.2	100.9	33.2			99.2	30.0	6	14
		20	104.5	35.5	100.5	32.5			95.8	32.3	6	12
消失												
㊱ 8月23日												
(S1936)玛多–当雄，Maduo–Dangxiong												
8	23	20	99.4	35.0	96.2	32.5			91.9	30.8	4	8
消失												
㊲ 8月28日												
(S1937)黑水–贡觉，Heishui–Gongjue												
8	28	20	103.8	32.0	100.6	31.6			98.0	31.2	8	6
消失												

高原切变线位置资料表(续-9)

月	日	时	起点位置		中点位置		拐点位置		终点位置		切变线两侧最大风速	
			东经/(°)	北纬/(°)	东经/(°)	北纬/(°)	东经/(°)	北纬/(°)	东经/(°)	北纬/(°)	北侧/(m/s)	南侧/(m/s)
㊳ 8月30日 (S1938)刚察–昌都，Gangcha–Changdu												
8	30	08	100.0	37.1	99.2	33.0			97.0	30.2	12	8
		20	103.8	32.0	101.5	30.4			98.1	29.3	6	12
消失												
㊴ 9月4日 (S1939)甘孜–沱沱河，Ganzi–Tuotuohe												
9	4	08	98.8	32.0	94.9	32.2			91.5	32.9	10	8
消失												
㊵ 9月5日 (S1940)沱沱河–巴塘，Tuotuohe–Batang												
9	5	08	92.4	33.2	96.5	32.0	96.5	32.0	99.0	29.6	4	6
		20	95.2	34.4	95.5	31.9			95.7	29.2	4	4
消失												
㊶ 9月9日 (S1941)岷县–雅江，Minxian–Yajiang												
9	9	20	104.3	34.8	103.6	32.2			101.2	30.0	6	4
消失												
㊷ 9月15日 (S1942)壤塘–布拖，Rangtang–Butuo												
9	15	08	101.0	32.1	102.1	29.8			103.0	27.5	12	8
消失												

高原切变线位置资料表(续-10)

月	日	时	起点位置		中点位置		拐点位置		终点位置		切变线两侧最大风速	
			东经/(°)	北纬/(°)	东经/(°)	北纬/(°)	东经/(°)	北纬/(°)	东经/(°)	北纬/(°)	北侧/(m/s)	南侧/(m/s)
㊸9月19～20日 (S1943)五道梁-当雄，Wudaoliang-Dangxiong												
9	19	08	93.0	35.8	93.6	32.8	93.5	32.2	91.1	30.4	8	12
		20	100.0	32.7	96.3	31.5			92.1	30.6	10	10
	20	08	103.0	32.2	97.4	31.3			92.3	30.2	6	14
消失												
㊹9月21日 (S1944)班玛-林芝，Banma-Linzhi												
9	21	08	101.1	33.5	99.4	29.3	100.5	30.0	94.5	27.8	8	10
消失												
㊺9月23～24日 (S1945)黑水-沱沱河，Heishui-Tuotuohe												
9	23	08	103.2	31.8	97.6	32.0			92.0	33.0	4	14
		20	100.2	31.6	95.1	30.5			91.1	29.6	12	8
	24	08	100.0	30.4	96.9	29.4			93.8	28.9	6	12
消失												
㊻9月29日 (S1946)色达-安多，Seda-Anduo												
9	29	20	100.0	32.4	95.8	31.9			92.0	32.7	6	10
消失												

高原切变线位置资料表(续-11)

月	日	时	起点位置		中点位置		拐点位置		终点位置		切变线两侧最大风速	
			东经/(°)	北纬/(°)	东经/(°)	北纬/(°)	东经/(°)	北纬/(°)	东经/(°)	北纬/(°)	北侧/(m/s)	南侧/(m/s)
㊼10月3日 (S1947)囊谦-安多，Nangqian-Anduo												
10	3	20	97.4	32.2	94.0	32.5			91.7	33.0	10	10
消失												
㊽10月11日 (S1948)新龙-嘉黎，Xinlong-Jiali												
10	11	20	100.0	31.1	96.0	30.5			92.0	30.7	6	8
消失												
㊾10月15日 (S1949)巴塘-当雄，Batang-Dangxiong												
10	15	20	99.2	30.7	95.1	30.4			91.1	30.2	12	10
消失												
㊿11月4日 (S1950)贵德-曲麻莱，Guide-Qumalai												
11	4	20	102.5	36.0	98.5	35.2			94.6	34.6	4	8
消失												
(51)12月17日 (S1951)贡觉-当雄，Gongjue-Dangxiong												
12	17	20	98.4	30.8	95.4	30.6			92.4	30.5	12	10
消失												
(52)12月27日 (S1952)色达-当雄，Seda-Dangxiong												
12	27	08	100.0	32.4	96.1	31.7			91.8	30.9	10	12
消失